Contraste insuffisant

NF Z 43-120-14

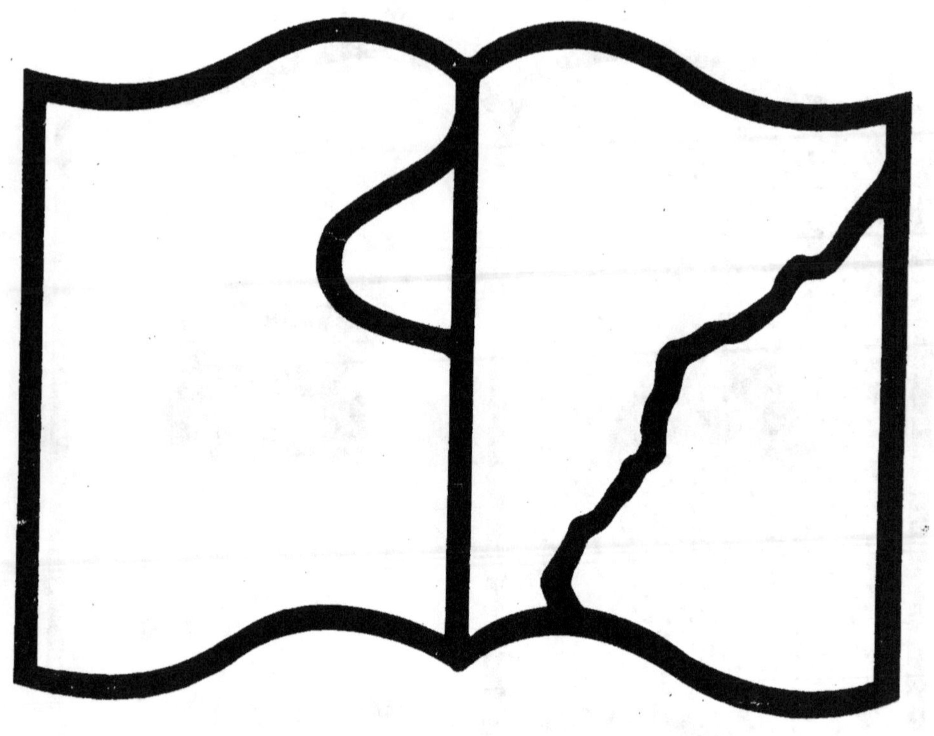

Texte détérioré — reliure défectueuse

NF Z 43-120-11

BARÊME

TRIGONOMÉTRIQUE,

OU

L'ARPENTAGE RENDU FACILE,

Calculé pour tous les angles du quart du cercle, de 5 en 5 minutes, au moyen duquel on obtient sans aucune difficulté et en un instant, les élémens d'un triangle rectangle dont on connait l'hypoténuse et l'un des angles aigus.

SUIVI

DU GUIDE

INDISPENSABLE DE L'ARPENTEUR,

DIVISÉ EN CINQ PARTIES,

COMPRENANT :

1°. Des Notions de Géométrie et la Trigonométrie rectiligne ;
2°. Le Levé des Plans et la manière de mesurer les surfaces accessibles et inaccessibles, avec l'équerre, le graphomètre et simplement avec la chaine et des jalons ;
3°. Des Notions de Géodésie pratique ;
4°. Des Notions de Nivellement ;
5°. Et LE FORMULAIRE DE L'ARPENTEUR, contenant les *Modèles de tous les actes du ministère des Arpenteurs, soit comme arbitres ou experts, précédés des lois, arrêts et décisions qui régissent la matière.*

Par GALLET,

Géomètre & Commissaire-Priseur à Montdidier (Somme.)

L'OUVRAGE SE VEND :

A Montdidier, chez l'Auteur ;

A Paris, chez BACHELIER, Libraire du Bureau des Longitudes et de l'Ecole polytechnique, etc., etc. ;

Et dans chaque chef-lieu de département et d'arrondissement, chez le Libraire correspondant.

1842.

BARÈME

TRIGONOMÉTRIQUE.

Montdidier (Somme), Imprimerie RADENEZ.

BARÊME

TRIGONOMÉTRIQUE,

OU

L'ARPENTAGE RENDU FACILE,

Calculé pour tous les angles du quart du cercle, de 5 en 5 minutes, au moyen duquel on obtient sans aucune difficulté et en un instant, tous les élémens d'un triangle rectangle dont on connait l'hypoténuse et l'un des angles aigus.

SUIVI

DU GUIDE

INDISPENSABLE DE L'ARPENTEUR,

DIVISÉ EN CINQ PARTIES,

COMPRENANT :

1°. Des Notions de Géométrie et la Trigonométrie rectiligne ;
2°. Le Levé des Plans et la manière de mesurer les surfaces accessibles et inaccessibles, avec l'équerre, le graphomètre et simplement avec la chaîne et des jalons ;
3°. Des Notions de Géodésie pratique ;
4°. Des Notions de Nivellement ;
5°. Et LE FORMULAIRE DE L'ARPENTEUR, *contenant les Modèles de tous les actes du ministère des Arpenteurs, soit comme arbitres ou experts, précédés des lois, arrêts et décisions qui régissent la matière.*

Par GALLET,

Géomètre & Commissaire-Priseur à Montdidier (Somme.)

L'OUVRAGE SE VEND :

A MONTDIDIER, chez l'Auteur ;
A PARIS, chez BACHELIER, Libraire du Bureau des Longitudes et de l'Ecole polytechnique, etc., etc. ;
Et dans chaque chef-lieu de département et d'arrondissement, chez le Libraire correspondant.

1842.

Le dépôt ayant eu lieu conformément à la loi, tous les exemplaires qui ne seraient pas revêtus de la griffe de l'auteur seront considérés comme contrefaits.

PRÉFACE.

Parmi les arpenteurs connaissant la trigonométrie rectiligne, il en est peu qui lèvent le terrain exclusivement avec le graphomètre; la plupart, rebutés par la longueur et l'aridité des calculs trigonométriques, n'emploient cet instrument que dans les grandes opérations; ils le remplacent dans toutes les autres par l'Équerre, instrument aussi simple à employer que les calculs qu'il nécessite sont faciles à faire, mais avec lequel on manque de tous les moyens de vérification qu'offre le graphomètre; aussi, arrive-t-il quelquefois que des arpenteurs capables, possédant toutes les ressources de leur art, commettent des erreurs matérielles auxquelles sont journellement exposés ceux qui ne peuvent opérer qu'avec l'équerre; erreurs qu'ils n'auraient pas commises s'ils eussent pris le graphomètre et fait la preuve de leurs opérations par les moyens que la trigonométrie enseigne, moyens infaillibles, mais peu praticables sur le terrain, à cause de la longueur des calculs.

Vingt années d'exercice pratique m'ont convaincu que l'emploi de l'équerre était, dans bien des circonstances, non seulement insuffisant pour lever le terrain avec célérité, mais que les opérations étaient souvent défectueuses et incomplètes, soit à cause des perpendiculaires mal abaissées et mal chaînées, soit pour toute autre cause.

En effet, tous les géomètres pratiques reconnaîtront avec moi que les perpendiculaires étant rarement jalonnées, le porte-chaîne, malgré les précautions de l'arpenteur pour le diriger en ligne droite, forme presque toujours une ligne brisée en autant de points qu'il y a de portées de chaîne; de là vient un excédant de longueur qui donne nécessairement une surface plus grande que celle réelle, ce qui n'arrive pas lorsque l'on opère avec le graphomètre, puisque le chaînage se fait sur les côtés des parcelles, toujours terminés en lignes directes par des sillons, ou sur des lignes de jalons établies par l'arpenteur pour observer ses angles.

Ce surcroît de mesure qui souvent n'est pas moins de 40 à 50 centiares dans une parcelle d'un hectare, est tout au plus tolérable dans un arpentage de moissons, le préjudice étant presque insensible; mais dans un champ vendu à quelques milliers de francs l'hectare, la perte serait importante pour l'acquéreur.

Ce sont les avantages du travail avec le graphomètre, d'une part, et les inconvéniens résultant du travail à l'équerre, de l'autre, qui me firent abandonner l'emploi de ce dernier instrument pour me servir exclusivement du premier.

Mais arrêté, comme tous les autres géomètres-arpenteurs, par la longueur des calculs trigonométriques, et l'embarras de porter avec soi sur le terrain des tables volumineuses, j'avisai alors au moyen d'abréger ces calculs sans leur retirer de leur précision; et c'est après bien des recherches que je parvins enfin au but que je m'étais proposé d'atteindre.

Lorsque l'on opère avec le graphomètre, la plupart des calculs à faire, pour obtenir la surface d'un champ, consiste à trouver les perpendiculaires et rarement une distance inaccessible ; toutes mes recherches tendirent alors à trouver le moyen de construire une table trigonométrique donnant les côtés de l'angle droit d'un triangle rectangle, dont on fait un si fréquent usage dans l'arpentage.

Les savans géomètres, à qui l'on est redevable de l'invention des tables trigonométriques, ayant calculé le sinus droit de tous les angles du quart du cercle sur un rayon de 100,000, et même de 100,000,000 de parties, je supposai ce rayon égal à l'unité, et je construisis mes tables sur ce rayon, depuis une jusqu'à vingt unités pour tous les angles du quart du cercle de 5 en 5 minutes.

Les calculs de ces tables me demandèrent un temps considérable, mais j'en fus bien dédommagé par leur utilité et la promptitude avec laquelle j'obtenais toutes les perpendiculaires dont j'avais besoin pour calculer ; tous les géomètres auxquels je les montrais, appréciant les avantages que l'on en retirerait dans la pratique, m'engagèrent alors à les faire imprimer ; ce sont elles que je livre aujourd'hui à la publicité ; je leur ai donné le nom de *Barême trigonométrique* (comptes faits), parce qu'elles présentent à l'œil les résultats que l'on est obligé de calculer avec les tables trigonométriques ordinaires, travail long et pénible.

Au moyen de ces tables, l'arpentage, cette science si nécessaire, maintenant que la propriété foncière a acquis une valeur considérable, sera rendu plus facile ; chacun pourra se servir du graphomètre et opérer avec célérité et précision, n'eût-on aucune idée de la trigonométrie rectiligne.

Comme il est extrêmement important que ces tables

soient de la dernière exactitude, j'ai pris tous les soins possibles pour les rendre aussi correctes qu'on peut le désirer.

Persuadé que les avantages réels que présentent ces tables seraient appréciés par toutes les personnes qui s'occupent d'arpentage, je n'hésitai pas à les mettre en souscription ; bientôt j'acquis la certitude, par le grand nombre d'adhésions qui me parvinrent, que je ne m'étais pas trompé sur l'appréciation de leur utilité.

Néanmoins, quelques souscripteurs me firent savoir, par leur adhésion, qu'ils regrettaient que l'ouvrage ne contînt point par exemple des notions de géométrie, de trigonométrie rectiligne, de géodésie pratique, des des formules de procès-verbaux d'arpentage et de bornage, etc. Bien que ce désir ne fut exprimé que sous forme d'observation, j'avisai alors au moyen d'ajouter les augmentations qui m'avaient été signalées, afin d'éviter la peine de les chercher ailleurs. De sorte qu'aujourd'hui l'ouvrage est divisé en six parties, comprenant, savoir :

La première, le Barême trigonométrique servant aussi de tables des cordes, dite *rapporteur exact,* et un tableau pour convertir la division décimale du quart du cercle en divisions sexagésimales et *vice versa.*

La seconde, des notions de géométrie plane, et la trigonométrie rectiligne (sans laquelle il n'est pas possible de vérifier l'exactitude de ses opérations) avec la résolution des triangles, tant par le moyen du Barême trigonométrique que par les logarithmes.

La troisième, 1° la levée des plans et la manière de mesurer les surfaces régulières et irrégulières, accessibles et inaccessibles, avec l'équerre, le graphomètre et simplement avec la chaîne et des jalons ; 2° et les calculs de ces diverses opérations, par différens procédés, faits par les nombres naturels et par les logarithmes, pour servir continuellement de contrôle et de vérification à l'arpenteur ; ils sont disposés de manière à faire comprendre les tables trigonométriques et celles des logarithmes aux personnes qui n'en ont pas l'usage.

La quatrième, des notions de géodésie pratique et des méthodes simples et faciles pour diviser en parties proportionnelles les triangles et les quadrilatères les plus irréguliers.

La cinquième, des notions de nivellement et les calculs de déblais et remblais.

Et la sixième, un recueil de formules de procès-verbaux d'arpentage, bornage amiable et judiciaire, estimation et composition de lots, etc., à l'usage des arpenteurs et experts, précédés des lois, arrêts et décisions intervenus sur la matière traitée dans chaque article.

Si cet ouvrage, fruit d'une longue expérience, est bien accueilli du public, le but unique de l'auteur se trouvera atteint.

EXPLICATIONS

SUR L'EMPLOI

DU BARÊME TRIGONOMÉTRIQUE.

Ce Barême, au moyen duquel on peut, sans aucune difficulté et en un instant, obtenir tous les élémens d'un triangle rectangle dont on connaîtrait l'hypoténuse et l'un des angles aigus, est calculé pour tous les angles du quart du cercle de cinq en cinq minutes, sur un rayon de 100,000 parties depuis une jusqu'à vingt unités.

La disposition particulière des tables permet de trouver d'un seul coup d'œil, dans les trois colonnes qui forment l'une des quatre parties de chaque page, tous les angles et les côtés d'un triangle rectangle.

La première contient les hypoténuses depuis 1 jusqu'à 20.

La deuxième et la troisième comprennent les côtés de l'angle droit opposés aux angles inscrits en tête de chaque colonne, donnés par les hépoténuses qui sont placées en regard.

Les degrés et les minutes de la seconde colonne, faisant toujours 90 degrés avec les degrés et minutes de la troisième, il est facile de voir que les uns sont le complément des autres, et qu'en connaissant l'hypoténuse et l'un des angles aigus on aura sans peine les deux côtés de l'angle droit et l'autre angle aigu.

Cela posé, et pour passer immédiatement à l'application :

Soit un terrain ABCD (fig. 64) dont on veut avoir la surface.

Au moyen du Graphomètre, il sera facile de connaître par exemple l'ouverture de l'angle AEB, qu'on suppose être ici de 80° 15′, et la longueur de la ligne AB de 17 mètres (hypoténuse de l'angle AEB.)

Avec ces seules données, on obtiendra, au moyen du Barême, le côté BE, la perpendiculaire AE et l'angle BAE.

Il suffira de chercher, page 30, l'angle 80° 15′ et de descendre sur la colonne des hypoténuses jusqu'au nombre 17 ; on trouvera en regard de ce nombre la perpendiculaire AE de 16 mètres 75 centimètres 452 centimillimètres, le deuxième angle aigu de 9° 45′, et enfin le plus petit côté BE de 2 mètres 87 centimètres 895 centimillimètres (ou 2 mètres 88 centimètres.)

On agira de même pour l'autre angle de 70° 05′, et on aura pour la perpendiculaire DF 14 mètres 10 centimètres 285 centimillimètres, et pour le plus petit côté CF 5 mètres 10 centimètres 975 centimillimètres (ou 5 mètres 11 centimètres.

Ensuite, on calculera la surface de la pièce par les procédés ordinaires, indiqués d'ailleurs dans l'ouvrage, et pour cette pièce page 116.

Dans cet exemple, comme il ne s'est agi que d'angles aigus, nous faisons observer aux personnes qui n'ont pas l'habitude des tables trigonométriques, que lorsqu'elles auront un angle obtus elles opéreront comme il est expliqué à la fin de la page 120, en se servant du supplément de l'angle pour arriver à 180 degrés.

Manière d'étendre le Barême.

Lorsque l'on aura une hypoténuse dépassant le nombre 20, ce qui doit arriver très-fréquemment, il suffira pour obtenir les côtés de l'angle droit, d'augmenter d'un ou de plusieurs zéros le chiffre de l'hypoténuse, et de déplacer l'intervalle que nous avons établi entre l'unité et les fractions dans les colonnes donnant les côtés de l'angle droit.

EXEMPLE :

Soit la figure 61 dont on veuille obtenir les côtés de l'angle droit du triangle rectangle ABE, si l'on suppose l'hypoténuse AB de 170 mètres.

En adoptant le principe indiqué plus haut, on aura (pag. 30, hypotén. 17), pour le côté BE, 28^m.-78-950 pour 170, au lieu de 2-87-895 pour 17, et pour le côté AE 167-54-520 pour 170, au lieu de 16^m.-75-452 pour 17.

Nous ne donnerons ici que ces seuls exemples de la manière de se servir du Barême, et nous renverrons, pour les autres, à la seconde partie du supplément, notamment à la page 108 et suivantes, où il est traité du mesurage des surfaces avec le graphomètre.

Hypoténuse.	0 d. 05 m. Côté opposé.	89 d. 55 m. Côté opposé.	Hypoténuse.	0 d. 10 m. Côté opposé.	89 d. 50 m. Côté opposé.
1	0 00 145	0 99 999	1	0 00 291	0 99 999
2	0 00 290	1 99 998	2	0 00 582	1 99 998
3	0 00 435	2 99 997	3	0 00 873	2 99 997
4	0 00 580	3 99 996	4	0 01 164	3 99 996
5	0 00 725	4 99 995	5	0 01 455	4 99 995
6	0 00 870	5 99 994	6	0 01 746	5 99 994
7	0 01 015	6 99 993	7	0 02 037	6 99 993
8	0 01 160	7 99 992	8	0 02 328	7 99 992
9	0 01 305	8 99 991	9	0 02 619	8 99 991
10	0 01 450	9 99 990	10	0 02 910	9 99 990
11	0 01 595	10 99 989	11	0 03 201	10 99 989
12	0 01 740	11 99 988	12	0 03 492	11 99 988
13	0 01 885	12 99 987	13	0 03 783	12 99 987
14	0 02 030	13 99 986	14	0 04 074	13 99 986
15	0 02 175	14 99 985	15	0 04 365	14 99 985
16	0 02 320	15 99 984	16	0 04 656	15 99 984
17	0 02 465	16 99 983	17	0 04 947	16 99 983
18	0 02 610	17 99 982	18	0 05 238	17 99 982
19	0 02 755	18 99·981	19	0 05 529	18 99 981
20	0 02 900	19 99 980	20	0 05 820	19 99 980

Hyp.	0 d. 15 m. Côté opposé.	89 d. 45 m. Côté opposé.	Hyp.	0 d. 20 m. Côté opposé.	89 d. 40 m. Côté opposé.
1	0 00 436	0 99 999	1	0 00 582	0 99 998
2	0 00 872	1 99 998	2	0 01 164	1 99 996
3	0 01 308	2 99 997	3	0 01 746	2 99 994
4	0 01 744	3 99 996	4	0 02 328	3 99 992
5	0 02 180	4 99 995	5	0 02 910	4 99 990
6	0 02 616	5 99 994	6	0 03 492	5 99 988
7	0 03 052	6 99 993	7	0 04 074	6 99 986
8	0 03 488	7 99 992	8	0 04 656	7 99 984
9	0 03 924	8 99 991	9	0 05 238	8 99 982
10	0 04 360	9 99 990	10	0 05 820	9 99 980
11	0 04 796	10 99 989	11	0 06 402	10 99 978
12	0 05 232	11 99 988	12	0 06 984	11 99 976
13	0 05 668	12 99 987	13	0 07 566	12 99 974
14	0 06 104	13 99 986	14	0 08 148	13 99 972
15	0 06 540	14 99 985	15	0 08 730	14 99 970
16	0 06 976	15 99 984	16	0 09 312	15 99 968
17	0 07 412	16 99 983	17	0 09 894	16 99 966
18	0 07 848	17 99 982	18	0 10 476	17 99 964
19	0 08 284	18 99 981	19	0 11 058	18 99 962
20	0 08 720	19 99 980	20	0 11 640	19 99 960

Hypo-té-nuse.	0 d. 25 m. Côté opposé.	89 d. 35 m. Côté opposé.	Hypo-té-nuse.	0 d. 30 m. Côté opposé.	89 d. 30 m. Côté opposé.
1	0 00 727	0 99 997	1	0 00 873	0 99 996
2	0 01 454	1 99 994	2	0 01 746	1 99 992
3	0 02 181	2 99 991	3	0 02 619	2 99 988
4	0 02 908	3 99 988	4	0 03 492	3 99 984
5	0 03 635	4 99 985	5	0 04 365	4 99 980
6	0 04 362	5 99 982	6	0 05 238	5 99 976
7	0 05 089	6 99 979	7	0 06 111	6 99 972
8	0 05 816	7 99 976	8	0 06 984	7 99 968
9	0 06 543	8 99 973	9	0 07 857	8 99 964
10	0 07 270	9 99 970	10	0 08 730	9 99 960
11	0 07 997	10 99 967	11	0 09 603	10 99 956
12	0 08 724	11 99 964	12	0 10 476	11 99 952
13	0 09 451	12 99 961	13	0 11 349	12 99 948
14	0 10 178	13 99 958	14	0 12 222	13 99 944
15	0 10 905	14 99 955	15	0 13 095	14 99 940
16	0 11 632	15 99 952	16	0 13 968	15 99 936
17	0 12 359	16 99 949	17	0 14 841	16 99 932
18	0 13 086	17 99 946	18	0 15 714	17 99 928
19	0 13 813	18 99 943	19	0 16 587	18 99 924
20	0 14 540	19 99 940	20	0 17 460	19 99 920

Hyp.	0 d. 35 m. Côté opposé.	89 d. 25 m. Côté opposé.	Hyp.	0 d. 40 m. Côté opposé.	89 d. 20 m. Côté opposé.
1	0 01 018	0 99 995	1	0 01 163	0 99 993
2	0 02 036	1 99 990	2	0 02 326	1 99 986
3	0 03 054	2 99 985	3	0 03 489	2 99 979
4	0 04 072	3 99 980	4	0 04 652	3 99 972
5	0 05 090	4 99 975	5	0 05 815	4 99 965
6	0 06 108	5 99 970	6	0 06 978	5 99 958
7	0 07 126	6 99 965	7	0 08 141	6 99 951
8	0 08 144	7 99 960	8	0 09 304	7 99 944
9	0 09 162	8 99 955	9	0 10 467	8 99 937
10	0 10 180	9 99 950	10	0 11 630	9 99 930
11	0 11 198	10 99 945	11	0 12 793	10 99 923
12	0 12 216	11 99 940	12	0 13 956	11 99 916
13	0 13 234	12 99 935	13	0 15 119	12 99 909
14	0 14 252	13 99 930	14	0 16 282	13 99 902
15	0 15 270	14 99 925	15	0 17 445	14 99 895
16	0 16 288	15 99 920	16	0 18 608	15 99 888
17	0 17 306	16 99 915	17	0 19 771	16 99 881
18	0 18 324	17 99 910	18	0 20 934	17 99 874
19	0 19 342	18 99 905	19	0 22 097	18 99 867
20	0 20 360	19 99 900	20	0 23 260	19 99 860

Hypoténuse.	0 d. 45 m. Côté opposé.	89 d. 45 m. Côté opposé.	Hypoténuse.	0 d. 50 m. Côté opposé.	89 d. 40 m. Côté opposé.
1	0 01 309	0 99 991	1	0 01 454	0 99 989
2	0 02 618	1 99 982	2	0 02 908	1 99 978
3	0 03 927	2 99 973	3	0 04 362	2 99 967
4	0 05 236	3 99 964	4	0 05 816	3 99 956
5	0 06 545	4 99 955	5	0 07 270	4 99 945
6	0 07 854	5 99 946	6	0 08 724	5 99 934
7	0 09 163	6 99 937	7	0 10 178	6 99 923
8	0 10 472	7 99 928	8	0 11 632	7 99 912
9	0 11 781	8 99 919	9	0 13 086	8 99 901
10	0 13 090	9 99 910	10	0 14 540	9 99 890
11	0 14 399	10 99 901	11	0 15 994	10 99 879
12	0 15 708	11 99 892	12	0 17 448	11 99 868
13	0 17 017	12 99 883	13	0 18 902	12 99 857
14	0 18 326	13 99 874	14	0 20 356	13 99 846
15	0 19 635	14 99 865	15	0 21 810	14 99 835
16	0 20 944	15 99 856	16	0 23 264	15 99 824
17	0 22 253	16 99 847	17	0 24 718	16 99 813
18	0 23 562	17 99 838	18	0 26 172	17 99 802
19	0 24 871	18 99 829	19	0 27 626	18 99 791
20	0 26 180	19 99 820	20	0 29 080	19 99 780

Hyp.	0 d. 55 m.	89 d. 05 m.	Hyp.	1 d. 00 m.	89 d. 00 m.
1	0 01 600	0 99 987	1	0 01 745	0 99 985
2	0 03 200	1 99 974	2	0 03 490	1 99 970
3	0 04 800	2 99 961	3	0 05 235	2 99 955
4	0 06 400	3 99 948	4	0 06 980	3 99 940
5	0 08 000	4 99 935	5	0 08 725	4 99 925
6	0 09 600	5 99 922	6	0 10 470	5 99 910
7	0 11 200	6 99 909	7	0 12 215	6 99 895
8	0 12 800	7 99 896	8	0 13 960	7 99 880
9	0 14 400	8 99 883	9	0 15 705	8 99 865
10	0 16 000	9 99 870	10	0 17 450	0 99 850
11	0 17 600	10 99 857	11	0 19 195	10 99 835
12	0 19 200	11 99 844	12	0 20 940	11 99 820
13	0 20 800	12 99 831	13	0 22 685	12 99 805
14	0 22 400	13 99 818	14	0 24 430	13 99 790
15	0 24 000	14 99 805	15	0 26 475	14 99 775
16	0 25 600	15 99 792	16	0 27 920	15 99 760
17	0 27 200	16 99 779	17	0 29 665	16 99 745
18	0 28 800	17 99 766	18	0 31 410	17 99 730
19	0 30 400	18 99 753	19	0 33 155	18 99 715
20	0 32 000	19 99 740	20	0 34 900	19 99 700

Hypoténuse.	1 d. 05 m. Côté opposé.	88 d. 55 m. Côté opposé.	Hypoténuse.	1 d. 10 m. Côté opposé.	88 d. 50 m. Côté opposé.
1	0 01 891	0 99 982	1	0 02 036	0 99 979
2	0 03 782	1 99 964	2	0 04 072	1 99 958
3	0 05 673	2 99 946	3	0 06 108	2 99 937
4	0 07 564	3 99 928	4	0 08 144	3 99 916
5	0 09 455	4 99 910	5	0 10 180	4 99 895
6	0 11 346	5 99 892	6	0 12 216	5 99 874
7	0 13 237	6 99 874	7	0 14 252	6 99 853
8	0 15 128	7 99 856	8	0 16 288	7 99 832
9	0 17 019	8 99 838	9	0 18 324	8 99 811
10	0 18 910	9 99 820	10	0 20 360	9 99 790
11	0 20 801	10 99 802	11	0 22 396	10 99 769
12	0 22 692	11 99 784	12	0 24 432	11 99 748
13	0 24 583	12 99 766	13	0 26 468	12 99 727
14	0 26 474	13 99 748	14	0 28 504	13 99 706
15	0 28 365	14 99 730	15	0 30 540	14 99 685
16	0 30 256	15 99 712	16	0 32 576	15 99 664
17	0 32 147	16 99 694	17	0 34 612	16 99 643
18	0 34 038	17 99 676	18	0 36 648	17 99 622
19	0 35 929	18 99 658	19	0 38 684	18 99 601
20	0 37 820	19 99 640	20	0 40 720	19 99 580

Hyp.	1 d. 15 m.	88 d. 45 m.	Hyp.	1 d. 20 m.	88 d. 40 m.
1	0 02 181	0 99 976	1	0 02 327	0 99 973
2	0 04 362	1 99 952	2	0 04 654	1 99 946
3	0 06 543	2 99 928	3	0 06 981	2 99 919
4	0 08 724	3 99 904	4	0 09 308	3 99 892
5	0 10 905	4 99 880	5	0 11 635	4 99 865
6	0 13 086	5 99 856	6	0 13 962	5 99 838
7	0 15 267	6 99 832	7	0 16 289	6 99 811
8	0 17 448	7 99 808	8	0 18 616	7 99 784
9	0 19 629	8 99 784	9	0 20 943	8 99 757
10	0 21 810	9 99 760	10	0 23 270	9 99 730
11	0 23 991	10 99 736	11	0 25 597	10 99 703
12	0 26 472	11 99 712	12	0 27 924	11 99 676
13	0 28 353	12 99 688	13	0 30 251	12 99 649
14	0 30 534	13 99 664	14	0 32 578	13 99 622
15	0 32 715	14 99 640	15	0 34 905	14 99 595
16	0 34 896	15 99 616	16	0 37 232	15 99 568
17	0 37 077	16 99 592	17	0 39 559	16 99 541
18	0 39 258	17 99 568	18	0 41 886	17 99 514
19	0 41 439	18 99 544	19	0 44 213	18 99 487
20	0 43 620	19 99 520	20	0 46 540	19 99 460

Hypoténuse.	1 d. 25 m. Côté opposé.	88 d. 35 m. Côté opposé.	Hypoténuse.	1 d. 30 m. Côté opposé.	88 d. 30 m. Côté opposé.
1	0 02 472	0 99 969	1	0 02 618	0 99 966
2	0 04 944	1 99 938	2	0 05 236	1 99 932
3	0 07 416	2 99 907	3	0 07 854	2 99 898
4	0 09 888	3 99 876	4	0 10 472	3 99 864
5	0 12 360	4 99 845	5	0 13 090	4 99 830
6	0 14 832	5 99 814	6	0 15 708	5 99 796
7	0 17 304	6 99 783	7	0 18 326	6 99 769
8	0 19 776	7 99 752	8	0 20 944	7 99 728
9	0 22 248	8 99 721	9	0 23 562	8 99 694
10	0 24 720	9 99 690	10	0 26 180	9 99 660
11	0 27 192	10 99 659	11	0 28 798	10 99 626
12	0 29 664	11 99 628	12	0 31 416	11 99 592
13	0 32 136	12 99 597	13	0 34 034	12 99 558
14	0 34 608	13 99 566	14	0 36 652	13 99 524
15	0 37 080	14 99 535	15	0 39 270	14 99 490
16	0 39 552	15 99 504	16	0 41 888	15 99 456
17	0 42 024	16 99 473	17	0 44 506	16 99 422
18	0 44 496	17 99 442	18	0 47 124	17 99 388
19	0 46 968	18 99 411	19	0 49 742	18 99 354
20	0 49 440	19 99 380	20	0 52 360	19 99 320

Hyp.	1 d. 35 m. Côté opposé.	88 d. 25 m. Côté opposé.	Hyp.	1 d. 40 m. Côté opposé.	88 d. 20 m. Côté opposé.
1	0 02 763	0 99 962	1	0 02 908	0 99 957
2	0 05 526	1 99 924	2	0 05 816	1 99 914
3	0 08 289	2 99 886	3	0 08 724	2 99 871
4	0 11 052	3 99 848	4	0 11 632	3 99 828
5	0 13 815	4 99 810	5	0 14 540	4 99 785
6	0 16 578	5 99 772	6	0 17 448	5 99 742
7	0 19 341	6 99 734	7	0 20 356	6 99 699
8	0 22 104	7 99 696	8	0 23 264	7 99 656
9	0 24 867	8 99 658	9	0 26 172	8 99 643
10	0 27 630	9 99 620	10	0 29 080	9 99 570
11	0 30 393	10 99 582	11	0 31 988	10 99 527
12	0 33 156	11 99 544	12	0 34 896	11 99 484
13	0 35 919	12 99 506	13	0 37 804	12 99 441
14	0 38 682	13 99 468	14	0 40 712	13 99 398
15	0 41 445	14 99 430	15	0 43 620	14 99 355
16	0 44 208	15 99 392	16	0 46 528	15 99 312
17	0 46 971	16 99 354	17	0 49 436	16 99 269
18	0 49 734	17 99 316	18	0 52 344	17 99 226
19	0 52 497	18 99 278	19	0 55 252	18 99 183
20	0 55 260	19 99 240	20	0 58 160	19 99 140

Hypoténuse.	1 d. 45 m. Côté opposé.	88 d. 15 m. Côté opposé.	Hypoténuse.	1 d. 50 m. Côté opposé.	88 d. 10 m. Côté opposé.
1	0 03 054	0 99 953	1	0 03 199	0 99 949
2	0 06 108	1 99 906	2	0 06 398	1 99 898
3	0 09 162	2 99 859	3	0 09 597	2 99 847
4	0 12 216	3 99 812	4	0 10 796	3 99 796
5	0 15 270	4 99 765	5	0 15 995	4 99 745
6	0 18 324	5 99 718	6	0 19 194	5 99 694
7	0 21 378	6 99 671	7	0 23 393	6 99 643
8	0 24 432	7 99 624	8	0 25 592	7 99 592
9	0 27 486	8 99 577	9	0 28 791	8 99 541
10	0 30 540	9 99 530	10	0 31 990	9 99 490
11	0 33 594	10 99 483	11	0 35 189	10 99 439
12	0 36 648	11 99 436	12	0 38 388	11 99 388
13	0 39 702	12 99 389	13	0 41 587	12 99 337
14	0 42 756	13 99 342	14	0 44 786	13 99 286
15	0 45 810	14 99 295	15	0 47 985	14 99 235
16	0 48 864	15 99 248	16	0 51 184	15 99 184
17	0 51 918	16 99 204	17	0 54 383	16 99 133
18	0 54 972	17 99 154	18	0 57 582	17 99 082
19	0 58 026	18 99 107	19	0 60 781	18 99 031
20	0 61 080	19 99 060	20	0 63 980	19 98 980

Hyp.	1 d. 55 m. Côté opposé.	88 d. 05 m. Côté opposé.	Hyp.	2 d. 00 m. Côté opposé.	88 d. 00 m. Côté opposé.
1	0 03 345	0 99 944	1	0 03 490	0 99 939
2	0 06 690	1 99 888	2	0 06 980	1 99 878
3	0 10 035	2 99 832	3	0 10 470	2 99 847
4	0 13 380	3 99 776	4	0 13 960	3 99 756
5	0 16 725	4 99 720	5	0 17 450	4 99 695
6	0 20 070	5 99 664	6	0 20 940	5 99 634
7	0 23 415	6 99 608	7	0 24 430	6 99 573
8	0 26 760	7 99 652	8	0 27 920	7 99 512
9	0 30 105	8 99 596	9	0 31 410	8 99 451
10	0 33 450	9 99 540	10	0 34 900	9 99 390
11	0 36 795	10 99 484	11	0 38 390	10 99 329
12	0 40 140	11 99 428	12	0 41 880	11 99 268
13	0 43 485	12 99 372	13	0 45 370	12 99 207
14	0 46 830	13 99 316	14	0 48 860	13 99 146
15	0 50 175	14 99 260	15	0 52 350	14 99 085
16	0 53 520	15 99 204	16	0 55 840	15 99 024
17	0 56 865	16 99 148	17	0 59 330	16 98 963
18	0 60 210	17 99 092	18	0 62 820	17 98 902
19	0 63 555	18 99 036	19	0 66 310	18 98 841
20	0 66 900	19 98 980	20	0 69 800	19 98 780

Hypo-té-nuse.	2 d. 05 m. Côté opposé.	87 d. 55 m. Côté opposé.	Hypo-té-nuse.	2 d. 10 m. Côté opposé.	87 d. 50 m. Côté opposé.
1	0 03 635	0 99 934	1	0 03 781	0 99 928
2	0 07 270	1 99 868	2	0 07 562	1 99 856
3	0 10 905	2 99 802	3	0 11 343	2 99 784
4	0 14 540	3 99 736	4	0 15 124	3 99 712
5	0 18 175	4 99 670	5	0 18 905	4 99 640
6	0 21 810	5 99 604	6	0 22 686	5 99 568
7	0 25 445	6 99 538	7	0 26 467	6 99 496
8	0 29 080	7 99 472	8	0 30 248	7 99 424
9	0 32 715	8 99 406	9	0 34 029	8 99 352
10	0 36 350	9 99 340	10	0 37 810	9 99 280
11	0 39 985	10 99 274	11	0 41 591	10 99 208
12	0 43 620	11 99 208	12	0 45 372	11 99 136
13	0 47 255	12 99 142	13	0 49 153	12 99 064
14	0 50 890	13 09 076	14	0 52 934	13 98 992
15	0 54 525	14 99 010	15	0 56 715	14 98 920
16	0 58 160	15 98 944	16	0 60 496	15 98 848
17	0 61 795	16 98 878	17	0 64 277	16 98 776
18	0 65 430	17 98 812	18	0 68 058	17 98 704
19	0 69 065	18 98 746	19	0 71 839	18 98 632
20	0 72 700	19 98 680	20	0 75 620	19 98 560

Hyp.	2 d. 15 m. Côté opposé.	87 d. 45 m. Côté opposé.	Hyp.	2 d. 20 m. Côté opposé.	87 d. 40 m. Côté opposé.
1	0 03 926	0 99 923	1	0 04 071	0 99 947
2	0 07 852	1 99 846	2	0 08 142	1 99 834
3	0 11 778	2 99 769	3	0 12 213	2 99 751
4	0 15 704	3 99 692	4	0 16 284	3 99 668
5	0 19 630	4 99 615	5	0 20 355	4 99 585
6	0 23 556	5 99 538	6	0 24 426	5 99 502
7	0 27 482	6 99 461	7	0 28 497	6 99 419
8	0 31 408	7 99 384	8	0 32 568	7 99 336
9	0 35 334	8 99 307	9	0 36 639	8 99 253
10	0 39 260	9 99 230	10	0 40 710	9 99 170
11	0 43 186	10 99 153	11	0 44 781	10 00 087
12	0 47 112	11 99 076	12	0 48 852	11 99 004
13	0 51 038	12 98 999	13	0 52 923	12 98 921
14	0 54 964	13 98 922	14	0 56 994	13 98 838
15	0 58 890	14 98 845	15	0 61 065	14 98 755
16	0 62 816	15 98 768	16	0 65 136	15 98 672
17	0 66 742	16 98 691	17	0 69 207	16 98 589
18	0 70 668	17 98 614	18	0 73 278	17 98 506
19	0 74 594	18 98 537	19	0 77 349	18 98 423
20	0 78 520	19 98 460	20	0 81 420	19 98 340

Hypoténuse.	2 d. 25 m. Côté opposé.	87 d. 35 m. Côté opposé.	Hypoténuse.	2 d. 30 m. Côté opposé.	87 d. 30 m. Côté opposé.
1	0 04 217	0 99 911	1	0 04 362	0 99 905
2	0 08 434	1 99 822	2	0 08 724	1 99 810
3	0 12 651	2 99 733	3	0 13 086	2 99 715
4	0 16 868	3 99 644	4	0 17 448	3 99 620
5	0 21 085	4 99 555	5	0 21 810	4 99 525
6	0 25 302	5 99 466	6	0 26 172	5 99 430
7	0 29 549	6 99 377	7	0 30 534	6 99 335
8	0 33 736	7 99 288	8	0 34 896	7 99 240
9	0 37 953	8 99 199	9	0 39 258	8 99 145
10	0 42 170	9 99 110	10	0 43 620	9 99 050
11	0 46 387	10 99 021	11	0 47 982	10 98 955
12	0 50 604	11 98 932	12	0 52 344	11 98 860
13	0 54 821	12 98 843	13	0 56 706	12 98 765
14	0 59 038	13 98 754	14	0 61 068	13 98 670
15	0 63 255	14 98 665	15	0 65 430	14 98 575
16	0 67 472	15 98 576	16	0 69 792	15 98 480
17	0 71 689	16 98 487	17	0 74 154	16 98 385
18	0 75 906	17 98 398	18	0 78 516	17 98 290
19	0 80 123	18 98 309	19	0 82 878	18 98 195
20	0 84 340	19 98 220	20	0 87 270	19 98 100

Hyp.	2 d. 35 m. Côté opposé.	87 d. 25 m. Côté opposé.	Hyp.	2 d. 40 m. Côté opposé.	87 d. 20 m. Côté opposé.
1	0 04 507	0 99 898	1	0 04 652	0 99 892
2	0 09 014	1 99 796	2	0 09 304	1 99 784
3	0 13 521	2 99 694	3	0 13 956	2 99 676
4	0 18 028	3 99 592	4	0 18 608	3 99 568
5	0 22 535	4 99 490	5	0 23 260	4 99 460
6	0 27 042	5 99 388	6	0 27 912	5 99 352
7	0 31 549	6 99 286	7	0 32 564	6 99 244
8	0 36 056	7 99 184	8	0 37 216	7 99 136
9	0 40 563	8 99 082	9	0 41 868	8 99 028
10	0 45 070	9 98 980	10	0 46 520	9 98 920
11	0 49 577	10 98 878	11	0 51 172	10 98 812
12	0 54 084	11 98 776	12	0 55 824	11 98 704
13	0 58 594	12 98 674	13	0 60 476	12 98 596
14	0 63 098	13 98 572	14	0 65 128	13 98 488
15	0 67 605	14 98 470	15	0 69 780	14 98 380
16	0 72 112	15 98 368	16	0 74 432	15 98 272
17	0 76 619	16 98 266	17	0 79 084	16 98 164
18	0 81 126	17 98 164	18	0 83 736	17 98 056
19	0 85 633	18 98 062	19	0 88 388	18 97 948
20	0 90 140	19 97 960	20	0 93 040	19 97 840

Hypoténuse.	2 d. 45 m. Côté opposé.	87 d. 45 m. Côté opposé.	Hypoténuse.	2 d. 50 m. Côté opposé.	87 d. 10 m. Côté opposé.
1	0 04 798	0 99 885	1	0 04 943	0 99 878
2	0 09 596	1 99 770	2	0 09 886	1 99 756
3	0 14 394	2 99 655	3	0 14 829	2 99 634
4	0 19 192	3 99 540	4	0 19 772	3 99 512
5	0 23 990	4 99 425	5	0 24 715	4 99 390
6	0 28 788	5 99 310	6	0 29 658	5 99 268
7	0 33 586	6 99 195	7	0 34 601	6 99 146
8	0 38 384	7 99 080	8	0 39 544	7 99 024
9	0 43 182	8 98 965	9	0 44 487	8 98 902
10	0 47 980	9 98 850	10	0 49 430	9 98 780
11	0 52 778	10 98 735	11	0 54 373	10 98 658
12	0 57 576	11 98 620	12	0 59 316	11 98 536
13	0 62 374	12 98 505	13	0 64 259	12 98 414
14	0 67 172	13 98 390	14	0 69 202	13 98 292
15	0 71 970	14 98 275	15	0 74 145	14 98 170
16	0 76 768	15 98 160	16	0 79 088	15 98 048
17	0 81 566	16 98 045	17	0 84 031	16 97 926
18	0 86 364	17 97 930	18	0 88 974	17 97 804
19	0 91 162	18 97 845	19	0 93 917	18 97 682
20	0 95 960	19 97 700	20	0 98 860	19 97 560

Hyp.	2 d. 55 m. Côté opposé.	87 d 05 m. Côté opposé.	Hyp.	3 d. 00 m. Côté opposé.	87 d. 00 m. Côté opposé.
1	0 05 088	0 99 870	1	0 05 234	0 99 863
2	0 10 176	1 99 740	2	0 10 468	1 99 726
3	0 15 264	2 99 610	3	0 15 702	2 99 589
4	0 20 312	3 99 480	4	0 20 936	3 99 452
5	0 25 440	4 99 350	5	0 26 170	4 99 315
6	0 30 528	5 99 220	6	0 31 404	5 99 178
7	0 35 616	6 99 090	7	0 36 638	6 99 041
8	0 40 704	7 98 960	8	0 41 872	7 98 904
9	0 45 792	8 98 830	9	0 47 106	8 98 767
10	0 50 880	9 98 700	10	0 52 340	9 98 630
11	0 55 978	10 98 570	11	0 57 574	10 98 493
12	0 61 056	11 98 440	12	0 62 808	11 98 356
13	0 66 144	12 98 310	13	0 68 042	12 98 249
14	0 71 232	13 98 180	14	0 73 276	13 98 082
15	0 76 320	14 98 050	15	0 78 510	14 97 945
16	0 81 408	15 97 920	16	0 83 744	15 97 808
17	0 86 496	16 97 790	17	0 88 978	16 97 671
18	0 91 584	17 97 660	18	0 94 242	17 97 534
19	0 96 672	18 97 530	19	0 99 446	18 97 397
20	1 01 760	19 97 400	20	1 04 680	19 97 260

Hypoténuse	3 d. 05 m. Côté opposé.	86 d. 55 m. Côté opposé.	Hypoténuse	3 d. 10 m. Côté opposé.	86 d. 50 m. Côté opposé.
1	0 05 379	0 99 855	1	0 05 524	0 99 847
2	0 10 758	1 99 710	2	0 11 048	1 99 694
3	0 16 137	2 99 565	3	0 16 572	2 99 541
4	0 21 516	3 99 420	4	0 22 096	3 99 388
5	0 26 895	4 99 275	5	0 27 620	4 99 235
6	0 32 274	5 99 130	6	0 33 144	5 99 082
7	0 37 653	6 98 985	7	0 38 668	6 98 929
8	0 43 032	7 98 840	8	0 44 192	7 98 776
9	0 48 411	8 98 695	9	0 49 716	8 98 623
10	0 53 790	9 98 550	10	0 55 240	9 98 470
11	0 59 169	10 98 405	11	0 60 764	10 98 317
12	0 64 548	11 98 260	12	0 66 288	11 98 164
13	0 69 927	12 98 115	13	0 71 812	12 98 011
14	0 75 306	13 97 970	14	0 77 336	13 97 858
15	0 80 685	14 97 825	15	0 82 860	14 97 705
16	0 86 064	15 97 680	16	0 88 384	15 97 552
17	0 91 443	16 97 535	17	0 93 908	16 97 399
18	0 96 822	17 97 390	18	0 99 432	17 97 246
19	1 02 201	18 97 245	19	1 04 956	18 97 093
20	1 07 580	19 97 100	20	1 10 480	19 96 940

Hyp.	3 d. 15 m.	86 d. 45 m.	Hyp.	3 d. 20 m.	86 d. 40 m.
1	0 05 660	0 99 839	1	0 05 814	0 99 831
2	0 11 338	1 99 678	2	0 11 628	1 99 662
3	0 17 007	2 99 517	3	0 17 442	2 99 493
4	0 22 676	3 99 356	4	0 23 256	3 99 324
5	0 28 345	4 99 195	5	0 29 070	4 99 155
6	0 34 014	5 99 034	6	0 34 884	5 98 986
7	0 39 683	6 98 873	7	0 40 698	6 98 847
8	0 45 352	7 98 712	8	0 46 512	7 98 648
9	0 51 021	8 98 551	9	0 52 326	8 98 479
10	0 56 690	9 98 390	10	0 58 140	9 98 310
11	0 62 359	10 98 229	11	0 63 954	10 98 141
12	0 68 028	11 98 068	12	0 69 768	11 97 972
13	9 73 697	12 97 907	13	0 75 582	12 97 803
14	0 79 366	13 97 746	14	0 81 396	13 97 634
15	0 85 035	14 97 585	15	0 87 210	14 97 465
16	0 90 704	15 97 424	16	0 93 024	15 97 296
17	0 96 373	16 97 263	17	0 98 838	16 97 127
18	1 02 042	17 97 102	18	1 04 652	17 96 958
19	1 07 711	18 96 941	19	1 10 466	18 96 789
20	1 13 380	19 96 780	20	1 16 280	19 96 620

Hypoténuse.	3 d. 25 m. Côté opposé.	86 d. 35 m. Côté opposé.	Hypoténuse.	3 d. 30 m. Côté opposé.	86 d. 30 m. Côté opposé.
1	0 05 960	0 99 822	1	0 06 105	0 99 843
2	0 11 920	1 99 644	2	0 12 210	1 99 626
3	0 17 880	2 99 466	3	0 18 315	2 99 439
4	0 23 840	3 99 288	4	0 24 420	3 99 252
5	0 29 800	4 99 110	5	0 30 525	4 99 065
6	0 35 760	5 98 932	6	0 36 630	5 98 878
7	0 41 720	6 98 754	7	0 42 735	6 98 691
8	0 47 680	7 98 576	8	0 48 840	7 98 504
9	0 53 640	8 98 398	9	0 54 945	8 98 317
10	0 59 600	9 98 220	10	0 61 050	9 98 130
11	0 65 560	10 98 042	11	0 67 155	10 97 948
12	0 71 520	11 97 864	12	0 73 260	11 97 756
13	0 77 480	12 97 686	13	0 79 365	12 97 569
14	0 83 440	13 97 508	14	0 85 470	13 97 382
15	0 89 400	14 97 330	15	0 91 575	14 97 195
16	0 95 360	15 97 152	16	0 97 680	15 97 008
17	1 01 320	16 96 974	17	1 03 785	16 96 821
18	1 07 280	17 96 796	18	1 09 890	17 96 634
19	1 13 240	18 96 618	19	1 15 995	18 96 447
20	1 19 200	19 96 440	20	1 22 100	19 96 260

Hyp.	3 d. 35 m. Côté opposé.	86 d. 25 m. Côté opposé.	Hyp	5 d. 40 m. Côté opposé.	86 d. 20 m. Côté opposé.
1	0 06 250	0 99 804	1	0 06 395	0 99 795
2	0 12 500	1 99 608	2	0 12 790	1 99 590
3	0 18 750	2 99 412	3	0 19 185	2 99 385
4	0 25 000	3 99 216	4	0 25 580	3 99 180
5	0 31 250	4 99 020	5	0 31 975	4 98 975
6	0 37 500	5 98 824	6	0 38 370	5 98 770
7	0 43 750	6 98 628	7	0 44 765	6 98 565
8	0 50 000	7 98 432	8	0 51 160	7 98 360
9	0 56 250	8 98 236	9	0 57 555	8 98 455
10	0 62 500	9 98 040	10	0 63 950	9 97 950
11	0 68 750	10 97 844	11	0 70 345	10 97 745
12	0 75 000	11 97 648	12	0 76 740	11 97 540
13	0 81 250	12 97 452	13	0 83 135	12 97 335
14	0 87 500	13 97 256	14	0 89 530	13 97 130
15	0 93 750	14 97 060	15	0 95 925	14 96 925
16	1 00 000	15 96 864	16	1 02 320	15 96 720
17	1 06 250	16 95 668	17	1 08 715	16 96 515
18	1 12 500	17 95 472	18	1 15 110	17 96 310
19	1 18 750	18 95 276	19	1 21 505	18 96 105
20	1 25 000	19 95 080	29	1 27 900	19 95 900

Hypoténuse.	3 d. 45 m. Côté opposé.	86 d. 15 m. Côté opposé.	Hypoténuse.	3 d. 50 m. Côté opposé.	86 d. 10 m. Côté opposé.
1	0 06 540	0 99 786	1	0 06 685	0 99 776
2	0 13 080	1 99 572	2	0 13 370	1 99 552
3	0 19 620	2 99 358	3	0 20 055	2 99 328
4	0 26 160	3 99 144	4	0 26 740	3 99 104
5	0 32 700	4 98 930	5	0 33 425	4 98 880
6	0 39 240	5 98 716	6	0 40 110	5 98 656
7	0 45 780	6 98 502	7	0 46 795	6 98 432
8	0 52 320	7 98 288	8	0 53 480	7 98 208
9	0 58 860	8 98 074	9	0 60 165	8 97 984
10	0 65 400	9 97 860	10	0 66 850	9 97 760
11	0 71 940	10 97 646	11	0 73 535	10 97 536
12	0 78 480	11 97 432	12	0 80 220	11 97 312
13	0 85 020	12 97 218	13	0 86 905	12 97 088
14	0 91 560	13 97 004	14	0 93 590	13 96 864
15	0 98 100	14 96 790	15	1 00 275	14 96 640
16	1 04 640	15 96 576	16	1 06 960	15 96 416
17	1 11 180	16 96 362	17	1 13 645	16 96 192
18	1 17 720	17 96 148	18	1 20 330	17 95 968
19	1 24 260	18 95 934	19	1 27 015	18 95 744
20	1 30 800	19 95 720	20	1 33 700	19 95 520

Hyp.	3 d. 55 m. Côté opposé.	86 d. 05 m. Côté opposé.	Hyp.	4 d. 00 m. Côté opposé.	86 d. 00 m. Côté opposé.
1	0 06 830	0 99 766	1	0 06 976	0 99 756
2	0 13 660	1 99 532	2	0 13 952	1 99 512
3	0 20 490	2 99 298	3	0 20 928	2 99 268
4	0 27 320	3 99 064	4	0 27 904	3 99 024
5	0 34 150	4 98 830	5	0 34 880	4 98 780
6	0 40 980	5 98 596	6	0 41 856	5 98 536
7	0 47 810	6 98 362	7	0 48 832	6 98 292
8	0 54 640	7 98 128	8	0 55 808	7 98 048
9	0 61 470	8 97 894	9	0 62 784	8 97 804
10	0 68 300	9 97 660	10	0 69 760	9 97 560
11	0 75 130	10 97 426	11	0 76 736	10 97 346
12	0 81 960	11 97 192	12	0 83 742	11 97 072
13	0 88 790	12 96 958	13	0 90 688	12 96 828
14	0 95 620	13 96 724	14	0 97 664	13 96 584
15	1 02 450	14 96 490	15	1 04 640	14 96 340
16	1 09 280	15 96 256	16	1 11 616	15 96 096
17	1 16 110	16 96 022	17	1 18 592	16 95 852
18	1 22 940	17 95 788	18	1 25 568	17 95 608
19	1 29 770	18 95 554	19	1 32 544	18 95 364
20	1 36 600	19 95 320	20	1 39 520	19 95 120

Hypoténuse.	4 d. 05 m. Côté opposé.	85 d. 55 m. Côté opposé.	Hypoténuse.	4 d. 10 m. Côté opposé.	85 d. 50 m. Côté opposé.
1	0 07 121	0 99 746	1	0 07 266	0 99 736
2	0 14 242	1 99 492	2	0 14 532	1 99 472
3	0 21 363	2 99 238	3	0 21 798	2 99 208
4	0 28 484	3 98 984	4	0 29 064	3 98 944
5	0 35 605	4 98 730	5	0 36 330	4 98 680
6	0 42 726	5 98 476	6	0 43 596	5 98 416
7	0 49 847	6 98 222	7	0 50 862	6 98 452
8	0 56 968	7 97 968	8	0 58 128	7 97 888
9	0 64 089	8 97 714	9	0 65 394	8 97 624
10	0 71 210	9 97 460	10	0 72 660	9 97 360
11	0 78 331	10 97 206	11	0 79 926	10 97 096
12	0 85 452	11 96 952	12	0 87 192	11 96 832
13	0 92 573	12 96 698	13	0 94 458	12 96 568
14	0 99 694	13 96 444	14	1 01 724	13 96 304
15	1 06 815	14 96 190	15	1 08 990	14 96 040
16	1 13 936	15 95 936	16	1 16 256	15 95 776
17	1 21 057	16 95 682	17	1 23 522	16 95 512
18	1 28 178	17 95 428	18	1 30 788	17 95 248
19	1 35 299	18 95 174	19	1 38 054	18 94 984
20	1 42 420	19 94 920	20	1 45 320	19 94 720

Hyp.	4 d. 15 m. Côté opposé.	85 d. 45 m. Côté opposé.	Hyp.	4 d. 20 m. Côté opposé.	85 d. 40 m. Côté opposé.
1	0 07 411	0 99 725	1	0 07 556	0 99 714
2	0 14 822	1 99 450	2	0 15 112	1 99 428
3	0 22 233	2 99 175	3	0 22 668	2 99 142
4	0 29 644	3 98 900	4	0 30 224	3 98 856
5	0 37 055	4 98 625	5	0 37 780	4 98 570
6	0 44 466	5 98 350	6	0 45 336	5 98 284
7	0 51 877	6 98 075	7	0 52 892	6 97 998
8	0 59 288	7 97 800	8	0 60 448	7 97 712
9	0 66 699	8 97 525	9	0 68 004	8 97 426
10	0 74 110	9 97 250	10	0 75 560	9 97 140
11	0 81 521	10 96 975	11	0 83 116	10 96 854
12	0 88 932	11 96 700	12	0 90 672	11 96 568
13	0 96 343	12 96 425	13	0 98 228	12 96 282
14	1 03 754	13 96 150	14	1 05 784	13 95 996
15	1 11 165	14 95 875	15	1 13 340	14 95 710
16	1 18 576	15 95 600	16	1 20 896	15 95 424
17	1 25 987	16 95 325	17	1 28 452	16 95 138
18	1 33 398	17 95 050	18	1 36 008	17 94 852
19	1 40 809	18 94 775	19	1 43 564	18 94 566
20	1 48 220	19 94 500	20	1 51 120	19 94 280

Hypoténuse.	4 d. 25 m. Côté opposé.	85 d. 35 m. Côté opposé.	Hypoténuse.	4 d. 30 m. Côté opposé.	85 d. 30 m. Côté opposé.
1	0 07 701	0 99 703	1	0 07 846	0 99 619
2	0 15 402	1 99 406	2	0 15 692	1 99 384
3	0 23 103	2 99 109	3	0 23 538	2 99 076
4	0 30 804	3 98 812	4	0 31 384	3 98 768
5	0 38 505	4 98 515	5	0 39 230	4 98 460
6	0 46 206	5 98 218	6	0 47 076	5 98 152
7	0 53 907	6 97 921	7	0 54 922	6 97 844
8	0 61 608	7 97 624	8	0 62 768	7 97 536
9	0 69 309	8 97 327	9	0 70 614	8 97 228
10	0 77 010	9 97 030	10	0 78 460	9 96 920
11	0 84 711	10 96 733	11	0 86 306	10 96 612
12	0 92 412	11 96 436	12	0 94 152	11 96 304
13	1 00 113	12 96 139	13	1 01 998	12 95 996
14	1 07 814	13 95 842	14	1 09 844	13 95 688
15	1 15 515	14 95 545	15	1 17 690	14 95 380
16	1 23 216	15 95 248	16	1 25 536	15 95 072
17	1 30 917	16 94 951	17	1 33 382	16 94 764
18	1 38 618	17 94 654	18	1 41 228	17 94 456
19	1 46 319	18 94 357	19	1 49 074	18 94 148
20	1 54 020	19 94 060	20	1 56 920	19 93 840

Hyp.	4 d. 35 m. Côté opposé.	85 d. 25 m. Côté opposé.	Hyp.	4 d. 40 m. Côté opposé.	85 d. 20 m. Côté opposé.
1	0 07 991	0 99 680	1	0 08 136	0 99 668
2	0 15 982	1 99 360	2	0 16 272	1 99 336
3	0 23 973	2 99 040	3	0 24 408	2 99 004
4	0 31 964	3 98 720	4	0 32 544	3 98 672
5	0 39 955	4 98 400	5	0 40 680	4 98 340
6	0 47 946	5 98 080	6	0 48 816	5 98 008
7	0 55 937	6 97 760	7	0 56 952	6 97 676
8	0 63 928	7 97 440	8	0 65 088	7 97 344
9	0 71 949	8 97 120	9	0 73 224	8 97 012
10	0 79 940	9 96 800	10	0 81 360	9 96 680
11	0 87 901	10 96 480	11	0 89 496	10 96 348
12	0 95 892	11 96 160	12	0 97 632	11 96 016
13	1 03 883	12 95 840	13	1 05 768	12 95 684
14	1 11 874	13 95 520	14	1 13 904	13 95 352
15	1 19 865	14 95 200	15	1 22 040	14 95 020
16	1 27 856	15 94 880	16	1 30 176	15 94 688
17	1 35 847	16 94 560	17	1 38 312	16 94 356
18	1 43 838	17 94 240	18	1 46 448	17 94 024
19	1 51 829	18 93 920	19	1 54 584	18 93 692
20	1 59 820	19 93 600	20	1 62 720	19 93 360

Hypoté-nuse.	4 d. 45 m. Côté opposé.	85 d. 15 m. Côté opposé.	Hypoté-nuse.	4 d. 50 m. Côté opposé.	85 d. 10 m. Côté opposé.
1	0 08 284	0 99 656	1	0 08 426	0 99 644
2	0 16 562	1 99 312	2	0 16 852	1 99 288
3	0 24 843	2 98 968	3	0 25 278	2 98 932
4	0 33 124	3 98 624	4	0 33 704	3 98 576
5	0 41 405	4 98 280	5	0 42 130	4 98 220
6	0 49 686	5 97 936	6	0 50 556	5 97 864
7	0 57 967	6 97 592	7	0 58 982	6 97 508
8	0 66 248	7 97 248	8	0 67 408	7 97 152
9	0 74 529	8 96 904	9	0 75 834	8 96 796
10	0 82 810	9 96 560	10	0 84 260	9 96 440
11	0 91 091	10 96 216	11	0 92 686	10 96 084
12	0 99 372	11 95 872	12	1 01 112	11 95 728
13	1 07 653	12 95 528	13	1 09 538	12 95 372
14	1 15 934	13 95 184	14	1 17 964	13 95 016
15	1 24 215	14 94 840	15	1 26 390	14 94 660
16	1 32 496	15 94 496	16	1 34 816	15 94 304
17	1 40 777	16 94 152	17	1 43 242	16 93 948
18	1 49 058	17 93 808	18	1 51 668	17 93 592
19	1 57 339	18 93 464	19	1 60 094	18 93 236
20	1 65 620	19 93 120	20	1 68 520	19 92 880

Hyp.	4 d. 55 m. Côté opposé.	85 d. 05 m. Côté opposé.	Hyp.	5 d. 00 m. Côté opposé.	85 d. 00 m. Côté opposé.
1	0 08 571	0 99 632	1	0 08 715	0 99 649
2	0 17 142	1 99 264	2	0 17 430	1 99 238
3	0 25 713	2 98 896	3	0 26 145	2 98 857
4	0 34 284	3 98 528	4	0 34 860	3 98 476
5	0 42 855	4 98 160	5	0 43 575	4 98 095
6	0 51 426	5 97 792	6	0 52 290	5 97 744
7	0 59 997	6 97 424	7	0 61 005	6 97 333
8	0 68 568	7 97 056	8	0 69 720	7 96 952
9	0 77 139	8 96 688	9	0 78 435	8 96 571
10	0 85 710	9 96 320	10	0 87 150	9 96 190
11	0 94 281	10 95 952	11	0 95 865	10 95 809
12	1 02 852	11 95 584	12	1 04 580	11 95 428
13	1 11 423	12 95 216	13	1 13 295	12 95 047
14	1 19 994	13 94 848	14	1 22 010	13 94 666
15	1 28 565	14 94 480	15	1 30 725	14 94 285
16	1 37 136	15 99 112	16	1 39 440	15 93 904
17	1 45 707	16 93 744	17	1 48 155	16 93 523
18	1 54 278	17 93 376	18	1 56 870	17 93 142
19	1 62 849	18 93 008	19	1 65 585	18 92 764
20	1 74 420	19 92 640	20	1 74 300	19 92 380

Hypoténuse.	5 d. 05 m. Côté opposé.	84 d. 55 m. Côté opposé.	Hypoténuse.	5 d. 10 m. Côté opposé.	84 d. 50 m. Côté opposé.
1	0 08 860	0 99 607	1	0 09 005	0 99 594
2	0 17 720	1 99 214	2	0 18 010	1 99 188
3	0 26 580	2 98 821	3	0 27 045	2 98 782
4	0 35 440	3 98 428	4	0 36 020	3 98 376
5	0 44 300	4 98 035	5	0 45 025	4 97 970
6	0 53 160	5 97 642	6	0 54 030	5 97 564
7	0 62 020	6 97 249	7	0 63 035	6 97 458
8	0 70 880	7 96 856	8	0 72 040	7 96 752
9	0 79 740	8 96 463	9	0 81 045	8 96 346
10	0 88 600	9 96 070	10	0 90 050	9 95 940
11	0 97 460	10 95 677	11	0 99 055	10 95 534
12	1 06 320	11 95 284	12	1 08 060	11 95 128
13	1 15 180	12 94 891	13	1 17 065	12 94 722
14	1 24 040	13 94 498	14	1 26 070	13 94 316
15	1 32 900	14 94 105	15	1 35 075	14 93 910
16	1 41 760	15 93 712	16	1 44 080	15 93 504
17	1 50 620	16 93 319	17	1 53 085	16 93 098
18	1 59 480	17 92 926	18	1 62 090	17 92 692
19	1 68 340	18 92 533	19	1 71 095	18 92 286
20	1 77 200	19 92 140	20	1 80 100	19 91 880

Hyp.	5 d. 15 m.	84 d. 45 m.	Hyp.	5 d. 20 m.	84 d. 40 m
1	0 09 150	0 99 580	1	0 09 295	0 99 567
2	0 18 300	1 99 160	2	0 18 590	1 99 134
3	0 27 450	2 98 740	3	0 27 885	2 98 701
4	0 36 600	3 98 320	4	0 37 180	3 98 268
5	0 45 750	4 97 900	5	0 46 475	4 97 835
6	0 54 900	5 97 480	6	0 55 770	5 97 402
7	0 64 050	6 97 060	7	0 65 065	6 96 969
8	0 73 200	7 96 640	8	0 74 360	7 96 536
9	0 82 350	8 96 220	9	0 83 655	8 96 103
10	0 91 500	9 95 800	10	0 92 950	9 95 670
11	1 00 650	10 95 380	11	1 02 245	10 95 237
12	1 09 800	11 94 960	12	1 11 540	11 94 804
13	1 18 950	12 94 540	13	1 20 835	12 94 371
14	1 28 100	13 94 120	14	1 30 130	13 93 938
15	1 37 250	14 93 700	15	1 39 425	14 93 505
16	1 46 400	15 93 280	16	1 48 720	15 93 072
17	1 55 550	16 92 860	17	1 58 015	16 92 639
18	1 64 700	17 92 440	18	1 67 310	17 92 206
19	1 73 850	18 92 020	19	1 76 605	18 91 773
20	1 83 000	19 91 600	20	1 85 900	19 91 340

Hypoténuse.	5 d. 25 m. Côté opposé.	84 d. 35 m. Côté opposé.	Hypoténuse.	5 d. 30 m. Côté opposé.	84 d. 30 m. Côté opposé.
1	0 09 440	0 99 553	1	0 09 584	0 99 539
2	0 18 880	1 99 106	2	0 19 168	1 99 078
3	0 28 320	2 98 659	3	0 28 752	2 98 617
4	0 37 760	3 98 212	4	0 38 336	3 98 156
5	0 47 200	4 97 765	5	0 47 920	4 97 695
6	0 56 640	5 97 318	6	0 57 504	5 97 234
7	0 66 080	6 96 874	7	0 67 088	6 96 773
8	0 75 520	7 96 424	8	0 76 672	7 96 312
9	0 84 960	8 95 977	9	0 86 256	8 95 854
10	0 94 400	9 95 530	10	0 95 840	9 95 390
11	1 03 840	10 95 083	11	1 05 424	10 94 929
12	1 13 280	11 94 636	12	1 15 008	11 94 468
13	1 22 720	12 94 189	13	1 24 592	12 94 007
14	1 32 160	13 93 742	14	1 34 176	13 93 546
15	1 41 600	14 93 295	15	1 43 760	14 93 085
16	1 51 040	15 92 848	16	1 53 344	15 92 624
17	1 60 480	16 92 401	17	1 62 928	16 92 163
18	1 69 920	17 91 954	18	1 72 512	17 91 702
19	1 79 360	18 91 507	19	1 82 096	18 91 241
20	1 88 800	19 91 060	20	1 94 680	19 90 780

Hyp.	5 d. 35 m.	84 d. 25 m.	Hyp.	5 d. 40 m.	84 d. 20 m.
1	0 09 729	0 99 525	1	0 09 874	0 99 511
2	0 19 458	1 99 050	2	0 19 748	1 99 022
3	0 29 187	2 98 575	3	0 29 622	2 98 533
4	0 38 916	3 98 100	4	0 39 496	3 98 044
5	0 48 645	4 97 625	5	0 49 370	4 97 555
6	0 58 374	5 97 450	6	0 59 244	5 97 066
7	0 68 103	6 96 675	7	0 69 118	6 96 577
8	0 77 832	7 96 200	8	0 78 992	7 96 088
9	0 87 561	8 95 725	9	0 88 866	8 95 599
10	0 97 290	9 95 250	10	0 98 740	9 95 110
11	1 07 019	10 94 775	11	1 08 614	10 94 621
12	1 16 748	11 94 300	12	1 18 488	11 94 132
13	1 26 477	12 93 825	13	1 28 362	12 93 643
14	1 36 206	13 93 350	14	1 38 236	13 93 154
15	1 45 935	14 92 875	15	1 48 110	14 92 665
16	1 55 664	15 92 400	16	1 57 984	15 92 176
17	1 65 393	16 91 925	17	1 67 858	16 91 687
18	1 75 122	17 91 450	18	1 77 732	17 91 198
19	1 84 851	18 90 975	19	1 87 606	18 90 709
20	1 94 580	19 90 500	20	1 97 480	19 90 220

Hypo-té-nuse.	5 d. 45 m. Côté opposé.	84 d. 15 m Côté opposé.	Hypo-té-nuse.	5 d. 50 m. Côté opposé.	84 d. 10 m. Côté opposé.
1	0 10 019	0 99 497	1	0 10 163	0 99 482
2	0 20 038	1 98 994	2	0 20 326	1 98 964
3	0 30 057	2 98 491	3	0 30 489	2 98 446
4	0 40 076	3 97 988	4	0 40 652	3 97 928
5	0 50 095	4 97 485	5	0 50 815	4 97 410
6	0 60 114	5 96 982	6	0 60 978	5 96 892
7	0 70 133	6 96 479	7	0 71 141	6 96 374
8	0 80 152	7 95 976	8	0 81 304	7 95 856
9	0 90 171	8 95 473	9	0 91 467	8 95 338
10	1 00 190	9 94 970	10	1 01 630	9 94 820
11	1 10 209	10 94 467	11	1 11 793	10 94 302
12	1 20 228	11 93 964	12	1 21 956	11 93 784
13	1 30 247	12 93 461	13	1 32 119	12 93 266
14	1 40 266	13 92 958	14	1 42 282	13 92 748
15	1 50 285	14 92 455	15	1 52 445	14 92 230
16	1 60 304	15 91 952	16	1 62 608	15 91 712
17	1 70 323	16 91 449	17	1 72 771	16 91 194
18	1 80 342	17 90 946	18	1 82 934	17 90 676
19	1 90 364	18 90 443	19	1 93 097	18 90 458
20	2 00 380	19 89 940	20	2 03 260	19 89 640

Hyp.	5 d. 55 m. Côté opposé.	84 d. 05 m. Côté opposé.	Hyp.	6 d. 00 m. Côté opposé.	84 d. 00 m. Côté opposé.
1	0 10 308	0 99 467	1	0 10 453	0 99 452
2	0 20 616	1 98 934	2	0 20 906	1 98 904
3	0 30 924	2 98 401	3	0 31 359	2 98 356
4	0 41 232	3 97 868	4	0 41 812	3 97 808
5	0 51 540	4 97 335	5	0 52 265	4 97 260
6	0 61 848	5 96 802	6	0 62 718	5 96 712
7	0 72 156	6 96 269	7	0 73 171	6 96 164
8	0 82 464	7 95 736	8	0 83 624	7 95 616
9	0 92 772	8 95 203	9	0 94 077	8 95 068
10	1 03 080	9 94 670	10	1 04 530	9 94 520
11	1 13 388	10 94 137	11	1 14 983	10 93 972
12	1 23 696	11 93 604	12	1 25 436	11 93 424
13	1 34 004	12 93 071	13	1 35 889	12 92 876
14	1 44 312	13 92 538	14	1 46 342	13 92 328
15	1 54 620	14 92 005	15	1 56 795	14 91 780
16	1 64 928	15 91 472	16	1 67 248	15 91 232
17	1 75 236	16 90 939	17	1 77 701	16 90 684
18	1 85 554	17 90 406	18	1 88 154	17 90 436
19	1 95 852	18 89 873	19	1 98 607	18 89 588
20	2 06 160	19 89 340	20	2 09 060	19 89 040

Hypoténuse.	6 d. 05 m. Côté opposé.	83 d. 55 m. Côté opposé.	Hypoténuse.	6 d. 10 m. Côté opposé.	83 d. 50 m. Côté opposé.
1	0 10 597	0 99 437	1	0 10 742	0 99 421
2	0 21 194	1 98 874	2	0 21 484	1 98 842
3	0 31 794	2 98 311	3	0 32 226	2 98 263
4	0 42 388	3 97 748	4	0 42 968	3 97 684
5	0 52 985	4 97 185	5	0 53 710	4 97 105
6	0 63 582	5 96 622	6	0 64 452	5 96 526
7	0 74 179	6 96 059	7	0 75 194	6 95 947
8	0 84 776	7 95 496	8	0 85 936	7 95 368
9	0 95 373	8 94 933	9	0 96 678	8 94 789
10	1 05 970	9 94 370	10	1 07 420	9 94 240
11	1 16 567	10 93 807	11	1 18 162	10 93 631
12	1 27 164	11 93 244	12	1 28 904	11 93 052
13	1 37 761	12 92 681	13	1 39 646	12 92 473
14	1 48 358	13 92 118	14	1 50 388	13 91 894
15	1 58 955	14 91 555	15	1 61 130	14 91 315
16	1 69 552	15 90 992	16	1 71 872	15 90 736
17	1 80 149	16 90 429	17	1 82 614	16 90 457
18	1 90 746	17 89 866	18	1 93 356	17 89 578
19	2 01 343	18 89 303	19	2 04 098	18 88 999
20	2 11 940	19 88 740	20	2 14 840	19 88 420

Hyp.	6 d. 15 m.	83 d. 45 m.	Hyp.	6 d. 20 m.	83 d. 40 m.
1	0 10 888	0 99 406	1	0 11 034	0 99 390
2	0 21 774	1 98 812	2	0 22 062	1 98 780
3	0 32 661	2 98 218	3	0 33 093	2 98 170
4	0 43 548	3 97 624	4	0 44 124	3 97 560
5	0 54 435	4 97 030	5	0 55 155	4 96 950
6	0 65 322	5 96 436	6	0 66 186	5 96 340
7	0 76 209	6 95 842	7	0 77 217	6 95 730
8	0 87 096	7 95 248	8	0 88 248	7 95 120
9	0 97 983	8 94 654	9	0 99 279	8 94 510
10	1 08 870	9 94 060	10	1 10 310	9 93 900
11	1 19 757	10 93 466	11	1 21 341	10 93 290
12	1 30 644	11 92 872	12	1 32 372	11 92 680
13	1 41 531	12 92 278	13	1 43 403	12 92 070
14	1 52 418	13 91 684	14	1 54 434	13 91 460
15	1 63 305	14 91 090	15	1 65 465	14 90 850
16	1 74 192	15 90 496	16	1 76 496	15 90 240
17	1 85 079	16 89 902	17	1 87 527	16 89 630
18	1 95 966	17 89 308	18	1 98 558	17 89 020
19	2 06 853	18 88 714	19	2 09 589	18 88 440
20	2 17 740	19 88 120	20	2 20 620	19 87 800

Hypoténuse.	6 d. 25 m. Côté opposé.	83 d. 35 m. Côté opposé.	Hypoténuse.	6 d. 30 m. Côté opposé.	83 d. 30 m. Côté opposé.
1	0 11 176	0 99 373	1	0 11 320	0 99 357
2	0 22 352	1 98 746	2	0 22 640	1 98 714
3	0 33 528	2 98 119	3	0 33 960	2 98 071
4	0 44 704	3 97 492	4	0 45 280	3 97 428
5	0 55 880	4 96 865	5	0 56 600	4 96 785
6	0 67 056	5 96 238	6	0 67 920	5 96 142
7	0 78 232	6 95 611	7	0 79 240	6 95 499
8	0 89 408	7 94 984	8	0 90 560	7 94 856
9	1 00 584	8 94 357	9	1 01 880	8 94 243
10	1 11 760	9 93 730	10	1 13 200	9 93 570
11	1 22 936	10 93 103	11	1 24 520	10 92 927
12	1 34 112	11 92 476	12	1 35 840	11 92 284
13	1 45 288	12 91 849	13	1 47 160	12 91 641
14	1 56 464	13 91 222	14	1 58 480	13 90 998
15	1 67 640	14 90 595	15	1 69 800	14 90 355
16	1 78 816	15 89 968	16	1 81 120	15 89 712
17	1 89 992	16 89 341	17	1 92 440	16 89 069
18	2 01 168	17 88 714	18	2 03 760	17 88 426
19	2 12 344	18 88 087	19	2 15 080	18 87 783
20	2 23 520	19 87 460	20	2 26 400	19 87 140

Hyp.	6 d. 35 m. Côté opposé.	83 d. 25 m. Côté opposé.	Hyp.	6 d. 40 m. Côté opposé.	83 d. 20 m. Côté opposé.
1	0 11 465	0 99 341	1	0 11 609	0 99 324
2	0 22 930	1 98 682	2	0 23 218	1 98 648
3	0 34 395	2 98 023	3	0 34 827	2 97 972
4	0 45 860	3 97 364	4	0 46 436	3 97 296
5	0 57 325	4 96 705	5	0 58 045	4 96 620
6	0 68 790	5 96 046	6	0 69 654	5 95 944
7	0 80 255	6 95 387	7	0 81 263	6 95 268
8	0 91 720	7 94 728	8	0 92 872	7 94 592
9	1 13 185	8 94 069	9	1 04 481	8 93 916
10	1 14 650	9 93 410	10	1 16 090	9 93 240
11	1 26 115	10 92 751	11	1 27 699	10 92 564
12	1 37 580	11 92 092	12	1 39 308	11 91 888
13	1 49 045	12 91 433	13	1 50 917	12 91 212
14	1 60 510	13 90 774	14	1 62 526	13 90 536
15	1 71 975	14 90 115	15	1 74 135	14 89 860
16	1 83 440	15 89 456	16	1 85 744	15 89 184
17	1 94 905	16 88 797	17	1 97 353	16 88 508
18	2 06 370	17 88 138	18	2 08 962	17 87 832
19	2 17 835	18 87 479	19	2 20 571	18 87 156
20	2 29 300	19 86 820	20	2 32 480	19 86 480

Hypoténuse.	6 d. 45 m. Côté opposé.	83 d. 15 m. Côté opposé.	Hypoténuse.	6 d. 50 m. Côté opposé.	83 d. 10 m. Côté opposé.
1	0 11 754	0 99 307	1	0 11 898	0 99 290
2	0 23 508	1 98 614	2	0 23 796	1 98 580
3	0 35 262	2 97 921	3	0 35 694	2 97 870
4	0 47 016	3 97 228	4	0 47 592	3 97 160
5	0 58 770	4 96 535	5	0 59 490	4 96 450
6	0 70 524	5 95 842	6	0 71 388	5 95 740
7	0 82 278	6 95 149	7	0 83 286	6 95 030
8	0 94 032	7 94 456	8	0 95 184	7 94 320
9	1 05 786	8 93 763	9	1 07 082	8 93 610
10	1 17 540	9 93 070	10	1 18 980	9 92 900
11	1 29 294	10 92 377	11	1 30 878	10 92 190
12	1 41 048	11 91 684	12	1 42 776	11 91 480
13	1 52 802	12 90 991	13	1 54 674	12 90 770
14	1 64 556	13 90 298	14	1 66 572	13 90 060
15	1 76 310	14 89 605	15	1 78 470	14 89 350
16	1 88 064	15 88 912	16	1 90 368	15 88 640
17	1 99 818	16 88 219	17	2 02 266	16 87 930
18	2 11 572	17 87 526	18	2 14 164	17 87 220
19	2 23 326	18 86 833	19	2 26 062	18 86 510
20	2 35 080	19 86 140	20	2 37 960	19 85 800

Hyp.	6 d. 55 m. Côté opposé.	83 d. 05 m. Côté opposé.	Hyp.	7 d. 00 m. Côté opposé.	83 d. 00 m. Côté opposé.
1	0 12 042	0 99 272	1	0 12 187	0 99 255
2	0 24 084	1 98 544	2	0 24 374	1 98 510
3	0 36 126	2 97 816	3	0 36 561	2 97 765
4	0 48 168	3 97 088	4	0 48 748	3 97 020
5	0 60 210	4 96 360	5	0 60 935	4 96 275
6	0 72 252	5 95 632	6	0 73 122	5 95 530
7	0 84 294	6 94 904	7	0 85 309	6 94 785
8	0 96 336	7 94 176	8	0 97 496	7 94 040
9	1 08 378	8 93 448	9	1 09 683	8 93 295
10	1 20 420	9 92 720	10	1 21 870	9 92 550
11	1 32 462	10 91 992	11	1 34 057	10 91 805
12	1 44 504	11 91 264	12	1 46 244	11 91 060
13	1 56 546	12 90 536	13	1 58 431	12 90 315
14	1 68 588	13 89 808	14	1 70 618	13 89 570
15	1 80 630	14 89 080	15	1 82 805	14 88 825
16	1 92 672	15 88 352	16	1 94 992	15 88 080
17	2 04 714	16 87 624	17	2 07 179	16 87 335
18	2 16 756	17 86 896	18	2 19 366	17 86 590
19	2 28 798	18 86 168	19	2 31 553	18 85 845
20	2 40 840	19 85 440	20	2 43 740	19 85 100

Hypoténuse.	7 d. 05 m. Côté opposé.	82 d. 55 m. Côté opposé.	Hypoténuse.	7 d. 10 m. Côté opposé.	82 d. 50 m. Côté opposé.
1	0 12 331	0 99 237	1	0 12 476	0 99 219
2	0 24 662	1 98 474	2	0 24 952	1 98 438
3	0 36 993	2 97 711	3	0 37 428	2 97 657
4	0 49 324	3 96 948	4	0 49 904	3 96 876
5	0 61 655	4 96 185	5	0 62 380	4 96 095
6	0 73 986	5 95 422	6	0 74 856	5 95 314
7	0 86 317	6 94 659	7	0 87 332	6 94 533
8	0 98 648	7 93 896	8	0 99 808	7 93 752
9	1 10 979	8 93 133	9	1 12 284	8 92 971
10	1 23 310	9 92 370	10	1 24 760	9 92 190
11	1 35 641	10 91 607	11	1 37 236	10 91 409
12	1 47 972	11 91 844	12	1 49 712	11 90 628
13	1 60 303	12 90 081	13	1 62 188	12 89 847
14	1 72 634	13 89 318	14	1 74 664	13 89 066
15	1 84 965	14 88 555	15	1 87 140	14 88 285
16	1 97 296	15 87 792	16	1 99 616	15 87 504
17	2 09 627	16 87 029	17	2 12 092	16 86 723
18	2 21 958	17 86 266	18	2 24 568	17 85 942
19	2 34 289	18 85 503	19	2 37 044	18 85 161
20	2 46 620	19 84 740	20	2 49 520	19 84 380

Hyp.	7 d. 15 m. Côté opposé.	82 d. 45 m. Côté opposé.	Hyp.	7 d. 20 m. Côté opposé.	82 d. 40 m. Côté opposé.
1	0 12 620	0 99 200	1	0 12 764	0 99 182
2	0 25 240	1 98 400	2	0 25 528	1 98 364
3	0 37 860	2 97 600	3	0 38 292	2 97 546
4	0 50 480	3 96 800	4	0 51 056	3 96 728
5	0 63 100	4 96 000	5	0 63 820	4 95 910
6	0 75 720	5 95 200	6	0 76 584	5 95 092
7	0 88 340	6 94 400	7	0 89 348	6 94 274
8	1 00 960	7 93 600	8	1 02 112	7 93 456
9	1 13 580	8 92 800	9	1 14 876	8 92 638
10	1 26 200	9 92 000	10	1 27 640	9 91 820
11	1 38 820	10 91 200	11	1 40 404	10 91 002
12	1 51 440	11 90 400	12	1 53 168	11 90 184
13	1 64 060	12 89 600	13	1 65 932	12 89 366
14	1 76 680	13 88 800	14	1 78 696	13 88 548
15	1 89 300	14 88 000	15	1 91 460	14 87 730
16	2 01 920	15 87 200	16	2 04 224	15 86 912
17	2 14 540	16 86 400	17	2 16 988	16 86 094
18	2 27 160	17 85 600	18	2 29 752	17 85 276
19	2 39 780	18 84 800	19	2 42 516	18 84 458
20	2 52 400	19 84 000	20	2 55 280	19 83 640

Hypoténuse.	7 d. 25 m. Côté opposé.	82 d. 35 m. Côté opposé.	Hypoténuse.	7 d. 30 m. Côté opposé.	82 d. 30 m. Côté opposé.
1	0 12 908	0 99 163	1	0 13 053	0 99 144
2	0 25 816	1 98 326	2	0 26 106	1 98 288
3	0 38 724	2 97 489	3	0 39 159	2 97 432
4	0 51 632	3 96 652	4	0 52 212	3 96 576
5	0 64 540	4 95 815	5	0 65 265	4 95 720
6	0 77 448	5 94 978	6	0 78 318	5 94 864
7	0 90 356	6 94 141	7	0 91 371	6 94 008
8	1 03 264	7 93 304	8	1 04 424	7 93 152
9	1 16 172	8 92 467	9	1 17 477	8 92 296
10	1 29 080	9 91 630	10	1 30 530	9 91 440
11	1 41 988	10 90 793	11	1 43 583	10 90 584
12	1 54 896	11 89 956	12	1 56 636	11 89 728
13	1 67 804	12 89 119	13	1 69 689	12 88 872
14	1 80 712	13 88 282	14	1 82 742	13 88 016
15	1 93 620	14 87 445	15	1 95 795	14 87 160
16	2 06 528	15 86 608	16	2 08 848	15 86 304
17	2 19 436	16 85 771	17	2 21 901	16 85 448
18	2 32 344	17 84 934	18	2 34 954	17 84 592
19	2 45 252	18 84 097	19	2 48 007	18 83 736
20	2 58 160	19 83 260	20	2 61 060	19 82 880

Hyp.	7 d. 35 m. Côté opposé.	82 d. 25 m. Côté opposé.	Hyp.	7 d. 40 m. Côté opposé.	82 d. 20 m. Côté opposé.
1	0 13 197	0 99 125	1	0 13 341	0 99 106
2	0 26 394	1 98 250	2	0 26 682	1 98 212
3	0 39 591	2 97 375	3	0 40 023	2 97 318
4	0 52 788	3 96 500	4	0 53 364	3 96 424
5	0 65 985	4 95 625	5	0 66 705	4 95 530
6	0 79 182	5 94 750	6	0 80 046	5 94 636
7	0 92 379	6 93 875	7	0 93 387	6 93 742
8	1 05 576	7 93 000	8	1 06 728	7 92 848
9	1 18 773	8 92 125	9	1 20 069	8 91 954
10	1 31 970	9 91 250	10	1 33 410	9 91 060
11	1 45 167	10 90 375	11	1 46 751	10 90 166
12	1 58 364	11 89 500	12	1 60 092	11 89 272
13	1 71 561	12 88 625	13	1 73 433	12 88 378
14	1 84 758	13 87 750	14	1 86 774	13 87 484
15	1 97 955	14 86 875	15	2 00 115	14 86 590
16	2 11 152	15 86 000	16	2 13 456	15 85 696
17	2 24 349	16 85 125	17	2 26 797	16 84 812
18	2 37 546	17 84 250	18	2 40 138	17 83 918
19	2 50 743	18 83 375	19	2 53 479	18 83 024
20	2 63 940	19 82 500	20	2 66 820	19 82 130

Hypoténuse.	7 d. 45 m. Côté opposé.	82 d. 15 m. Côté opposé.	Hypoténuse.	7 d. 50 m. Côté opposé.	82 d. 10 m. Côté opposé.
1	0 13 485	0 99 086	1	0 13 629	0 99 067
2	0 26 970	1 98 172	2	0 27 258	1 98 134
3	0 40 455	2 97 258	3	0 40 887	2 97 201
4	0 53 940	3 96 344	4	0 54 516	3 96 268
5	0 67 425	4 95 430	5	0 68 145	4 95 335
6	0 80 910	5 94 516	6	0 81 774	5 94 402
7	0 94 395	6 93 602	7	0 95 403	6 93 469
8	1 07 880	7 92 688	8	1 09 032	7 92 536
9	1 21 365	8 91 774	9	1 22 661	8 91 603
10	1 34 850	9 90 860	10	1 36 290	9 90 670
11	1 48 335	10 89 946	11	1 49 919	10 89 737
12	1 61 820	11 89 032	12	1 63 548	11 88 804
13	1 75 305	12 88 118	13	1 77 177	12 87 871
14	1 88 790	13 87 204	14	1 90 806	13 86 938
15	2 02 275	14 86 290	15	2 04 435	14 86 005
16	2 15 760	15 85 376	16	2 18 064	15 85 072
17	2 29 245	16 84 462	17	2 31 693	16 84 139
18	2 42 730	17 83 548	18	2 45 322	17 83 206
19	2 56 215	18 82 634	19	2 58 951	18 82 273
20	2 69 700	19 81 720	20	2 72 580	19 81 340

Hyp.	7 d. 55 m.	82 d. 05 m.	Hyp.	8 d. 00 m.	82 d. 00 m
1	0 13 773	0 99 047	1	0 13 947	0 99 027
2	0 27 546	1 98 094	2	0 27 834	1 98 054
3	0 41 319	2 97 141	3	0 41 751	2 97 081
4	0 55 092	3 96 188	4	0 55 668	3 96 108
5	0 68 865	4 95 235	5	0 69 585	4 95 135
6	0 82 638	5 94 282	6	0 83 502	5 94 162
7	0 96 411	6 93 329	7	0 97 419	6 93 189
8	1 10 184	7 92 376	8	1 11 336	7 92 216
9	1 23 957	8 91 423	9	1 25 253	8 91 243
10	1 37 730	9 90 470	10	1 39 170	9 90 270
11	1 51 503	10 89 517	11	1 53 087	10 89 297
12	1 65 276	11 88 564	12	1 67 004	11 88 324
13	1 79 049	12 87 611	13	1 80 921	12 87 351
14	1 92 822	13 86 658	14	1 94 838	13 86 378
15	2 06 595	14 85 705	15	2 08 755	14 85 405
16	2 20 368	15 84 752	16	2 22 672	15 84 432
17	2 34 141	16 83 799	17	2 36 589	16 83 459
18	2 47 914	17 82 846	18	2 50 506	17 82 486
19	2 61 687	18 81 893	19	2 64 423	18 81 513
20	2 75 460	19 80 940	20	2 78 340	19 80 540

Hypoténuse.	8 d. 05 m. Côté opposé.	81 d. 55 m. Côté opposé.	Hypoténuse.	8 d. 10 m. Côté opposé.	81 d. 50 m. Côté opposé.
1	0 14 061	0 99 006	1	0 14 205	0 98 986
2	0 28 122	1 98 012	2	0 28 410	1 97 972
3	0 42 183	2 97 018	3	0 42 615	2 96 958
4	0 56 244	3 96 024	4	0 56 820	3 95 944
5	0 70 305	4 95 030	5	0 71 025	4 94 930
6	0 84 366	5 94 036	6	0 85 230	5 93 916
7	0 98 427	6 93 042	7	0 99 435	6 92 902
8	1 12 488	7 92 048	8	1 13 640	7 91 888
9	1 26 549	8 91 054	9	1 27 845	8 90 874
10	1 40 610	9 90 060	10	1 42 050	9 89 860
11	1 54 671	10 89 066	11	1 56 255	10 88 846
12	1 68 732	11 88 072	12	1 70 460	11 87 832
13	1 82 793	12 87 078	13	1 84 665	12 86 818
14	1 96 854	13 86 084	14	1 98 870	13 85 804
15	2 10 915	14 85 090	15	2 13 075	14 84 790
16	2 24 976	15 84 096	16	2 27 280	15 83 776
17	2 39 037	16 83 102	17	2 41 485	16 82 762
18	2 53 098	17 82 108	18	2 55 690	17 81 748
19	2 67 159	18 81 114	19	2 69 895	18 80 734
20	2 81 220	19 80 120	20	2 84 100	19 79 720

Hyp.	8 d. 15 m. Côté opposé.	84 d. 45 m Côté opposé.	Hyp.	8 d. 20 m. Côté opposé.	81 d. 40 m. Côté opposé.
1	0 14 349	0 98 965	1	0 14 493	0 98 944
2	0 28 698	1 97 930	2	0 28 986	1 97 888
3	0 43 047	2 96 895	3	0 43 479	2 96 832
4	0 57 396	3 95 860	4	0 57 972	3 95 776
5	0 71 745	4 94 825	5	0 72 465	4 94 720
6	0 86 094	5 93 790	6	0 86 958	5 93 664
7	1 00 443	6 92 755	7	1 01 451	6 92 608
8	1 14 792	7 91 720	8	1 15 944	7 91 552
9	1 29 141	8 90 685	9	1 30 437	8 90 496
10	1 43 490	9 89 650	10	1 44 930	9 89 440
11	1 57 839	10 88 615	11	1 59 423	10 88 384
12	1 72 188	11 87 580	12	1 73 916	11 87 328
13	1 86 537	12 86 545	13	1 88 409	12 86 272
14	2 00 886	13 85 510	14	2 02 902	13 85 216
15	2 15 235	14 84 475	15	2 17 395	14 84 160
16	2 29 584	15 83 440	16	2 31 888	15 83 104
17	2 43 933	16 82 405	17	2 46 381	16 82 048
18	2 58 282	17 81 370	18	2 60 874	17 80 992
19	2 72 631	18 80 335	19	2 75 367	18 79 936
20	2 86 980	19 79 300	20	2 89 860	19 78 880

Hypo-té-nuse.	8 d. 25 m. Côté opposé.	81 d. 35 m. Côté opposé.	Hypo-té-nuse.	8 d. 30 m. Côté opposé.	81 d. 30 m. Côté opposé.
1	0 14 637	0 98 923	1	0 14 781	0 98 901
2	0 29 274	1 97 846	2	0 29 562	1 97 802
3	0 43 911	2 96 769	3	0 44 343	2 96 703
4	0 58 548	3 95 692	4	0 59 124	3 95 604
5	0 73 185	4 94 615	5	0 73 905	4 94 505
6	0 87 822	5 93 538	6	0 88 686	5 93 406
7	1 02 459	6 92 461	7	1 03 467	6 92 307
8	1 17 096	7 91 384	8	1 18 248	7 91 208
9	1 31 733	8 90 307	9	1 33 029	8 90 109
10	1 46 370	9 89 230	10	1 47 810	9 89 010
11	1 61 007	10 88 153	11	1 62 591	10 87 911
12	1 75 644	11 87 076	12	1 77 372	11 86 812
13	1 90 281	12 85 999	13	1 92 153	12 85 713
14	2 04 918	13 84 922	14	2 06 934	13 84 614
15	2 19 555	14 83 845	15	2 21 715	14 83 515
16	2 34 192	15 82 768	16	2 36 496	15 82 416
17	2 48 829	16 81 691	17	2 51 277	16 81 317
18	2 63 466	17 80 614	18	2 66 058	17 80 218
19	2 78 103	18 79 537	19	2 80 839	18 79 119
20	2 92 740	19 78 460	20	2 95 620	19 78 020

Hyp.	8 d. 35 m. Côté opposé.	81 d. 25 m. Côté opposé.	Hyp.	8 d. 40 m. Côté opposé.	81 d. 20 m. Côté opposé.
1	0 14 925	0 98 880	1	0 15 068	0 98 858
2	0 29 850	1 97 760	2	0 30 136	1 97 716
3	0 44 775	2 96 640	3	0 45 204	2 96 574
4	0 59 700	3 95 520	4	0 60 272	3 95 432
5	0 74 625	4 94 400	5	0 75 340	4 94 290
6	0 89 550	5 93 280	6	0 90 408	5 93 148
7	1 04 475	6 92 160	7	1 05 476	6 92 006
8	1 19 400	7 91 040	8	1 20 544	7 90 864
9	1 34 325	8 89 920	9	1 35 612	8 89 722
10	1 49 250	9 88 800	10	1 50 680	9 88 580
11	1 64 175	10 87 680	11	1 65 748	10 87 438
12	1 79 100	11 86 560	12	1 80 816	11 86 296
13	1 94 025	12 85 440	13	1 95 884	12 85 154
14	2 08 950	13 84 320	14	2 10 952	13 84 012
15	2 23 875	14 83 200	15	2 26 020	14 82 870
16	2 38 800	15 82 080	16	2 41 088	15 81 728
17	2 53 725	16 80 960	17	2 56 156	16 80 586
18	2 68 650	17 79 840	18	2 71 224	17 79 444
19	2 83 575	18 78 720	19	2 86 292	18 78 302
20	2 98 500	19 77 600	20	3 01 360	19 77 160

Hypoténuse.	8 d. 45 m. Côté opposé.	81 d. 15 m. Côté opposé.	Hypoténuse.	8 d. 50 m. Côté opposé.	81 d. 10 m. Côté opposé.
1	0 15 212	0 98 836	1	0 15 356	0 98 814
2	0 30 424	1 97 672	2	0 30 712	1 97 628
3	0 45 636	2 96 508	3	0 46 068	2 96 442
4	0 60 848	3 95 344	4	0 61 424	3 95 256
5	0 76 060	4 94 180	5	0 76 780	4 94 070
6	0 91 272	5 93 016	6	0 92 136	5 92 884
7	1 06 484	6 91 852	7	1 07 492	6 91 698
8	1 21 696	7 90 688	8	1 22 848	7 90 512
9	1 36 908	8 89 524	9	1 38 204	8 89 326
10	1 52 120	9 88 360	10	1 53 560	9 88 140
11	1 67 332	10 87 196	11	1 68 916	10 86 954
12	1 82 544	11 86 032	12	1 84 272	11 85 768
13	1 97 756	12 84 868	13	1 99 628	12 84 582
14	2 12 968	13 83 704	14	2 14 984	13 83 396
15	2 28 180	14 82 540	15	2 30 340	14 82 210
16	2 43 392	15 81 376	16	2 45 696	15 81 024
17	2 58 604	16 80 212	17	2 61 052	16 79 838
18	2 73 816	17 79 048	18	2 76 408	17 78 652
19	2 89 028	18 77 884	19	2 91 764	18 77 466
20	3 04 240	19 76 720	20	3 07 120	19 76 280

Hyp.	8 d. 55 m. Côté opposé.	81 d. 05 m. Côté opposé.	Hyp.	9 d. 00 m. Côté opposé.	81 d. 00 m. Côté opposé.
1	0 15 500	0 98 791	1	0 15 643	0 98 769
2	0 31 000	1 97 582	2	0 31 286	1 97 538
3	0 46 500	2 96 373	3	0 46 929	2 96 307
4	0 62 000	3 95 164	4	0 62 572	3 95 076
5	0 77 500	4 93 955	5	0 78 215	4 93 845
6	0 93 000	5 92 746	6	0 93 858	5 92 614
7	1 08 500	6 91 537	7	1 09 501	6 91 383
8	1 24 000	7 90 328	8	1 25 144	7 90 152
9	1 39 500	8 89 119	9	1 40 787	8 88 921
10	1 55 000	9 87 910	10	1 56 430	9 87 690
11	1 70 500	10 86 701	11	1 72 073	10 86 459
12	1 86 000	11 85 592	12	1 87 716	11 85 228
13	2 01 500	12 84 283	13	2 03 359	12 83 997
14	2 17 000	13 83 074	14	2 19 002	13 82 766
15	2 32 500	14 81 865	15	2 34 645	14 81 535
16	2 48 000	15 80 656	16	2 50 288	15 80 304
17	2 63 500	16 79 447	17	2 65 931	16 79 073
18	2 79 000	17 78 238	18	2 81 574	17 77 842
19	2 94 500	18 77 029	19	2 97 217	18 76 611
20	3 10 000	19 75 820	20	3 12 860	19 75 380

Hypo-té-nuse.	9 d. 05 m. Côté opposé.	80 d. 55 m. Côté opposé.	Hypo-té-nuse.	9 d. 10 m. Côté opposé.	80 d. 50 m. Côté opposé.
1	0 15 787	0 98 746	1	0 15 931	0 98 723
2	0 31 574	1 97 492	2	0 31 862	1 97 446
3	0 47 361	2 96 238	3	0 47 793	2 96 169
4	0 63 148	3 94 984	4	0 63 724	3 94 892
5	0 78 935	4 93 730	5	0 79 655	4 93 615
6	0 94 722	5 92 476	6	0 95 586	5 92 338
7	1 10 509	6 91 222	7	1 11 517	6 91 061
8	1 26 286	7 89 968	8	1 27 448	7 89 784
9	1 42 083	8 88 714	9	1 43 379	8 88 507
10	1 57 870	9 87 460	10	1 59 310	9 87 230
11	1 73 657	10 86 206	11	1 75 241	10 85 953
12	1 89 444	11 84 952	12	1 91 172	11 84 676
13	2 05 231	12 83 698	13	2 07 103	12 83 399
14	2 21 018	13 82 444	14	2 23 034	13 82 122
15	2 36 805	14 81 190	15	2 38 965	14 80 845
16	2 52 592	15 79 936	16	2 54 896	15 79 568
17	2 68 379	16 78 682	17	2 70 827	16 78 291
18	2 84 166	17 77 428	18	2 86 758	17 77 014
19	2 99 953	18 76 174	19	3 02 689	18 75 737
20	3 15 740	19 74 920	20	3 18 620	19 74 460

Hyp.	9 d. 15 m. Côté opposé.	80 d. 45 m. Côté opposé.	Hyp.	9 d. 20 m. Côté opposé.	80 d. 40 m. Côté opposé.
1	0 16 074	0 98 700	1	0 16 248	0 98 676
2	0 32 148	1 97 400	2	0 32 436	1 97 352
3	0 48 222	2 96 100	3	0 48 654	2 96 028
4	0 64 296	3 94 800	4	0 64 872	3 94 704
5	0 80 370	4 93 500	5	0 81 090	4 93 380
6	0 96 444	5 92 200	6	0 97 308	5 92 056
7	1 12 518	6 90 900	7	1 13 526	6 90 732
8	1 28 592	7 89 600	8	1 29 744	7 89 408
9	1 44 666	8 88 300	9	1 45 962	8 88 084
10	1 60 740	9 87 000	10	1 62 180	9 86 760
11	1 76 814	10 85 700	11	1 78 398	10 85 436
12	1 92 888	11 84 400	12	1 94 616	11 84 112
13	2 08 962	12 83 100	13	2 10 834	12 82 788
14	2 25 036	13 81 800	14	2 27 052	13 81 464
15	2 41 110	14 80 500	15	2 43 270	14 80 140
16	2 57 184	15 79 200	16	2 59 488	15 78 816
17	2 73 258	16 77 900	17	2 75 706	16 77 492
18	2 89 332	17 76 600	18	2 91 924	17 76 168
19	3 05 406	18 75 300	19	3 08 142	18 74 844
20	3 21 480	19 74 000	20	3 24 360	19 73 520

Hypo-té-nuse.	9 d. 25 m. Côté opposé.	80 d. 35 m. Côté opposé.	Hypo-te-nuse.	9 d. 30 m. Côté opposé.	80 d. 30 m. Côté opposé.
1	0 16 361	0 98 652	1	0 16 505	0 98 628
2	0 32 722	1 97 304	2	0 33 010	1 97 256
3	0 49 083	2 95 956	3	0 49 515	2 95 884
4	0 65 444	3 94 608	4	0 66 020	3 94 512
5	0 81 805	4 93 260	5	0 82 525	4 93 140
6	0 98 166	5 91 912	6	0 99 030	5 91 768
7	1 14 527	6 90 564	7	1 15 535	6 90 396
8	1 30 888	7 89 216	8	1 32 040	7 89 024
9	1 47 249	8 87 868	9	1 48 545	8 87 652
10	1 63 610	9 86 520	10	1 65 050	9 86 280
11	1 79 971	10 85 172	11	1 81 555	10 84 908
12	1 96 332	11 83 824	12	1 98 060	11 83 536
13	2 12 693	12 82 476	13	2 14 565	12 82 164
14	2 29 054	13 81 128	14	2 31 070	13 80 792
15	2 45 415	14 79 780	15	2 47 575	14 79 420
16	2 61 776	15 78 432	16	2 64 080	15 78 048
17	2 78 137	16 77 084	17	2 80 585	16 76 676
18	2 94 498	17 75 736	18	2 97 090	17 75 304
19	3 10 859	18 74 388	19	3 13 595	18 73 932
20	3 27 220	19 73 040	20	3 30 100	19 72 560

Hyp.	9 d. 35 m.	80 d. 25 m.	Hyp.	9 d. 40 m.	80 d. 20 m.
1	0 16 648	0 98 604	1	0 16 791	0 98 580
2	0 33 296	1 97 208	2	0 33 582	1 97 160
3	0 49 944	2 95 812	3	0 50 373	2 95 740
4	0 66 592	3 94 416	4	0 67 164	3 94 320
5	0 83 240	4 93 020	5	0 83 955	4 92 900
6	0 99 888	5 91 624	6	1 00 746	5 91 480
7	1 16 536	6 90 228	7	1 17 537	6 90 060
8	1 33 184	7 88 832	8	1 34 328	7 88 640
9	1 49 832	8 87 436	9	1 51 119	8 87 220
10	1 66 480	9 86 040	10	1 67 910	9 85 800
11	1 83 128	10 84 644	11	1 84 701	10 84 380
12	1 99 776	11 83 248	12	2 01 492	11 82 960
13	2 16 424	12 81 852	13	2 18 283	12 81 540
14	2 33 072	13 80 456	14	2 35 074	13 80 120
15	2 49 720	14 79 060	15	2 51 865	14 78 700
16	2 66 368	15 77 664	16	2 68 656	15 77 280
17	2 83 016	16 76 268	17	2 85 447	16 75 860
18	2 99 664	17 74 872	18	3 02 238	17 74 440
19	3 16 312	18 73 476	19	3 19 029	18 73 020
20	3 32 960	19 72 080	20	3 35 820	19 71 600

Hypoténuse.	9 d. 45 m. Côté opposé.	80 d. 15 m. Côté opposé.	Hypoténuse.	9 d. 50 m. Côté opposé.	80 d. 10 m. Côté opposé.
1	0 16 935	0 98 556	1	0 17 078	0 98 534
2	0 33 870	1 97 112	2	0 34 156	1 97 062
3	0 50 805	2 95 668	3	0 51 234	2 95 593
4	0 67 740	3 94 224	4	0 68 312	3 94 124
5	0 84 675	4 92 780	5	0 85 390	4 92 655
6	1 01 610	5 91 336	6	1 02 468	5 91 186
7	1 18 545	6 89 892	7	1 19 546	6 89 717
8	1 35 480	7 88 448	8	1 36 624	7 88 248
9	1 52 415	8 87 004	9	1 53 702	8 86 779
10	1 69 350	9 85 560	10	1 70 780	9 85 340
11	1 86 285	10 84 116	11	1 87 858	10 83 844
12	2 03 220	11 82 672	12	2 04 936	11 82 372
13	2 20 155	12 81 228	13	2 22 014	12 80 903
14	2 37 090	13 79 784	14	2 39 092	13 79 434
15	2 54 025	14 78 340	15	2 56 170	14 77 965
16	2 70 960	15 76 896	16	2 73 248	15 76 496
17	2 87 895	16 75 452	17	2 90 326	16 75 027
18	3 04 830	17 74 008	18	3 07 404	17 73 558
19	3 21 765	18 72 564	19	3 24 482	18 72 089
20	3 38 700	19 71 120	20	3 41 560	19 70 620

Hyp.	9 d. 55 m.	80 d. 05 m.	Hyp.	10 d. 00 m.	80 d. 00 m.
1	0 17 222	0 98 506	1	0 17 665	0 98 481
2	0 34 444	1 97 012	2	0 35 330	1 96 962
3	0 51 666	2 96 518	3	0 52 995	2 95 443
4	0 68 888	3 94 024	4	0 70 660	3 93 924
5	0 86 110	4 92 530	5	0 88 325	4 92 405
6	1 03 332	5 91 036	6	1 05 990	5 90 886
7	1 20 554	6 89 542	7	1 23 655	6 89 367
8	1 37 776	7 88 048	8	1 41 320	7 87 848
9	1 54 998	8 86 554	9	1 58 985	8 86 329
10	1 72 220	9 85 060	10	1 76 650	9 84 810
11	1 89 442	10 83 566	11	1 94 315	10 83 291
12	2 06 664	11 82 072	12	2 11 980	11 84 772
13	2 23 886	12 80 578	13	2 29 645	12 80 253
14	2 41 108	13 79 084	14	2 47 310	13 78 734
15	2 58 330	14 77 590	15	2 64 975	14 77 215
16	2 75 552	15 76 096	16	2 82 640	15 75 696
17	2 92 774	16 74 602	17	3 00 315	16 74 177
18	3 09 996	17 73 108	18	3 17 970	17 72 658
19	3 27 218	18 71 614	19	3 35 635	18 71 139
20	3 44 440	19 70 120	20	3 53 300	19 69 620

Hypo-té-nuse.	10 d. 05 m. Côté opposé.	79 d. 55 m. Côté opposé.	Hypo-té-nuse.	10 d. 10 m. Côté opposé.	79 d. 50 m. Côté opposé.
1	0 17 508	0 98 455	1	0 17 651	0 98 430
2	0 35 016	1 96 910	2	0 35 302	1 96 860
3	0 52 524	2 95 365	3	0 52 953	2 95 290
4	0 70 032	3 93 820	4	0 70 604	3 93 720
5	0 87 540	4 92 275	5	0 88 255	4 92 150
6	1 05 048	5 90 730	6	1 05 906	5 90 580
7	1 22 556	6 89 185	7	1 23 557	6 89 010
8	1 40 064	7 87 640	8	1 41 208	7 87 440
9	1 57 572	8 86 095	9	1 58 859	8 85 870
10	1 75 080	9 84 550	10	1 76 510	9 84 300
11	1 92 588	10 83 005	11	1 94 161	10 82 730
12	2 10 096	11 81 460	12	2 11 812	11 81 160
13	2 27 604	12 79 915	13	2 29 463	12 79 590
14	2 45 112	13 78 370	14	2 47 114	13 78 020
15	2 62 620	14 76 825	15	2 64 765	14 76 450
16	2 80 128	15 75 280	16	2 82 416	15 74 880
17	2 97 636	16 73 735	17	3 00 067	16 73 340
18	3 15 144	17 72 190	18	3 17 718	17 71 740
19	3 32 652	18 70 645	19	3 35 369	18 70 170
20	3 50 160	19 69 100	20	3 53 020	19 68 600

Hyp.	10 d. 15 m. Côté opposé.	79 d. 45 m. Côté opposé.	Hyp.	10 d. 20 m. Côté opposé.	79 d. 40 m. Côté opposé.
1	0 17 794	0 98 404	1	0 17 937	0 98 378
2	0 35 588	1 96 808	2	0 35 874	1 96 756
3	0 53 382	2 95 212	3	0 53 811	2 95 134
4	0 71 176	3 93 616	4	0 71 748	3 93 512
5	0 88 970	4 92 020	5	0 89 685	4 91 890
6	1 06 764	5 90 424	6	1 07 622	5 90 268
7	1 24 558	6 88 828	7	1 25 559	6 88 646
8	1 42 352	7 87 232	8	1 43 496	7 87 024
9	1 60 146	8 85 636	9	1 61 433	8 85 402
10	1 77 940	9 84 040	10	1 79 370	9 83 780
11	1 95 734	10 82 444	11	1 97 307	10 82 158
12	2 13 528	11 80 848	12	2 15 244	11 80 536
13	2 31 322	12 79 252	13	2 33 181	12 78 914
14	2 49 116	13 77 656	14	2 51 118	13 77 292
15	2 66 910	14 76 060	15	2 69 055	14 75 670
16	2 84 704	15 74 464	16	2 86 992	15 74 048
17	3 02 498	16 72 868	17	3 04 929	16 72 426
18	3 20 292	17 71 272	18	3 22 866	17 70 804
19	3 38 086	18 69 676	19	3 40 803	18 69 182
20	3 55 880	19 68 080	20	3 58 740	19 67 560

Hypoténuse.	10 d. 25 m. Côté opposé.	79 d. 35 m. Côté opposé.	Hypoténuse.	10 d. 30 m. Côté opposé.	79 d. 30 m. Côté opposé.
1	0 18 081	0 98 352	1	0 18 224	0 98 325
2	0 36 162	1 96 704	2	0 36 448	1 96 650
3	0 54 243	2 95 056	3	0 54 672	2 94 975
4	0 72 324	3 93 408	4	0 72 896	3 93 300
5	0 90 405	4 91 760	5	0 91 120	4 91 625
6	1 08 486	5 90 112	6	1 09 344	5 89 950
7	1 26 567	6 88 464	7	1 27 568	6 88 275
8	1 44 648	7 86 816	8	1 45 792	7 86 600
9	1 62 729	8 85 168	9	1 64 016	8 84 925
10	1 80 810	9 83 520	10	1 82 240	9 83 250
11	1 98 891	10 81 872	11	2 00 464	10 81 575
12	2 16 972	11 80 224	12	2 18 688	11 79 900
13	2 35 053	12 78 576	13	2 36 912	12 78 225
14	2 53 134	13 76 928	14	2 55 136	13 76 550
15	2 71 215	14 75 280	15	2 73 360	14 74 875
16	2 89 296	15 73 632	16	2 91 584	15 73 200
17	3 07 377	16 71 984	17	3 09 808	16 71 525
18	3 25 458	17 70 336	18	3 28 032	17 69 850
19	3 43 539	18 68 688	19	3 46 256	18 68 175
20	3 61 620	19 67 040	20	3 64 480	19 66 500

Hyp.	10 d. 35 m.	79 d. 25 m.	Hyp.	10 d. 40 m.	79 d. 20 m.
1	0 18 367	0 98 299	1	0 18 509	0 98 272
2	0 36 734	1 96 598	2	0 37 018	1 96 544
3	0 55 101	2 94 897	3	0 55 527	2 94 816
4	0 73 468	3 93 196	4	0 74 036	3 93 088
5	0 91 835	4 91 495	5	0 92 545	4 91 360
6	1 10 202	5 89 794	6	1 11 054	5 89 632
7	1 28 569	6 88 093	7	1 29 563	6 87 904
8	1 46 936	7 86 392	8	1 48 072	7 86 176
9	1 65 303	8 84 691	9	1 66 584	8 84 448
10	1 83 670	9 82 990	10	1 85 090	9 82 720
11	2 02 037	10 81 289	11	2 03 599	10 80 992
12	2 20 404	11 79 588	12	2 22 108	11 79 264
13	2 38 771	12 77 887	13	2 40 647	12 77 536
14	2 57 138	13 76 186	14	2 59 126	13 75 808
15	2 75 505	14 74 485	15	2 77 635	14 74 080
16	2 93 872	15 72 784	16	2 96 144	15 72 352
17	3 12 239	16 71 083	17	3 14 653	16 70 624
18	3 30 606	17 69 382	18	3 33 162	17 68 896
19	3 48 973	18 67 684	19	3 51 671	18 67 168
20	3 67 340	19 65 980	20	3 70 180	19 65 440

Hypoténuse	10 d. 45 m. Côté opposé.	79 d. 15 m. Côté opposé.	Hypoténuse	10 d. 50 m. Côté opposé.	79 d. 10 m. Côté opposé.
1	0 18 652	0 98 245	1	0 18 795	0 98 218
2	0 37 304	1 96 490	2	0 37 590	1 96 436
3	0 55 956	2 94 735	3	0 56 385	2 94 654
4	0 74 608	3 92 980	4	0 75 180	3 92 872
5	0 93 260	4 91 225	5	0 93 975	4 91 090
6	1 11 912	5 89 470	6	1 12 770	5 89 308
7	1 30 564	6 87 745	7	1 31 565	6 87 526
8	1 49 216	7 85 960	8	1 50 360	7 85 744
9	1 67 868	8 84 205	9	1 69 155	8 83 962
10	1 86 520	9 82 450	10	1 87 950	9 82 480
11	2 05 172	10 80 695	11	2 06 745	10 80 398
12	2 23 824	11 78 940	12	2 25 540	11 78 616
13	2 42 476	12 77 185	13	2 44 335	12 76 834
14	2 61 128	13 75 430	14	2 63 130	13 75 052
15	2 79 780	14 73 675	15	2 84 925	14 73 270
16	2 98 432	15 71 920	16	3 00 720	15 71 488
17	3 17 084	16 70 165	17	3 19 515	16 69 706
18	3 35 736	17 68 410	18	3 38 310	17 67 924
19	3 54 388	18 66 655	19	3 57 405	18 66 142
20	3 73 040	19 64 900	20	3 75 900	19 64 360

Hyp.	10 d. 55 m.	79 d. 95 m.	Hyp.	11 d. 00 m.	79 d. 00 m.
1	0 18 938	0 98 190	1	0 19 084	0 98 463
2	0 37 876	1 96 380	2	0 38 462	1 96 326
3	0 56 814	2 94 570	3	0 57 243	2 94 489
4	0 75 752	3 92 760	4	0 76 324	3 92 652
5	0 94 690	4 90 950	5	0 95 405	4 90 845
6	1 13 628	5 89 140	6	1 14 486	5 88 978
7	1 32 566	6 87 330	7	1 33 567	6 87 141
8	1 51 504	7 85 520	8	1 52 648	7 85 304
9	1 70 442	8 83 740	9	1 71 729	8 83 467
10	1 89 380	9 81 900	10	1 90 810	9 81 630
11	2 08 318	10 80 090	11	2 09 894	10 79 793
12	2 27 256	11 78 280	12	2 28 972	11 77 956
13	2 46 194	12 76 470	13	2 48 053	12 76 119
14	2 65 432	13 74 660	14	2 67 134	13 74 282
15	2 84 070	14 72 850	15	2 86 215	14 72 445
16	3 03 008	15 71 040	16	3 05 296	15 70 608
17	3 21 946	16 69 230	17	3 24 377	16 68 774
18	3 40 884	17 67 420	18	3 43 458	17 66 934
19	3 59 822	18 65 610	19	3 62 539	18 65 097
20	3 78 760	19 63 800	20	3 84 620	19 63 260

Hypoténuse.	11 d. 05 m. Côté opposé.	78 d. 55 m. Côté opposé.	Hypoténuse.	11 d. 10 m. Côté opposé.	78 d. 50 m. Côté opposé.
1	0 19 224	0 98 135	1	0 19 366	0 98 107
2	0 38 448	1 96 270	2	0 38 732	1 96 214
3	0 57 672	2 94 405	3	0 58 098	2 94 321
4	0 76 896	3 92 540	4	0 77 464	3 92 428
5	0 96 120	4 90 675	5	0 96 830	4 90 535
6	1 15 344	5 88 810	6	1 16 196	5 88 642
7	1 34 568	6 86 945	7	1 35 562	6 86 749
8	1 53 792	7 85 080	8	1 54 928	7 84 856
9	1 73 016	8 83 215	9	1 74 294	8 82 963
10	1 92 240	9 81 350	10	1 93 660	9 81 070
11	2 11 464	10 79 485	11	2 13 026	10 79 177
12	2 30 688	11 77 620	12	2 32 392	11 77 284
13	2 49 912	12 75 755	13	2 51 758	12 75 391
14	2 69 136	13 73 890	14	2 71 124	13 73 498
15	2 88 360	14 72 025	15	2 90 490	14 71 605
16	3 07 584	15 70 160	16	3 09 856	15 69 712
17	3 26 808	16 68 295	17	3 29 222	16 67 819
18	3 46 032	17 66 430	18	3 48 588	17 65 926
19	3 65 256	18 64 565	19	3 67 954	18 64 033
20	3 84 480	19 62 700	20	3 87 320	19 62 140

Hyp.	11 d. 15 m. Côté opposé.	78 d. 45 m. Côté opposé.	Hyp.	11 d. 20 m. Côté opposé.	78 d. 40 m. Côté opposé.
1	0 19 509	0 98 078	1	0 19 651	0 98 050
2	0 39 018	1 96 156	2	0 39 302	1 96 100
3	0 58 527	2 94 234	3	0 58 953	2 94 150
4	0 78 036	3 92 312	4	0 78 604	3 92 200
5	0 97 545	4 90 390	5	0 98 255	4 90 250
6	1 17 054	5 88 468	6	1 17 906	5 88 300
7	1 36 563	6 86 546	7	1 37 557	6 86 350
8	1 56 072	7 84 624	8	1 57 208	7 84 400
9	1 75 581	8 82 702	9	1 76 859	8 82 450
10	1 95 090	9 80 780	10	1 96 510	9 80 500
11	2 14 599	10 78 858	11	2 16 161	10 78 550
12	2 34 108	11 76 936	12	2 35 812	11 76 600
13	2 53 617	12 75 044	13	2 55 463	12 74 650
14	2 73 126	13 73 092	14	2 75 114	13 72 700
15	2 92 635	14 71 170	15	2 94 765	14 70 750
16	3 12 144	15 69 248	16	3 14 416	15 68 800
17	3 31 653	16 67 326	17	3 34 067	16 66 850
18	3 51 162	17 65 404	18	3 53 718	17 64 900
19	3 70 671	18 63 482	19	3 73 369	18 62 950
20	3 90 180	19 61 560	20	3 93 020	19 61 000

Hypoténuse.	11 d. 25 m. Côté opposé.	78 d. 35 m. Côté opposé.	Hypoténuse.	11 d. 30 m. Côté opposé.	78 d. 30 m. Côté opposé.
1	0 19 794	0 98 021	1	0 19 937	0 97 992
2	0 39 588	1 96 042	2	0 39 874	1 95 984
3	0 59 382	2 94 063	3	0 59 811	2 93 976
4	0 79 176	3 92 084	4	0 79 748	3 91 968
5	0 98 970	4 90 105	5	0 99 685	4 89 960
6	1 18 764	5 88 126	6	1 19 622	5 87 952
7	1 38 558	6 86 147	7	1 39 559	6 85 944
8	1 58 352	7 84 168	8	1 59 496	7 83 936
9	1 78 146	8 82 189	9	1 79 433	8 81 928
10	1 97 940	9 80 210	10	1 99 370	9 79 920
11	2 17 734	10 78 231	11	2 19 307	10 77 912
12	2 37 528	11 76 252	12	2 39 244	11 75 904
13	2 57 322	12 74 273	13	2 59 181	12 73 896
14	2 77 116	13 72 294	14	2 79 118	13 71 888
15	2 96 910	14 70 315	15	2 99 055	14 69 880
16	3 16 704	15 68 336	16	3 18 992	15 67 872
17	3 36 498	16 66 357	17	3 38 929	16 65 864
18	3 56 292	17 64 378	18	3 58 866	17 63 856
19	3 76 086	18 62 399	19	3 78 803	18 61 848
20	3 95 880	19 60 420	20	3 98 740	19 59 840

Hyp.	11 d. 35 m. Côté opposé.	78 d. 25 m. Côté opposé.	Hyp.	11 d. 40 m. Côté opposé.	78 d. 20 m. Côté opposé.
1	0 20 079	0 97 963	1	0 20 222	0 97 934
2	0 40 158	1 95 926	2	0 40 444	1 95 868
3	0 60 237	2 93 889	3	0 60 666	2 93 802
4	0 80 316	3 91 852	4	0 80 888	3 91 736
5	1 00 395	4 89 815	5	1 01 110	4 89 670
6	1 20 474	5 87 778	6	1 21 332	5 87 604
7	1 40 553	6 85 741	7	1 41 554	6 85 538
8	1 60 632	7 83 704	8	1 61 776	7 83 472
9	1 80 711	8 81 667	9	1 81 998	8 81 406
10	2 00 790	9 79 630	10	2 02 220	9 79 340
11	2 20 869	10 77 593	11	2 22 442	10 77 274
12	2 40 948	11 75 556	12	2 42 664	11 75 208
13	2 61 027	12 73 519	13	2 62 886	12 73 142
14	2 81 106	13 71 482	14	2 83 108	13 71 076
15	3 01 185	14 69 445	15	3 03 330	14 69 010
16	3 21 264	15 67 408	16	3 23 552	15 66 944
17	3 41 343	16 65 371	17	3 43 774	16 64 878
18	3 61 422	17 63 334	18	3 63 996	17 62 812
19	3 81 501	18 61 297	19	3 84 218	18 60 746
20	4 01 580	19 59 260	20	4 04 440	19 58 680

Hypo-té-nuse.	11 d. 45 m. Côté opposé.	78 d. 15 m. Côté opposé.	Hypo-té-nuse.	11 d. 50 m. Côté opposé.	78 d. 10 m. Côté opposé.
1	0 20 364	0 97 905	1	0 20 507	0 97 875
2	0 40 728	1 95 810	2	0 41 014	1 95 750
3	0 61 092	2 93 715	3	0 61 521	2 93 625
4	0 81 456	3 91 620	4	0 82 028	3 91 500
5	1 01 820	4 89 725	5	1 02 535	4 89 375
6	1 22 184	5 87 430	6	1 23 042	5 87 250
7	1 42 548	6 85 335	7	1 43 549	6 85 125
8	1 62 912	7 83 240	8	1 64 056	7 83 000
9	1 83 276	8 81 145	9	1 84 563	8 80 875
10	2 03 640	9 79 050	10	2 05 070	9 78 750
11	2 24 004	10 76 955	11	2 25 577	10 76 625
12	2 44 368	11 74 860	12	2 46 084	11 74 500
13	2 64 732	12 72 765	13	2 66 591	12 72 375
14	2 85 096	13 70 670	14	2 87 098	13 70 250
15	3 05 460	14 68 575	15	3 07 605	14 68 125
16	3 25 824	15 66 480	16	3 28 112	15 66 000
17	3 46 188	16 64 385	17	3 48 619	16 63 875
18	3 66 552	17 62 290	18	3 69 126	17 61 750
19	3 86 916	18 60 195	19	3 89 633	18 59 625
20	4 07 280	19 58 100	20	4 10 140	19 57 500

Hyp.	11 d. 55 m.	78 d. 05 m.	Hyp.	12 d. 00 m.	78 d. 00 m.
1	0 20 649	0 97 845	1	0 20 791	0 97 815
2	0 41 298	1 95 690	2	0 41 582	1 95 630
3	0 61 947	2 93 535	3	0 62 373	2 93 445
4	0 82 596	3 91 380	4	0 83 164	3 91 260
5	1 03 245	4 89 225	5	1 03 955	4 89 075
6	1 23 894	5 87 070	6	1 24 746	5 86 890
7	1 44 543	6 84 915	7	1 45 537	6 84 705
8	1 65 192	7 82 760	8	1 66 328	7 82 520
9	1 85 841	8 80 605	9	1 87 119	8 80 335
10	2 06 490	9 78 450	10	2 07 910	9 78 150
11	2 27 139	10 76 295	11	2 28 701	10 75 965
12	2 47 788	11 74 140	12	2 49 492	11 73 780
13	2 68 437	12 71 985	13	2 70 283	12 71 595
14	2 89 086	13 69 830	14	2 91 074	13 69 410
15	3 09 735	14 67 675	15	3 11 865	14 67 225
16	3 30 384	15 65 520	16	3 32 656	15 65 040
17	3 51 033	16 63 365	17	3 53 447	16 62 855
18	3 71 682	17 61 210	18	3 74 238	17 60 670
19	3 92 331	18 59 055	19	3 95 029	18 58 485
20	4 12 980	19 56 900	20	4 15 820	19 56 800

Hypoténuse.	12 d. 05 m. Côté opposé.	77 d. 55 m Côté opposé.	Hypoténuse.	12 d. 10 m. Côté opposé.	77 d. 50 m. Côté opposé.
1	0 20 933	0 97 784	1	0 21 076	0 97 754
2	0 41 866	1 95 568	2	0 42 152	1 95 508
3	0 62 799	2 93 352	3	0 63 228	2 93 262
4	0 83 732	3 91 136	4	0 84 304	3 91 016
5	1 04 665	4 88 920	5	1 05 380	4 88 770
6	1 25 598	5 86 704	6	1 26 456	5 86 524
7	1 46 531	6 84 488	7	1 47 532	6 84 278
8	1 67 464	7 82 272	8	1 68 608	7 82 032
9	1 88 397	8 80 056	9	1 89 684	8 79 786
10	2 09 330	9 77 840	10	2 10 760	9 77 540
11	2 30 263	10 75 624	11	2 31 836	10 75 294
12	2 51 196	11 73 408	12	2 52 912	11 73 048
13	2 72 129	12 71 192	13	2 73 988	12 70 802
14	2 93 062	13 68 976	14	2 95 064	13 68 556
15	3 13 995	14 66 760	15	3 16 140	14 66 310
16	3 34 928	15 64 544	16	3 37 216	15 64 064
17	3 55 861	16 62 328	17	3 58 292	16 61 818
18	3 76 794	17 60 112	18	3 79 368	17 59 572
19	3 97 727	18 57 896	19	4 00 444	18 57 326
20	4 18 660	19 55 680	20	4 21 520	19 55 080

Hyp.	12 d. 15 m. Côté opposé.	77 d. 45 m Côté opposé.	Hyp.	12 d. 20 m. Côté opposé.	77 d. 40 m. Côté opposé.
1	0 21 218	0 97 723	1	0 21 360	0 97 692
2	0 42 436	1 95 446	2	0 42 720	1 95 384
3	0 63 654	2 93 169	3	0 64 080	2 93 076
4	0 84 872	3 90 892	4	0 85 440	3 90 768
5	1 06 090	4 88 615	5	1 06 800	4 88 460
6	1 27 308	5 86 338	6	1 28 160	5 86 152
7	1 48 526	6 84 061	7	1 49 520	6 83 844
8	1 69 744	7 81 794	8	1 70 980	7 81 536
9	1 90 962	8 79 547	9	1 92 260	8 79 228
10	2 12 180	9 77 230	10	2 13 600	9 76 920
11	2 33 398	10 74 953	11	2 34 960	10 74 612
12	2 54 616	11 72 676	12	2 56 320	11 72 304
13	2 75 834	12 70 399	13	2 77 680	12 69 996
14	2 97 052	13 68 122	14	2 99 040	13 67 688
15	3 18 270	14 65 845	15	3 20 400	14 65 380
16	3 39 488	15 63 568	16	3 41 760	15 63 072
17	3 60 706	16 61 291	17	3 63 120	16 60 764
18	3 81 924	17 59 014	18	3 84 480	17 58 456
19	4 03 142	18 56 737	19	4 05 840	18 56 148
20	4 24 360	19 54 460	20	4 27 200	19 53 840

Hypoténuse.	12 d. 25 m. Côté opposé.	77 d. 35 m. Côté opposé.	Hypoténuse.	12 d. 30 m. Côté opposé.	77 d. 30 m. Côté opposé.
1	0 21 502	0 97 661	1	0 21 644	0 97 630
2	0 43 004	1 95 322	2	0 43 288	1 95 260
3	0 64 506	2 92 983	3	0 64 932	2 92 890
4	0 86 008	3 90 644	4	0 86 576	3 90 520
5	1 07 510	4 88 305	5	1 08 220	4 88 150
6	1 29 012	5 85 966	6	1 29 864	5 85 780
7	1 50 514	6 83 627	7	1 51 508	6 83 440
8	1 72 016	7 81 288	8	1 73 152	7 81 040
9	1 93 518	8 78 949	9	1 94 796	8 78 670
10	2 15 020	9 76 610	10	2 16 440	9 76 300
11	2 36 522	10 74 271	11	2 38 084	10 73 930
12	2 58 024	11 71 932	12	2 59 728	11 71 560
13	2 79 526	12 69 593	13	2 81 372	12 69 190
14	3 01 028	13 67 254	14	3 03 016	13 66 820
15	3 22 530	14 64 915	15	3 24 660	14 64 450
16	3 44 032	15 62 576	16	3 46 304	15 62 080
17	3 65 534	16 60 237	17	3 67 948	16 59 710
18	3 87 036	17 57 898	18	3 89 592	17 57 340
19	4 08 538	18 55 559	19	4 11 236	18 54 970
20	4 30 040	19 53 220	20	4 32 880	19 52 600

Hyp.	12 d. 35 m. Côté opposé.	77 d. 25 m. Côté opposé.	Hyp.	12 d. 40 m. Côté opposé.	77 d. 20 m. Côté opposé.
1	0 21 786	0 97 598	1	0 21 928	0 97 566
2	0 43 572	1 95 196	2	0 43 856	1 95 132
3	0 65 358	2 92 794	3	0 65 784	2 92 698
4	0 87 144	3 90 392	4	0 87 712	3 90 264
5	1 08 930	4 87 990	5	1 09 640	4 87 830
6	1 30 716	5 85 588	6	1 31 568	5 85 396
7	1 52 502	6 83 186	7	1 53 496	6 82 962
8	1 74 288	7 80 784	8	1 75 424	7 80 528
9	1 96 074	8 78 382	9	1 97 352	8 78 094
10	2 17 860	9 75 980	10	2 19 280	9 75 660
11	2 39 646	10 73 578	11	2 41 208	10 73 226
12	2 61 432	11 71 176	12	2 63 136	11 70 792
13	2 83 218	12 68 774	13	2 85 064	12 68 358
14	3 05 004	13 66 372	14	3 06 992	13 65 924
15	3 26 790	14 63 970	15	3 28 920	14 63 490
16	3 48 576	15 61 568	16	3 50 848	15 61 056
17	3 70 362	16 59 166	17	3 72 776	16 58 622
18	3 92 148	17 56 764	18	3 94 704	17 56 188
19	4 13 934	18 54 362	19	4 16 632	18 53 754
20	4 35 720	19 51 960	20	4 38 560	19 51 320

Hypo-ténuse.	12 d. 45 m. Côté opposé.	77 d. 15 m. Côté opposé.	Hypo-ténuse.	12 d. 50 m. Côté opposé.	77 d. 10 m. Côté opposé.
1	0 22 070	0 97 534	1	0 22 212	0 97 502
2	0 44 140	1 95 068	2	0 44 424	1 95 004
3	0 66 210	2 92 602	3	0 66 636	2 92 506
4	0 88 280	3 90 136	4	0 88 848	3 90 008
5	1 10 350	4 87 670	5	1 11 060	4 87 510
6	1 32 420	5 85 204	6	1 33 272	5 85 012
7	1 54 490	6 82 738	7	1 55 484	6 82 514
8	1 76 560	7 80 272	8	1 77 696	7 80 016
9	1 98 630	8 77 806	9	1 99 908	8 77 518
10	2 20 700	9 75 340	10	2 22 120	9 75 020
11	2 42 770	10 72 874	11	2 44 332	10 72 522
12	2 64 840	11 70 408	12	2 66 544	11 70 024
13	2 86 910	12 67 942	13	2 88 756	12 67 526
14	3 08 980	13 65 476	14	3 10 968	13 65 028
15	3 31 050	14 63 010	15	3 33 180	14 62 530
16	3 53 120	15 60 544	16	3 55 392	15 60 032
17	3 75 190	16 58 078	17	3 77 604	16 57 534
18	3 97 260	17 55 612	18	3 99 816	17 55 036
19	4 19 330	18 53 146	19	4 22 028	18 52 538
20	4 41 400	19 50 680	20	4 44 240	19 50 040

Hyp.	12 d. 55 m.	77 d. 05 m.	Hyp.	13 d. 00 m.	77 d. 00 m.
1	0 22 353	0 97 470	1	0 22 495	0 97 437
2	0 44 706	1 94 940	2	0 44 990	1 94 874
3	0 67 059	2 92 410	3	0 67 485	2 92 311
4	0 89 412	3 89 880	4	0 89 980	3 89 748
5	1 11 765	4 87 350	5	1 12 475	4 87 185
6	1 34 118	5 84 820	6	1 34 970	5 84 622
7	1 56 471	6 82 290	7	1 57 465	6 82 059
8	1 78 824	7 79 760	8	1 79 960	7 79 496
9	2 01 177	8 77 230	9	2 02 455	8 76 933
10	2 23 530	9 74 700	10	2 24 950	9 74 370
11	2 45 883	10 72 170	11	2 47 445	10 71 807
12	2 68 236	11 69 640	12	2 69 940	11 69 244
13	2 90 589	12 67 140	13	2 92 435	12 66 681
14	3 12 942	13 64 580	14	3 14 930	13 64 118
15	3 35 295	14 62 050	15	3 37 425	14 61 555
16	3 57 648	15 59 520	16	3 59 920	15 58 992
17	3 80 001	16 56 990	17	3 82 415	16 56 429
18	4 02 354	17 54 460	18	4 04 910	17 53 866
19	4 24 707	18 51 930	19	4 27 405	18 51 803
20	4 47 060	19 49 400	20	4 49 900	19 48 740

Hypoténuse.	13 d. 05 m. Côté opposé.	76 d. 55 m. Côté opposé.	Hypoténuse.	13 d. 10 m. Côté opposé.	76 d. 50 m Côté opposé.
1	0 22 637	0 97 404	1	0 22 778	0 97 371
2	0 45 274	1 94 808	2	0 45 556	1 94 742
3	0 67 911	2 92 212	3	0 68 334	2 92 113
4	0 90 548	3 89 616	4	0 91 112	3 89 484
5	1 13 185	4 87 020	5	1 13 890	4 86 855
6	1 35 822	5 84 424	6	1 36 668	5 84 226
7	1 58 459	6 81 828	7	1 59 446	6 81 597
8	1 81 096	7 79 232	8	1 82 224	7 78 968
9	2 03 733	8 76 636	9	2 05 002	8 76 339
10	2 26 370	9 74 040	10	2 27 780	9 73 740
11	2 49 007	10 71 444	11	2 50 558	10 74 081
12	2 71 644	11 68 848	12	2 73 336	11 68 452
13	2 94 281	12 66 252	13	2 96 114	12 65 823
14	3 16 918	13 63 656	14	3 18 892	13 63 194
15	3 39 555	14 61 060	15	3 41 670	14 60 565
16	3 62 192	15 58 464	16	3 64 448	15 57 936
17	3 84 829	16 55 868	17	3 87 226	16 55 307
18	4 07 466	17 53 272	18	4 10 004	17 52 678
19	4 30 103	18 50 676	19	4 32 782	18 50 049
20	4 52 740	19 48 080	20	4 55 560	19 47 420

Hyp.	13 d. 15 m.	76 d. 45 m.	Hyp.	13 d. 20 m.	76 d. 40 m.
1	0 22 920	0 97 338	1	0 23 062	0 97 305
2	0 45 840	1 94 676	2	0 46 124	1 94 610
3	0 68 760	2 92 014	3	0 69 186	2 91 915
4	0 91 680	3 89 352	4	0 92 248	3 89 220
5	1 14 600	4 86 690	5	1 15 310	4 86 525
6	1 37 520	5 84 028	6	1 38 372	5 83 830
7	1 60 440	6 81 366	7	1 61 434	6 81 135
8	1 83 360	7 78 704	8	1 84 496	7 78 440
9	2 06 280	8 76 042	9	2 07 558	8 75 745
10	2 29 200	9 73 380	10	2 30 620	9 73 050
11	2 52 120	10 70 718	11	2 53 682	10 70 355
12	2 75 040	11 68 056	12	2 76 744	11 67 660
13	2 97 960	12 65 394	13	2 99 806	12 64 965
14	3 20 880	13 62 732	14	3 22 868	13 62 270
15	3 43 800	14 60 070	15	3 45 930	14 59 575
16	3 66 720	15 57 408	16	3 68 992	15 56 880
17	3 89 640	16 54 746	17	3 92 054	16 54 185
18	4 12 560	17 52 084	18	4 15 116	17 51 490
19	4 35 480	18 49 422	19	4 38 178	18 48 7.95
20	4 58 400	19 46 760	20	4 61 240	19 46 100

Hypoténuse.	13 d. 25 m. Côté opposé.	76 d. 35 m. Côté opposé.	Hypoténuse.	13 d. 30 m. Côté opposé.	76 d. 30 m. Côté opposé.
1	0 23 203	0 97 271	1	0 23 344	0 97 237
2	0 46 406	1 94 542	2	0 46 688	1 94 474
3	0 69 609	2 91 813	3	0 70 032	2 91 711
4	0 92 812	3 89 084	4	0 93 376	3 88 948
5	1 16 015	4 86 355	5	1 16 720	4 86 185
6	1 39 218	5 83 626	6	1 40 064	5 83 422
7	1 62 421	6 80 897	7	1 63 408	6 80 659
8	1 85 624	7 78 168	8	1 86 752	7 77 896
9	2 08 827	8 75 439	9	2 10 096	8 75 133
10	2 32 030	9 72 710	10	2 33 440	9 72 370
11	2 55 233	10 69 981	11	2 56 784	10 69 607
12	2 78 436	11 67 252	12	2 80 128	11 66 844
13	3 01 639	12 64 523	13	3 03 472	12 64 081
14	3 24 842	13 61 794	14	3 26 816	13 61 318
15	3 48 045	14 59 065	15	3 50 160	14 58 555
16	3 71 248	15 56 336	16	3 73 504	15 55 792
17	3 94 451	16 53 607	17	3 96 848	16 53 029
18	4 17 654	17 50 878	18	4 20 192	17 50 266
19	4 40 857	18 48 149	19	4 43 536	18 47 503
20	4 64 060	19 45 420	20	4 66 880	19 44 740

Hyp.	13 d. 35 m.	76 d. 25 m.	Hyp.	13 d. 40 m.	76 d. 20 m.
1	0 23 486	0 97 203	1	0 23 627	0 97 169
2	0 46 972	1 94 406	2	0 47 254	1 94 338
3	0 70 458	2 91 609	3	0 70 881	2 91 507
4	0 93 944	3 88 812	4	0 94 508	3 88 676
5	1 17 430	4 86 015	5	1 18 135	4 85 845
6	1 40 916	5 83 218	6	1 41 762	5 83 014
7	1 64 402	6 80 421	7	1 65 389	6 80 183
8	1 87 888	7 77 624	8	1 89 016	7 77 352
9	2 11 374	8 74 827	9	2 12 643	8 74 521
10	2 34 860	9 72 030	10	2 36 270	9 71 690
11	2 58 346	10 69 233	11	2 59 897	10 68 859
12	2 81 832	11 66 436	12	2 83 524	11 66 028
13	3 05 318	12 63 639	13	3 07 151	12 63 197
14	3 28 804	13 60 842	14	3 30 778	13 60 366
15	3 52 290	14 58 045	15	3 54 405	14 57 535
16	3 75 776	15 55 248	16	3 78 032	15 54 704
17	3 99 262	16 52 451	17	4 01 659	16 51 873
18	4 22 748	17 49 654	18	4 25 286	17 49 042
19	4 46 234	18 46 857	19	4 48 913	18 46 211
20	4 69 720	19 44 060	20	4 72 540	19 43 380

Hypoté-nuse.	13 d. 45 m. Côté opposé.	76 d. 15 m. Côté opposé.	Hypoté-nuse.	13 d. 50 m. Côté opposé.	76 d. 10 m. Côté opposé.
1	0 23 768	0 97 134	1	0 23 910	0 97 099
2	0 47 536	1 94 268	2	0 47 820	1 94 198
3	0 71 304	2 91 402	3	0 71 730	2 91 297
4	0 95 072	3 88 536	4	0 95 640	3 88 396
5	1 18 840	4 85 670	5	1 19 550	4 85 495
6	1 42 608	5 82 804	6	1 43 460	5 82 594
7	1 66 376	6 79 938	7	1 67 370	6 79 693
8	1 90 144	7 77 072	8	1 91 280	7 76 792
9	2 13 912	8 74 206	9	2 15 190	8 73 891
10	2 37 680	9 71 340	10	2 39 100	9 70 990
11	2 61 448	10 68 474	11	2 63 010	10 68 089
12	2 85 216	11 65 608	12	2 86 920	11 65 188
13	3 08 984	12 62 742	13	3 10 830	12 62 287
14	3 32 752	13 59 876	14	3 34 740	13 59 386
15	3 56 520	14 57 010	15	3 58 650	14 56 485
16	3 80 288	15 54 144	16	3 82 560	15 53 584
17	4 04 056	16 51 278	17	4 06 470	16 50 683
18	4 27 824	17 48 412	18	4 30 380	17 47 782
19	4 51 592	18 45 546	19	4 54 290	18 44 881
20	4 75 360	19 42 680	20	4 78 200	19 41 980

Hyp.	13 d. 55 m.	76 d. 05 m.	Hyp.	14 d. 00 m.	76 d. 00 m.
1	0 24 051	0 97 065	1	0 24 192	0 97 029
2	0 48 102	1 94 130	2	0 48 384	1 94 058
3	0 72 153	2 91 195	3	0 72 576	2 91 087
4	0 96 204	3 88 260	4	0 96 768	3 88 116
5	1 20 255	4 85 325	5	1 20 960	4 85 145
6	1 44 306	5 82 390	6	1 45 152	5 82 174
7	1 68 357	6 79 455	7	1 69 344	6 79 203
8	1 92 408	7 76 520	8	1 93 536	7 76 232
9	2 16 459	8 73 585	9	2 17 728	8 73 261
10	2 40 510	9 70 650	10	2 41 920	9 70 290
11	2 64 561	10 67 745	11	2 66 112	10 67 319
12	2 88 612	11 64 780	12	2 90 304	11 64 348
13	3 12 663	12 61 845	13	3 14 496	12 61 377
14	3 36 714	13 58 910	14	3 38 688	13 58 406
15	3 60 765	14 55 975	15	3 62 880	14 55 435
16	3 84 816	15 53 040	16	3 87 072	15 52 464
17	4 08 867	16 50 105	17	4 11 264	16 49 493
18	4 32 918	17 47 170	18	4 35 456	17 46 522
19	4 56 969	18 44 235	19	4 59 648	18 43 551
20	4 81 020	19 41 300	20	4 83 840	19 40 580

Hypoténuse.	14 d. 05 m. Côté opposé.	75 d. 55 m. Côté opposé.	Hypoténuse.	14 d. 10 m. Côté opposé.	75 d. 50 m. Côté opposé.
1	0 24 333	0 96 994	1	0 24 474	0 96 959
2	0 48 666	1 93 988	2	0 48 948	1 93 918
3	0 72 999	2 90 982	3	0 73 422	2 90 877
4	0 97 332	3 87 976	4	0 97 896	3 87 836
5	1 21 665	4 84 970	5	1 22 370	4 84 795
6	1 45 998	5 81 964	6	1 46 844	5 81 754
7	1 70 331	6 78 958	7	1 71 318	6 78 713
8	1 94 664	7 75 952	8	1 95 792	7 75 672
9	2 18 997	8 72 946	9	2 20 266	8 72 631
10	2 43 330	9 69 940	10	2 44 740	9 69 590
11	2 67 663	10 66 934	11	2 69 214	10 66 549
12	2 91 996	11 63 928	12	2 93 688	11 63 508
13	3 16 329	12 60 922	13	3 18 162	12 60 467
14	3 40 662	13 57 916	14	3 42 636	13 57 426
15	3 64 995	14 54 910	15	3 67 110	14 54 385
16	3 89 328	15 51 904	16	3 91 584	15 51 344
17	4 13 661	16 48 898	17	4 16 058	16 48 303
18	4 37 994	17 45 892	18	4 40 532	17 45 262
19	4 62 327	18 42 886	19	4 65 006	18 42 221
20	4 86 660	19 39 880	20	4 89 480	19 39 480

Hyp.	14 d. 15 m.	75 d. 45 m.	Hyp.	14 d. 20 m.	75 d. 40 m.
1	0 24 615	0 96 923	1	0 24 756	0 96 887
2	0 49 230	1 93 846	2	0 49 512	1 93 774
3	0 73 845	2 90 769	3	0 74 268	2 90 661
4	0 98 460	3 87 692	4	0 99 024	3 87 548
5	1 23 075	4 84 615	5	1 23 780	4 84 435
6	1 47 690	5 81 538	6	1 48 536	5 81 322
7	1 72 305	6 78 461	7	1 73 292	6 78 209
8	1 96 920	7 75 384	8	1 98 048	7 75 096
9	2 21 535	8 72 307	9	2 22 804	8 71 983
10	2 46 150	9 69 230	10	2 47 560	9 68 870
11	2 70 765	10 66 153	11	2 72 346	10 65 757
12	2 95 380	11 63 076	12	2 97 072	11 62 644
13	3 19 995	12 59 999	13	3 21 828	12 59 531
14	3 44 610	13 56 922	14	3 46 584	13 56 418
15	3 69 225	14 53 845	15	3 71 340	14 53 305
16	3 93 840	15 50 768	16	3 96 096	15 50 192
17	4 18 455	16 47 691	17	4 20 852	16 47 079
18	4 43 070	17 44 614	18	4 45 608	17 43 966
19	4 67 685	18 41 537	19	4 70 364	18 40 853
20	4 92 300	19 38 460	20	4 95 120	19 37 740

Hypoténuse.	14 d. 25 m. Côté opposé.	75 d. 35 m. Côté opposé.	Hypoténuse.	14 d. 30 m. Côté opposé.	75 d. 30 m. Côté opposé.
1	0 24 897	0 96 851	1	0 25 038	0 96 815
2	0 49 794	1 93 702	2	0 50 076	1 93 630
3	0 74 691	2 90 553	3	0 75 114	2 90 445
4	0 99 588	3 87 404	4	1 00 152	3 87 260
5	1 24 485	4 84 255	5	1 25 190	4 84 075
6	1 49 382	5 81 106	6	1 50 228	5 80 890
7	1 74 279	6 77 957	7	1 75 266	6 77 705
8	1 99 176	7 74 808	8	2 00 304	7 74 520
9	2 24 073	8 71 659	9	2 25 342	8 71 335
10	2 48 970	9 68 510	10	2 50 380	9 68 150
11	2 73 867	10 65 361	11	2 75 418	10 64 965
12	2 98 764	11 62 212	12	3 00 456	11 61 780
13	3 23 661	12 59 063	13	3 25 494	12 58 595
14	3 48 558	13 55 914	14	3 50 532	13 55 410
15	3 73 455	14 52 765	15	3 75 570	14 52 225
16	3 98 352	15 49 616	16	4 00 608	15 49 040
17	4 23 249	16 46 467	17	4 25 646	16 45 855
18	4 48 146	17 43 318	18	4 50 684	17 42 670
19	4 73 043	18 40 169	19	4 75 722	18 39 485
20	4 97 940	19 37 020	20	5 00 760	19 36 300

Hyp.	14 d. 35 m. Côté opposé.	75 d. 25 m. Côté opposé.	Hyp.	14 d. 40 m. Côté opposé.	75 d. 20 m. Côté opposé.
1	0 25 179	0 96 778	1	0 25 319	0 96 741
2	0 50 358	1 93 556	2	0 50 638	1 93 482
3	0 75 537	2 90 334	3	0 75 957	2 90 223
4	1 00 716	3 87 112	4	1 01 276	3 87 964
5	1 25 895	4 83 890	5	1 26 595	4 83 705
6	1 51 074	5 80 668	6	1 51 914	5 80 446
7	1 76 253	6 77 446	7	1 77 233	6 77 187
8	2 01 432	7 74 224	8	2 02 552	7 74 928
9	2 26 611	8 71 002	9	2 27 871	8 70 669
10	2 51 790	9 67 780	10	2 53 190	9 67 410
11	2 76 969	10 64 558	11	2 78 509	10 64 151
12	3 02 148	11 61 336	12	3 03 828	11 60 892
13	3 27 327	12 58 114	13	3 29 147	12 57 633
14	3 52 506	13 54 892	14	3 54 466	13 54 374
15	3 77 685	14 51 670	15	3 79 785	14 51 115
16	4 02 864	15 48 448	16	4 05 104	15 47 856
17	4 28 043	16 45 226	17	4 30 423	16 44 597
18	4 53 222	17 42 004	18	4 55 742	17 41 338
19	4 78 401	18 38 782	19	4 81 061	18 38 079
20	5 03 580	19 35 560	20	5 06 380	19 34 820

Hypoténuse.	14 d. 45 m. Côté opposé.	75 d. 15 m. Côté opposé.	Hypoténuse.	14 d. 50 m. Côté opposé.	75 d. 10 m. Côté opposé.
1	0 25 460	0 96 704	1	0 25 601	0 96 667
2	0 50 920	1 93 408	2	0 51 202	1 93 334
3	0 76 380	2 90 112	3	0 76 803	2 90 001
4	1 01 840	3 86 816	4	1 02 404	3 86 668
5	1 27 300	4 83 520	5	1 28 005	4 83 335
6	1 52 760	5 80 224	6	1 53 606	5 80 002
7	1 78 220	6 76 928	7	1 79 207	6 76 669
8	2 03 680	7 73 632	8	2 04 808	7 73 336
9	2 29 140	8 70 336	9	2 30 409	8 70 003
10	2 54 600	9 67 040	10	2 56 010	9 66 670
11	2 80 060	10 63 744	11	2 81 611	10 63 337
12	3 05 520	11 60 448	12	3 07 212	11 60 004
13	3 30 980	12 57 152	13	3 32 813	12 56 674
14	3 56 440	13 53 856	14	3 58 414	13 53 338
15	3 81 900	14 50 560	15	3 84 015	14 50 005
16	4 07 360	15 47 264	16	4 09 616	15 46 672
17	4 32 820	16 43 968	17	4 35 217	16 43 339
18	4 58 280	17 40 672	18	4 60 818	17 40 006
19	4 83 740	18 37 376	19	4 86 419	18 36 673
20	5 09 200	19 34 080	20	5 12 020	19 33 340

Hyp.	14 d. 55 m. Côté opposé.	75 d. 05 m. Côté opposé.	Hyp.	15 d. 00 m. Côté opposé.	75 d. 00 m. Côté opposé.
1	0 25 741	0 96 630	1	0 25 882	0 96 592
2	0 51 482	1 93 260	2	0 51 764	1 93 184
3	0 77 223	2 89 890	3	0 77 646	2 89 776
4	1 02 964	3 86 520	4	1 03 528	3 86 368
5	1 28 705	4 83 150	5	1 29 410	4 82 960
6	1 54 446	5 79 780	6	1 55 292	5 79 552
7	1 80 187	6 76 410	7	1 81 174	6 76 144
8	2 05 928	7 73 040	8	2 07 056	7 72 736
9	2 31 669	8 69 670	9	2 32 938	8 69 328
10	2 57 440	9 66 300	10	2 58 820	9 65 920
11	2 83 151	10 62 930	11	2 84 702	10 62 512
12	3 08 892	11 59 560	12	3 10 584	11 59 404
13	3 34 633	12 56 190	13	3 36 466	12 55 696
14	3 60 374	13 52 820	14	3 62 348	13 52 288
15	3 86 115	14 49 450	15	3 88 230	14 48 880
16	4 11 856	15 46 080	16	4 14 112	15 45 472
17	4 37 597	16 42 710	17	4 39 994	16 42 064
18	4 63 338	17 39 340	18	4 65 876	17 38 656
19	4 89 079	18 35 970	19	4 91 758	18 35 248
20	5 44 820	19 32 600	20	5 17 640	19 31 840

Hypoténuse.	15 d. 05 m. Côté opposé.	74 d. 55 m. Côté opposé.	Hypoténuse.	15 d. 10 m. Côté opposé.	74 d. 50 m. Côté opposé.
1	0 26 022	0 96 555	1	0 26 163	0 96 517
2	0 52 044	1 93 110	2	0 52 326	1 93 034
3	0 78 066	2 89 665	3	0 78 489	2 89 551
4	1 04 088	3 86 220	4	1 04 652	3 86 068
5	1 30 110	4 82 775	5	1 30 815	4 82 585
6	1 56 132	5 79 330	6	1 56 978	5 79 102
7	1 82 154	6 75 885	7	1 83 141	6 75 619
8	2 08 176	7 72 440	8	2 09 304	7 72 136
9	2 34 198	8 68 995	9	2 35 467	8 68 653
10	2 60 220	9 65 550	10	2 61 630	9 65 170
11	2 86 242	10 62 105	11	2 87 793	10 61 687
12	3 12 264	11 58 660	12	3 13 956	11 58 204
13	3 38 286	12 55 215	13	3 40 119	12 54 721
14	3 64 308	13 51 770	14	3 66 282	13 51 238
15	3 90 330	14 48 325	15	3 92 445	14 47 755
16	4 16 352	15 44 880	16	4 18 608	15 44 272
17	4 42 374	16 41 435	17	4 44 771	16 40 789
18	4 68 396	17 37 990	18	4 70 934	17 37 306
19	4 94 418	18 34 545	19	4 97 097	18 33 823
20	5 20 440	19 31 100	20	5 23 260	19 30 340

Hyp.	15 d. 15 m. Côté opposé.	74 d. 45 m. Côté opposé.	Hyp.	15 d. 20 m. Côté opposé.	74 d. 40 m. Côté opposé.
1	0 26 303	0 96 479	1	0 26 443	0 96 440
2	0 52 606	1 92 958	2	0 52 886	1 92 880
3	0 78 909	2 89 437	3	0 79 329	2 89 320
4	1 05 212	3 85 916	4	1 05 772	3 85 760
5	1 31 515	4 82 395	5	1 32 215	4 82 200
6	1 57 818	5 78 874	6	1 58 658	5 78 640
7	1 84 121	6 75 353	7	1 85 101	6 75 080
8	2 10 424	7 71 832	8	2 11 544	7 71 520
9	2 36 727	8 68 311	9	2 37 987	8 67 960
10	2 63 030	9 64 790	10	2 64 430	9 64 400
11	2 89 333	10 61 269	11	2 90 873	10 60 840
12	3 15 636	11 57 748	12	3 17 316	11 57 280
13	3 41 939	12 54 227	13	3 43 759	12 53 720
14	3 68 242	13 50 706	14	3 70 202	13 50 160
15	3 94 545	14 47 185	15	3 96 645	14 46 600
16	4 20 848	15 43 664	16	4 23 088	15 43 040
17	4 47 151	16 40 143	17	4 49 531	16 39 480
18	4 73 454	17 36 622	18	4 75 974	17 35 920
19	4 99 757	18 33 101	19	5 02 417	18 32 360
20	5 26 060	19 29 580	20	5 28 860	19 28 800

Hypoténuse.	15 d. 25 m. Côté opposé.	74 d. 35 m. Côté opposé.	Hypoténuse.	15 d. 30 m. Côté opposé.	74 d. 30 m. Côté opposé.
1	0 26 584	0 96 402	1	0 26 724	0 96 363
2	0 53 168	1 92 804	2	0 53 448	1 92 726
3	0 79 752	2 89 206	3	0 80 172	2 89 089
4	1 06 336	3 85 608	4	1 06 896	3 85 452
5	1 32 920	4 82 010	5	1 33 620	4 81 815
6	1 59 504	5 78 412	6	1 60 344	5 78 178
7	1 86 088	6 74 814	7	1 87 068	6 74 541
8	2 12 672	7 71 216	8	2 13 792	7 70 004
9	2 39 256	8 67 618	9	2 40 516	8 67 267
10	2 65 840	9 64 020	10	2 67 240	9 63 630
11	2 92 424	10 60 422	11	2 93 964	10 59 993
12	3 19 008	11 56 824	12	3 20 688	11 56 356
13	3 45 592	12 53 226	13	3 47 412	12 52 719
14	3 72 176	13 49 628	14	3 74 136	13 49 082
15	3 98 760	14 46 030	15	4 00 860	14 45 445
16	4 25 344	15 42 432	16	4 27 584	15 41 808
17	4 51 928	16 38 834	17	4 54 308	16 38 171
18	4 78 512	17 35 236	18	4 81 032	17 34 534
19	5 05 096	18 31 638	19	5 07 756	18 30 897
20	5 31 680	19 28 040	20	5 34 480	19 27 260

Hyp.	15 d. 35 m.	74 d. 25 m.	Hyp.	15 d. 40 m.	74 d. 20 m.
1	0 26 864	0 96 324	1	0 27 004	0 96 285
2	0 53 728	1 92 648	2	0 54 008	1 92 570
3	0 80 592	2 88 972	3	0 81 012	2 88 855
4	1 07 456	3 85 296	4	1 08 016	3 85 140
5	1 34 320	4 81 620	5	1 35 020	4 81 425
6	1 61 184	5 77 944	6	1 62 024	5 77 710
7	1 88 048	6 74 268	7	1 89 028	6 73 995
8	2 14 912	7 70 592	8	2 16 032	7 70 280
9	2 41 776	8 66 916	9	2 43 036	8 66 565
10	2 68 640	9 63 240	10	2 70 040	9 62 850
11	2 95 504	10 59 564	11	2 97 044	10 59 135
12	3 22 368	11 55 888	12	3 24 048	11 55 420
13	3 49 232	12 52 212	13	3 51 052	12 51 705
14	3 76 096	13 48 536	14	3 78 056	13 47 990
15	4 02 960	14 44 860	15	4 05 060	14 44 275
16	4 29 824	15 41 184	16	4 32 064	15 40 560
17	4 56 688	16 37 508	17	4 59 068	16 36 845
18	4 83 552	17 33 832	18	4 86 072	17 33 130
19	5 10 416	18 30 156	19	5 13 076	18 29 415
20	5 37 280	19 26 480	20	5 40 080	19 25 700

Hypoténuse.	15 d. 45 m. Côté opposé.	74 d. 15 m. Côté opposé.	Hypoténuse.	15 d. 50 m. Côté opposé.	74 d. 10 m. Côté opposé.
1	0 27 144	0 96 245	1	0 27 284	0 96 206
2	0 54 288	1 92 490	2	0 54 568	1 92 412
3	0 81 432	2 88 735	3	0 81 852	2 88 618
4	1 08 576	3 84 980	4	1 09 136	3 84 824
5	1 35 720	4 81 225	5	1 36 420	4 81 030
6	1 62 864	5 77 410	6	1 63 704	5 77 236
7	1 90 008	6 73 715	7	1 90 988	6 73 442
8	2 17 152	7 69 960	8	2 18 272	7 69 648
9	2 44 296	8 66 205	9	2 45 556	8 65 854
10	2 71 440	9 62 450	10	2 72 840	9 62 060
11	2 98 584	10 58 695	11	3 00 124	10 58 266
12	3 25 728	11 54 940	12	3 27 408	11 54 472
13	3 52 872	12 51 185	13	3 54 692	12 50 678
14	3 80 016	13 47 430	14	3 81 976	13 46 884
15	4 07 160	14 43 675	15	4 09 260	14 43 090
16	4 34 304	15 39 920	16	4 36 544	15 39 296
17	4 61 448	16 36 165	17	4 63 828	16 35 502
18	4 88 592	17 32 410	18	4 91 112	17 31 708
19	5 15 736	18 28 655	19	5 18 396	18 27 914
20	5 42 880	19 24 900	20	5 45 680	19 24 120

Hyp.	15 d. 55 m. Côté opposé.	74 d. 05 m. Côté opposé.	Hyp.	16 d. 00 m. Côté opposé.	74 d. 00 m. Côté opposé.
1	0 27 424	0 96 166	1	0 27 564	0 96 126
2	0 54 848	1 92 332	2	0 55 128	1 92 252
3	0 82 272	2 88 498	3	0 82 692	2 88 378
4	1 09 699	3 84 664	4	1 10 256	3 84 504
5	1 37 120	4 80 830	5	1 37 820	4 80 630
6	1 64 544	5 76 996	6	1 65 384	5 76 756
7	1 91 968	6 73 162	7	1 92 948	6 72 882
8	2 19 392	7 69 328	8	2 20 512	7 69 008
9	2 46 816	8 65 494	9	2 48 076	8 65 134
10	2 74 240	9 61 660	10	2 75 640	9 61 260
11	3 01 664	10 57 826	11	3 03 204	10 57 386
12	3 29 088	11 53 992	12	3 30 768	11 53 512
13	3 56 512	12 50 158	13	3 58 332	12 49 638
14	3 83 936	13 46 324	14	3 85 896	13 45 764
15	4 11 360	14 42 490	15	4 13 460	14 41 890
16	4 38 784	15 38 656	16	4 41 024	15 38 016
17	4 66 208	16 34 822	17	4 68 588	16 34 142
18	4 93 632	17 30 988	18	4 96 152	17 30 268
19	5 21 056	18 27 154	19	5 23 716	18 26 394
20	5 48 480	19 23 320	20	5 51 280	19 22 520

Hypoténuse.	16 d. 05 m. Côté opposé.	73 d. 55 m. Côté opposé.	Hypoténuse.	16 d. 10 m. Côté opposé.	73 d. 50 m. Côté opposé.
1	0 27 703	0 96 086	1	0 27 843	0 96 045
2	0 55 406	1 92 172	2	0 55 686	1 92 090
3	0 83 109	2 88 258	3	0 83 529	2 88 135
4	1 10 812	3 84 344	4	1 11 372	3 84 180
5	1 38 515	4 80 430	5	1 39 215	4 80 225
6	1 66 218	5 76 516	6	1 67 058	5 76 270
7	1 93 921	6 72 602	7	1 94 901	6 72 315
8	2 24 624	7 68 688	8	2 22 744	7 68 360
9	2 49 327	8 64 774	9	2 50 587	8 64 405
10	2 77 030	9 60 860	10	2 78 430	9 60 450
11	3 04 733	10 56 946	11	3 06 273	10 56 495
12	3 32 436	11 53 032	12	3 34 116	11 52 540
13	3 60 139	12 49 118	13	3 61 959	12 48 585
14	3 87 842	13 45 204	14	3 89 802	13 44 630
15	4 15 545	14 41 290	15	4 17 645	14 40 675
16	4 43 248	15 37 376	16	4 45 488	15 36 720
17	4 70 951	16 33 462	17	4 73 331	16 32 765
18	4 98 654	17 29 548	18	5 01 174	17 28 810
19	5 26 357	18 25 634	19	5 29 047	18 24 855
20	5 54 060	19 21 720	20	5 56 860	19 20 900

Hyp.	16 d. 15 m. Côté opposé.	73 d. 45 m. Côté opposé.	Hyp.	16 d. 20 m. Côté opposé.	73 d. 40 m. Côté opposé.
1	0 27 983	0 96 005	1	0 28 122	0 95 964
2	0 55 966	1 92 040	2	0 56 244	1 91 928
3	0 83 949	2 88 045	3	0 84 366	2 87 892
4	1 11 932	3 84 020	4	1 12 488	3 83 856
5	1 39 915	4 80 025	5	1 40 610	4 79 820
6	1 67 898	5 76 030	6	1 68 732	5 75 784
7	1 95 881	6 72 035	7	1 96 854	6 71 748
8	2 23 864	7 68 040	8	2 24 976	7 67 712
9	2 51 847	8 64 045	9	2 53 098	8 63 676
10	2 79 830	9 60 050	10	2 81 220	9 59 640
11	3 07 813	10 56 055	11	3 09 342	10 55 604
12	3 35 796	11 52 060	12	3 37 464	11 51 568
13	3 63 779	12 48 065	13	3 65 586	12 47 532
14	3 91 762	13 44 070	14	3 93 708	13 43 496
15	4 19 745	14 40 075	15	4 21 830	14 39 460
16	4 47 728	15 36 080	16	4 49 952	15 35 424
17	4 75 711	16 32 085	17	4 78 074	16 31 388
18	5 03 694	17 28 090	18	5 06 196	17 27 352
19	5 31 677	18 24 095	19	5 34 318	18 23 316
20	5 59 660	19 20 100	20	5 62 440	19 19 280

Hypo-té-nuse.	16 d. 25 m. Côté opposé.	73 d. 35 m. Côté opposé.	Hypo-té-nuse.	16 d. 30 m. Côté opposé.	73 d. 30 m. Côté opposé.
1	0 28 262	0 95 923	1	0 28 401	0 95 882
2	0 56 524	1 91 846	2	0 56 802	1 91 764
3	0 84 786	2 87 769	3	0 85 203	2 87 646
4	1 13 048	3 83 692	4	1 13 604	3 83 528
5	1 41 310	4 79 615	5	1 42 005	4 79 410
6	1 69 572	5 75 538	6	1 70 406	5 75 292
7	1 97 834	6 71 461	7	1 98 807	6 71 174
8	2 26 096	7 67 384	8	2 27 208	7 67 056
9	2 54 358	8 63 307	9	2 55 609	8 62 938
10	2 82 620	9 59 230	10	2 84 010	9 58 820
11	3 10 882	10 55 153	11	3 12 411	10 54 702
12	3 39 144	11 51 076	12	3 40 812	11 50 584
13	3 67 406	12 46 999	13	3 69 213	12 46 466
14	3 95 668	13 42 922	14	3 97 614	13 42 348
15	4 23 930	14 38 845	15	4 26 015	14 38 230
16	4 52 192	15 34 768	16	4 54 416	15 34 112
17	4 80 454	16 30 691	17	4 82 817	16 29 994
18	5 08 716	17 26 614	18	5 11 218	17 25 876
19	5 36 978	18 22 537	19	5 39 619	18 21 758
20	5 65 240	19 18 460	20	5 68 020	19 17 640

Hyp.	16 d. 35 m. Côté opposé.	73 d. 25 m. Côté opposé.	Hyp.	16 d. 40 m. Côté opposé.	73 d. 20 m. Côté opposé.
1	0 28 541	0 95 840	1	0 28 680	0 95 799
2	0 57 082	1 91 680	2	0 57 360	1 91 598
3	0 85 623	2 87 520	3	0 86 040	2 87 397
4	1 14 164	3 83 360	4	1 14 720	3 83 196
5	1 42 705	4 79 200	5	1 43 400	4 78 995
6	1 71 246	5 75 040	6	1 72 080	5 74 794
7	1 99 787	6 70 880	7	2 00 760	6 70 593
8	2 28 328	7 66 720	8	2 29 440	7 66 392
9	2 56 869	8 62 560	9	2 58 120	8 62 191
10	2 85 410	9 58 400	10	2 86 800	9 57 990
11	3 13 951	10 54 240	11	3 15 480	10 53 789
12	3 42 492	11 50 080	12	3 44 160	11 49 588
13	3 71 033	12 45 920	13	3 72 840	12 45 387
14	3 99 574	13 41 760	14	4 01 520	13 41 186
15	4 28 115	14 37 600	15	4 30 200	14 36 985
16	4 56 656	15 33 440	16	4 58 880	15 32 784
17	4 85 197	16 29 280	17	4 87 560	16 28 583
18	5 13 738	17 25 120	18	5 16 240	17 24 382
19	5 42 279	18 20 960	19	5 44 920	18 20 181
20	5 70 820	19 16 800	20	5 73 600	19 15 980

Hypoténuse.	16 d. 45 m. Côté opposé.	73 d. 15 m. Côté opposé.	Hypoténuse.	16 d. 50 m. Côté opposé.	73 d. 10 m. Côté opposé.
1	0 28 820	0 95 757	1	0 28 959	0 95 715
2	0 57 640	1 91 514	2	0 57 918	1 91 430
3	0 86 460	2 87 271	3	0 86 877	2 87 145
4	1 15 280	3 83 028	4	1 15 836	3 82 860
5	1 44 100	4 78 785	5	1 44 795	4 78 575
6	1 72 920	5 74 542	6	1 73 754	5 74 290
7	2 01 740	6 70 299	7	2 02 713	6 70 005
8	2 30 560	7 66 056	8	2 31 672	7 65 720
9	2 59 380	8 61 813	9	2 60 631	8 61 435
10	2 88 200	9 57 570	10	2 89 590	9 57 150
11	3 17 020	10 53 327	11	3 18 549	10 52 865
12	3 45 840	11 49 084	12	3 47 508	11 48 580
13	3 74 660	12 44 841	13	3 76 467	12 44 295
14	4 03 480	13 40 598	14	4 05 426	13 40 010
15	4 32 300	14 36 355	15	4 34 385	14 35 725
16	4 61 120	15 32 112	16	4 63 344	15 31 440
17	4 89 940	16 27 869	17	4 92 303	16 27 155
18	5 18 760	17 23 626	18	5 21 262	17 22 870
19	5 47 580	18 19 383	19	5 50 221	18 18 585
20	5 76 400	19 15 140	20	5 79 180	19 14 300

Hyp.	16 d. 55 m. Côté opposé.	73 d. 05 m. Côté opposé.	Hyp.	17 d. 00 m. Côté opposé.	73 d. 00 m. Côté opposé.
1	0 29 098	0 95 673	1	0 29 237	0 95 630
2	0 58 196	1 91 346	2	0 58 474	1 91 260
3	0 87 294	2 87 019	3	0 87 711	2 86 890
4	1 16 392	3 82 692	4	1 16 948	3 82 520
5	1 45 490	4 78 365	5	1 46 185	4 78 450
6	1 74 588	5 74 038	6	1 75 422	5 73 780
7	2 03 686	6 69 711	7	2 04 659	6 69 410
8	2 32 784	7 65 384	8	2 33 896	7 65 040
9	2 61 882	8 61 057	9	2 63 133	8 60 670
10	2 90 980	9 56 730	10	2 92 370	9 56 300
11	3 20 078	10 52 403	11	3 21 607	10 51 930
12	3 49 176	11 48 076	12	3 50 844	11 47 560
13	3 78 274	12 43 749	13	3 80 081	12 43 190
14	4 07 372	13 39 422	14	4 09 318	13 38 820
15	4 36 470	14 35 095	15	4 38 555	14 34 450
16	4 65 568	15 30 768	16	4 67 792	15 30 080
17	4 94 666	16 26 441	17	4 97 029	16 25 710
18	5 23 764	17 22 114	18	5 26 266	17 21 340
19	5 52 862	18 17 787	19	5 55 503	18 16 970
20	5 81 960	19 13 460	20	5 84 740	19 12 600

Hypoténuse.	17 d. 05 m. Côté opposé.	72 d. 55 m. Côté opposé.	Hypoténuse.	17 d. 10 m. Côté opposé.	72 d. 50 m. Côté opposé.
1	0 29 376	0 95 588	1	0 29 515	0 95 545
2	0 58 752	1 91 176	2	0 59 030	1 91 090
3	0 88 128	2 86 764	3	0 88 545	2 86 635
4	1 17 504	3 82 352	4	1 18 060	3 82 180
5	1 46 880	4 77 940	5	1 47 575	4 77 725
6	1 76 256	5 73 528	6	1 77 090	5 73 270
7	2 05 632	6 69 116	7	2 06 605	6 68 815
8	2 35 008	7 64 704	8	2 36 120	7 64 360
9	2 64 384	8 60 292	9	2 65 635	8 59 905
10	2 93 760	9 55 880	10	2 95 150	9 55 450
11	3 23 136	10 51 468	11	3 24 665	10 50 995
12	3 52 512	11 47 056	12	3 54 180	11 46 540
13	3 81 888	12 42 644	13	3 83 695	12 42 085
14	4 11 264	13 38 232	14	4 13 210	13 37 630
15	4 40 640	14 33 820	15	4 42 725	14 33 175
16	4 70 016	15 29 408	16	4 72 240	15 28 720
17	4 99 392	16 24 996	17	5 01 755	16 24 265
18	5 28 768	17 20 584	18	5 31 270	17 19 810
19	5 58 144	18 16 172	19	5 60 785	18 15 355
20	5 87 520	19 11 760	20	5 90 300	19 10 900

Hyp.	17 d. 15 m. Côté opposé.	72 d. 45 m. Côté opposé.	Hyp.	17 d. 20 m. Côté opposé.	72 d. 40 m. Côté opposé.
1	0 29 654	0 95 502	1	0 29 793	0 95 459
2	0 59 308	1 91 004	2	0 59 586	1 90 918
3	0 88 962	2 86 506	3	0 89 379	2 86 377
4	1 18 616	3 82 008	4	1 19 172	3 81 836
5	1 48 270	4 77 510	5	1 48 965	4 77 295
6	1 77 924	5 73 012	6	1 78 758	5 72 754
7	2 07 578	6 68 514	7	2 08 554	6 68 213
8	2 37 232	7 64 016	8	2 38 344	7 63 672
9	2 66 886	8 59 518	9	2 68 437	8 59 131
10	2 96 540	9 55 020	10	2 97 930	9 54 590
11	3 26 194	10 50 522	11	3 27 723	10 50 049
12	3 55 848	11 46 024	12	3 57 516	11 45 508
13	3 85 502	12 41 526	13	3 87 309	12 40 967
14	4 15 156	13 37 028	14	4 17 102	13 36 426
15	4 44 810	14 32 530	15	4 46 895	14 31 885
16	4 74 464	15 28 032	16	4 76 688	15 27 344
17	5 04 118	16 23 534	17	5 06 481	16 22 803
18	5 33 772	17 19 036	18	5 36 274	17 18 262
19	5 63 426	18 14 538	19	5 66 067	18 13 721
20	5 93 080	19 10 040	20	5 95 860	19 09 180

Hypoténuse.	17 d. 25 m. Côté opposé.	72 d. 35 m. Côté opposé.	Hypoténuse.	17 d. 30 m. Côté opposé.	72 d. 30 m. Côté opposé.
1	0 29 932	0 95 415	1	0 30 070	0 95 372
2	0 59 864	1 90 830	2	0 60 140	1 90 744
3	0 89 796	2 86 245	3	0 90 210	2 86 116
4	1 19 728	3 81 660	4	1 20 280	3 81 488
5	1 49 660	4 77 075	5	1 50 350	4 76 860
6	1 79 592	5 72 490	6	1 80 420	5 72 232
7	2 09 524	6 67 905	7	2 10 490	6 67 604
8	2 39 456	7 63 320	8	2 40 560	7 62 976
9	2 69 388	8 58 735	9	2 70 630	8 58 348
10	2 99 320	9 54 150	10	3 00 700	9 53 720
11	3 29 252	10 49 565	11	3 30 770	10 49 092
12	3 59 184	11 44 980	12	3 60 840	11 44 464
13	3 89 116	12 40 395	13	3 90 910	12 39 836
14	4 19 048	13 35 810	14	4 20 980	13 35 208
15	4 48 980	14 31 225	15	4 51 050	14 30 580
16	4 78 912	15 26 640	16	4 81 120	15 25 952
17	5 08 844	16 22 055	17	5 11 190	16 21 324
18	5 38 776	17 17 470	18	5 41 260	17 16 696
19	5 68 708	18 12 885	19	5 71 330	18 12 068
20	5 98 640	19 08 300	20	6 01 400	19 07 440

Hyp.	17 d. 35 m. Côté opposé.	72 d. 25 m. Côté opposé.	Hyp.	17 d. 40 m. Côté opposé.	72 d. 20 m. Côté opposé.
1	0 30 209	0 95 328	1	0 30 348	0 95 284
2	0 60 418	1 90 656	2	0 60 696	1 90 568
3	0 90 627	2 85 984	3	0 91 044	2 85 852
4	1 20 836	3 81 312	4	1 21 392	3 81 136
5	1 51 045	4 76 640	5	1 51 740	4 76 420
6	1 81 254	5 71 968	6	1 82 088	5 71 704
7	2 11 463	6 67 296	7	2 12 436	6 66 988
8	2 41 672	7 62 624	8	2 42 784	7 62 272
9	2 71 881	8 57 952	9	2 73 132	8 57 556
10	3 02 090	9 53 280	10	3 03 480	9 52 840
11	3 32 299	10 48 608	11	3 33 828	10 48 124
12	3 62 508	11 43 936	12	3 64 176	11 43 408
13	3 92 717	12 39 264	13	3 94 524	12 38 692
14	4 22 926	13 34 592	14	4 24 872	13 33 976
15	4 53 135	14 29 920	15	4 55 220	14 29 260
16	4 83 344	15 25 248	16	4 85 568	15 24 544
17	5 13 553	16 20 576	17	5 15 916	16 19 828
18	5 43 762	17 15 904	18	5 46 264	17 15 112
19	5 74 971	18 11 232	19	5 76 612	18 10 396
20	6 04 180	19 06 560	20	6 06 960	19 05 680

Hypoténuse.	17 d. 45 m. Côté opposé.	72 d. 15 m. Côté opposé.	Hypoténuse.	17 d. 50 m. Côté opposé.	72 d. 10 m. Côté opposé.
1	0 30 486	0 95 239	1	0 30 625	0 95 195
2	0 60 972	1 90 478	2	0 61 250	1 90 390
3	0 91 458	2 85 717	3	0 91 875	2 85 585
4	1 21 944	3 80 956	4	1 22 500	3 80 780
5	1 52 430	4 76 195	5	1 53 125	4 75 975
6	1 82 916	5 71 434	6	1 83 750	5 71 170
7	2 13 402	6 66 673	7	2 14 375	6 66 365
8	2 43 888	7 61 912	8	2 45 000	7 61 560
9	2 74 374	8 57 151	9	2 75 625	8 56 755
10	3 04 860	9 52 390	10	3 06 250	9 51 950
11	3 35 346	10 47 629	11	3 36 875	10 47 145
12	3 65 832	11 42 868	12	3 67 500	11 42 340
13	3 96 318	12 38 107	13	3 98 125	12 37 535
14	4 26 804	13 33 346	14	4 28 750	13 32 730
15	4 57 290	14 28 585	15	4 59 375	14 27 925
16	4 87 776	15 23 824	16	4 90 000	15 23 120
17	5 18 262	16 19 063	17	5 20 625	16 18 315
18	5 48 748	17 14 302	18	5 51 250	17 13 510
19	5 79 234	18 09 541	19	5 81 875	18 08 705
20	6 09 720	19 04 780	20	6 12 500	19 03 900

Hyp.	17 d. 55 m. Côté opposé.	72 d. 05 m. Côté opposé.	Hyp.	18 d. 00 m. Côté opposé.	72 d. 00 m. Côté opposé.
1	0 30 763	0 95 150	1	0 30 902	0 95 106
2	0 61 526	1 90 300	2	0 61 804	1 90 212
3	0 92 289	2 85 450	3	0 92 706	2 85 318
4	1 23 052	3 80 600	4	1 23 608	3 80 424
5	1 53 815	4 75 750	5	1 54 510	4 75 530
6	1 84 578	5 70 900	6	1 85 412	5 70 636
7	2 15 341	6 66 050	7	2 16 314	6 65 742
8	2 46 104	7 61 200	8	2 47 216	7 60 848
9	2 76 867	8 56 350	9	2 78 118	8 55 954
10	3 07 630	9 51 500	10	3 09 020	9 51 060
11	3 38 393	10 46 650	11	3 39 922	10 46 166
12	3 69 156	11 41 800	12	3 70 824	11 41 272
13	3 99 919	12 36 950	13	4 01 726	12 36 378
14	4 30 682	13 32 100	14	4 32 628	13 34 484
15	4 61 445	14 27 250	15	4 63 530	14 26 590
16	4 92 208	15 22 400	16	4 94 432	15 21 696
17	5 22 971	16 17 550	17	5 25 334	16 16 802
18	5 53 734	17 12 700	18	5 56 236	17 11 908
19	5 84 497	18 07 850	19	5 87 138	18 07 014
20	6 15 260	19 03 000	20	6 18 040	19 02 120

Hypoté-nuse.	18 d. 05 m. Côté opposé.	71 d. 55 m. Côté opposé.	Hypo-té-nuse.	18 d. 10 m. Côté opposé.	71 d. 50 m. Côté opposé.
1	0 31 040	0 95 061	1	0 31 178	0 95 015
2	0 62 080	1 90 122	2	0 62 356	1 90 030
3	0 93 120	2 85 183	3	0 93 534	2 85 045
4	1 24 160	3 80 244	4	1 24 712	3 80 060
5	1 55 200	4 75 305	5	1 55 890	4 75 075
6	1 86 240	5 70 366	6	1 87 068	5 70 090
7	2 17 280	6 65 427	7	2 18 246	6 65 105
8	2 48 320	7 60 488	8	2 49 424	7 60 120
9	2 79 360	8 55 549	9	2 80 602	8 55 135
10	3 10 400	9 50 610	10	3 11 780	9 50 150
11	3 41 440	10 45 671	11	3 42 958	10 45 165
12	3 72 480	11 40 732	12	3 74 136	11 40 180
13	4 03 520	12 35 793	13	4 05 314	12 35 195
14	4 34 560	13 30 854	14	4 36 492	13 30 210
15	4 65 600	14 25 915	15	4 67 670	14 25 225
16	4 96 640	15 20 976	16	4 98 848	15 20 240
17	5 27 680	16 16 037	17	5 30 026	16 15 255
18	5 58 720	17 11 098	18	5 61 204	17 10 270
19	5 89 760	18 06 159	19	5 92 382	18 05 285
20	6 20 800	19 01 220	20	6 23 560	19 00 300

Hyp.	18 d. 15 m.	71 d. 45 m.	Hyp.	18 d. 20 m.	71 d. 40 m.
1	0 31 316	0 94 970	1	0 31 454	0 94 924
2	0 62 632	1 89 940	2	0 62 908	1 89 848
3	0 93 948	2 84 910	3	0 94 362	2 84 772
4	1 25 264	3 79 880	4	1 25 816	3 79 696
5	1 56 580	4 74 850	5	1 57 270	4 74 620
6	1 87 896	5 69 820	6	1 88 724	5 69 544
7	2 19 212	6 64 790	7	2 20 178	6 64 468
8	2 50 528	7 59 760	8	2 51 632	7 59 392
9	2 81 844	8 54 730	9	2 83 086	8 54 316
10	3 13 160	9 49 700	10	3 14 540	9 49 240
11	3 44 476	10 44 670	11	3 45 994	10 44 164
12	3 75 792	11 39 640	12	3 77 448	11 39 088
13	4 07 108	12 34 610	13	4 08 902	12 34 012
14	4 38 424	13 29 580	14	4 40 356	13 28 936
15	4 69 740	14 24 550	15	4 71 810	14 23 860
16	5 01 056	15 19 520	16	5 03 264	15 18 784
17	5 32 372	16 14 490	17	5 34 718	16 13 708
18	5 63 688	17 09 460	18	5 66 172	17 08 632
19	5 95 004	18 04 430	19	5 97 626	18 03 556
20	6 26 320	18 99 400	20	6 29 080	18 98 480

Hypoténuse.	18 d. 25 m. Côté opposé.	71 d. 35 m. Côté opposé.	Hypoténuse.	18 d. 30 m. Côté opposé.	71 d. 30 m. Côté opposé.
1	0 31 592	0 94 878	1	0 31 730	0 94 832
2	0 63 184	1 89 756	2	0 63 460	1 89 664
3	0 94 776	2 84 634	3	0 95 190	2 84 496
4	1 26 368	3 79 542	4	1 26 920	3 79 328
5	1 57 960	4 74 390	5	1 58 650	4 74 160
6	1 89 552	5 69 268	6	1 90 380	5 68 992
7	2 21 144	6 64 146	7	2 22 110	6 63 824
8	2 52 736	7 59 024	8	2 53 840	7 58 656
9	2 84 328	8 53 902	9	2 85 570	8 53 488
10	3 15 920	9 48 780	10	3 17 300	9 48 320
11	3 47 512	10 43 658	11	3 49 030	10 43 152
12	3 79 104	11 38 536	12	3 80 760	11 37 984
13	4 10 696	12 33 414	13	4 12 490	12 32 816
14	4 42 288	13 28 292	14	4 44 220	13 27 648
15	4 73 880	14 23 170	15	4 75 950	14 22 480
16	5 05 472	15 18 048	16	5 07 680	15 17 312
17	5 37 064	16 12 926	17	5 39 410	16 12 144
18	5 68 656	17 07 804	18	5 71 140	17 06 976
19	6 00 248	18 02 682	19	6 02 870	18 01 808
20	6 31 840	18 97 560	20	6 34 600	18 96 640

Hyp.	18 d. 35 m.	71 d. 25 m.	Hyp.	18 d. 40 m.	71 d. 20 m.
1	0 31 868	0 94 786	1	0 32 006	0 94 740
2	0 63 736	1 89 572	2	0 64 012	1 89 480
3	0 95 604	2 84 358	3	0 96 048	2 84 220
4	1 27 472	3 79 144	4	1 28 024	3 78 960
5	1 59 340	4 73 930	5	1 60 030	4 73 700
6	1 91 208	5 68 716	6	1 92 036	5 68 440
7	2 23 076	6 63 502	7	2 24 042	6 63 180
8	2 54 944	7 58 288	8	2 56 048	7 57 920
9	2 86 812	8 53 074	9	2 88 054	8 52 660
10	3 18 680	9 47 860	10	3 20 060	9 47 400
11	3 50 548	10 42 646	11	3 52 066	10 42 140
12	3 82 416	11 37 432	12	3 84 072	11 36 880
13	4 14 284	12 32 218	13	4 16 078	12 31 620
14	4 46 152	13 27 004	14	4 48 084	13 26 360
15	4 78 020	14 21 790	15	4 80 090	14 21 100
16	5 09 888	15 16 576	16	5 12 096	15 15 840
17	5 41 756	16 11 362	17	5 44 102	16 10 580
18	5 73 624	17 06 148	18	5 76 108	17 05 320
19	6 05 492	18 00 934	19	6 08 114	18 00 060
20	6 37 360	18 95 720	20	6 40 120	18 94 800

Hypoténuse.	18 d. 45 m. Côté opposé.	71 d. 15 m. Côté opposé.	Hypoténuse.	18 d. 50 m. Côté opposé.	71 d. 10 m. Côté opposé.
1	0 32 144	0 94 693	1	0 32 282	0 94 646
2	0 64 288	1 89 386	2	0 64 564	1 89 292
3	0 96 432	2 84 079	3	0 96 846	2 83 938
4	1 28 576	3 78 772	4	1 29 128	3 78 584
5	1 60 720	4 73 465	5	1 61 410	4 73 230
6	1 92 864	5 68 158	6	1 93 692	5 67 876
7	2 25 008	6 62 851	7	2 25 974	6 62 522
8	2 57 152	7 57 544	8	2 58 256	7 57 168
9	2 89 296	8 52 237	9	2 90 538	8 51 814
10	3 21 440	9 46 930	10	3 22 820	9 46 460
11	3 53 584	10 41 623	11	3 55 102	10 41 106
12	3 85 728	11 36 316	12	3 87 384	11 35 752
13	4 17 872	12 31 009	13	4 19 666	12 30 398
14	4 50 016	13 25 702	14	4 51 948	13 25 044
15	4 82 160	14 20 395	15	4 84 230	14 19 690
16	5 14 304	15 15 088	16	5 16 512	15 14 336
17	5 46 448	16 09 781	17	5 48 794	16 08 982
18	5 78 592	17 04 474	18	5 81 076	17 03 628
19	6 10 736	17 99 167	19	6 13 358	17 98 274
20	6 42 880	18 93 860	20	6 45 640	18 92 920

Hyp.	18 d. 55 m. Côté opposé.	71 d. 05 m. Côté opposé.	Hyp.	19 d. 00 m. Côté opposé.	71 d. 00 m. Côté opposé.
1	0 32 419	0 94 599	1	0 32 557	0 94 552
2	0 64 838	1 89 198	2	0 65 114	1 89 104
3	0 97 257	2 83 797	3	0 97 671	2 83 656
4	1 29 676	3 78 396	4	1 30 228	3 78 208
5	1 62 095	4 72 995	5	1 62 785	4 72 760
6	1 94 514	5 67 594	6	1 95 342	5 67 312
7	2 26 933	6 62 193	7	2 27 899	6 61 864
8	2 59 352	7 56 792	8	2 60 456	7 56 416
9	2 91 771	8 51 391	9	2 93 013	8 50 968
10	3 24 190	9 45 990	10	3 25 570	9 45 520
11	3 56 609	10 40 589	11	3 58 127	10 40 072
12	3 89 028	11 35 188	12	3 90 684	11 34 624
13	4 21 447	12 29 787	13	4 23 241	12 29 176
14	4 53 866	13 24 386	14	4 55 798	13 23 728
15	4 86 285	14 18 985	15	4 88 355	14 18 280
16	5 18 704	15 13 584	16	5 20 912	15 12 832
17	5 51 123	16 08 183	17	5 53 469	16 07 384
18	5 83 542	17 02 782	18	5 86 026	17 01 936
19	6 15 961	17 97 381	19	6 18 583	17 96 488
20	6 48 380	18 91 980	20	6 51 140	18 91 040

Hypoténuse.	19 d. 05 m. Côté opposé.	70 d. 55 m. Côté opposé.	Hypoténuse.	19 d. 10 m. Côté opposé.	70 d. 50 m. Côté opposé.
1	0 32 694	0 94 504	1	0 32 832	0 94 457
2	0 65 388	1 89 008	2	0 65 664	1 88 914
3	0 98 082	2 83 512	3	0 98 496	2 83 371
4	1 30 176	3 78 016	4	1 31 328	3 77 828
5	1 63 470	4 72 520	5	1 64 160	4 72 285
6	1 96 164	5 67 024	6	1 96 992	5 66 742
7	2 28 858	6 61 528	7	2 29 824	6 61 199
8	2 61 552	7 56 032	8	2 62 656	7 55 656
9	2 94 246	8 50 536	9	2 95 488	8 50 113
10	3 26 940	9 45 040	10	3 28 320	9 44 570
11	3 59 634	10 39 544	11	3 61 152	10 39 027
12	3 92 328	11 34 048	12	3 93 984	11 33 484
13	4 25 022	12 28 552	13	4 26 816	12 27 941
14	4 57 716	13 23 056	14	4 59 648	13 22 398
15	4 90 410	14 17 560	15	4 92 480	14 16 855
16	5 23 104	15 12 064	16	5 25 312	15 11 312
17	5 55 798	16 06 568	17	5 58 144	16 05 769
18	5 88 492	17 01 072	18	5 90 976	17 00 226
19	6 21 186	17 95 576	19	6 23 808	17 94 683
20	6 53 880	18 90 080	20	6 56 640	18 89 440

Hyp.	19 d. 15 m. Côté opposé.	70 d. 45 m. Côté opposé.	Hyp.	19 d. 20 m. Côté opposé.	70 d. 40 m. Côté opposé.
1	0 32 969	0 94 409	1	0 33 106	0 94 361
2	0 65 938	1 88 818	2	0 66 212	1 88 722
3	0 98 907	2 83 227	3	0 99 318	2 83 083
4	1 31 876	3 77 636	4	1 32 424	3 77 444
5	1 64 845	4 72 045	5	1 65 530	4 71 805
6	1 97 814	5 66 454	6	1 98 636	5 66 166
7	2 30 783	6 60 863	7	2 31 742	6 60 527
8	2 63 752	7 55 272	8	2 64 848	7 54 888
9	2 96 721	8 49 681	9	2 97 954	8 49 249
10	3 29 690	9 44 090	10	3 31 060	9 43 610
11	3 62 659	10 38 499	11	3 64 166	10 37 971
12	3 95 628	11 32 908	12	3 97 272	11 32 332
13	4 28 597	12 27 317	13	4 30 378	12 26 693
14	4 61 566	13 21 726	14	4 63 484	13 21 054
15	4 94 535	14 16 135	15	4 96 590	14 15 415
16	5 27 504	15 10 544	16	5 29 696	15 09 776
17	5 60 473	16 04 953	17	5 62 802	16 04 137
18	5 93 442	16 99 362	18	5 95 908	16 98 498
19	6 26 411	17 93 771	19	6 29 014	17 92 859
20	6 59 380	18 88 180	20	6 62 420	18 87 220

Hypoténuse.	19 d. 25 m. Côté opposé.	70 d. 35 m. Côté opposé.	Hypoténuse.	19 d. 30 m. Côté opposé.	70 d. 30 m. Côté opposé.
1	0 33 243	0 94 312	1	0 33 381	0 94 264
2	0 66 486	1 88 624	2	0 66 762	1 88 528
3	0 99 729	2 82 936	3	1 00 143	2 82 792
4	1 32 972	3 77 248	4	1 33 524	3 77 056
5	1 66 215	4 71 560	5	1 66 905	4 71 320
6	1 99 458	5 65 872	6	2 00 286	5 65 584
7	2 32 701	6 60 184	7	2 33 667	6 59 848
8	2 65 944	7 54 496	8	2 67 048	7 54 112
9	2 99 187	8 48 808	9	3 00 429	8 48 376
10	3 32 430	9 43 120	10	3 33 810	9 42 640
11	3 65 673	10 37 432	11	3 67 191	10 36 904
12	3 98 916	11 31 744	12	4 00 572	11 31 168
13	4 32 159	12 26 056	13	4 33 953	12 25 432
14	4 65 402	13 20 368	14	4 67 334	13 19 696
15	4 98 645	14 14 680	15	5 00 715	14 13 960
16	5 31 888	15 08 992	16	5 34 096	15 08 224
17	5 65 131	16 03 304	17	5 67 477	16 02 488
18	5 98 374	16 97 616	18	6 00 858	16 96 752
19	6 31 617	17 91 928	19	6 34 239	17 91 016
20	6 64 860	18 86 240	20	6 67 620	18 85 280

Hyp.	19 d. 35 m. Côté opposé.	70 d. 25 m. Côté opposé.	Hyp.	19 d. 40 m. Côté opposé.	70 d. 20 m. Côté opposé.
1	0 33 518	0 94 215	1	0 33 655	0 94 166
2	0 67 036	1 88 430	2	0 67 310	1 88 332
3	1 00 554	2 82 645	3	1 00 965	2 82 498
4	1 34 072	3 76 860	4	1 34 620	3 76 664
5	1 67 590	4 71 075	5	1 68 275	4 70 830
6	2 01 108	5 65 290	6	2 01 930	5 64 996
7	2 34 626	6 59 505	7	2 35 585	6 59 162
8	2 68 144	7 53 720	8	2 69 240	7 53 328
9	3 01 662	8 47 935	9	3 02 895	8 47 494
10	3 35 180	9 42 150	10	3 36 550	9 41 660
11	3 68 698	10 36 365	11	3 70 205	10 35 826
12	4 02 216	11 30 580	12	4 03 860	11 29 992
13	4 35 734	12 24 795	13	4 37 515	12 24 158
14	4 69 252	13 19 010	14	4 71 170	13 18 324
15	5 02 770	14 13 225	15	5 04 825	14 12 490
16	5 36 288	15 07 440	16	5 38 480	15 06 656
17	5 69 806	16 01 655	17	5 72 135	16 00 822
18	6 03 324	16 95 870	18	6 05 790	16 94 988
19	6 36 842	17 90 085	19	6 39 445	17 89 154
20	6 70 360	18 84 300	20	6 73 100	18 83 320

Hypoténuse.	19 d. 45 m. Côté opposé.	70 d. 15 m. Côté opposé.	Hypoténuse.	19 d. 50 m. Côté opposé.	70 d. 10 m. Côté opposé.
1	0 33 792	0 94 118	1	0 33 928	0 94 068
2	0 67 584	1 88 236	2	0 67 856	1 88 136
3	1 01 376	2 82 354	3	1 01 784	2 82 204
4	1 35 168	3 76 472	4	1 35 712	3 76 272
5	1 68 960	4 70 590	5	1 69 640	4 70 340
6	2 02 752	5 64 708	6	2 03 568	5 64 408
7	2 36 544	6 58 826	7	2 37 496	6 58 476
8	2 70 336	7 52 944	8	2 71 424	7 52 544
9	3 04 128	8 47 062	9	3 05 352	8 46 612
10	3 37 920	9 41 180	10	3 39 280	9 40 680
11	3 71 712	10 35 298	11	3 73 208	10 34 748
12	4 05 504	11 29 416	12	4 07 136	11 28 816
13	4 39 296	12 23 534	13	4 41 064	12 22 884
14	4 73 088	13 17 652	14	4 74 992	13 16 952
15	5 06 880	14 11 770	15	5 08 920	14 11 020
16	5 40 672	15 05 888	16	5 42 848	15 05 088
17	5 74 464	16 00 006	17	5 76 776	15 99 156
18	6 08 256	16 94 124	18	6 10 704	16 93 224
19	6 42 048	17 88 242	19	6 44 632	17 87 292
20	6 75 840	18 82 360	20	6 78 560	18 81 360

Hyp.	19 d. 55 m. Côté opposé.	70 d. 05 m. Côté opposé.	Hyp.	20 d. 00 m. Côté opposé.	70 d. 00 m. Côté opposé.
1	0 34 065	0 94 019	1	0 34 202	0 93 969
2	0 68 130	1 88 038	2	0 68 404	1 87 938
3	1 02 195	2 82 057	3	1 02 606	2 81 907
4	1 36 260	3 76 076	4	1 36 808	3 75 876
5	1 70 325	4 70 095	5	1 71 010	4 69 845
6	2 04 390	5 64 114	6	2 05 212	5 63 814
7	2 38 455	6 58 133	7	2 39 414	6 57 783
8	2 72 520	7 52 152	8	2 73 616	7 51 752
9	3 06 585	8 46 171	9	3 07 818	8 45 721
10	3 40 650	9 40 190	10	3 42 020	9 39 690
11	3 74 715	10 34 209	11	3 76 222	10 33 659
12	4 08 780	11 28 228	12	4 10 424	11 27 628
13	4 42 845	12 22 247	13	4 44 626	12 21 597
14	4 76 910	13 16 266	14	4 78 828	13 15 566
15	5 10 975	14 10 285	15	5 13 030	14 09 535
16	5 45 040	15 04 304	16	5 47 232	15 03 504
17	5 79 105	15 98 323	17	5 81 434	15 97 473
18	6 13 170	16 92 342	18	6 15 636	16 91 442
19	6 47 235	17 86 361	19	6 49 838	17 85 411
20	6 81 300	18 80 380	20	6 84 040	18 79 380

Hypoténuse.	20 d. 05 m. Côté opposé.	69 d. 55 m. Côté opposé.	Hypoténuse.	20 d. 10 m. Côté opposé.	69 d. 50 m. Côté opposé.
1	0 34 202	0 93 919	1	0 34 475	0 93 869
2	0 68 404	1 87 838	2	0 68 950	1 87 738
3	1 02 606	2 81 757	3	1 03 425	2 81 607
4	1 36 808	3 75 676	4	1 37 900	3 75 476
5	1 71 010	4 69 595	5	1 72 375	4 69 345
6	2 05 212	5 63 514	6	2 06 850	5 63 214
7	2 39 414	6 57 433	7	2 41 325	6 57 083
8	2 73 616	7 51 352	8	2 75 800	7 50 952
9	3 07 818	8 45 271	9	3 10 275	8 44 821
10	3 42 020	9 39 190	10	3 44 750	9 38 690
11	3 76 222	10 33 109	11	3 79 225	10 32 559
12	4 10 424	11 27 028	12	4 13 700	11 26 428
13	4 44 626	12 20 947	13	4 48 175	12 20 297
14	4 78 828	13 14 866	14	4 82 650	13 14 166
15	5 13 030	14 08 785	15	5 47 125	14 08 035
16	5 47 232	15 02 704	16	5 51 600	15 01 904
17	5 81 434	15 96 623	17	5 86 075	15 95 773
18	6 15 636	16 90 542	18	6 20 550	16 89 642
19	6 49 838	17 84 461	19	6 55 025	17 83 511
20	6 84 040	18 78 380	20	6 89 500	18 77 380

Hyp.	20 d. 15 m.	69 d 45 m.	Hyp.	20 d. 20 m.	69 d. 40 m.
1	0 34 612	0 93 819	1	0 34 748	0 93 769
2	0 69 224	1 87 638	2	0 69 496	1 87 538
3	1 03 836	2 81 457	3	1 04 244	2 81 307
4	1 38 448	3 75 276	4	1 38 992	3 75 076
5	1 73 060	4 69 095	5	1 73 740	4 68 845
6	2 07 672	5 62 914	6	2 08 488	5 62 614
7	2 42 284	6 56 733	7	2 43 236	6 56 383
8	2 76 896	7 50 552	8	2 77 984	7 50 452
9	3 11 508	8 44 371	9	3 12 732	8 43 921
10	3 46 120	9 38 190	10	3 47 480	9 37 690
11	3 80 732	10 32 009	11	3 82 228	10 31 459
12	4 15 344	11 25 828	12	4 16 976	11 25 228
13	4 49 956	12 19 647	13	4 51 724	12 18 997
14	4 84 568	13 13 466	14	4 86 472	13 12 766
15	5 19 180	14 07 285	15	5 21 220	14 06 535
16	5 53 792	15 01 104	16	5 55 968	15 00 304
17	5 88 404	15 94 923	17	5 90 716	15 94 073
18	6 23 016	16 88 742	18	6 25 464	16 87 842
19	6 57 628	17 82 564	19	6 60 242	17 81 611
20	6 92 240	18 76 380	20	6 94 960	18 75 380

Hypoté-nuse	20 d. 25 m. Côté opposé.	69 d. 35 m. Côté opposé.	Hypoté-nuse	20 d. 30 m. Côté opposé.	69 d. 30 m. Côté opposé.
1	0 34 884	0 93 718	1	0 35 021	0 93 667
2	0 69 768	1 87 436	2	0 70 042	1 87 334
3	1 04 652	2 81 154	3	1 05 063	2 81 001
4	1 39 536	3 74 872	4	1 40 084	3 74 668
5	1 74 420	4 68 590	5	1 75 105	4 68 335
6	2 09 304	5 62 308	6	2 10 126	5 62 002
7	2 44 188	6 56 026	7	2 45 147	6 55 669
8	2 79 072	7 49 744	8	2 80 168	7 49 336
9	3 13 956	8 43 462	9	3 15 189	8 43 003
10	3 48 840	9 37 180	10	3 50 210	9 36 670
11	3 83 724	10 30 898	11	3 85 231	10 30 337
12	4 18 608	11 24 616	12	4 20 252	11 24 004
13	4 53 492	12 18 334	13	4 55 273	12 17 671
14	4 88 376	13 12 052	14	4 90 294	13 11 338
15	5 23 260	14 05 770	15	5 25 315	14 05 005
16	5 58 144	14 99 488	16	5 60 336	14 98 672
17	5 93 028	15 93 206	17	5 95 357	15 92 339
18	6 27 912	16 86 924	18	6 30 378	16 86 006
19	6 62 796	17 80 642	19	6 65 399	17 79 673
20	6 97 680	18 74 360	20	7 00 420	18 73 340

Hyp.	20 d. 35 m.	69 d. 25 m.	Hyp.	20 d. 40 m.	69 d. 20 m.
1	0 35 157	0 93 646	1	0 35 293	0 93 565
2	0 70 314	1 87 232	2	0 70 586	1 87 130
3	1 05 471	2 80 848	3	1 05 879	2 80 695
4	1 40 628	3 74 464	4	1 41 172	3 74 260
5	1 75 785	4 68 080	5	1 76 465	4 67 825
6	2 10 942	5 61 696	6	2 41 758	5 61 390
7	2 46 099	6 55 312	7	2 47 051	6 54 955
8	2 81 256	7 48 928	8	2 82 344	7 48 520
9	3 16 413	8 42 544	9	3 17 637	8 42 085
10	3 51 570	9 36 160	10	3 52 930	9 85 650
11	3 86 727	10 29 776	11	3 88 223	10 29 215
12	4 21 884	11 23 392	12	4 23 516	11 22 780
13	4 57 041	12 17 008	13	4 58 809	12 16 345
14	4 92 198	13 10 624	14	4 94 102	13 09 910
15	5 27 355	14 04 240	15	5 29 395	14 03 475
16	5 62 512	14 97 856	16	5 64 688	14 97 040
17	5 97 669	15 91 472	17	5 99 981	15 90 605
18	6 32 826	16 85 088	18	6 35 274	16 84 170
19	6 67 983	17 78 704	19	6 70 567	17 77 735
20	7 03 440	18 72 320	20	7 05 860	18 71 300

Hypo-ténuse.	20 d. 45 m. Côté opposé.	69 d. 15 m. Côté opposé.	Hypo-ténuse.	20 d. 50 m. Côté opposé.	69 d. 10 m. Côté opposé.
1	0 35 429	0 93 513	1	0 35 565	0 93 462
2	0 70 858	1 87 026	2	0 71 130	1 86 924
3	1 06 287	2 80 539	3	1 06 695	2 80 386
4	1 41 716	3 74 052	4	1 42 260	3 73 848
5	1 77 145	4 67 565	5	1 77 825	4 67 310
6	2 12 574	5 61 078	6	2 13 390	5 60 772
7	2 48 003	6 54 591	7	2 48 955	6 54 234
8	2 83 432	7 48 104	8	2 84 520	7 47 696
9	3 18 861	8 41 617	9	3 20 085	8 41 158
10	3 54 290	9 35 130	10	3 55 650	9 34 620
11	3 89 719	10 28 643	11	3 91 215	10 28 082
12	4 25 148	11 22 156	12	4 26 780	11 21 544
13	4 60 577	12 15 669	13	4 62 345	12 15 006
14	4 96 006	13 09 182	14	4 97 910	13 08 468
15	5 31 435	14 02 695	15	5 33 475	14 01 930
16	5 66 864	14 96 208	16	5 69 040	14 95 392
17	6 02 293	15 89 721	17	6 04 605	15 88 854
18	6 37 722	16 83 234	18	6 40 170	16 82 316
19	6 73 151	17 76 747	19	6 75 735	17 75 778
20	7 08 580	18 70 260	20	7 11 300	18 69 240

Hyp.	20 d. 55 m. Côté opposé.	69 d. 05 m. Côté opposé.	Hyp.	21 d. 00 m. Côté opposé.	69 d. 00 m. Côté opposé.
1	0 35 701	0 93 410	1	0 35 836	0 93 358
2	0 71 402	1 86 820	2	0 71 672	1 86 716
3	1 07 103	2 80 230	3	1 07 508	2 80 074
4	1 42 804	3 73 640	4	1 43 344	3 73 432
5	1 78 505	4 67 050	5	1 79 180	4 66 790
6	2 14 206	5 60 460	6	2 15 016	5 60 148
7	2 49 907	6 53 870	7	2 50 852	6 53 506
8	2 85 608	7 47 280	8	2 86 688	7 46 864
9	3 21 309	8 40 690	9	3 22 524	8 40 222
10	3 57 010	9 34 100	10	3 58 360	9 33 580
11	3 92 711	10 27 510	11	3 94 196	10 26 938
12	4 28 412	11 20 920	12	4 30 032	11 20 296
13	4 64 113	12 14 330	13	4 65 868	12 13 654
14	4 99 814	13 07 740	14	5 01 704	13 07 012
15	5 35 515	14 01 150	15	5 37 540	14 00 370
16	5 71 216	14 94 560	16	5 73 376	14 93 728
17	6 06 917	15 87 970	17	6 09 212	15 87 086
18	6 42 618	16 81 380	18	6 45 048	16 80 444
19	6 78 319	17 74 790	19	6 80 884	17 73 802
20	7 14 020	18 68 200	20	7 16 720	18 67 160

Hypoténuse.	21 d. 05 m. Côté opposé.	68 d. 55 m. Côté opposé.	Hypoténuse.	21 d. 10 m. Côté opposé.	68 d. 50 m. Côté opposé.
1	0 35 972	0 93 306	1	0 36 108	0 93 253
2	0 71 944	1 86 612	2	0 72 216	1 86 506
3	1 07 916	2 79 918	3	1 08 324	2 79 759
4	1 43 888	3 73 224	4	1 44 432	3 73 012
5	1 79 860	4 66 530	5	1 80 540	4 66 265
6	2 15 832	5 59 836	6	2 16 648	5 59 518
7	2 51 804	6 53 142	7	2 52 756	6 52 771
8	2 87 776	7 46 448	8	2 88 864	7 46 024
9	3 23 748	8 39 754	9	3 24 972	8 39 277
10	3 59 720	9 33 060	10	3 61 080	9 32 530
11	3 95 692	10 26 366	11	3 97 188	10 25 783
12	4 31 664	11 19 672	12	4 33 296	11 19 036
13	4 67 636	12 12 978	13	4 69 404	12 12 289
14	5 03 608	13 06 284	14	5 05 512	13 05 542
15	5 39 580	13 99 590	15	5 41 620	13 98 795
16	5 75 552	14 92 896	16	5 77 728	14 92 048
17	6 11 524	15 86 202	17	6 13 836	15 85 301
18	6 47 496	16 79 508	18	6 49 944	16 78 554
19	6 83 468	17 72 814	19	6 86 052	17 71 807
20	7 19 440	18 66 120	20	7 22 160	18 65 060

Hyp.	21 d. 15 m.	68 d. 45 m.	Hyp.	21 d. 20 m.	68 d. 40 m.
1	0 36 244	0 93 201	1	0 36 379	0 93 148
2	0 72 488	1 86 402	2	0 72 758	1 86 296
3	1 08 732	2 79 603	3	1 09 137	2 79 444
4	1 44 976	3 72 804	4	1 45 516	3 72 592
5	1 81 220	4 66 005	5	1 81 895	4 65 740
6	2 17 464	5 59 206	6	2 18 274	5 58 888
7	2 53 708	6 52 407	7	2 54 653	6 52 036
8	2 89 952	7 45 608	8	2 91 032	7 45 184
9	3 26 196	8 38 809	9	3 27 411	8 38 332
10	3 62 440	9 32 010	10	3 63 790	9 31 480
11	3 98 684	10 25 211	11	4 00 169	10 24 628
12	4 34 928	11 18 412	12	4 36 548	11 17 776
13	4 71 172	12 11 613	13	4 72 927	12 10 924
14	5 07 416	13 04 814	14	5 09 306	13 04 072
15	5 43 660	13 98 015	15	5 45 685	13 97 220
16	5 79 904	14 91 216	16	5 82 064	14 90 368
17	6 16 148	15 84 417	17	6 18 443	15 83 546
18	6 52 392	16 77 618	18	6 54 822	16 76 664
19	6 88 636	17 70 819	19	6 91 201	17 69 812
20	7 24 880	18 64 020	20	7 27 580	18 62 960

Hypoténuse.	21 d. 25 m. Côté opposé.	68 d. 35 m. Côté opposé.	Hypoténuse.	21 d. 30 m. Côté opposé.	68 d. 30 m. Côté opposé.
1	0 36 545	0 93 095	1	0 36 650	0 93 042
2	0 73 030	1 86 190	2	0 73 300	1 86 084
3	1 09 545	2 79 285	3	1 09 950	2 79 126
4	1 46 060	3 72 380	4	1 46 600	3 72 168
5	1 82 575	4 65 475	5	1 83 250	4 65 210
6	2 19 090	5 58 570	6	2 19 900	5 58 252
7	2 55 605	6 51 665	7	2 56 550	6 51 294
8	2 92 120	7 44 760	8	2 93 200	7 44 336
9	3 28 635	8 37 855	9	3 29 850	8 37 378
10	3 65 150	9 30 950	10	3 66 500	9 30 420
11	4 01 665	10 24 045	11	4 03 150	10 23 462
12	4 38 180	11 17 140	12	4 39 800	11 16 504
13	4 74 695	12 10 235	13	4 76 450	12 09 546
14	5 11 210	13 03 330	14	5 43 100	13 02 588
15	5 47 725	13 96 425	15	5 49 750	13 95 630
16	5 84 240	14 89 520	16	5 86 400	14 88 672
17	6 20 755	15 82 615	17	6 23 050	15 81 714
18	6 57 270	16 75 710	18	6 59 700	16 74 756
19	6 93 785	17 68 805	19	6 96 350	17 67 798
20	7 30 300	18 61 900	20	7 33 000	18 60 840

Hyp.	21 d. 35 m.	68 d. 25 m.	Hyp.	21 d. 40 m.	68 d. 20 m.
1	0 36 785	0 92 988	1	0 36 921	0 92 935
2	0 73 570	1 85 976	2	0 73 842	1 85 870
3	1 10 355	2 78 964	3	1 10 763	2 78 805
4	1 47 140	3 71 952	4	1 47 684	3 71 740
5	1 83 925	4 64 940	5	1 84 605	4 64 675
6	2 20 710	5 57 928	6	2 21 526	5 57 6[illegible]
7	2 57 495	6 50 916	7	2 58 447	6 50 545
8	2 94 280	7 43 904	8	2 95 368	7 43 480
9	3 31 065	8 36 892	9	3 32 289	8 36 415
10	3 67 850	9 29 880	10	3 69 210	9 29 350
11	4 04 635	10 22 868	11	4 06 131	10 22 285
12	4 41 420	11 15 856	12	4 43 052	11 15 220
13	4 78 205	12 08 844	13	4 79 973	12 08 155
14	5 14 990	13 01 832	14	5 16 894	13 01 090
15	5 51 775	13 94 820	15	5 53 815	13 94 025
16	5 88 560	14 87 808	16	5 90 736	14 86 960
17	6 25 345	15 80 796	17	6 27 657	15 79 895
18	6 62 130	16 73 784	18	6 64 578	16 72 830
19	6 98 915	17 66 772	19	7 01 499	17 65 765
20	7 35 700	18 59 760	20	7 38 420	18 58 700

Hypoténuse.	21 d. 45 m. Côté opposé.	68 d. 15 m. Côté opposé.	Hypoténuse.	21 d. 50 m. Côté opposé.	68 d. 10 m. Côté opposé.
1	0 37 056	0 92 881	1	0 37 191	0 92 827
2	0 74 112	1 85 762	2	0 74 382	1 85 654
3	1 11 168	2 78 643	3	1 11 573	2 78 481
4	1 48 224	3 71 524	4	1 48 764	3 71 308
5	1 85 280	4 64 405	5	1 85 955	4 64 135
6	2 22 336	5 57 286	6	2 23 146	5 56 962
7	2 59 392	6 50 167	7	2 60 337	6 49 789
8	2 96 448	7 43 048	8	2 97 528	7 42 616
9	3 33 504	8 35 929	9	3 34 719	8 35 443
10	3 70 560	9 28 810	10	3 71 910	9 28 270
11	4 07 616	10 21 691	11	4 09 101	10 21 097
12	4 44 672	11 14 572	12	4 46 292	11 13 924
13	4 81 728	12 07 453	13	4 83 483	12 06 751
14	5 18 784	13 00 334	14	5 20 674	12 99 578
15	5 55 840	13 93 245	15	5 57 865	13 92 405
16	5 92 896	14 86 096	16	5 95 056	14 85 232
17	6 29 952	15 78 977	17	6 32 247	15 78 059
18	6 67 008	16 71 858	18	6 69 438	16 70 886
19	7 04 064	17 64 739	19	7 06 629	17 63 713
20	7 41 120	18 57 620	20	7 43 820	18 56 540

Hyp.	21 d. 55 m. Côté opposé.	68 d. 05 m. Côté opposé.	Hyp.	22 d. 00 m. Côté opposé.	68 d. 00 m. Côté opposé.
1	0 37 326	0 92 773	1	0 37 461	0 92 718
2	0 74 652	1 85 546	2	0 74 922	1 85 436
3	1 11 978	2 78 319	3	1 12 383	2 78 154
4	1 49 304	3 71 092	4	1 49 844	3 70 872
5	1 86 630	4 63 865	5	1 87 305	4 63 590
6	2 23 956	5 56 638	6	2 24 766	5 56 308
7	2 61 282	6 49 411	7	2 62 227	6 49 026
8	2 98 608	7 42 184	8	2 99 688	7 41 744
9	3 35 934	8 34 957	9	3 37 149	8 34 462
10	3 73 260	9 27 730	10	3 74 610	9 27 180
11	4 10 586	10 20 503	11	4 12 071	10 19 898
12	4 47 912	11 13 276	12	4 49 532	11 12 616
13	4 85 238	12 06 049	13	4 86 993	12 05 334
14	5 22 564	12 98 822	14	5 24 454	12 98 052
15	5 59 890	13 91 595	15	5 61 915	13 90 770
16	5 97 216	14 84 368	16	5 99 376	14 83 488
17	6 34 542	15 77 141	17	6 36 837	15 76 206
18	6 71 868	16 69 914	18	6 74 298	16 68 924
19	7 09 194	17 62 687	19	7 11 759	17 61 642
20	7 46 520	18 55 460	20	7 49 220	18 54 360

Hypoténuse.	22 d. 05 m. Côté opposé.	67 d. 55 m. Côté opposé.	Hypoténuse.	22 d. 10 m. Côté opposé.	67 d. 50 m. Côté opposé.
1	0 37 595	0 92 664	1	0 37 730	0 92 609
2	0 75 190	1 85 328	2	0 75 460	1 85 218
3	1 12 785	2 77 992	3	1 13 190	2 77 827
4	1 50 380	3 70 656	4	1 50 920	3 70 436
5	1 87 975	4 63 320	5	1 88 650	4 63 045
6	2 25 570	5 55 984	6	2 26 380	5 55 654
7	2 63 165	6 48 648	7	2 64 110	6 48 263
8	3 00 760	7 41 312	8	3 01 840	7 40 872
9	3 38 355	8 33 976	9	3 39 570	8 33 481
10	3 75 950	9 26 640	10	3 77 300	9 26 090
11	4 13 545	10 19 304	11	4 15 030	10 18 699
12	4 51 140	11 11 968	12	4 52 760	11 11 308
13	4 88 735	12 04 632	13	4 90 490	12 03 917
14	5 26 330	12 97 296	14	5 28 220	12 96 526
15	5 63 925	13 89 960	15	5 65 950	13 89 135
16	6 01 520	14 82 624	16	6 03 680	14 81 744
17	6 39 115	15 75 288	17	6 41 410	15 74 353
18	6 76 710	16 67 952	18	6 79 140	16 66 962
19	7 14 305	17 60 616	19	7 16 870	17 59 571
20	7 51 900	18 53 280	20	7 54 600	18 52 180

Hyp.	22 d. 15 m. Côté opposé.	67 d. 45 m. Côté opposé.	Hyp.	22 d. 20 m. Côté opposé.	67 d. 40 m. Côté opposé.
1	0 37 865	0 92 554	1	0 37 999	0 92 499
2	0 75 730	1 85 108	2	0 75 998	1 84 998
3	1 13 595	2 77 662	3	1 13 997	2 77 497
4	1 51 460	3 70 216	4	1 51 996	3 69 996
5	1 89 325	4 62 770	5	1 89 995	4 62 495
6	2 27 190	5 55 324	6	2 27 994	5 54 994
7	2 65 055	6 47 878	7	2 65 993	6 47 493
8	3 03 920	7 40 432	8	3 03 992	7 39 992
9	3 40 785	8 32 986	9	3 41 991	8 32 491
10	3 78 650	9 25 540	10	3 79 990	9 24 990
11	4 16 515	10 18 094	11	4 17 989	10 17 489
12	4 54 380	11 10 648	12	4 55 988	11 09 988
13	4 92 245	12 03 202	13	4 93 987	12 02 487
14	5 30 110	12 95 756	14	5 31 986	12 94 986
15	5 67 975	13 88 310	15	5 69 985	13 87 485
16	6 05 840	14 80 864	16	6 07 984	14 79 984
17	6 43 705	15 73 418	17	6 45 983	15 72 483
18	6 81 570	16 65 972	18	6 83 982	16 64 982
19	7 19 435	17 58 526	19	7 21 981	17 57 481
20	7 57 300	18 51 080	20	7 59 980	18 49 980

Hypoténuse.	22 d. 25 m. Côté opposé.	67 d. 35 m. Côté opposé.	Hypoténuse.	22 d. 30 m. Côté opposé.	67 d. 30 m. Côté opposé.
1	0 38 134	0 92 443	1	0 38 268	0 92 388
2	0 76 268	1 84 886	2	0 76 536	1 84 776
3	1 14 402	2 77 329	3	1 14 804	2 77 164
4	1 52 536	3 69 772	4	1 53 072	3 69 552
5	1 90 670	4 62 215	5	1 91 340	4 61 940
6	2 28 804	5 54 658	6	2 29 608	5 54 328
7	2 66 938	6 47 101	7	2 67 876	6 46 716
8	3 05 072	7 39 544	8	3 06 144	7 39 104
9	3 43 206	8 31 987	9	3 44 412	8 31 492
10	3 81 340	9 24 430	10	3 82 680	9 23 880
11	4 19 474	10 16 873	11	4 20 948	10 16 268
12	4 57 608	11 09 316	12	4 59 216	11 08 656
13	4 95 742	12 01 759	13	4 97 484	12 01 044
14	5 33 876	12 94 202	14	5 35 752	12 93 432
15	5 72 010	13 86 645	15	5 74 020	13 85 820
16	6 10 144	14 79 088	16	6 12 288	14 78 208
17	6 48 278	15 71 531	17	6 50 556	15 70 596
18	6 86 412	16 63 974	18	6 88 824	16 62 984
19	7 24 546	17 56 417	19	7 27 092	17 55 372
20	7 62 680	18 48 860	20	7 65 360	18 47 760

Hyp.	22 d. 35 m. Côté opposé.	67 d. 25 m. Côté opposé.	Hyp.	22 d. 40 m. Côté opposé.	67 d. 20 m. Côté opposé.
1	0 38 403	0 92 332	1	0 38 537	0 92 276
2	0 76 806	1 84 664	2	0 77 074	1 84 552
3	1 15 209	2 76 996	3	1 15 611	2 76 828
4	1 53 612	3 69 328	4	1 54 148	3 69 104
5	1 92 015	4 61 660	5	1 92 685	4 61 380
6	2 30 418	5 53 992	6	2 31 222	5 53 656
7	2 68 821	6 46 324	7	2 69 759	6 45 982
8	3 07 224	7 38 656	8	3 08 296	7 38 208
9	3 45 627	8 30 988	9	3 46 833	8 30 484
10	3 84 030	9 23 320	10	3 85 370	9 22 760
11	4 22 433	10 15 652	11	4 23 907	10 15 036
12	4 60 836	11 07 984	12	4 62 444	11 07 312
13	4 99 239	12 00 316	13	5 00 981	11 99 588
14	5 37 642	12 92 648	14	5 39 518	12 91 864
15	5 76 045	13 84 980	15	5 78 055	13 84 140
16	6 14 448	14 77 312	16	6 16 592	14 76 416
17	6 52 851	15 69 644	17	6 55 129	15 68 692
18	6 91 254	16 61 976	18	6 93 666	16 60 968
19	7 29 657	17 54 308	19	7 32 203	17 53 244
20	7 68 060	18 46 640	20	7 70 740	18 45 520

Hypoténuse.	22 d. 45 m. Côté opposé.	67 d. 15 m. Côté opposé.	Hypoténuse.	22 d. 50 m. Côté opposé.	67 d. 10 m. Côté opposé.
1	0 38 671	0 92 220	1	0 38 805	0 92 164
2	0 77 342	1 84 440	2	0 77 610	1 84 328
3	1 16 013	2 76 660	3	1 16 415	2 76 492
4	1 54 684	3 68 880	4	1 55 220	3 68 656
5	1 93 355	4 61 100	5	1 94 025	4 60 820
6	2 32 026	5 53 320	6	2 32 830	5 52 984
7	2 70 697	6 45 540	7	2 71 635	6 45 148
8	3 09 368	7 37 760	8	3 10 440	7 37 312
9	3 48 039	8 29 980	9	3 49 245	8 29 476
10	3 86 710	9 22 200	10	3 88 050	9 21 640
11	4 25 381	10 14 420	11	4 26 855	10 13 804
12	4 64 052	11 06 640	12	4 65 660	11 05 968
13	5 02 723	11 98 860	13	5 04 465	11 98 132
14	5 41 394	12 91 080	14	5 43 270	12 90 296
15	5 80 065	13 83 300	15	5 82 075	13 82 460
16	6 18 736	14 75 520	16	6 20 880	14 74 624
17	6 57 407	15 67 740	17	6 59 685	15 66 788
18	6 96 078	16 59 960	18	6 98 490	16 58 952
19	7 34 749	17 52 180	19	7 37 295	17 51 116
20	7 73 420	18 44 400	20	7 76 100	18 43 280

Hyp.	22 d. 55 m. Côté opposé.	67 d. 05 m. Côté opposé.	Hyp.	23 d. 00 m. Côté opposé.	67 d. 00 m. Côté opposé.
1	0 38 939	0 92 107	1	0 39 073	0 92 050
2	0 77 878	1 84 214	2	0 78 146	1 84 100
3	1 16 817	2 76 321	3	1 07 219	2 76 150
4	1 55 756	3 68 428	4	1 56 292	3 68 200
5	1 94 695	4 60 535	5	1 95 365	4 60 250
6	2 33 634	5 52 642	6	2 34 438	5 52 300
7	2 72 573	6 44 749	7	2 73 511	6 44 350
8	3 11 512	7 36 856	8	3 12 584	7 36 400
9	3 50 451	8 28 963	9	3 51 657	8 28 450
10	3 89 390	9 21 070	10	3 90 730	9 20 500
11	4 28 329	10 13 177	11	4 29 803	10 12 550
12	4 67 268	11 05 284	12	4 68 876	11 04 600
13	5 06 207	11 97 391	13	5 07 949	11 96 650
14	5 45 146	12 89 498	14	5 47 022	12 88 700
15	5 84 085	13 81 605	15	5 86 095	13 80 750
16	6 23 024	14 73 712	16	6 25 168	14 72 800
17	6 61 963	15 65 819	17	6 64 241	15 64 850
18	7 00 902	16 57 926	18	7 03 314	16 56 900
19	7 39 841	17 50 033	19	7 42 387	17 48 950
20	7 78 780	18 42 140	20	7 81 460	18 41 000

Hypoténuse.	23 d. 05 m. Côté opposé.	66 d. 55 m. Côté opposé.	Hypoténuse.	23 d. 10 m. Côté opposé.	66 d. 50 m. Côté opposé.
1	0 39 207	0 91 993	1	0 39 341	0 91 936
2	0 78 414	1 83 986	2	0 78 682	1 83 872
3	1 17 621	2 75 979	3	1 18 023	2 75 808
4	1 56 828	3 67 972	4	1 57 364	3 67 744
5	1 96 035	4 59 965	5	1 96 705	4 59 680
6	2 35 242	5 51 958	6	2 36 046	5 51 616
7	2 74 449	6 43 951	7	2 75 387	6 43 552
8	3 13 656	7 35 944	8	3 14 728	7 35 488
9	3 52 863	8 27 937	9	3 54 069	8 27 424
10	3 92 070	9 19 930	10	3 93 410	9 19 360
11	4 31 277	10 11 923	11	4 32 751	10 11 296
12	4 70 484	11 03 916	12	4 72 092	11 03 232
13	5 09 691	11 95 909	13	5 11 433	11 95 168
14	5 48 898	12 87 902	14	5 50 774	12 87 104
15	5 88 105	13 79 895	15	5 90 115	13 79 040
16	6 27 312	14 71 888	16	6 29 456	14 70 976
17	6 66 519	15 63 881	17	6 68 797	15 62 912
18	7 05 726	16 55 874	18	7 08 138	16 54 848
19	7 44 933	17 47 867	19	7 47 479	17 46 784
20	7 84 140	18 39 860	20	7 86 820	18 38 720

Hyp.	23 d. 15 m.	66 d. 45 m.	Hyp.	23 d. 20 m.	66 d. 40 m.
1	0 39 474	0 91 879	1	0 39 608	0 91 822
2	0 78 948	1 83 758	2	0 79 216	1 83 644
3	1 18 422	2 75 637	3	1 18 824	2 75 466
4	1 57 896	3 67 516	4	1 58 432	3 67 288
5	1 97 370	4 59 395	5	1 98 040	4 59 110
6	2 36 844	5 51 274	6	2 37 648	5 50 932
7	2 76 318	6 43 153	7	2 77 256	6 42 754
8	3 15 792	7 35 032	8	3 16 864	7 34 576
9	3 55 266	8 26 911	9	3 56 472	8 26 398
10	3 94 740	9 18 790	10	3 96 080	9 18 220
11	4 34 214	10 10 669	11	4 35 688	10 10 042
12	4 73 688	11 02 548	12	4 75 296	11 01 864
13	5 13 162	11 94 427	13	5 14 904	11 93 686
14	5 52 636	12 86 306	14	5 54 512	12 85 508
15	5 92 110	13 78 185	15	5 94 120	13 77 330
16	6 31 584	14 70 064	16	6 33 728	14 69 152
17	6 71 058	15 61 943	17	6 73 336	15 60 974
18	7 10 532	16 53 822	18	7 12 944	16 52 796
19	7 50 006	17 45 701	19	7 52 552	17 44 618
20	7 89 480	18 37 580	20	7 92 160	18 36 440

Hypoté-nuse.	23 d. 25 m. Côté opposé.	66 d. 35 m. Côté opposé.	Hypoté-nuse.	23 d. 30 m. Côté opposé.	66 d. 30 m. Côté opposé.
1	0 39 741	0 91 764	1	0 39 875	0 91 700
2	0 79 482	1 83 528	2	0 79 750	1 83 412
3	1 19 223	2 75 292	3	1 19 625	2 75 118
4	1 58 964	3 67 056	4	1 59 500	3 66 824
5	1 98 705	4 58 820	5	1 99 375	4 58 530
6	2 38 446	5 50 584	6	2 39 250	5 50 236
7	2 78 187	6 42 348	7	2 79 125	6 41 942
8	3 17 928	7 34 112	8	3 19 000	7 33 648
9	3 57 669	8 25 876	9	3 58 875	8 25 354
10	3 97 410	9 17 640	10	3 98 750	9 17 060
11	4 37 151	10 09 404	11	4 38 625	10 08 766
12	4 76 892	11 01 168	12	4 78 500	11 00 472
13	5 16 633	11 92 932	13	5 18 375	11 92 178
14	5 56 374	12 84 696	14	5 58 250	12 83 884
15	5 96 115	13 76 460	15	5 98 125	13 75 590
16	6 35 856	14 68 224	16	6 38 000	14 67 296
17	6 75 597	15 59 988	17	6 77 875	15 59 002
18	7 15 338	16 51 752	18	7 17 750	16 50 708
19	7 55 079	17 43 516	19	7 57 625	17 42 414
20	7 94 820	18 35 280	20	7 97 500	18 34 120

Hyp.	23 d. 35 m.	66 d. 25 m.	Hyp	23 d. 40 m.	66 d. 20 m.
1	0 40 008	0 91 648	1	0 40 141	0 91 590
2	0 80 016	1 83 296	2	0 80 282	1 83 180
3	1 20 024	2 74 944	3	1 20 423	2 74 770
4	1 60 032	3 66 592	4	1 60 564	3 66 360
5	2 00 040	4 58 240	5	2 00 705	4 57 950
6	2 40 048	5 49 888	6	2 40 846	5 49 540
7	2 80 056	6 41 536	7	2 80 987	6 41 130
8	3 20 064	7 33 184	8	3 21 128	7 32 720
9	3 60 072	8 24 832	9	3 61 269	8 24 310
10	4 00 080	9 16 480	10	4 01 410	9 15 900
11	4 40 088	10 08 128	11	4 41 551	10 07 490
12	4 80 096	10 99 776	12	4 81 692	10 99 080
13	5 20 104	11 91 424	13	5 21 833	11 90 670
14	5 60 112	12 83 072	14	5 61 974	12 82 260
15	6 00 120	13 74 720	15	6 02 115	13 73 850
16	6 40 128	14 66 368	16	6 42 256	14 65 440
17	6 80 136	15 58 016	17	6 82 397	15 57 030
18	7 20 144	16 49 664	18	7 22 538	16 48 620
19	7 60 152	17 41 312	19	7 62 679	17 40 240
20	8 00 160	18 32 960	20	8 02 820	18 31 800

Hypoténuse.	23 d. 45 m. Côté opposé.	66 d. 15 m. Côté opposé.	Hypoténuse.	23 d. 50 m. Côté opposé.	66 d. 10 m. Côté opposé.
1	0 40 275	0 91 531	1	0 40 408	0 91 472
2	0 80 550	1 83 062	2	0 80 816	1 82 944
3	1 20 825	2 74 593	3	1 21 224	2 74 416
4	1 61 100	3 66 124	4	1 61 632	3 65 888
5	2 01 375	4 57 655	5	2 02 040	4 57 360
6	2 41 650	5 49 186	6	2 42 448	5 48 832
7	2 81 925	6 40 717	7	2 82 856	6 40 304
8	3 22 200	7 32 248	8	3 23 264	7 31 776
9	3 62 475	8 23 779	9	3 63 672	8 23 248
10	4 02 750	9 15 310	10	4 04 080	9 14 720
11	4 43 025	10 06 841	11	4 44 488	10 06 192
12	4 83 300	10 98 372	12	4 84 896	10 97 664
13	5 23 575	11 89 903	13	5 25 304	11 89 136
14	5 63 850	12 81 434	14	5 65 712	12 80 608
15	6 04 125	13 72 965	15	6 06 120	13 72 080
16	6 44 400	14 64 496	16	6 46 528	14 63 552
17	6 84 675	15 56 027	17	6 86 936	15 55 024
18	7 24 950	16 47 558	18	7 27 344	16 46 496
19	7 65 225	17 39 089	19	7 67 752	17 37 968
20	8 05 500	18 30 620	20	8 08 160	18 29 440

Hyp.	23 d. 55 m. Côté opposé.	65 d. 05 m. Côté opposé.	Hyp.	24 d. 00 m. Côté opposé.	66 d. 00 m. Côté opposé.
1	0 40 541	0 91 414	1	0 40 674	0 91 354
2	0 81 082	1 82 828	2	0 81 348	1 82 708
3	1 21 623	2 74 242	3	1 22 022	2 74 062
4	1 62 164	3 65 656	4	1 62 696	3 65 416
5	2 02 705	4 57 070	5	2 03 370	4 56 770
6	2 43 246	5 48 484	6	2 44 044	5 48 124
7	2 83 787	6 39 898	7	2 84 718	6 39 478
8	3 24 328	7 31 312	8	3 25 392	7 30 832
9	3 64 869	8 22 726	9	3 66 066	8 22 186
10	4 05 410	9 14 140	10	4 06 740	9 13 540
11	4 45 951	10 05 554	11	4 47 414	10 04 894
12	4 86 492	10 96 968	12	4 88 088	10 96 248
13	5 27 033	11 88 382	13	5 28 762	11 87 602
14	5 67 574	12 79 796	14	5 69 436	12 78 956
15	6 08 115	13 71 210	15	6 10 110	13 70 310
16	6 48 656	14 62 624	16	6 50 784	14 61 664
17	6 89 197	15 54 038	17	6 91 458	15 53 018
18	7 29 738	16 45 452	18	7 32 132	16 44 372
19	7 70 279	17 36 866	19	7 72 806	17 35 726
20	8 10 820	18 28 280	20	8 13 480	18 27 080

Hypoténuse	24 d. 05 m. Côté opposé.	65 d. 55 m. Côté opposé.	Hypoténuse	24 d. 10 m. Côté opposé.	65 d. 50 m. Côté opposé.
1	0 40 806	0 91 295	1	0 40 939	0 91 236
2	0 81 612	1 82 590	2	0 81 878	1 82 472
3	1 22 418	2 73 885	3	1 22 817	2 73 708
4	1 63 224	3 65 180	4	1 63 756	3 64 944
5	2 04 030	4 56 475	5	2 04 695	4 56 180
6	2 44 836	5 47 770	6	2 45 634	5 47 416
7	2 85 642	6 39 065	7	2 86 573	6 38 652
8	3 26 448	7 30 360	8	3 27 512	7 29 888
9	3 67 254	8 21 655	9	3 68 451	8 21 124
10	4 08 060	9 12 950	10	4 09 390	9 12 360
11	4 48 866	10 04 245	11	4 50 329	10 03 596
12	4 89 672	10 95 540	12	4 91 268	10 94 832
13	5 30 478	11 86 835	13	5 32 207	11 86 068
14	5 71 284	12 78 130	14	5 73 146	12 77 304
15	6 12 090	13 69 425	15	6 14 085	13 68 540
16	6 52 896	14 60 720	16	6 55 024	14 59 776
17	6 93 702	15 52 015	17	6 95 963	15 51 012
18	7 34 508	16 43 310	18	7 36 902	16 42 248
19	7 75 314	17 34 605	19	7 77 841	17 33 484
20	8 16 120	18 25 900	20	8 18 780	18 24 720

Hyp.	24 d. 15 m.	65 d. 45 m.	Hyp.	24 d. 20 m.	65 d. 40 m.
1	0 41 072	0 91 176	1	0 41 204	0 91 116
2	0 82 144	1 82 352	2	0 82 408	1 82 232
3	1 23 216	2 73 528	3	1 23 612	2 73 348
4	1 64 288	3 64 704	4	1 64 816	3 64 464
5	2 05 360	4 55 880	5	2 06 020	4 55 580
6	2 46 432	5 47 056	6	2 47 224	5 46 696
7	2 87 504	6 38 232	7	2 88 428	6 37 812
8	3 28 576	7 29 408	8	3 29 632	7 28 928
9	3 69 648	8 20 584	9	3 70 836	8 20 044
10	4 10 720	9 11 760	10	4 12 040	9 11 160
11	4 51 792	10 02 936	11	4 53 244	10 02 276
12	4 92 864	10 94 112	12	4 94 448	10 93 392
13	5 33 936	11 85 288	13	5 35 652	11 84 508
14	5 75 008	12 76 464	14	5 76 856	12 75 624
15	6 16 080	13 67 640	15	6 18 060	13 66 740
16	6 57 152	14 58 816	16	6 59 264	14 57 856
17	6 98 224	15 49 992	17	7 00 468	15 48 972
18	7 39 296	16 41 168	18	7 41 672	16 40 088
19	7 80 368	17 32 344	19	7 82 876	17 31 204
20	8 21 440	18 23 520	20	8 24 080	18 22 320

Hypoténuse.	24 d. 25 m. Côté opposé.	65 d. 35 m. Côté opposé.	Hypoténuse.	24 d. 30 m. Côté opposé.	65 d. 30 m. Côté opposé.
1	0 41 337	0 91 056	1	0 41 469	0 90 996
2	0 82 674	1 82 112	2	0 82 938	1 81 992
3	1 24 011	2 73 168	3	1 24 407	2 72 988
4	1 65 348	3 64 224	4	1 65 876	3 63 984
5	2 06 685	4 55 280	5	2 07 345	4 54 980
6	2 48 022	5 46 336	6	2 48 814	5 45 976
7	2 89 359	6 37 392	7	2 90 283	6 36 972
8	3 30 696	7 28 448	8	3 31 752	7 27 968
9	3 72 033	8 19 504	9	3 73 221	8 18 964
10	4 13 370	9 10 560	10	4 14 690	9 09 960
11	4 54 707	10 01 616	11	4 56 159	10 00 956
12	4 96 044	10 92 672	12	4 97 628	10 91 952
13	5 37 381	11 83 728	13	5 39 097	11 82 948
14	5 78 718	12 74 784	14	5 80 566	12 73 944
15	6 20 055	13 65 840	15	6 22 035	13 64 940
16	6 61 392	14 56 896	16	6 63 504	14 55 936
17	7 02 729	15 47 952	17	7 04 973	15 46 932
18	7 44 066	16 39 008	18	7 46 442	16 37 928
19	7 85 403	17 30 064	19	7 87 911	17 28 924
20	8 26 740	18 21 120	20	8 29 380	18 19 920

Hyp.	24 d. 35 m.	65 d. 25 m.	Hyp.	24 d. 40 m.	65 d. 20 m.
1	0 41 602	0 90 936	1	0 41 734	0 90 875
2	0 83 204	1 81 872	2	0 83 468	1 81 750
3	1 24 806	2 72 808	3	1 25 202	2 72 625
4	1 66 408	3 63 744	4	1 66 936	3 63 500
5	2 08 010	4 54 680	5	2 08 670	4 54 375
6	2 49 612	5 45 616	6	2 50 404	5 45 250
7	2 91 214	6 36 552	7	2 92 138	6 36 125
8	3 32 816	7 27 488	8	3 33 872	7 27 000
9	3 74 418	8 18 424	9	3 75 606	8 17 875
10	4 16 020	9 09 360	10	4 17 340	9 08 750
11	4 57 622	10 00 296	11	4 59 074	9 99 625
12	4 99 224	10 91 232	12	5 00 808	10 90 500
13	5 40 826	11 82 168	13	5 42 542	11 81 375
14	5 82 428	12 73 104	14	5 84 276	12 72 250
15	6 24 030	13 64 040	15	6 26 010	13 63 125
16	6 65 632	14 54 976	16	6 67 744	14 54 000
17	7 07 234	15 45 912	17	7 09 478	15 44 875
18	7 48 836	16 36 848	18	7 51 212	16 35 750
19	7 90 438	17 27 784	19	7 92 946	17 26 625
20	8 32 040	18 18 720	20	8 34 680	18 17 500

Hypoténuse.	24 d. 45 m. Côté opposé.	65 d. 15 m. Côté opposé.	Hypoténuse.	24 d. 50 m. Côté opposé.	65 d. 10 m. Côté opposé.
1	0 41 866	0 90 814	1	0 41 998	0 90 753
2	0 83 732	1 81 628	2	0 83 996	1 81 506
3	1 25 598	2 72 442	3	1 25 994	2 72 259
4	1 67 464	3 63 256	4	1 67 992	3 63 012
5	2 09 330	4 54 070	5	2 09 990	4 53 765
6	2 51 196	5 44 884	6	2 51 988	5 44 518
7	2 93 062	6 35 698	7	2 93 986	6 35 274
8	3 34 928	7 26 512	8	3 35 984	7 26 024
9	3 76 794	8 17 326	9	3 77 982	8 16 777
10	4 18 660	9 08 140	10	4 19 980	9 07 530
11	4 60 526	9 98 954	11	4 61 978	9 98 283
12	5 02 392	10 89 768	12	5 03 976	10 89 036
13	5 44 258	11 80 582	13	5 45 974	11 79 789
14	5 86 124	12 71 396	14	5 87 972	12 70 542
15	6 27 990	13 62 210	15	6 29 970	13 61 295
16	6 69 856	14 53 024	16	6 71 968	14 52 048
17	7 11 722	15 43 838	17	7 13 966	15 42 801
18	7 53 588	16 34 652	18	7 55 964	16 33 554
19	7 95 454	17 25 466	19	7 97 962	17 24 307
20	8 37 320	18 16 280	20	8 39 960	18 15 060

Hyp.	24 d. 55 m. Côté opposé.	65 d. 05 m. Côté opposé.	Hyp.	25 d. 00 m. Côté opposé.	65 d. 00 m. Côté opposé.
1	0 42 130	0 90 692	1	0 42 262	0 90 630
2	0 84 260	1 81 384	2	0 84 524	1 81 260
3	1 26 390	2 72 076	3	1 26 786	2 71 890
4	1 68 520	3 62 768	4	1 69 048	3 62 520
5	2 10 650	4 53 460	5	2 11 310	4 53 150
6	2 52 780	5 44 152	6	2 53 572	5 43 780
7	2 94 910	6 34 844	7	2 95 834	6 34 410
8	3 37 040	7 25 536	8	3 38 096	7 25 040
9	3 79 170	8 16 228	9	3 80 358	8 15 670
10	4 21 300	9 06 920	10	4 22 620	9 06 300
11	4 63 430	9 97 612	11	4 64 882	9 96 930
12	5 05 560	10 88 304	12	5 07 144	10 87 560
13	5 47 690	11 78 996	13	5 49 406	11 78 190
14	5 89 820	12 69 688	14	5 91 668	12 68 820
15	6 31 950	13 60 380	15	6 33 930	13 59 450
16	6 74 080	14 51 072	16	6 76 192	14 50 080
17	7 16 210	15 41 764	17	7 48 454	15 40 740
18	7 58 340	16 32 456	18	7 60 716	16 31 340
19	8 00 470	17 23 148	19	8 02 978	17 21 970
20	8 42 600	18 13 840	20	8 45 240	18 12 600

Hypoténuse.	25 d. 05 m. Côté opposé.	64 d. 55 m. Côté opposé.	Hypoténuse.	25 d. 10 m. Côté opposé.	64 d. 50 m. Côté opposé.
1	0 42 393	0 90 569	1	0 42 525	0 90 507
2	0 84 786	1 81 138	2	0 85 050	1 81 014
3	1 27 179	2 71 707	3	1 27 575	2 71 521
4	1 69 572	3 62 276	4	1 70 100	3 62 028
5	2 11 965	4 52 845	5	2 12 625	4 52 535
6	2 54 358	5 43 414	6	2 55 150	5 43 042
7	2 96 751	6 33 983	7	2 97 675	6 33 549
8	3 39 144	7 24 552	8	3 40 200	7 24 056
9	3 81 537	8 15 121	9	3 82 725	8 14 563
10	4 23 930	9 05 690	10	4 25 250	9 05 070
11	4 66 323	9 96 259	11	4 67 775	9 95 577
12	5 08 716	10 86 828	12	5 10 300	10 86 084
13	5 51 109	11 77 397	13	5 52 825	11 76 591
14	5 93 502	12 67 966	14	5 95 350	12 67 098
15	6 35 895	13 58 535	15	6 37 875	13 57 605
16	6 78 288	14 49 104	16	6 80 400	14 48 112
17	7 20 681	15 39 673	17	7 22 925	15 38 619
18	7 63 074	16 30 242	18	7 65 450	16 29 126
19	8 05 467	17 20 811	19	8 07 975	17 19 633
20	8 47 860	18 11 380	20	8 50 500	18 10 140

Hyp.	25 d. 15 m.	64 d. 45 m.	Hyp.	25 d. 20 m.	64 d. 40 m.
1	0 42 657	0 90 445	1	0 42 788	0 90 383
2	0 85 314	1 80 890	2	0 85 576	1 80 766
3	1 27 971	2 71 335	3	1 28 364	2 71 149
4	1 70 628	3 61 780	4	1 71 152	3 61 532
5	2 13 285	4 52 225	5	2 13 940	4 51 915
6	2 55 942	5 42 670	6	2 56 728	5 42 298
7	2 98 599	6 33 115	7	2 99 516	6 32 681
8	3 41 256	7 23 560	8	3 42 304	7 23 064
9	3 83 913	8 14 005	9	3 85 092	8 13 447
10	4 26 570	9 04 450	10	4 27 880	9 03 830
11	4 69 227	9 94 895	11	4 70 668	9 94 213
12	5 11 884	10 85 340	12	5 13 456	10 84 596
13	5 54 541	11 75 785	13	5 56 244	11 74 979
14	5 97 198	12 66 230	14	5 99 032	12 65 362
15	6 39 855	13 56 675	15	6 41 820	13 55 745
16	6 82 512	14 47 120	16	6 84 608	14 46 128
17	7 25 159	15 37 565	17	7 27 396	15 36 511
18	7 67 826	16 28 010	18	7 70 184	16 26 894
19	8 10 483	17 18 455	19	8 12 972	17 17 277
20	8 53 140	18 08 900	20	8 55 760	18 07 660

Hypoténuse.	25 d. 25 m. Côté opposé.	64 d. 35 m. Côté opposé.	Hypoténuse.	25 d. 30 m. Côté opposé.	64 d. 30 m. Côté opposé.
1	0 42 920	0 90 321	1	0 43 051	0 90 258
2	0 85 840	1 80 642	2	0 86 102	1 80 516
3	1 28 760	2 70 963	3	1 29 153	2 70 774
4	1 71 680	3 61 284	4	1 72 204	3 61 032
5	2 14 600	4 51 605	5	2 15 255	4 51 290
6	2 57 520	5 41 926	6	2 58 306	5 41 548
7	3 00 440	6 32 247	7	3 01 357	6 31 806
8	3 43 360	7 22 568	8	3 44 408	7 22 064
9	3 86 280	8 12 889	9	3 87 459	8 12 322
10	4 29 200	9 03 210	10	4 30 510	9 02 580
11	4 72 120	9 93 531	11	4 73 561	9 92 838
12	5 15 040	10 83 852	12	5 16 612	10 83 096
13	5 57 960	11 74 173	13	5 59 663	11 73 354
14	6 00 880	12 64 494	14	6 02 714	12 63 612
15	6 43 800	13 54 815	15	6 45 765	13 53 870
16	6 86 720	14 45 136	16	6 88 816	14 44 128
17	7 29 640	15 35 457	17	7 31 867	15 34 386
18	7 72 560	16 25 778	18	7 74 918	16 24 644
19	8 15 480	17 16 099	19	8 17 969	17 14 902
20	8 58 400	18 06 420	20	8 61 020	18 05 160

Hyp.	25 d. 35 m. Côté opposé.	64 d. 25 m. Côté opposé.	Hyp.	25 d. 40 m. Côté opposé.	64 d. 20 m. Côté opposé.
1	0 43 182	0 90 196	1	0 43 313	0 90 133
2	0 86 364	1 80 392	2	0 86 626	1 80 266
3	1 29 546	2 70 588	3	1 29 939	2 70 399
4	1 72 728	3 60 784	4	1 73 252	3 60 532
5	2 15 910	4 50 980	5	2 16 565	4 50 665
6	2 59 092	5 41 176	6	2 59 878	5 40 798
7	3 02 274	6 31 372	7	3 03 191	6 30 931
8	3 45 456	7 21 568	8	3 46 504	7 21 064
9	3 88 638	8 11 764	9	3 89 817	8 11 197
10	4 31 820	9 01 960	10	4 33 130	9 01 330
11	4 75 002	9 92 156	11	4 76 443	9 91 463
12	5 18 184	10 82 352	12	5 19 756	10 81 596
13	5 61 366	11 72 548	13	5 63 069	11 71 729
14	6 04 548	12 62 744	14	6 06 382	12 61 862
15	6 47 730	13 52 940	15	6 49 695	13 51 995
16	6 90 912	14 43 136	16	6 93 008	14 42 128
17	7 34 094	15 33 332	17	7 36 321	15 32 261
18	7 77 276	16 23 528	18	7 79 634	16 22 394
19	8 20 458	17 13 724	19	8 22 947	17 12 527
20	8 63 640	18 03 920	20	8 66 260	18 02 660

Hypoté- nuse.	25 d. 45 m. Côté opposé.	64 d. 15 m. Côté opposé.	Hypoté- nuse.	25 d. 50 m. Côté opposé.	64 d. 10 m. Côté opposé.
1	0 43 444	0 90 070	1	0 43 575	0 90 006
2	0 86 888	1 80 140	2	0 87 150	1 80 012
3	1 30 332	2 70 210	3	1 30 725	2 70 018
4	1 73 776	3 60 280	4	1 74 300	3 60 024
5	2 17 220	4 50 350	5	2 17 875	4 50 030
6	2 60 664	5 40 420	6	2 61 450	5 40 036
7	3 04 108	6 30 490	7	3 05 025	6 30 042
8	3 47 552	7 20 560	8	3 48 600	7 20 048
9	3 90 996	8 10 630	9	3 92 175	8 10 054
10	4 34 440	9 00 700	10	4 35 750	9 00 060
11	4 77 884	9 90 770	11	4 79 325	9 90 066
12	5 21 328	10 80 840	12	5 22 900	10 80 072
13	5 64 772	11 70 910	13	5 66 475	11 70 078
14	6 08 216	12 60 980	14	6 10 050	12 60 084
15	6 51 660	13 51 050	15	6 53 625	13 50 090
16	6 95 104	14 41 120	16	6 97 200	14 40 096
17	7 38 548	15 31 190	17	7 40 775	15 30 102
18	7 81 992	16 21 260	18	7 84 350	16 20 108
19	8 25 436	17 11 330	19	8 27 925	17 10 114
20	8 68 880	18 01 400	20	8 71 500	18 00 120

Hyp.	25 d. 55 m. Côté opposé.	64 d. 05 m. Côté opposé.	Hyp.	26 d. 00 m. Côté opposé.	64 d. 00 m Côté opposé.
1	0 43 706	0 89 943	1	0 43 837	0 89 879
2	0 87 412	1 79 886	2	0 87 674	1 79 758
3	1 31 118	2 69 829	3	1 31 511	2 69 637
4	1 74 824	3 59 772	4	1 75 348	3 59 516
5	2 18 530	4 49 715	5	2 19 185	4 49 395
6	2 62 236	5 39 658	6	2 63 022	5 39 274
7	3 05 942	6 29 601	7	3 06 859	6 29 153
8	3 49 648	7 19 544	8	3 50 696	7 19 032
9	3 93 354	8 09 487	9	3 94 533	8 08 911
10	4 37 060	8 99 430	10	4 38 370	8 98 790
11	4 80 766	9 89 373	11	4 82 207	9 88 669
12	5 24 472	10 79 316	12	5 26 044	10 78 548
13	5 68 178	11 69 259	13	5 69 881	11 68 427
14	6 11 884	12 59 202	14	6 13 718	12 58 306
15	6 55 590	13 49 145	15	6 57 555	13 48 185
16	6 99 296	14 39 088	16	7 01 392	14 38 064
17	7 43 002	15 29 031	17	7 45 229	15 27 943
18	7 86 708	16 18 974	18	7 89 066	16 17 822
19	8 30 414	17 08 917	19	8 32 903	17 07 701
20	8 74 120	17 98 860	20	8 76 740	17 97 580

Hypoténuse.	26 d. 05 m. Côté opposé.	63 d. 55 m. Côté opposé.	Hypoténuse.	26 d. 10 m. Côté opposé.	63 d. 50 m. Côté opposé.
1	0 43 968	0 89 815	1	0 44 098	0 89 751
2	0 87 936	1 79 630	2	0 88 196	1 79 502
3	1 31 904	2 69 445	3	1 32 294	2 69 253
4	1 75 872	3 59 260	4	1 76 392	3 59 004
5	2 19 840	4 49 075	5	2 20 490	4 48 755
6	2 63 808	5 38 890	6	2 64 588	5 38 506
7	3 07 776	6 28 705	7	3 08 686	6 28 257
8	3 51 744	7 18 520	8	3 52 784	7 18 008
9	3 95 712	8 08 335	9	3 96 882	8 07 759
10	4 39 680	8 98 150	10	4 40 980	8 97 510
11	4 83 648	9 87 965	11	4 85 078	9 87 261
12	5 27 616	10 77 780	12	5 29 176	10 77 012
13	5 71 584	11 67 595	13	5 73 274	11 66 763
14	6 15 552	12 57 410	14	6 17 372	12 56 514
15	6 59 520	13 47 225	15	6 61 470	13 46 265
16	7 03 488	14 37 040	16	7 05 568	14 36 016
17	7 47 456	15 26 855	17	7 49 666	15 25 767
18	7 91 424	16 16 670	18	7 93 764	16 15 518
19	8 35 392	17 06 485	19	8 37 862	17 05 269
20	8 79 360	17 96 300	20	8 81 960	17 95 020

Hyp.	26 d. 15 m.	63 d. 45 m.	Hyp.	26 d. 20 m.	63 d. 40 m.
1	0 44 229	0 89 687	1	0 44 359	0 89 623
2	0 88 458	1 79 374	2	0 88 718	1 79 246
3	1 32 687	2 69 061	3	1 33 077	2 68 869
4	1 76 916	3 58 748	4	1 77 436	3 58 492
5	2 21 145	4 48 435	5	2 21 795	4 48 115
6	2 65 374	5 38 122	6	2 66 154	5 37 738
7	3 09 603	6 27 809	7	3 10 513	6 27 361
8	3 53 832	7 17 496	8	3 54 872	7 16 984
9	3 98 061	8 07 183	9	3 99 231	8 06 607
10	4 42 290	8 96 870	10	4 43 590	8 96 230
11	4 86 549	9 86 557	11	4 87 949	9 85 853
12	5 30 748	10 76 244	12	5 32 308	10 75 476
13	5 74 977	11 65 931	13	5 76 667	11 65 099
14	6 19 206	12 55 618	14	6 21 026	12 54 722
15	6 63 435	13 45 305	15	6 65 385	13 44 345
16	7 07 664	14 34 992	16	7 09 744	14 33 968
17	7 51 893	15 24 679	17	7 54 103	15 23 591
18	7 96 122	16 14 366	18	7 98 462	16 13 214
19	8 40 351	17 04 053	19	8 42 821	17 02 837
20	8 84 580	17 93 740	20	8 87 180	17 92 460

Hypoténuse.	26 d. 25 m. Côté opposé.	63 d. 35 m. Côté opposé.	Hypoténuse.	26 d. 30 m. Côté opposé.	63 d. 30 m. Côté opposé.
1	0 44 489	0 89 558	1	0 44 620	0 89 493
2	0 88 978	1 79 116	2	0 89 240	1 78 986
3	1 33 467	2 68 674	3	1 33 860	2 68 479
4	1 77 956	3 58 232	4	1 78 480	3 57 972
5	2 22 445	4 37 790	5	2 23 100	4 47 465
6	2 66 934	5 37 348	6	2 67 720	5 36 958
7	3 11 423	6 26 906	7	3 12 340	6 26 451
8	3 55 912	7 16 464	8	3 56 960	7 15 944
9	4 00 401	8 06 022	9	4 01 580	8 05 437
10	4 44 890	8 95 580	10	4 46 200	8 94 930
11	4 89 379	9 85 138	11	4 90 820	9 84 423
12	5 33 868	10 74 696	12	5 35 440	10 73 916
13	5 78 357	11 64 254	13	5 80 060	11 63 409
14	6 22 846	12 53 812	14	6 24 680	12 52 902
15	6 67 335	13 43 370	15	6 69 300	13 42 395
16	7 11 824	14 32 928	16	7 13 920	14 31 888
17	7 56 313	15 22 486	17	7 58 540	15 21 381
18	8 00 802	16 12 044	18	8 03 160	16 40 874
19	8 45 291	17 01 602	19	8 47 780	17 00 367
20	8 89 780	17 91 460	20	8 92 400	17 89 860

Hyp.	26 d. 35 m. Côté opposé.	63 d. 25 m. Côté opposé.	Hyp.	26 d. 40 m. Côté opposé.	63 d. 20 m. Côté opposé.
1	0 44 750	0 89 428	1	0 44 880	0 89 363
2	0 89 500	1 78 856	2	0 89 760	1 78 726
3	1 34 250	2 68 284	3	1 34 640	2 68 089
4	1 79 000	3 57 712	4	1 79 520	3 57 452
5	2 23 750	4 47 140	5	2 24 400	4 46 815
6	2 68 500	5 36 568	6	2 69 280	5 36 178
7	3 13 250	6 25 996	7	3 14 160	6 25 541
8	3 58 000	7 15 424	8	3 59 040	7 14 904
9	4 02 750	8 04 852	9	4 03 920	8 04 267
10	4 47 500	8 94 280	10	4 48 800	8 93 630
11	4 92 250	9 83 708	11	4 93 680	9 82 993
12	5 37 000	10 73 136	12	5 38 560	10 72 356
13	5 81 750	11 62 564	13	5 83 440	11 61 749
14	6 26 500	12 51 992	14	6 28 320	12 51 082
15	6 71 250	13 41 420	15	6 73 200	13 40 445
16	7 16 000	14 30 848	16	7 18 080	14 29 808
17	7 60 750	15 20 276	17	7 62 960	15 19 171
18	8 05 500	16 09 704	18	8 07 840	16 08 534
19	8 50 250	16 99 132	19	8 52 720	16 97 897
20	8 95 000	17 88 560	20	8 97 600	17 87 260

Hypo-té-nuse.	26 d. 45 m. Côté opposé.	63 d. 15 m. Côté opposé.	Hypo-té-nuse.	26 d. 50 m. Côté opposé.	63 d. 10 m. Côté opposé.
1	0 45 010	0 89 298	1	0 45 140	0 89 232
2	0 90 020	1 78 596	2	0 90 280	1 78 464
3	1 35 030	2 67 894	3	1 35 420	2 67 696
4	1 80 040	3 57 192	4	1 80 560	3 56 928
5	2 25 050	4 46 490	5	2 25 700	4 46 160
6	2 70 060	5 35 788	6	2 70 840	5 35 392
7	3 15 070	6 25 086	7	3 15 980	6 24 624
8	3 60 080	7 14 384	8	3 61 120	7 13 856
9	4 05 090	8 03 682	9	4 06 260	8 03 088
10	4 50 100	8 92 980	10	4 51 400	8 92 320
11	4 95 110	9 82 278	11	4 96 540	9 81 552
12	5 40 120	10 71 576	12	5 41 680	10 70 784
13	5 85 130	11 60 874	13	5 86 820	11 60 016
14	6 30 140	12 50 172	14	6 31 960	12 49 248
15	6 75 150	13 39 470	15	6 77 100	13 38 480
16	7 20 160	14 28 768	16	7 22 240	14 27 712
17	7 65 170	15 18 066	17	7 67 380	15 16 944
18	8 10 180	16 07 364	18	8 12 520	16 06 176
19	8 55 190	16 96 662	19	8 57 660	16 95 408
20	9 00 200	17 85 960	20	9 02 800	17 84 640

Hyp.	26 d. 55 m.	63 d. 05 m.	Hyp.	27 d. 00 m.	63 d. 00 m.
1	0 45 269	0 89 166	1	0 45 399	0 89 101
2	0 90 538	1 78 332	2	0 90 798	1 78 202
3	1 35 807	2 67 498	3	1 36 197	2 67 303
4	1 81 076	3 56 664	4	1 81 596	3 56 404
5	2 26 345	4 45 830	5	2 26 995	4 45 505
6	2 71 614	5 34 996	6	2 72 394	5 34 606
7	3 16 883	6 24 162	7	3 17 793	6 23 707
8	3 62 152	7 13 328	8	3 63 192	7 12 808
9	4 07 421	8 02 494	9	4 08 591	8 01 909
10	4 52 690	8 91 660	10	4 53 990	8 91 040
11	4 97 959	9 80 826	11	4 99 389	9 80 141
12	5 43 228	10 69 992	12	5 44 788	10 69 242
13	5 88 497	11 59 158	13	5 90 187	11 58 343
14	6 33 766	12 48 324	14	6 35 586	12 47 444
15	6 79 035	13 37 490	15	6 80 985	13 36 515
16	7 24 304	14 26 656	16	7 26 384	14 25 616
17	7 69 573	15 15 822	17	7 71 783	15 14 717
18	8 14 842	16 04 988	18	8 17 182	16 03 818
19	8 60 111	16 94 154	19	8 62 581	16 92 919
20	9 05 380	17 83 320	20	9 07 980	17 82 020

Hypo-té-nuse.	27 d. 05 m. Côté opposé.	62 d. 55 m. Côté opposé.	Hypo-té-nuse.	27 d. 10 m. Côté opposé.	62 d. 50 m. Côté opposé.
1	0 45 528	0 89 034	1	0 45 658	0 88 968
2	0 91 056	1 78 068	2	0 91 316	1 77 936
3	1 36 584	2 67 102	3	1 36 974	2 66 904
4	1 82 112	3 56 136	4	1 82 632	3 55 872
5	2 27 640	4 45 170	5	2 28 290	4 44 840
6	2 73 168	5 34 204	6	2 73 948	5 33 808
7	3 18 696	6 23 238	7	3 19 606	6 22 776
8	3 64 224	7 12 272	8	3 65 264	7 11 744
9	4 09 752	8 01 306	9	4 10 922	8 00 712
10	4 55 280	8 90 340	10	4 56 580	8 89 680
11	5 00 808	9 79 374	11	5 02 238	9 78 648
12	5 46 336	10 68 408	12	5 47 896	10 67 616
13	5 91 864	11 57 442	13	5 93 554	11 56 584
14	6 37 392	12 46 476	14	6 39 212	12 45 552
15	6 82 920	13 35 510	15	6 84 870	13 34 520
16	7 28 448	14 24 544	16	7 30 528	14 23 488
17	7 73 976	15 13 578	17	7 76 186	15 12 456
18	8 19 504	16 02 612	18	8 21 844	16 01 424
19	8 65 032	16 91 646	19	8 67 502	16 90 392
20	9 10 560	17 80 680	20	9 13 160	17 79 360

Hyp.	27 d. 15 m.	62 d. 45 m.	Hyp.	27 d. 20 m.	62 d. 40 m.
1	0 45 787	0 88 902	1	0 45 916	0 88 835
2	0 91 574	1 77 804	2	0 91 832	1 77 670
3	1 37 361	2 66 706	3	1 37 748	2 66 505
4	1 83 148	3 55 608	4	1 83 664	3 55 340
5	2 28 935	4 44 510	5	2 29 580	4 44 175
6	2 74 722	5 33 412	6	2 75 496	5 33 010
7	3 20 509	6 22 314	7	3 21 412	6 21 845
8	3 66 296	7 11 216	8	3 67 328	7 10 680
9	4 12 083	8 00 118	9	4 13 244	7 99 515
10	4 57 870	8 89 020	10	4 59 160	8 88 350
11	5 03 657	9 77 922	11	5 05 076	9 77 185
12	5 49 444	10 66 824	12	5 50 992	10 66 020
13	5 95 231	11 55 726	13	5 96 908	11 54 855
14	6 41 018	12 44 628	14	6 42 824	12 43 690
15	6 86 805	13 33 530	15	6 88 740	13 32 525
16	7 32 592	14 22 432	16	7 34 656	14 21 360
17	7 78 379	15 11 334	17	7 80 572	15 10 195
18	8 24 166	16 00 236	18	8 26 488	15 99 030
19	8 69 953	16 89 138	19	8 72 404	16 87 865
20	9 15 740	17 78 040	20	9 18 320	17 76 700

Hypo-té-nuse.	27 d. 25 m. Côté opposé.		62 d. 35 m. Côté opposé.		Hypo-té-nuse.	27 d. 30 m. Côté opposé.		62 d. 30 m. Côté opposé.	
1	0 46	046	0 88	768	1	0 46	475	0 88	701
2	0 92	092	1 77	536	2	0 92	350	1 77	402
3	1 38	138	2 66	304	3	1 38	525	2 66	103
4	1 84	184	3 55	072	4	1 84	700	3 54	804
5	2 30	230	4 43	840	5	2 30	875	4 43	505
6	2 76	276	5 32	608	6	2 77	050	5 32	206
7	3 22	322	6 21	376	7	3 23	225	6 20	907
8	3 68	368	7 10	144	8	3 69	400	7 09	608
9	4 14	414	7 98	912	9	4 15	575	7 98	309
10	4 60	460	8 87	680	10	4 61	750	8 87	010
11	5 06	506	9 76	448	11	5 07	925	9 75	711
12	5 52	552	10 65	216	12	5 54	100	10 64	412
13	5 98	598	11 53	984	13	6 00	275	11 53	113
14	6 44	644	12 42	752	14	6 46	450	12 41	814
15	6 90	690	13 31	520	15	6 92	625	13 30	515
16	7 36	736	14 20	288	16	7 38	800	14 19	216
17	7 82	782	15 09	056	17	7 84	975	15 07	917
18	8 28	828	15 97	824	18	8 31	150	15 96	618
19	8 74	874	16 86	592	19	8 77	325	16 85	319
20	9 20	920	17 75	360	20	9 23	500	17 74	020

Hyp	27 d. 35 m.		62 d. 25 m		Hyp	27 d. 40 m.		62 d. 20 m.	
1	0 46	304	0 88	634	1	0 46	561	0 88	566
2	0 92	608	1 77	268	2	0 93	122	1 77	132
3	1 38	912	2 65	902	3	1 39	683	2 65	698
4	1 85	216	3 54	536	4	1 86	244	3 54	264
5	2 31	520	4 43	170	5	2 32	805	4 42	830
6	2 77	824	5 31	804	6	2 79	366	5 31	396
7	3 24	128	6 20	438	7	3 25	927	6 19	962
8	3 70	432	7 09	072	8	3 72	488	7 08	528
9	4 16	736	7 97	706	9	4 19	049	7 97	094
10	4 63	040	8 86	340	10	4 65	610	8 85	660
11	5 09	344	9 74	974	11	5 12	171	9 74	226
12	5 55	648	10 63	608	12	5 58	732	10 62	792
13	6 01	952	11 52	242	13	6 05	293	11 51	358
14	6 48	256	12 40	876	14	6 51	854	12 39	924
15	6 94	560	13 29	510	15	6 98	415	13 28	490
16	7 40	864	14 18	144	16	7 44	976	14 17	056
17	7 87	168	15 06	778	17	7 91	537	15 05	622
18	8 33	472	15 95	412	18	8 38	098	15 94	188
19	8 79	776	16 84	046	19	8 84	659	16 82	754
20	9 26	080	17 72	680	20	9 31	220	17 71	320

Hypoténuse.	27 d. 45 m. Côté opposé.	62 d. 15 m. Côté opposé.	Hypoténuse.	27 d. 50 m. Côté opposé.	62 d. 10 m. Côté opposé.
1	0 46 561	0 88 499	1	0 46 690	0 88 431
2	0 93 122	1 76 998	2	0 93 380	1 76 862
3	1 39 683	2 65 497	3	1 40 070	2 65 293
4	1 86 244	3 53 996	4	1 86 760	3 53 724
5	2 32 805	4 42 495	5	2 33 450	4 42 155
6	2 79 366	5 30 994	6	2 80 140	5 30 586
7	3 25 927	6 19 493	7	3 26 830	6 19 017
8	3 72 488	7 07 992	8	3 73 520	7 07 448
9	4 19 049	7 96 491	9	4 20 210	7 95 879
10	4 65 610	8 84 990	10	4 66 900	8 84 310
11	5 12 171	9 73 489	11	5 13 590	9 72 741
12	5 58 732	10 61 988	12	5 60 280	10 61 472
13	6 05 293	11 50 487	13	6 06 970	11 49 603
14	6 51 854	12 38 986	14	6 53 660	12 38 034
15	6 98 415	13 27 485	15	7 00 350	13 26 465
16	7 44 976	14 15 984	16	7 47 040	14 14 896
17	7 91 537	15 04 483	17	7 93 730	15 03 327
18	8 38 098	15 92 982	18	8 40 420	15 91 758
19	8 84 659	16 81 481	19	8 87 110	16 80 189
20	9 31 220	17 69 980	20	9 33 800	17 68 620

Hyp.	27 d. 55 m. Côté opposé.	62 d. 05 m. Côté opposé.	Hyp.	28 d. 00 m. Côté opposé.	62 d. 00 m. Côté opposé.
1	0 46 818	0 88 363	1	0 46 947	0 88 294
2	0 93 636	1 76 726	2	0 93 894	1 76 588
3	1 40 454	2 65 089	3	1 40 841	2 64 882
4	1 87 272	3 53 452	4	1 87 788	3 53 176
5	2 34 090	4 41 815	5	2 34 735	4 41 470
6	2 80 908	5 30 178	6	2 81 682	5 29 764
7	3 27 726	6 18 541	7	3 28 629	6 18 058
8	3 74 544	7 06 904	8	3 75 576	7 06 352
9	4 21 362	7 95 267	9	4 22 523	7 94 646
10	4 68 180	8 83 630	10	4 69 470	8 82 940
11	5 14 998	9 71 993	11	5 16 417	9 71 234
12	5 61 816	10 60 356	12	5 63 364	10 59 528
13	6 08 634	11 48 719	13	6 10 311	11 47 822
14	6 55 452	12 37 082	14	6 57 258	12 36 116
15	7 02 270	13 25 445	15	7 04 205	13 24 410
16	7 49 088	14 13 808	16	7 51 152	14 12 704
17	7 95 906	15 02 171	17	7 98 099	15 00 998
18	8 42 724	15 90 534	18	8 45 046	15 89 292
19	8 89 542	16 78 897	19	8 91 993	16 77 586
20	9 36 360	17 67 260	20	9 38 940	17 65 880

Hypoténuse.	28 d. 05 m. Côté opposé.	61 d. 55 m. Côté opposé.	Hypotenuse.	28 d. 10 m. Côté opposé.	61 d. 50 m. Côté opposé.
1	0 47 075	0 88 226	1	0 47 204	0 88 158
2	0 94 150	1 76 452	2	0 94 408	1 76 316
3	1 41 225	2 64 678	3	1 41 612	2 64 474
4	1 88 300	3 52 904	4	1 88 816	3 52 632
5	2 35 375	4 41 130	5	2 36 020	4 40 790
6	2 82 450	5 29 356	6	2 83 224	5 28 948
7	3 29 525	6 17 582	7	3 30 428	6 17 106
8	3 76 600	7 05 808	8	3 77 632	7 05 264
9	4 23 675	7 94 034	9	4 24 836	7 93 422
10	4 70 750	8 82 260	10	4 72 040	8 81 580
11	5 17 825	9 70 486	11	5 19 244	9 69 738
12	5 64 900	10 58 712	12	5 66 448	10 57 896
13	6 11 975	11 46 938	13	6 13 652	11 46 054
14	6 59 050	12 35 164	14	6 60 856	12 34 212
15	7 06 125	13 23 390	15	7 08 060	13 22 370
16	7 53 200	14 11 616	16	7 55 264	14 10 528
17	8 00 275	14 99 842	17	8 02 468	14 98 686
18	8 47 350	15 88 068	18	8 49 672	15 86 844
19	8 94 425	16 76 294	19	8 96 876	16 75 002
20	9 41 500	17 64 520	20	9 44 080	17 63 160

Hyp.	28 d. 15 m. Côté opposé.	61 d. 45 m. Côté opposé.	Hyp.	28 d. 20 m. Côté opposé.	61 d. 40 m. Côté opposé.
1	0 47 332	0 88 089	1	0 47 460	0 88 020
2	0 94 664	1 76 178	2	0 94 920	1 76 040
3	1 41 996	2 64 267	3	1 42 380	2 64 060
4	1 89 328	3 52 356	4	1 89 840	3 52 080
5	2 36 660	4 40 445	5	2 37 300	4 40 100
6	2 83 992	5 28 534	6	2 84 760	5 28 120
7	3 31 324	6 16 623	7	3 32 220	6 16 140
8	3 78 656	7 04 712	8	3 79 680	7 04 160
9	4 25 988	7 92 801	9	4 27 140	7 92 180
10	4 73 320	8 80 890	10	4 74 600	8 80 200
11	5 20 652	9 68 979	11	5 22 060	9 68 220
12	5 67 984	10 57 068	12	5 69 520	10 56 240
13	6 15 316	11 45 157	13	6 16 980	11 44 260
14	6 62 648	12 33 246	14	6 64 440	12 32 280
15	7 09 980	13 21 335	15	7 11 900	13 20 300
16	7 57 312	14 09 424	16	7 59 360	14 08 320
17	8 04 644	14 97 513	17	8 06 820	14 96 340
18	8 51 976	15 85 602	18	8 54 280	15 84 360
19	8 99 308	16 73 691	19	9 01 740	16 72 380
20	9 46 640	17 61 780	20	9 49 200	17 60 400

Hypoténuse.	28 d. 25 m. Côté opposé.	64 d. 35 m. Côté opposé.	Hypoténuse.	28 d. 30 m. Côté opposé.	64 d. 30 m. Côté opposé.
1	0 47 588	0 87 951	1	0 47 716	0 87 882
2	0 95 176	1 75 902	2	0 95 432	1 75 764
3	1 42 764	2 63 853	3	1 43 148	2 63 646
4	1 90 352	3 51 804	4	1 90 864	3 51 528
5	2 37 940	4 39 755	5	2 38 580	4 39 410
6	2 85 528	5 27 706	6	2 86 296	5 27 292
7	3 33 116	6 15 657	7	3 34 012	6 15 174
8	3 80 704	7 03 608	8	3 81 728	7 03 056
9	4 82 292	7 91 559	9	4 29 444	7 90 938
10	4 75 880	8 79 510	10	4 77 160	8 78 820
11	5 23 468	9 67 461	11	5 24 876	9 66 702
12	5 71 056	10 55 412	12	5 72 592	10 54 584
13	6 18 644	11 43 363	13	6 20 308	11 42 466
14	6 66 232	12 31 314	14	6 68 024	12 30 348
15	7 13 320	13 19 265	15	7 15 740	13 18 230
16	7 61 408	14 07 216	16	7 63 456	14 06 112
17	8 08 996	14 95 167	17	8 11 172	14 93 994
18	8 56 584	15 83 118	18	8 58 888	15 81 876
19	9 40 172	16 71 069	19	9 06 604	16 69 758
20	9 51 760	17 59 020	20	9 54 320	17 57 640

Hyp.	28 d. 35 m. Côté opposé.	64 d. 25 m. Côté opposé.	Hyp.	28 d. 40 m. Côté opposé.	64 d. 20 m. Côté opposé.
1	0 47 844	0 87 812	1	0 47 974	0 87 742
2	0 95 688	1 75 624	2	0 95 942	1 75 484
3	1 43 532	2 63 436	3	1 43 913	2 63 226
4	1 91 376	3 51 248	4	1 91 884	3 50 968
5	2 39 220	4 39 060	5	2 39 855	4 38 710
6	2 87 064	5 26 872	6	2 87 826	5 26 452
7	3 34 908	6 14 684	7	3 35 797	6 14 194
8	3 82 752	7 02 496	8	3 83 768	7 01 936
9	4 30 596	7 90 308	9	4 31 739	7 89 678
10	4 78 440	8 78 120	10	4 79 710	8 77 420
11	5 26 284	9 65 932	11	5 27 681	9 65 162
12	5 74 128	10 53 744	12	5 75 652	10 52 904
13	6 21 972	11 41 556	13	6 23 623	11 40 646
14	6 69 816	12 29 368	14	6 71 594	12 28 388
15	7 17 660	13 17 180	15	7 19 565	13 16 130
16	7 65 504	14 04 992	16	7 67 536	14 03 872
17	8 13 348	14 92 810	17	8 15 507	14 91 614
18	8 61 192	15 80 622	18	8 63 478	15 79 356
19	9 09 036	16 68 434	19	9 11 449	16 67 098
20	9 56 880	17 56 246	20	9 59 420	17 54 840

Hypoténuse.	28 d. 45 m. Côté opposé.	64 d. 15 m. Côté opposé.	Hypoténuse.	28 d. 50 m. Côté opposé.	64 d. 10 m. Côté opposé.
1	0 48 099	0 87 673	1	0 48 226	0 87 603
2	0 96 198	1 75 346	2	0 96 452	1 75 206
3	1 44 297	2 63 019	3	1 44 678	2 62 809
4	1 92 396	3 50 692	4	1 92 904	3 50 412
5	2 40 495	4 38 365	5	2 41 130	4 38 045
6	2 88 594	5 26 038	6	2 89 356	5 25 618
7	3 36 693	6 13 711	7	3 37 582	6 13 221
8	3 84 792	7 01 384	8	3 85 808	7 00 824
9	4 32 891	7 89 057	9	4 34 034	7 88 427
10	4 80 990	8 76 730	10	4 82 260	8 76 030
11	5 29 089	9 64 403	11	5 30 486	9 63 633
12	5 77 188	10 52 076	12	5 78 712	10 51 236
13	6 25 287	11 39 749	13	6 26 938	11 38 839
14	6 73 386	12 27 422	14	6 75 164	12 26 442
15	7 21 485	13 15 095	15	7 23 390	13 14 045
16	7 69 584	14 02 768	16	7 71 616	14 01 648
17	8 17 683	14 90 441	17	8 19 842	14 89 251
18	8 65 782	15 78 114	18	8 68 068	15 76 854
19	9 13 881	16 65 787	19	9 16 294	16 64 457
20	9 61 980	17 53 460	20	9 64 520	17 52 060

Hyp.	28 d. 55 m. Côté opposé.	64 d. 05 m. Côté opposé.	Hyp.	29 d. 00 m. Côté opposé.	64 d. 00 m. Côté opposé.
1	0 48 354	0 87 532	1	0 48 481	0 87 462
2	0 96 708	1 75 064	2	0 96 962	1 74 924
3	1 45 062	2 62 596	3	1 45 443	2 62 386
4	1 93 416	3 50 128	4	1 93 924	3 49 848
5	2 41 770	4 37 660	5	2 42 405	4 37 310
6	2 90 124	5 25 192	6	2 90 886	5 44 772
7	3 38 478	6 12 724	7	3 39 367	6 12 234
8	3 86 832	7 00 256	8	3 87 848	6 99 696
9	4 35 186	7 87 788	9	4 36 329	7 87 158
10	4 83 540	8 75 320	10	4 84 810	8 74 620
11	5 31 894	9 62 852	11	5 33 291	9 62 082
12	5 80 248	10 50 384	12	5 81 772	10 49 544
13	6 28 602	11 37 916	13	6 30 253	11 37 006
14	6 76 956	12 25 448	14	6 78 734	12 24 468
15	7 25 340	13 12 980	15	7 27 215	13 11 930
16	7 73 664	14 00 512	16	7 75 696	13 99 392
17	8 22 018	14 88 044	17	8 24 177	14 86 854
18	8 70 372	15 75 576	18	8 72 658	15 74 316
19	9 18 726	16 63 108	19	9 21 139	16 61 778
20	9 67 080	17 50 640	20	9 69 620	17 49 240

Hypoténuse.	29 d. 05 m. Côté opposé.	60 d. 55 m. Côté opposé.	Hypoténuse.	29 d. 10 m. Côté opposé.	60 d. 50 m. Côté opposé.
1	0 48 608	0 87 391	1	0 48 735	0 87 320
2	0 97 216	1 74 782	2	0 97 470	1 74 640
3	1 45 824	2 62 173	3	1 46 205	2 61 960
4	1 94 432	3 49 564	4	1 94 940	3 49 280
5	2 43 040	4 36 955	5	2 43 675	4 36 600
6	2 91 648	5 24 346	6	2 92 410	5 23 920
7	3 40 256	6 11 737	7	3 41 145	6 11 240
8	3 88 864	6 99 128	8	3 89 880	6 98 560
9	4 37 472	7 86 519	9	4 38 615	7 85 880
10	4 86 080	8 73 910	10	4 87 350	8 73 200
11	5 34 688	9 61 301	11	5 36 085	9 60 520
12	5 83 296	10 48 692	12	5 84 820	10 47 840
13	6 31 904	11 36 083	13	6 33 555	11 35 160
14	6 80 512	12 23 474	14	6 82 290	12 22 480
15	7 29 120	13 10 865	15	7 31 025	13 09 800
16	7 77 728	13 98 256	16	7 79 760	13 97 120
17	8 26 336	14 85 647	17	8 28 495	14 84 440
18	8 74 944	15 73 038	18	8 77 230	15 71 760
19	9 23 552	16 60 429	19	9 25 965	16 59 080
20	9 72 160	17 47 820	20	9 74 700	17 46 400

Hyp.	29 d. 15 m. Côté opposé.	60 d. 45 m. Côté opposé.	Hyp.	29 d. 20 m. Côté opposé.	60 d. 40 m. Côté opposé.
1	0 48 862	0 87 250	1	0 48 989	0 87 178
2	0 97 724	1 74 500	2	0 97 978	1 74 356
3	1 46 586	2 61 750	3	1 46 967	2 61 534
4	1 95 448	3 49 000	4	1 95 956	3 48 712
5	2 44 310	4 36 250	5	2 44 945	4 35 890
6	2 93 172	5 23 500	6	2 93 934	5 23 068
7	3 42 034	6 10 750	7	3 42 923	6 10 246
8	3 90 896	6 98 000	8	3 91 912	6 97 424
9	4 39 758	7 85 250	9	4 40 901	7 84 602
10	4 88 620	8 72 500	10	4 89 890	8 71 780
11	5 37 482	9 59 750	11	5 38 879	9 58 958
12	5 86 344	10 47 000	12	5 87 868	10 46 136
13	6 35 206	11 34 250	13	6 36 857	11 33 314
14	6 84 068	12 21 500	14	6 85 846	12 20 492
15	7 32 930	13 08 750	15	7 34 835	13 07 670
16	7 81 792	13 96 000	16	7 83 824	13 94 848
17	8 30 654	14 83 250	17	8 32 813	14 82 026
18	8 79 516	15 70 500	18	8 81 802	15 69 204
19	9 28 378	16 57 750	19	9 30 791	16 56 382
20	9 77 240	17 45 000	20	9 79 780	17 43 560

Hypoténuse.	29 d. 25 m. Côté opposé.	60 d. 35 m. Côté opposé.	Hypoténuse.	29 d. 30 m. Côté opposé.	60 d. 30 m. Côté opposé.
1	0 49 116	0 87 107	1	0 49 242	0 87 035
2	0 98 232	1 74 214	2	0 98 484	1 74 070
3	1 47 348	2 61 321	3	1 47 726	2 61 105
4	1 96 464	3 48 428	4	1 96 968	3 48 140
5	2 45 580	4 35 535	5	2 46 210	4 35 175
6	2 94 696	5 22 642	6	2 95 452	5 22 210
7	3 43 812	6 09 749	7	3 44 694	6 09 245
8	3 92 928	6 96 856	8	3 93 936	6 96 280
9	4 42 044	7 83 963	9	4 43 178	7 83 315
10	4 91 160	8 71 070	10	4 92 420	8 70 350
11	5 40 276	9 58 177	11	5 41 662	9 57 385
12	5 89 392	10 45 284	12	5 90 904	10 44 420
13	6 38 508	11 32 391	13	6 40 146	11 31 455
14	6 87 624	12 19 498	14	6 89 388	12 18 490
15	7 36 740	13 06 605	15	7 38 630	13 05 525
16	7 85 856	13 93 712	16	7 87 872	13 92 560
17	8 34 972	14 80 819	17	8 37 114	14 79 595
18	8 84 088	15 67 926	18	8 86 356	15 66 630
19	9 33 204	16 55 033	19	9 35 598	16 53 665
20	9 82 320	17 42 140	20	9 84 840	17 40 700

Hyp.	29 d. 35 m. Côté opposé.	60 d. 25 m. Côté opposé.	Hyp.	29 d. 40 m. Côté opposé.	60 d. 20 m. Côté opposé.
1	0 49 369	0 86 964	1	0 49 495	0 86 892
2	0 98 738	1 73 928	2	0 98 990	1 73 784
3	1 48 107	2 60 892	3	1 48 485	2 60 676
4	1 97 476	3 47 856	4	1 97 980	3 47 568
5	2 46 845	4 34 820	5	2 47 475	4 34 460
6	2 96 214	5 21 784	6	2 96 970	5 21 352
7	3 45 583	6 08 748	7	3 46 465	6 08 244
8	3 94 952	6 95 712	8	3 95 960	6 95 136
9	4 44 321	7 82 676	9	4 45 455	7 82 028
10	4 93 690	8 69 640	10	4 94 950	8 68 920
11	5 43 059	9 56 604	11	5 44 445	9 55 812
12	5 92 428	10 43 568	12	5 93 940	10 42 704
13	6 41 797	11 30 532	13	6 43 435	11 29 596
14	6 91 166	12 17 496	14	6 92 930	12 16 488
15	7 40 535	13 04 460	15	7 42 425	13 03 380
16	7 89 904	13 91 424	16	7 94 920	13 90 272
17	8 39 273	14 78 388	17	8 44 415	14 77 164
18	8 88 642	15 65 352	18	8 90 910	15 64 056
19	9 38 011	16 52 316	19	9 40 405	16 50 948
20	9 87 380	17 39 280	20	9 89 900	17 37 840

Hypoténuse.	29 d. 45 m. Côté opposé.	60 d. 15 m. Côté opposé.	Hypoténuse.	29 d. 50 m. Côté opposé.	60 d. 10 m. Côté opposé.
1	0 49 621	0 86 820	1	0 49 748	0 86 747
2	0 99 242	1 73 640	2	0 99 496	1 73 494
3	1 48 863	2 60 460	3	1 49 244	2 60 241
4	1 98 484	3 47 280	4	1 98 992	3 46 988
5	2 48 105	4 34 100	5	2 48 740	4 33 735
6	2 97 726	5 20 920	6	2 98 488	5 20 482
7	3 47 347	6 07 740	7	3 48 236	6 07 229
8	3 96 968	6 94 560	8	3 97 984	6 93 976
9	4 46 589	7 81 380	9	4 47 732	7 80 723
10	4 96 210	8 68 200	10	4 97 480	8 67 470
11	5 45 831	9 55 020	11	5 47 228	9 54 217
12	5 95 452	10 41 840	12	5 96 976	10 40 964
13	6 45 073	11 28 660	13	6 46 724	11 27 711
14	6 94 694	12 15 480	14	6 96 472	12 14 458
15	7 44 315	13 02 300	15	7 46 220	13 01 205
16	7 93 936	13 89 120	16	7 95 968	13 87 952
17	8 43 557	14 75 940	17	8 45 716	14 74 699
18	8 93 178	15 62 760	18	8 95 464	15 61 446
19	9 42 799	16 49 580	19	9 45 212	16 48 193
20	9 92 420	17 36 400	20	9 94 960	17 34 940

Hyp.	29 d. 55 m. Côté opposé.	60 d. 05 m. Côté opposé.	Hyp.	30 d. 00 m. Côté opposé.	60 d. 00 m. Côté opposé.
1	0 49 874	0 86 675	1	0 50 000	0 86 602
2	0 99 748	1 73 350	2	1 00 000	1 73 204
3	1 49 622	2 60 025	3	1 50 000	2 59 806
4	1 99 496	3 46 700	4	2 00 000	3 46 408
5	2 49 370	4 33 375	5	2 50 000	4 33 010
6	2 99 244	5 20 050	6	3 00 000	5 19 612
7	3 49 118	6 06 725	7	3 50 000	6 06 214
8	3 98 992	6 93 400	8	4 00 000	6 92 816
9	4 48 866	7 80 075	9	4 50 000	7 79 418
10	4 98 740	8 66 750	10	5 00 000	8 66 020
11	5 48 614	9 53 425	11	5 50 000	9 52 622
12	5 98 488	10 40 100	12	6 00 000	10 39 224
13	6 48 362	11 26 775	13	6 50 000	11 25 826
14	6 98 236	12 13 450	14	7 00 000	12 12 428
15	7 48 110	13 00 125	15	7 50 000	12 99 030
16	7 97 984	13 86 800	16	8 00 000	13 85 632
17	8 47 858	14 73 475	17	8 50 000	14 72 234
18	8 97 732	15 60 150	18	9 00 000	15 58 836
19	9 47 606	16 46 825	19	9 50 000	16 45 438
20	9 97 480	17 33 500	20	10 00 000	17 32 040

Hypoténuse.	30 d. 05 m. Côté opposé.	59 d. 55 m. Côté opposé.	Hypoténuse.	30 d. 10 m. Côté opposé.	59 d. 50 m. Côté opposé.
1	0 50 126	0 86 530	1	0 50 252	0 86 457
2	1 00 252	1 73 060	2	1 00 504	1 72 914
3	1 50 378	2 59 590	3	1 50 756	2 59 371
4	2 00 504	3 46 120	4	2 01 008	3 45 828
5	2 50 630	4 32 650	5	2 51 260	4 32 285
6	3 00 756	5 19 180	6	3 01 512	5 18 742
7	3 50 882	6 05 710	7	3 51 764	6 05 199
8	4 01 008	6 92 240	8	4 02 016	6 91 656
9	4 51 134	7 78 770	9	4 52 268	7 78 113
10	5 01 260	8 65 300	10	5 02 520	8 64 570
11	5 51 386	9 51 830	11	5 52 772	9 51 027
12	6 01 512	10 38 360	12	6 03 024	10 37 484
13	6 51 638	11 24 890	13	6 53 276	11 23 941
14	7 01 764	12 11 420	14	7 03 528	12 10 398
15	7 51 890	12 97 950	15	7 53 780	12 96 855
16	8 02 016	13 84 480	16	8 04 032	13 83 312
17	8 52 142	14 71 010	17	8 54 284	14 69 769
18	9 02 268	15 57 540	18	9 04 536	15 56 226
19	9 52 394	16 44 070	19	9 54 788	16 42 683
20	10 02 520	17 30 600	20	10 05 040	17 29 140

Hyp.	30 d. 15 m.	59 d. 45 m.	Hyp.	30 d. 20 m.	59 d. 40 m.
1	0 50 377	0 86 383	1	0 50 503	0 86 310
2	1 00 754	1 72 766	2	1 01 006	1 72 620
3	1 51 131	2 59 149	3	1 51 509	2 58 930
4	2 01 508	3 45 532	4	2 02 012	3 45 240
5	2 51 885	4 31 915	5	2 52 515	4 31 550
6	3 02 262	5 18 298	6	3 03 018	5 17 860
7	3 52 639	6 04 681	7	3 53 521	6 04 170
8	4 03 016	6 91 064	8	4 04 024	6 90 480
9	4 53 393	7 77 447	9	4 54 527	7 76 790
10	5 03 770	8 63 830	10	5 05 030	8 63 100
11	5 54 147	9 50 213	11	5 55 533	9 49 410
12	6 04 524	10 36 596	12	6 06 036	10 35 720
13	6 54 901	11 22 979	13	6 56 539	11 22 030
14	7 05 278	12 09 362	14	7 07 042	12 08 340
15	7 55 655	12 95 745	15	7 57 545	12 94 650
16	8 06 032	13 82 128	16	8 08 048	13 80 960
17	8 56 409	14 68 511	17	8 58 551	14 67 270
18	9 06 786	15 54 894	18	9 09 054	15 53 580
19	9 57 163	16 41 277	19	9 59 557	16 39 890
20	10 07 540	17 27 660	20	10 10 060	17 26 200

Hypo-té-nuse.	30 d. 25 m. Côté opposé.	59 d. 35 m. Côté opposé.	Hypo-té-nuse.	30 d. 30 m. Côté opposé.	59 d. 30 m. Côté opposé.
1	0 50 628	0 86 236	1	0 50 754	0 86 163
2	1 01 256	1 72 472	2	1 01 508	1 72 326
3	1 51 884	2 58 708	3	1 52 262	2 58 489
4	2 02 512	3 44 944	4	2 03 016	3 44 652
5	2 53 140	4 31 180	5	2 53 770	4 30 815
6	3 03 768	5 17 416	6	3 04 524	5 16 978
7	3 54 396	6 03 652	7	3 55 278	6 03 141
8	4 05 024	6 89 888	8	4 06 032	6 89 304
9	4 55 652	7 76 124	9	4 56 786	7 75 467
10	5 06 280	8 62 360	10	5 07 540	8 61 630
11	5 56 908	9 48 596	11	5 58 294	9 47 793
12	6 07 536	10 34 832	12	6 09 048	10 33 956
13	6 58 164	11 21 068	13	6 59 802	11 20 119
14	7 08 792	12 07 304	14	7 10 556	12 06 282
15	7 59 420	12 93 540	15	7 61 310	12 92 445
16	8 10 048	13 79 776	16	8 12 064	13 78 608
17	8 60 676	14 66 012	17	8 62 818	14 64 771
18	9 11 304	15 52 248	18	9 13 572	15 50 934
19	9 61 932	16 38 484	19	9 64 326	16 37 097
20	10 12 560	17 24 720	20	10 15 080	17 23 260

Hyp.	30 d. 35 m. Côté opposé.	59 d. 25 m. Côté opposé.	Hyp.	30 d. 40 m. Côté opposé.	59 d. 20 m. Côté opposé.
1	0 50 879	0 86 089	1	0 51 004	0 86 045
2	1 01 758	1 72 178	2	1 02 008	1 72 030
3	1 52 637	2 58 267	3	1 53 012	2 58 045
4	2 03 516	3 44 356	4	2 04 016	3 44 060
5	2 54 395	4 30 445	5	2 55 020	4 30 075
6	3 05 274	5 16 534	6	3 06 024	5 16 090
7	3 56 153	6 02 623	7	3 57 028	6 02 105
8	4 07 032	6 88 712	8	4 08 032	6 88 120
9	4 57 911	7 74 801	9	4 59 036	7 74 135
10	5 08 790	8 60 890	10	5 10 040	8 60 150
11	5 59 669	9 46 979	11	5 61 044	9 46 165
12	6 10 548	10 33 068	12	6 12 048	10 32 180
13	6 61 427	11 19 157	13	6 63 052	11 18 195
14	7 12 306	12 05 246	14	7 14 056	12 04 210
15	7 63 185	12 94 335	15	7 65 060	12 90 225
16	8 14 064	13 77 424	16	8 16 064	13 76 240
17	8 64 943	14 63 513	17	8 67 068	14 62 255
18	9 15 822	15 49 602	18	9 18 072	15 48 270
19	9 66 701	16 35 691	19	9 69 076	16 34 285
20	10 17 580	17 21 780	20	10 20 080	17 20 300

Hypo-té-nuse.	30 d. 45 m. Côté opposé.	59 d. 15 m. Côté opposé.	Hypo-té-nuse.	30 d. 50 m. Côté opposé.	59 d. 10 m. Côté opposé.
1	0 51 129	0 85 941	1	0 51 254	0 85 866
2	1 02 258	1 71 882	2	1 02 508	1 71 732
3	1 53 387	2 57 823	3	1 53 762	2 57 598
4	2 04 516	3 43 764	4	2 05 016	3 43 464
5	2 55 645	4 29 705	5	2 56 270	4 29 330
6	3 06 774	5 15 646	6	3 07 524	5 15 196
7	3 57 903	6 01 587	7	3 58 778	6 01 062
8	4 09 032	6 87 528	8	4 10 032	6 86 928
9	4 60 161	7 73 469	9	4 61 286	7 72 794
10	5 11 290	8 59 410	10	5 12 540	8 58 660
11	5 62 419	9 45 351	11	5 63 794	9 44 526
12	6 13 548	10 31 292	12	6 15 048	10 30 392
13	6 64 677	11 17 233	13	6 66 302	11 16 258
14	7 15 806	12 03 174	14	7 17 556	12 02 124
15	7 66 935	12 89 115	15	7 68 810	12 87 990
16	8 18 064	13 75 056	16	8 20 064	13 73 856
17	8 69 193	14 60 997	17	8 71 318	14 59 722
18	9 20 322	15 46 938	18	9 22 572	15 45 588
19	9 71 451	16 32 879	19	9 73 826	16 31 454
20	10 22 580	17 18 820	20	10 25 080	17 47 320

Hyp.	30 d. 55 m. Côté opposé.	59 d. 05 m. Côté opposé.	Hyp.	31 d. 00 m. Côté opposé.	59 d. 00 m. Côté opposé.
1	0 51 379	0 85 791	1	0 51 504	0 85 747
2	1 02 758	1 71 582	2	1 03 008	1 71 434
3	1 54 137	2 57 373	3	1 54 512	2 57 151
4	2 05 516	3 43 164	4	2 06 016	3 42 868
5	2 56 895	4 28 955	5	2 57 520	4 28 585
6	3 08 274	5 14 746	6	3 09 024	5 14 302
7	3 59 653	6 00 537	7	3 60 528	6 00 019
8	4 11 032	6 86 328	8	4 12 032	6 85 736
9	4 62 411	7 72 119	9	4 63 536	7 71 453
10	5 13 790	8 57 910	10	5 15 040	8 57 170
11	5 65 169	9 43 701	11	5 66 544	9 42 887
12	6 16 548	10 29 492	12	6 18 048	10 28 604
13	6 67 927	11 15 283	13	6 69 552	11 14 321
14	7 19 306	12 01 074	14	7 21 056	12 00 038
15	7 70 685	12 86 865	15	7 72 560	12 85 755
16	8 22 064	13 72 656	16	8 24 064	13 71 472
17	8 73 443	14 58 447	17	8 75 568	14 57 189
18	9 24 822	15 44 238	18	9 27 072	15 42 906
19	9 76 201	16 30 029	19	9 78 576	16 28 623
20	10 27 580	17 15 820	20	10 30 080	17 14 340

Hypo- té- nuse.	31 d. 05 m. Côté opposé.		58 d. 55 m. Côté opposé.		Hypo- té- nuse.	31 d. 10 m. Côté opposé.		58 d. 50 m. Côté opposé.	
1	0	51 628	0	85 642	1	0	51 753	0	85 566
2	1	03 256	1	71 284	2	1	03 506	1	71 132
3	1	54 884	2	56 926	3	1	55 259	2	56 698
4	2	06 512	3	42 568	4	2	07 012	3	42 264
5	2	58 140	4	28 210	5	2	58 765	4	27 830
6	3	09 768	5	13 852	6	3	10 518	5	13 396
7	3	61 396	5	99 494	7	3	62 271	5	98 962
8	4	13 024	6	85 136	8	4	14 024	6	84 528
9	4	64 652	7	70 778	9	4	65 777	7	70 094
10	5	16 280	8	56 420	10	5	17 530	8	55 660
11	5	67 908	9	42 062	11	5	69 283	9	41 226
12	6	19 536	10	27 704	12	6	21 036	10	26 792
13	6	71 164	11	13 346	13	6	72 789	11	12 358
14	7	22 792	11	98 988	14	7	24 542	11	97 924
15	7	74 420	12	84 630	15	7	76 295	12	83 490
16	8	26 048	13	70 272	16	8	28 048	13	69 056
17	8	77 676	14	55 914	17	8	79 801	14	54 622
18	9	29 304	15	41 556	18	9	31 554	15	40 488
19	9	80 932	16	27 198	19	9	83 307	16	25 754
20	10	32 560	17	42 840	20	10	35 060	17	11 320

Hyp.	31 d. 15 m. Côté opposé.		58 d. 45 m. Côté opposé.		Hyp.	31 d. 20 m. Côté opposé.		58 d. 40 m. Côté opposé.	
1	0	51 877	0	85 491	1	0	52 002	0	85 415
2	1	03 754	1	70 982	2	1	04 004	1	70 830
3	1	55 631	2	56 473	3	1	56 006	2	56 245
4	2	07 508	3	41 964	4	2	08 008	3	41 660
5	2	59 385	4	27 455	5	2	60 010	4	27 075
6	3	11 262	5	42 946	6	3	12 012	5	12 490
7	3	63 139	5	98 437	7	3	64 014	5	97 905
8	4	15 016	6	83 928	8	4	16 016	6	83 320
9	4	66 893	7	69 419	9	4	68 018	7	68 735
10	5	18 770	8	54 910	10	5	20 020	8	54 150
11	5	70 647	9	40 401	11	5	72 022	9	39 565
12	6	22 524	10	25 892	12	6	24 024	10	24 980
13	6	74 401	11	11 383	13	6	76 026	11	10 395
14	7	26 278	11	96 874	14	7	28 028	11	95 810
15	7	78 155	12	82 365	15	7	80 030	12	81 225
16	8	30 032	13	67 856	16	8	32 032	13	66 640
17	8	81 909	14	53 347	17	8	84 034	14	52 055
18	9	33 786	15	38 838	18	9	36 036	15	37 470
19	9	85 663	16	24 329	19	9	88 038	16	22 885
20	10	37 540	17	09 820	20	10	40 040	17	08 300

Hypoté-nuse.	31 d. 25 m. Côté opposé.	58 d. 35 m. Côté opposé.	Hypoté-nuse.	31 d. 30 m. Côté opposé.	58 d. 30 m. Côté opposé.
1	0 52 126	0 85 340	1	0 52 250	0 85 264
2	1 04 252	1 70 680	2	1 04 500	1 70 528
3	1 56 378	2 56 020	3	1 56 750	2 55 792
4	2 08 504	3 41 360	4	2 09 000	3 41 056
5	2 60 630	4 26 700	5	2 61 250	4 26 320
6	3 12 756	5 12 040	6	3 13 500	5 11 584
7	3 64 882	5 97 380	7	3 65 750	5 96 848
8	4 17 008	6 82 720	8	4 18 000	6 82 112
9	4 69 134	7 68 060	9	4 70 250	7 67 376
10	5 21 260	8 53 400	10	5 22 500	8 52 640
11	5 73 386	9 38 740	11	5 74 750	9 37 904
12	6 25 512	10 24 080	12	6 27 000	10 23 168
13	6 77 638	11 09 420	13	6 79 250	11 08 432
14	7 29 764	11 94 760	14	7 31 500	11 93 696
15	7 81 890	12 80 100	15	7 83 750	12 78 960
16	8 34 016	13 65 440	16	8 36 000	13 64 224
17	8 86 142	14 50 780	17	8 88 250	14 49 488
18	9 38 268	15 36 120	18	9 40 500	15 34 752
19	9 90 394	16 21 460	19	9 92 750	16 20 016
20	10 42 520	17 06 800	20	10 45 000	17 05 280

Hyp.	31 d. 35 m. Côté opposé.	58 d. 25 m. Côté opposé.	Hyp.	31 d. 40 m. Côté opposé.	58 d. 20 m. Côté opposé.
1	0 52 374	0 85 188	1	0 52 498	0 85 112
2	1 04 748	1 70 376	2	1 04 996	1 70 224
3	1 57 122	2 55 564	3	1 57 494	2 55 336
4	2 09 496	3 40 752	4	2 09 992	3 40 448
5	2 61 870	4 25 940	5	2 62 490	4 25 560
6	3 14 244	5 11 128	6	3 14 988	5 10 672
7	3 66 618	5 96 316	7	3 67 486	5 95 784
8	4 18 992	6 81 504	8	4 19 984	6 80 896
9	4 71 366	7 66 692	9	4 72 482	7 66 008
10	5 23 740	8 51 880	10	5 24 980	8 51 120
11	5 76 114	9 37 068	11	5 77 478	9 36 232
12	6 28 488	10 22 256	12	6 29 976	10 21 344
13	6 80 862	11 07 444	13	6 82 474	11 06 456
14	7 33 236	11 92 632	14	7 34 972	11 91 568
15	7 85 610	12 77 820	15	7 87 470	12 76 680
16	8 37 984	13 63 008	16	8 39 968	13 61 792
17	8 90 358	14 48 196	17	8 92 466	14 46 904
18	9 42 732	15 33 384	18	9 44 964	15 32 016
19	9 95 106	16 18 572	19	9 97 462	16 17 128
20	10 47 480	17 03 760	20	10 49 960	17 02 240

Hypoténuse.	31 d. 45 m. Côté opposé.	58 d. 15 m. Côté opposé.	Hypoténuse.	31 d. 50 m. Côté opposé.	58 d. 10 m. Côté opposé.
1	0 52 621	0 85 035	1	0 52 745	0 84 958
2	1 05 242	1 70 070	2	1 05 490	1 69 916
3	1 57 863	2 56 105	3	1 58 235	2 54 874
4	2 10 484	3 40 140	4	2 10 980	3 39 832
5	2 63 105	4 25 175	5	2 63 725	4 24 790
6	3 15 726	5 10 210	6	3 16 470	5 09 748
7	3 68 347	5 95 245	7	3 69 215	5 94 706
8	4 20 968	6 80 280	8	4 21 960	6 79 664
9	4 73 589	7 65 315	9	4 74 705	7 64 622
10	5 26 210	8 50 350	10	5 27 450	8 49 580
11	5 78 831	9 35 385	11	5 80 195	9 34 538
12	6 31 452	10 20 420	12	6 32 940	10 19 496
13	6 84 073	11 05 455	13	6 85 685	11 04 454
14	7 36 694	11 90 490	14	7 38 430	11 89 412
15	7 89 315	12 75 525	15	7 91 175	12 74 370
16	8 41 936	13 60 560	16	8 43 920	13 59 328
17	8 94 557	14 45 505	17	8 96 665	14 44 286
18	9 47 178	15 30 630	18	9 49 410	15 29 244
19	9 99 799	16 15 665	19	10 02 155	16 14 202
20	10 52 420	17 00 700	20	10 54 900	16 99 160

Hyp.	31 d. 55 m.	58 d. 05 m.	Hyp.	32 d. 00 m.	58 d. 00 m.
1	0 52 868	0 84 882	1	0 52 992	0 84 805
2	1 05 736	1 69 764	2	1 05 984	1 69 610
3	1 58 604	2 54 646	3	1 58 976	2 54 415
4	2 11 472	3 39 528	4	2 11 968	3 39 220
5	2 64 340	4 24 410	5	2 64 960	4 24 025
6	3 17 208	5 09 292	6	3 17 952	5 08 830
7	3 70 076	5 94 174	7	3 70 944	5 93 635
8	4 22 944	6 79 056	8	4 23 936	6 78 440
9	4 75 812	7 63 938	9	4 76 928	7 63 245
10	5 28 680	8 48 820	10	5 29 920	8 48 050
11	5 81 548	9 33 702	11	5 82 912	9 32 855
12	6 34 416	10 18 584	12	6 35 904	10 17 660
13	6 87 284	11 03 466	13	6 88 896	11 02 465
14	7 40 152	11 88 348	14	7 41 888	11 87 270
15	7 93 020	12 73 230	15	7 94 880	12 72 075
16	8 45 888	13 58 112	16	8 47 872	13 56 880
17	8 98 756	14 42 994	17	9 00 864	14 41 685
18	9 51 624	15 27 876	18	9 53 856	15 26 490
19	10 04 492	16 12 758	19	10 06 848	16 11 293
20	10 57 360	16 97 640	20	10 59 840	16 96 100

Hypoténuse.	32 d. 05 m. Côté opposé.	57 d. 55 m. Côté opposé.	Hypoténuse.	32 d. 10 m. Côté opposé.	57 d. 50 m. Côté opposé.
1	0 53 115	0 84 728	1	0 53 238	0 84 650
2	1 06 230	1 69 456	2	1 06 476	1 69 300
3	1 59 345	2 54 184	3	1 59 714	2 53 950
4	2 12 460	3 38 912	4	2 12 952	3 38 600
5	2 66 575	4 23 640	5	2 66 190	4 23 250
6	3 18 690	5 08 368	6	3 19 428	5 07 900
7	3 71 805	5 93 096	7	3 72 666	5 92 550
8	4 24 920	6 77 824	8	4 25 904	6 77 200
9	4 78 035	7 62 552	9	4 79 142	7 61 850
10	5 31 150	8 47 280	10	5 32 380	8 46 500
11	5 84 265	9 32 008	11	5 85 618	9 31 150
12	6 37 380	10 16 736	12	6 38 856	10 15 800
13	6 90 495	11 01 464	13	6 92 094	10 00 450
14	7 43 610	11 86 192	14	7 45 332	11 85 100
15	7 96 725	12 70 920	15	7 98 570	12 69 750
16	8 49 840	13 55 648	16	8 51 808	13 54 400
17	9 02 955	14 40 376	17	9 05 046	14 39 050
18	9 56 070	15 25 104	18	9 58 284	15 23 700
19	10 09 485	16 09 832	19	10 11 522	16 08 350
20	10 62 300	16 94 560	20	10 64 760	16 93 000

Hyp	32 d. 15 m.	57 d. 45 m.	Hyp.	32 d. 20 m.	57 d. 40 m.
1	0 53 361	0 84 573	1	0 53 484	0 84 495
2	1 06 722	1 69 146	2	1 06 968	1 68 990
3	1 60 083	2 53 719	3	1 60 452	2 53 485
4	2 13 444	3 38 292	4	2 13 936	3 37 980
5	2 66 805	4 22 865	5	2 67 420	4 22 475
6	3 20 166	5 07 438	6	3 20 904	5 06 970
7	3 73 527	5 92 011	7	3 74 388	5 91 465
8	4 26 888	6 76 584	8	4 27 872	6 75 960
9	4 80 249	7 61 157	9	4 81 356	7 60 455
10	5 33 610	8 45 730	10	5 34 840	8 44 950
11	5 86 971	9 30 303	11	5 88 324	9 29 445
12	6 40 332	10 14 876	12	6 41 808	10 13 940
13	6 93 693	10 99 449	13	6 95 292	10 98 435
14	7 47 054	11 84 022	14	7 48 776	11 82 930
15	8 00 415	12 68 595	15	8 02 260	12 67 425
16	8 53 776	13 53 168	16	8 55 744	13 51 920
17	9 07 137	14 37 741	17	9 09 228	14 36 415
18	9 60 498	15 22 314	18	9 62 712	15 20 910
19	10 13 859	16 06 887	19	10 16 496	16 05 405
20	10 67 220	16 91 460	20	10 69 680	16 89 900

Hypoténuse.	32 d. 25 m. Côté opposé.	57 d. 35 m. Côté opposé.	Hypoténuse.	32 d. 30 m. Côté opposé.	57 d. 30 m. Côté opposé.
1	0 53 607	0 84 417	1	0 53 780	0 84 340
2	1 07 214	1 68 834	2	1 07 460	1 68 680
3	1 60 821	2 53 251	3	1 61 190	2 53 020
4	2 14 428	3 37 668	4	2 14 920	3 37 360
5	2 68 035	4 22 085	5	2 68 650	4 21 700
6	3 21 642	5 06 502	6	3 22 380	5 06 040
7	3 75 249	5 90 919	7	3 76 110	5 90 380
8	4 28 856	6 75 336	8	4 29 840	6 74 720
9	4 82 463	7 59 753	9	4 83 570	7 59 060
10	5 36 070	8 44 170	10	5 37 300	8 43 400
11	5 89 677	9 28 587	11	5 91 030	9 27 740
12	6 43 284	10 13 004	12	6 44 760	10 12 080
13	6 96 891	10 97 421	13	6 98 490	10 96 420
14	7 50 498	11 81 838	14	7 52 220	11 80 760
15	8 04 105	12 66 255	15	8 05 950	12 65 100
16	8 57 712	13 50 672	16	8 59 680	13 49 440
17	9 11 319	14 35 089	17	9 13 410	14 33 780
18	9 64 926	15 19 506	18	9 67 140	15 18 120
19	10 18 533	16 03 923	19	10 20 870	16 02 460
20	10 72 140	16 88 340	20	10 74 600	16 86 800

Hyp.	32 d. 35 m. Côté opposé.	57 d. 25 m. Côté opposé.	Hyp.	32 d. 40 m. Côté opposé.	57 d. 20 m. Côté opposé.
1	0 53 852	0 84 261	1	0 53 975	0 84 182
2	1 07 704	1 68 522	2	1 07 950	1 68 364
3	1 61 556	2 52 783	3	1 61 925	2 52 546
4	2 15 408	3 37 044	4	2 15 900	3 36 728
5	2 69 260	4 21 305	5	2 69 875	4 20 910
6	3 23 112	5 05 566	6	3 23 850	5 05 092
7	3 76 964	5 89 827	7	3 77 825	5 89 274
8	4 30 816	6 74 088	8	4 31 800	6 73 456
9	4 84 668	7 58 349	9	4 85 775	7 57 638
10	5 38 520	8 42 610	10	5 39 750	8 41 820
11	5 92 372	9 26 871	11	5 93 725	9 26 002
12	6 46 224	10 11 132	12	6 47 700	10 10 184
13	7 00 076	10 95 393	13	7 01 675	10 94 366
14	7 53 928	11 79 654	14	7 55 650	11 78 548
15	8 07 780	12 63 915	15	8 09 625	12 62 730
16	8 61 632	13 48 176	16	8 63 600	13 46 912
17	9 15 484	14 32 437	17	9 17 575	14 31 094
18	9 69 336	15 16 698	18	9 71 550	15 45 276
19	10 23 188	16 00 959	19	10 25 525	16 09 458
20	10 77 040	16 85 220	20	10 79 500	16 83 640

Hypoté-nuse.	32 d. 45 m. Côté opposé.	57 d. 15 m. Côté opposé.	Hypoté-nuse.	32 d. 50 m. Côté opposé.	57 d. 10 m. Côté opposé.
1	0 54 097	0 84 104	1	0 54 220	0 84 025
2	1 08 194	1 68 208	2	1 08 440	1 68 050
3	1 62 291	2 52 312	3	1 62 660	2 52 075
4	2 16 388	3 36 416	4	2 16 880	3 36 100
5	2 70 485	4 20 520	5	2 71 100	4 20 125
6	3 24 582	5 04 624	6	3 25 320	5 04 150
7	3 78 679	5 88 728	7	3 79 540	5 88 175
8	4 32 776	6 72 832	8	4 33 760	6 72 200
9	4 86 873	7 56 936	9	4 87 980	7 56 225
10	5 40 970	8 41 040	10	5 42 200	8 40 250
11	5 95 067	9 25 144	11	5 96 420	9 24 275
12	6 49 164	10 09 248	12	6 50 640	10 08 300
13	7 03 261	10 93 352	13	7 04 860	10 92 325
14	7 57 358	11 77 456	14	7 59 080	11 76 350
15	8 11 455	12 61 560	15	8 13 300	12 60 375
16	8 65 552	13 45 664	16	8 67 520	13 44 400
17	9 19 649	14 29 768	17	9 21 740	14 28 425
18	9 73 746	15 13 872	18	9 75 960	15 12 450
19	10 27 843	15 97 976	19	10 30 180	15 96 475
20	10 81 940	16 82 080	20	10 84 400	16 80 500

Hyp.	32 d. 55 m. Côté opposé.	57 d. 05 m. Côté opposé.	Hyp.	33 d. 00 m. Côté opposé.	57 d. 00 m. Côté opposé.
1	0 54 342	0 83 946	1	0 54 464	0 83 867
2	1 08 684	1 67 892	2	1 08 928	1 67 734
3	1 63 026	2 51 838	3	1 63 392	2 51 601
4	2 17 368	3 35 784	4	2 17 856	3 35 468
5	2 71 710	4 19 730	5	2 72 320	4 19 335
6	3 26 052	5 03 676	6	3 26 784	5 03 202
7	3 80 394	5 87 622	7	3 81 248	5 87 069
8	4 34 736	6 71 568	8	4 35 712	6 70 936
9	4 89 078	7 55 514	9	4 90 176	7 54 803
10	5 43 420	8 39 460	10	5 44 640	8 38 670
11	5 97 762	9 23 406	11	5 99 104	9 22 537
12	6 52 104	10 07 352	12	6 53 568	10 06 404
13	7 06 446	10 91 298	13	7 08 032	10 90 271
14	7 60 788	11 75 244	14	7 62 496	11 74 138
15	8 15 130	12 59 190	15	8 16 960	12 58 005
16	8 69 472	13 43 136	16	8 71 424	13 41 872
17	9 23 814	14 27 082	17	9 25 888	14 25 739
18	9 78 156	15 11 028	18	9 80 352	15 09 606
19	10 32 498	15 94 974	19	10 34 816	15 93 473
20	10 86 840	16 78 920	20	10 89 280	16 77 340

Hypoténuse.	33 d. 05 m. Côté opposé.	56 d. 55 m. Côté opposé.	Hypoténuse.	33 d. 10 m. Côté opposé.	56 d. 50 m. Côté opposé.
1	0 54 586	0 83 788	1	0 54 707	0 83 708
2	1 09 172	1 67 576	2	1 09 414	1 67 416
3	1 63 758	2 51 364	3	1 64 121	2 51 124
4	2 18 344	3 35 152	4	2 18 828	3 34 832
5	2 72 930	4 18 940	5	2 73 535	4 18 540
6	3 27 516	5 02 728	6	3 28 242	5 02 248
7	3 82 102	5 86 516	7	3 82 949	5 85 956
8	4 36 688	6 70 304	8	4 37 656	6 69 664
9	4 91 274	7 54 092	9	4 92 363	7 53 372
10	5 45 860	8 37 880	10	5 47 070	8 37 080
11	6 00 446	9 21 668	11	6 01 777	9 20 788
12	6 55 032	10 05 456	12	6 56 484	10 04 496
13	7 09 618	10 89 244	13	7 11 191	10 88 204
14	7 64 204	11 73 032	14	7 65 898	11 71 912
15	8 18 790	12 56 820	15	8 20 605	12 55 620
16	8 73 376	13 40 608	16	8 75 312	13 39 328
17	9 27 962	14 24 396	17	9 30 019	14 23 036
18	9 82 548	15 08 184	18	9 84 726	15 06 744
19	10 37 134	15 91 972	19	10 39 433	15 90 452
20	10 91 720	16 75 760	20	10 94 140	16 74 160

Hyp.	33 d. 15 m. Côté opposé.	56 d. 45 m. Côté opposé.	Hyp.	33 d. 20 m. Côté opposé.	56 d. 40 m. Côté opposé.
1	0 54 829	0 83 629	1	0 54 951	0 83 549
2	1 09 658	1 67 258	2	1 09 902	1 67 098
3	1 64 487	2 50 887	3	1 64 853	2 50 647
4	2 19 316	3 34 516	4	2 19 804	3 34 196
5	2 74 145	4 18 145	5	2 74 755	4 17 745
6	3 28 974	5 01 774	6	3 29 706	5 01 294
7	3 83 803	5 85 403	7	3 84 657	5 84 843
8	4 38 632	6 69 032	8	4 39 608	6 68 392
9	4 93 461	7 52 664	9	4 94 559	7 51 941
10	5 48 290	8 36 290	10	5 49 540	8 35 490
11	6 03 119	9 19 919	11	6 04 461	9 19 039
12	6 57 948	10 03 548	12	6 59 412	10 02 588
13	7 12 777	10 87 177	13	7 14 363	10 86 137
14	7 67 606	11 70 806	14	7 69 314	11 69 686
15	8 22 435	12 54 435	15	8 24 265	12 53 235
16	8 77 264	13 38 064	16	8 79 246	13 36 784
17	9 32 093	14 21 693	17	9 34 167	14 20 333
18	9 86 922	15 05 322	18	9 89 118	15 03 882
19	10 41 751	15 88 951	19	10 44 069	15 87 431
20	10 96 580	16 72 580	20	10 99 020	16 70 980

Hypoténuse.	33 d. 25 m. Côté opposé.	56 d. 35 m. Côté opposé.	Hypoténuse.	33 d. 30 m. Côté opposé.	56 d. 30 m. Côté opposé.
1	0 55 072	0 83 469	1	0 55 194	0 83 388
2	1 10 144	1 66 938	2	1 10 388	1 66 776
3	1 65 216	2 50 407	3	1 65 582	2 50 164
4	2 20 288	3 33 876	4	2 20 776	3 33 552
5	2 75 360	4 17 345	5	2 75 970	4 16 940
6	3 30 432	5 00 814	6	3 31 164	5 00 328
7	3 85 504	5 84 283	7	3 86 358	5 83 716
8	4 40 576	6 67 752	8	4 41 552	6 67 104
9	4 95 648	7 51 221	9	4 96 746	7 50 492
10	5 50 720	8 34 690	10	5 51 940	8 33 880
11	6 05 792	9 18 159	11	6 07 134	9 17 268
12	6 60 864	10 01 628	12	6 62 328	10 00 656
13	7 15 936	10 85 097	13	7 17 522	10 84 044
14	7 71 008	11 68 566	14	7 72 716	11 67 432
15	8 26 080	12 52 035	15	8 27 910	12 50 820
16	8 81 152	13 35 504	16	8 83 104	13 34 208
17	9 36 224	14 18 973	17	9 38 298	14 17 596
18	9 91 296	15 02 442	18	9 93 492	15 00 984
19	10 46 368	15 85 911	19	10 48 686	15 84 372
20	11 01 440	16 69 380	20	11 03 880	16 67 760

Hyp.	33 d. 35 m. Côté opposé.	56 d. 25 m. Côté opposé.	Hyp.	33 d. 40 m. Côté opposé.	56 d. 20 m. Côté opposé.
1	0 55 315	0 83 308	1	0 55 436	0 83 228
2	1 10 630	1 66 616	2	1 10 872	1 66 456
3	1 65 945	2 49 924	3	1 66 308	2 49 684
4	2 21 260	3 33 232	4	2 21 744	3 82 912
5	2 76 575	4 16 540	5	2 77 180	4 16 140
6	3 31 890	4 99 848	6	3 32 616	4 99 368
7	3 87 205	5 83 156	7	3 88 052	5 82 596
8	4 42 520	6 66 464	8	4 43 488	6 65 824
9	4 97 835	7 49 772	9	4 98 924	7 49 052
10	5 53 150	8 33 080	10	5 54 360	8 32 280
11	6 08 465	9 16 388	11	6 09 796	9 15 508
12	6 63 780	9 99 696	12	6 65 232	9 98 736
13	7 19 095	10 83 004	13	7 20 668	10 81 964
14	7 74 410	11 66 312	14	7 76 104	11 65 192
15	8.29 725	12 49 620	15	8 31 540	12 48 420
16	8 85 040	13 32 928	16	8 86 976	13 31 648
17	9 40 355	14 16 236	17	9 42 412	14 14 876
18	9 95 670	14 99 544	18	9 97 848	14 98 104
19	10 50 985	15 82 852	19	10 53 284	15 81 332
20	11 06 300	16 66 160	20	11 08 720	16 64 560

Hypoténuse.	33 d. 45 m. Côté opposé.	56 d. 15 m. Côté opposé.	Hypoténuse.	33 d. 50 m. Côté opposé.	56 d. 10 m. Côté opposé.
1	0 55 557	0 83 147	1	0 55 678	0 83 066
2	1 11 114	1 66 294	2	1 11 356	1 66 132
3	1 66 671	2 49 441	3	1 67 034	2 49 198
4	2 22 228	3 32 588	4	2 22 712	3 32 264
5	2 77 785	4 15 735	5	2 78 390	4 15 330
6	3 33 342	4 98 882	6	3 34 068	4 98 396
7	3 88 899	5 82 029	7	3 89 746	5 81 462
8	4 44 456	6 65 176	8	4 45 424	6 64 528
9	5 00 013	7 48 323	9	5 01 102	7 47 594
10	5 55 570	8 31 470	10	5 56 780	8 30 660
11	6 11 127	9 14 617	11	6 12 458	9 13 726
12	6 66 684	9 97 764	12	6 68 136	9 96 792
13	7 22 241	10 80 911	13	7 23 814	10 79 858
14	7 77 798	11 64 058	14	7 79 492	11 62 924
15	8 33 355	12 47 205	15	8 35 170	12 45 996
16	8 88 912	13 30 352	16	8 90 848	13 29 056
17	9 44 469	14 13 499	17	9 46 526	14 12 122
18	10 00 026	14 96 646	18	10 02 204	14 95 188
19	10 55 583	15 79 793	19	10 57 882	15 78 254
20	11 11 140	16 62 940	20	11 13 560	16 61 320

Hyp.	33 d. 55 m. Côté opposé.	56 d. 05 m. Côté opposé.	Hyp.	34 d. 00 m. Côté opposé.	56 d. 00 m. Côté opposé.
1	0 55 798	0 82 985	1	0 55 919	0 82 904
2	1 11 596	1 65 970	2	1 11 838	1 65 808
3	1 67 394	2 48 955	3	1 67 757	2 48 712
4	2 23 192	3 31 940	4	2 23 676	3 31 646
5	2 78 990	4 14 925	5	2 79 595	4 14 520
6	3 34 788	4 97 910	6	3 35 514	4 97 424
7	3 90 586	5 80 895	7	3 91 433	5 80 328
8	4 46 384	6 63 880	8	4 47 352	6 63 232
9	5 02 182	7 46 865	9	5 03 271	7 46 136
10	5 57 980	8 29 850	10	5 59 190	8 29 040
11	6 13 778	9 12 835	11	6 15 109	9 11 944
12	6 69 576	9 95 820	12	6 71 028	9 94 848
13	7 25 374	10 78 805	13	7 26 947	10 77 752
14	7 81 172	11 61 790	14	7 82 866	11 60 656
15	8 36 970	12 44 775	15	8 38 785	12 43 560
16	8 92 768	13 27 760	16	8 94 704	13 26 464
17	9 48 566	14 10 745	17	9 50 623	14 09 368
18	10 04 364	14 93 730	18	10 06 542	14 92 272
19	10 60 162	15 67 715	19	10 62 461	15 75 176
20	11 15 960	16 59 700	20	11 18 380	16 58 080

Hypoténuse.	34 d. 05 m. Côté opposé.	55 d. 55 m. Côté opposé.	Hypoténuse.	34 d. 40 m. Côté opposé.	55 d. 50 m. Côté opposé.
1	0 56 040	0 82 822	1	0 56 160	0 82 741
2	1 12 080	1 65 644	2	1 12 320	1 65 482
3	1 68 120	2 48 466	3	1 68 480	2 48 223
4	2 24 160	3 31 228	4	2 24 640	3 30 964
5	2 80 200	4 14 110	5	2 80 800	4 13 705
6	3 36 240	4 96 932	6	3 36 960	4 96 446
7	3 92 280	5 79 754	7	3 93 120	5 79 187
8	4 48 320	6 62 576	8	4 49 280	6 61 928
9	5 04 360	7 45 398	9	5 05 440	7 44 669
10	5 60 400	8 28 220	10	5 61 600	8 27 410
11	6 16 440	9 11 042	11	6 17 760	9 10 151
12	6 72 480	9 93 864	12	6 73 920	9 92 892
13	7 28 520	10 76 686	13	7 30 080	10 75 633
14	7 84 560	11 59 508	14	7 86 240	11 58 374
15	8 40 600	12 42 330	15	8 42 400	12 41 115
16	8 96 640	13 25 152	16	8 98 560	13 23 856
17	9 52 680	14 07 974	17	9 54 720	14 06 597
18	10 08 720	14 90 796	18	10 10 880	14 89 338
19	10 64 760	15 73 618	19	10 67 040	15 72 079
20	11 20 800	16 56 440	20	11 23 200	16 54 820

Hyp.	34 d. 15 m. Côté opposé.	55 d. 45 m. Côté opposé.	Hyp.	34 d. 20 m. Côté opposé.	55 d. 40 m. Côté opposé.
1	0 56 280	0 82 659	1	0 56 404	0 82 577
2	1 12 560	1 65 318	2	1 12 802	1 65 154
3	1 68 840	2 47 977	3	1 69 203	2 47 731
4	2 25 120	3 30 636	4	2 25 604	3 30 308
5	2 81 400	4 13 295	5	2 82 005	4 12 885
6	3 37 680	4 95 954	6	3 38 406	4 95 462
7	3 93 960	5 78 613	7	3 94 807	5 78 039
8	4 50 240	6 61 272	8	4 51 208	6 60 646
9	5 06 520	7 43 931	9	5 07 609	7 43 193
10	5 62 800	8 26 590	10	5 64 010	8 25 770
11	6 19 080	9 09 249	11	6 20 411	9 08 347
12	6 76 360	9 91 908	12	6 76 812	9 90 924
13	7 32 640	10 74 567	13	7 33 213	10 73 501
14	7 88 920	11 57 226	14	7 89 614	11 56 078
15	8 45 200	12 39 885	15	8 46 015	12 38 655
16	9 01 480	13 22 544	16	9 02 416	13 21 232
17	9 57 760	14 05 203	17	9 58 817	14 03 809
18	10 14 040	14 87 862	18	10 15 218	14 86 386
19	10 71 320	15 70 521	19	10 71 619	15 68 963
20	11 27 600	16 53 180	20	11 28 020	16 51 540

Hypo-té-nuse.	34 d. 25 m. Côté opposé.			55 d. 35 m. Côté opposé.			Hypo-té-nuse.	34 d. 30 m. Côté opposé.			55 d. 30 m. Côté opposé.		
1	0	56	521	0	82	495	1	0	56	641	0	82	413
2	1	13	042	1	64	990	2	1	13	282	1	64	826
3	1	69	563	2	47	485	3	1	69	923	2	47	239
4	2	26	084	3	29	980	4	2	26	564	3	29	652
5	2	82	605	4	12	475	5	2	83	205	4	12	065
6	3	39	126	4	94	970	6	3	39	846	4	94	478
7	3	95	647	5	77	465	7	3	96	487	5	76	891
8	4	52	168	6	59	960	8	4	53	128	6	59	304
9	5	08	689	7	42	455	9	5	09	769	7	41	717
10	5	65	210	8	24	950	10	5	66	410	8	24	130
11	6	21	731	9	07	445	11	6	23	051	9	06	543
12	6	78	252	9	89	940	12	6	79	692	9	88	956
13	7	34	773	10	72	435	13	7	36	333	10	71	369
14	7	91	294	11	54	930	14	7	92	974	11	53	782
15	8	47	815	12	37	425	15	8	49	615	12	36	195
16	9	04	336	13	19	920	16	9	06	256	13	18	608
17	9	60	857	14	02	415	17	9	62	897	14	01	021
18	10	17	378	14	84	910	18	10	19	538	14	83	434
19	10	73	899	15	67	405	19	10	76	179	15	65	847
20	11	30	420	16	49	900	20	11	32	820	16	48	260

Hyp.	34 d. 35 m.			55 d. 25 m.			Hyp.	34 d. 40 m.			55 d. 20 m.		
1	0	56	760	0	82	330	1	0	56	880	0	82	247
2	1	13	520	1	64	660	2	1	13	760	1	64	494
3	1	70	280	2	46	990	3	1	70	640	2	46	741
4	2	27	040	3	29	320	4	2	27	520	3	28	988
5	2	83	800	4	11	650	5	2	84	400	4	11	235
6	3	40	560	4	93	980	6	3	41	280	4	93	482
7	3	97	320	5	76	310	7	3	98	160	5	75	729
8	4	54	080	6	58	640	8	4	55	040	6	57	976
9	5	10	840	7	40	970	9	5	11	920	7	40	223
10	5	67	600	8	23	300	10	5	68	800	8	22	470
11	6	24	360	9	05	630	11	6	25	680	9	04	717
12	6	81	120	9	87	960	12	6	82	560	9	86	964
13	7	37	880	10	70	290	13	7	39	440	10	69	211
14	7	94	640	11	52	620	14	7	96	320	11	51	458
15	8	51	400	12	34	950	15	8	53	200	12	33	705
16	9	08	160	13	17	280	16	9	10	080	13	15	952
17	9	64	920	13	99	610	17	9	66	960	13	98	199
18	10	21	680	14	81	940	18	10	23	840	14	80	446
19	10	78	440	15	64	270	19	10	80	720	15	62	693
20	11	35	200	16	46	600	20	11	37	600	16	44	940

Hypoténuse.	34 d. 45 m. Côté opposé.	55 d. 15 m. Côté opposé.	Hypoténuse.	34 d. 50 m. Côté opposé.	55 d. 10 m. Côté opposé.
1	0 57 000	0 82 165	1	0 57 119	0 82 082
2	1 14 000	1 64 330	2	1 14 238	1 64 164
3	1 71 000	2 46 495	3	1 71 357	2 46 246
4	2 28 000	3 28 660	4	2 28 476	3 28 328
5	2 85 000	4 10 825	5	2 85 595	4 10 410
6	3 42 000	4 92 990	6	3 42 714	4 92 492
7	3 99 000	5 75 155	7	3 99 833	5 74 574
8	4 56 000	6 57 320	8	4 56 952	6 56 656
9	5 13 000	7 39 485	9	5 14 071	7 38 738
10	5 70 000	8 21 650	10	5 71 190	8 20 820
11	6 27 000	9 03 815	11	6 28 309	9 02 902
12	6 84 000	9 85 980	12	6 85 428	9 84 984
13	7 41 000	10 68 145	13	7 42 547	10 67 066
14	7 98 000	11 50 310	14	7 99 666	11 49 148
15	8 55 000	12 32 475	15	8 56 785	12 31 230
16	9 12 000	13 14 640	16	9 13 904	13 13 312
17	9 69 000	13 96 805	17	9 71 023	13 95 394
18	10 26 000	14 78 970	18	10 28 142	14 77 476
19	10 83 000	15 61 135	19	10 85 261	15 59 558
20	11 40 000	16 43 300	20	11 42 380	16 41 640

Hyp.	34 d. 55 m. Côté opposé.	55 d. 05 m. Côté opposé.	Hyp.	35 d. 00 m. Côté opposé.	55 d. 00 m. Côté opposé.
1	0 57 238	0 81 998	1	0 57 358	0 81 915
2	1 14 476	1 63 996	2	1 14 716	1 63 830
3	1 71 714	2 45 994	3	1 72 074	2 44 745
4	2 28 952	3 27 992	4	2 29 432	3 27 660
5	2 86 190	4 09 990	5	2 86 790	4 09 575
6	3 43 428	4 91 988	6	3 44 148	4 91 490
7	4 00 666	5 73 986	7	4 01 506	5 73 405
8	4 57 904	6 55 984	8	4 58 864	6 55 320
9	5 15 142	7 37 982	9	5 16 222	7 37 235
10	5 72 380	8 19 980	10	5 73 580	8 19 150
11	6 29 618	9 01 978	11	6 30 938	9 01 065
12	6 86 856	9 83 976	12	6 88 296	9 82 980
13	7 44 094	10 65 974	13	7 45 654	10 64 895
14	8 01 382	11 47 972	14	8 03 012	11 46 810
15	8 58 570	12 29 970	15	8 60 370	12 28 725
16	9 15 808	13 11 968	16	9 17 728	13 10 640
17	9 73 046	13 93 966	17	9 75 086	13 92 555
18	10 30 284	14 75 964	18	10 32 444	14 74 470
19	10 87 522	15 57 962	19	10 89 802	15 56 385
20	11 44 760	16 39 960	20	11 47 160	16 38 300

Hypoténuse.	35 d. 05 m. Côté opposé.	54 d. 55 m Côté opposé.	Hypoténuse.	35 d. 10 m. Côté opposé.	54 d. 50 m. Côté opposé.
1	0 57 477	0 81 832	1	0 57 596	0 81 748
2	1 14 954	1 63 664	2	1 15 192	1 63 496
3	1 72 431	2 45 496	3	1 72 788	2 45 244
4	2 29 908	3 27 328	4	2 30 384	3 26 992
5	2 87 385	4 09 160	5	2 87 980	4 08 740
6	3 44 862	4 90 992	6	3 45 576	4 90 488
7	4 02 339	5 72 824	7	4 03 172	5 72 236
8	4 59 816	6 54 656	8	4 60 768	6 53 984
9	5 17 293	7 36 488	9	5 18 364	7 35 732
10	5 74 770	8 18 320	10	5 75 960	8 17 480
11	6 32 247	9 00 152	11	6 33 556	8 99 228
12	6 89 724	9 81 984	12	6 91 152	9 80 976
13	7 47 201	10 63 816	13	7 48 748	10 62 724
14	8 04 678	11 45 648	14	8 06 344	11 44 472
15	8 62 155	12 27 480	15	8 63 940	12 26 220
16	9 19 632	13 09 312	16	9 21 536	13 07 968
17	9 77 109	13 91 144	17	9 79 132	13 89 716
18	10 34 586	14 72 976	18	10 36 728	14 71 464
19	10 92 063	15 54 808	19	10 94 324	15 53 212
20	11 49 540	16 36 640	20	11 51 920	16 34 960

Hyp.	35 d. 15 m.	54 d. 45 m.	Hyp.	35 d. 20 m.	54 d. 40 m.
1	0 57 715	0 81 664	1	0 57 833	0 81 580
2	1 15 430	1 63 328	2	1 15 666	1 63 160
3	1 73 145	2 44 992	3	1 73 499	2 44 740
4	2 30 860	3 26 656	4	2 31 332	3 26 320
5	2 88 575	4 08 320	5	2 89 165	4 07 900
6	3 46 290	4 89 984	6	3 46 998	4 89 480
7	4 04 005	5 71 648	7	4 04 831	5 71 060
8	4 61 720	6 53 312	8	4 62 664	6 52 640
9	5 19 435	7 34 976	9	5 20 497	7 34 220
10	5 77 150	8 16 640	10	5 78 330	8 15 800
11	6 34 865	8 98 304	11	6 36 163	8 97 380
12	6 92 580	9 79 968	12	6 93 996	9 78 960
13	7 50 295	10 61 632	13	7 51 829	10 60 540
14	8 08 010	11 43 296	14	8 09 662	11 42 120
15	8 65 725	12 24 960	15	8 67 495	12 23 700
16	9 23 440	13 06 624	16	9 25 328	13 05 280
17	9 81 155	13 88 288	17	9 83 161	13 86 860
18	10 38 870	14 69 952	18	10 40 994	14 68 440
19	10 96 585	15 51 616	19	10 98 827	15 50 020
20	11 54 300	16 33 280	20	11 56 660	16 31 600

Hypo-ténuse.	35 d. 25 m. Côté opposé.	54 d. 35 m. Côté opposé.	Hypo-ténuse.	35 d. 30 m. Côté opposé.	54 d. 30 m. Côté opposé.
1	0 57 952	0 81 496	1	0 58 070	0 81 411
2	1 15 904	1 62 992	2	1 16 140	1 62 822
3	1 73 856	2 44 488	3	1 74 210	2 44 233
4	2 31 808	3 25 984	4	2 32 280	3 25 644
5	2 89 760	4 07 480	5	2 90 350	4 07 055
6	3 47 712	4 88 976	6	3 48 420	4 88 466
7	4 05 664	5 70 472	7	4 06 490	5 69 877
8	4 63 616	6 51 968	8	4 64 560	6 51 288
9	5 21 568	7 33 464	9	5 22 630	7 32 699
10	5 79 520	8 14 960	10	5 80 700	8 14 110
11	6 37 472	8 96 456	11	6 38 770	8 95 521
12	6 95 424	9 77 952	12	6 96 840	9 76 932
13	7 53 376	10 59 448	13	7 54 910	10 58 343
14	8 11 328	11 40 944	14	8 12 980	11 39 754
15	8 69 280	12 22 440	15	8 71 050	12 21 165
16	9 27 232	13 03 936	16	9 29 120	13 02 576
17	9 85 184	13 85 432	17	9 87 190	13 83 987
18	10 43 136	14 66 928	18	10 45 260	14 65 398
19	11 01 088	15 48 424	19	11 03 330	15 46 809
20	11 59 040	16 29 920	20	11 61 400	16 28 220

Hyp.	35 d. 35 m.	54 d. 25 m.	Hyp.	35 d. 40 m.	54 d. 20 m.
1	0 58 189	0 81 327	1	0 58 307	0 81 242
2	1 16 378	1 62 654	2	1 16 614	1 62 484
3	1 74 567	2 43 981	3	1 74 921	2 43 726
4	2 32 756	3 25 308	4	2 33 228	3 24 968
5	2 90 945	4 06 635	5	2 91 535	4 06 210
6	3 49 134	4 87 962	6	3 49 842	4 87 452
7	4 07 323	5 69 289	7	4 08 149	5 68 694
8	4 65 512	6 50 616	8	4 66 456	6 49 936
9	5 23 701	7 31 943	9	5 24 763	7 31 178
10	5 81 890	8 13 270	10	5 83 070	8 12 420
11	6 40 079	8 94 597	11	6 41 377	8 93 662
12	6 98 268	9 75 924	12	6 99 684	9 74 904
13	7 56 457	10 57 251	13	7 57 991	10 56 146
14	8 14 646	11 38 578	14	8 16 298	11 37 388
15	8 72 835	12 19 905	15	8 74 605	12 18 630
16	9 31 024	13 01 232	16	9 32 912	12 99 872
17	9 89 213	13 82 559	17	9 91 219	13 81 114
18	10 47 402	14 63 886	18	10 49 526	14 62 356
19	11 05 591	15 45 213	19	11 07 833	15 43 598
20	11 63 780	16 26 540	20	11 66 140	16 24 840

Hypoténuse.	35 d. 45 m. Côté opposé.	54 d. 15 m. Côté opposé.	Hypoténuse.	35 d. 50 m. Côté opposé.	54 d. 10 m. Côté opposé.
1	0 58 425	0 81 157	1	0 58 543	0 81 072
2	1 16 850	1 62 314	2	1 17 086	1 62 144
3	1 75 275	2 43 471	3	1 75 629	2 43 216
4	2 33 700	3 24 628	4	2 34 172	3 24 288
5	2 92 125	4 05 785	5	2 92 715	4 05 360
6	3 50 550	4 86 942	6	3 51 258	4 86 432
7	4 08 975	5 68 099	7	4 09 801	5 67 504
8	4 67 400	6 49 256	8	4 68 344	6 48 576
9	5 25 825	7 30 413	9	5 26 887	7 29 648
10	5 84 250	8 11 570	10	5 85 430	8 10 720
11	6 42 675	8 92 727	11	6 43 973	8 91 792
12	7 01 100	9 73 884	12	7 02 546	9 72 864
13	7 59 525	10 55 041	13	7 61 059	10 53 936
14	8 17 950	11 36 198	14	8 19 602	11 35 008
15	8 76 375	12 17 355	15	8 78 145	12 46 080
16	9 34 800	12 98 512	16	9 36 688	12 97 152
17	9 93 225	13 79 669	17	9 95 231	13 78 224
18	10 51 650	14 60 826	18	10 53 774	14 59 296
19	11 10 075	15 41 983	19	11 12 347	15 40 368
20	11 68 500	16 23 140	20	11 70 860	16 21 440

Hyp.	35 d. 55 m.	54 d. 05 m.	Hyp.	36 d. 00 m.	54 d. 00 m.
1	0 58 661	0 80 987	1	0 58 778	0 80 902
2	1 17 322	1 61 974	2	1 17 556	1 61 804
3	1 75 983	2 42 961	3	1 76 334	2 42 706
4	2 34 644	3 23 948	4	2 35 112	3 23 608
5	2 93 305	4 04 935	5	2 93 890	4 04 510
6	3 51 966	4 85 922	6	3 52 668	4 85 412
7	4 10 627	5 66 909	7	4 11 446	5 66 314
8	4 69 288	6 47 896	8	4 70 224	6 47 216
9	5 27 949	7 28 883	9	5 29 002	7 28 118
10	5 86 610	8 09 870	10	5 87 780	8 09 020
11	6 45 271	8 90 857	11	6 46 558	8 89 922
12	7 03 932	9 74 844	12	7 05 336	9 70 824
13	7 62 593	10 52 831	13	7 64 114	10 51 726
14	8 21 254	11 33 818	14	8 22 892	11 32 628
15	8 79 915	12 14 805	15	8 81 670	12 13 530
16	9 38 576	12 95 792	16	9 40 448	12 94 432
17	9 97 237	13 76 779	17	9 99 226	13 75 334
18	10 55 898	14 57 766	18	10 58 004	14 56 236
19	11 14 559	15 38 753	19	11 16 782	15 37 138
20	11 73 220	16 19 740	20	11 75 560	16 18 040

Hypoténuse.	36 d. 05 m. Côté opposé.	53 d. 55 m. Côté opposé.	Hypotenuse.	30 d. 10 m. Côté opposé.	53 d. 50 m. Côté opposé.
1	0 58 896	0 80 846	1	0 59 014	0 80 730
2	1 17 792	1 61 632	2	1 18 028	1 61 460
3	1 76 688	2 42 448	3	1 77 042	2 42 190
4	2 35 584	3 23 264	4	2 36 056	3 22 920
5	2 94 480	4 04 080	5	2 95 070	4 03 650
6	3 53 376	4 84 896	6	3 54 084	4 84 380
7	4 12 272	5 65 712	7	4 13 098	5 65 110
8	4 71 168	6 46 528	8	4 72 112	6 45 840
9	5 30 064	7 27 344	9	5 31 126	7 26 570
10	5 88 960	8 08 160	10	5 90 140	8 07 300
11	6 47 856	8 88 976	11	6 49 154	8 88 030
12	7 06 752	9 69 792	12	7 08 168	9 68 760
13	7 65 648	10 50 608	13	7 67 182	10 49 490
14	8 24 544	11 31 424	14	8 26 196	11 30 220
15	8 83 440	12 12 240	15	8 85 210	12 10 950
16	9 42 336	12 93 056	16	9 44 224	12 91 680
17	10 01 232	13 73 872	17	10 03 238	13 72 410
18	10 60 128	14 54 688	18	10 62 252	14 53 140
19	11 19 024	15 35 504	19	11 21 266	15 33 870
20	11 77 920	16 16 320	20	11 80 280	16 14 600

Hyp.	36 d. 15 m. Côté opposé.	53 d. 45 m. Côté opposé.	Hyp.	36 d. 20 m. Côté opposé.	53 d. 40 m. Côté opposé.
1	0 59 131	0 80 644	1	0 59 248	0 80 558
2	1 18 262	1 61 288	2	1 18 496	1 61 116
3	1 77 393	2 41 932	3	1 77 744	2 41 674
4	2 36 524	3 22 576	4	2 36 992	3 22 232
5	2 95 655	4 03 220	5	2 96 240	4 02 790
6	3 54 786	4 83 864	6	3 55 488	4 83 348
7	4 13 917	5 64 508	7	4 14 736	5 63 906
8	4 73 048	6 45 152	8	4 73 984	6 44 464
9	5 32 179	7 25 796	9	5 33 232	7 25 022
10	5 91 310	8 06 440	10	5 92 480	8 05 580
11	6 50 341	8 87 084	11	6 51 728	8 86 138
12	7 09 572	9 67 728	12	7 10 976	9 66 696
13	7 68 703	10 48 372	13	7 70 224	10 47 254
14	8 27 834	11 29 016	14	8 29 472	11 27 812
15	8 86 965	12 09 660	15	8 88 720	12 08 370
16	9 46 096	12 90 304	16	9 47 968	12 88 928
17	10 05 227	13 70 948	17	10 07 216	13 69 486
18	10 64 358	14 51 592	18	10 66 464	14 50 044
19	11 23 489	15 32 236	19	11 25 712	15 30 602
20	11 82 620	16 12 880	20	11 84 960	16 11 160

Hypoténuse.	36 d. 25 m. Côté opposé.	53 d, 35 m. Côté opposé.	Hypoténuse.	33 d. 30 m. Côté opposé.	53 d. 30 m. Côté opposé.
1	0 59 365	0 80 472	1	0 59 482	0 80 386
2	1 18 730	1 60 944	2	1 18 964	1 60 772
3	1 78 095	2 41 416	3	1 78 446	2 41 158
4	2 37 460	3 21 888	4	2 37 928	3 21 544
5	2 96 825	4 02 360	5	2 97 410	4 01 930
6	3 56 190	4 82 832	6	3 56 892	4 82 316
7	4 15 555	5 63 304	7	4 16 374	5 62 702
8	4 74 920	6 43 776	8	4 75 856	6 43 088
9	5 34 285	7 24 248	9	5 35 338	7 23 474
10	5 93 650	8 04 720	10	5 94 820	8 03 860
11	6 53 045	8 85 192	11	6 54 302	8 84 246
12	7 12 380	9 65 664	12	7 13 784	9 64 632
13	7 71 745	10 46 136	13	7 73 266	10 45 018
14	8 31 110	11 26 608	14	8 32 748	11 25 404
15	8 90 475	12 07 080	15	8 92 230	12 05 790
16	9 49 840	12 87 552	16	9 51 712	12 86 176
17	10 09 205	13 68 024	17	10 11 194	13 66 562
18	10 68 570	14 48 496	18	10 70 676	14 46 948
19	11 27 935	15 28 968	19	11 30 158	15 27 334
20	11 87 300	16 09 440	20	11 89 640	16 07 720

Hyp.	36 d. 35 m. Côté opposé.	53 d. 25 m. Côté opposé.	Hyp.	36 d. 40 m. Côté opposé.	53 d. 20 m. Côté opposé.
1	0 59 599	0 80 299	1	0 59 716	0 80 212
2	1 19 198	1 60 598	2	1 19 432	1 60 424
3	1 78 797	2 40 897	3	1 79 148	2 40 636
4	2 38 396	3 21 196	4	2 38 864	3 20 848
5	2 97 995	4 01 495	5	2 98 580	4 01 060
6	3 57 594	4 81 794	6	3 58 296	4 81 272
7	4 17 193	5 62 093	7	4 18 012	5 61 484
8	4 76 792	6 42 392	8	4 77 728	6 41 696
9	5 36 391	7 22 691	9	5 37 444	7 21 908
10	5 95 990	8 02 990	10	5 97 160	8 02 120
11	6 55 589	8 83 289	11	6 56 876	8 82 332
12	7 15 188	9 63 588	12	7 16 592	9 62 544
13	7 74 787	10 43 887	13	7 76 308	10 42 756
14	8 34 386	11 24 186	14	8 36 024	11 22 968
15	8 93 985	12 04 485	15	8 95 740	12 03 180
16	9 53 584	12 84 784	16	9 55 456	12 83 392
17	10 13 183	13 65 083	17	10 15 172	13 63 604
18	10 72 782	14 45 382	18	10 74 888	14 43 816
19	11 32 381	15 25 681	19	11 34 604	15 24 028
20	11 91 980	16 05 980	20	11 94 320	16 04 240

Hypoténuse.	36 d. 45 m. Côté opposé.	53 d. 15 m. Côté opposé.	Hypoténuse.	36 d. 50 m. Côté opposé.	53 d. 40 m. Côté opposé.
1	0 59 832	0 80 125	1	0 59 949	0 80 038
2	1 19 664	1 60 250	2	1 19 898	1 60 076
3	1 79 496	2 40 375	3	1 79 847	2 40 114
4	2 39 328	3 20 500	4	2 39 796	3 20 152
5	2 99 160	4 00 625	5	2 99 745	4 00 190
6	3 58 992	4 80 750	6	3 59 694	4 80 228
7	4 18 824	5 60 875	7	4 19 643	5 60 266
8	4 78 656	6 41 000	8	4 79 592	6 40 304
9	5 38 488	7 21 125	9	5 39 541	7 20 342
10	5 98 320	8 01 250	10	5 99 490	8 00 380
11	6 58 152	8 81 375	11	6 59 439	8 80 418
12	7 17 984	9 61 500	12	7 19 388	9 60 456
13	7 77 816	10 41 625	13	7 79 337	10 40 494
14	8 37 648	11 21 750	14	8 39 286	11 20 532
15	8 97 480	12 01 875	15	8 99 235	12 00 570
16	9 57 312	12 82 000	16	9 59 184	12 80 608
17	10 17 144	13 62 125	17	10 19 133	13 60 646
18	10 76 976	14 42 250	18	10 79 082	14 40 684
19	11 36 808	15 22 375	19	11 39 031	15 20 722
20	11 96 640	16 02 500	20	11 98 980	16 00 760

Hyp.	36 d. 55 m. Côté opposé.	53 d. 05 m. Côté opposé.	Hyp.	37 d. 00 m. Côté opposé.	53 d. 00 m. Côté opposé.
1	0 60 065	0 79 951	1	0 60 181	0 79 863
2	1 20 130	1 59 902	2	1 20 362	1 59 726
3	1 80 195	2 39 853	3	1 80 543	2 39 589
4	2 40 260	3 19 804	4	2 40 724	3 19 452
5	3 00 325	3 99 755	5	3 00 905	3 99 315
6	3 60 390	4 79 706	6	3 61 086	4 79 178
7	4 20 455	5 59 657	7	4 21 267	5 59 041
8	4 80 520	6 39 608	8	4 81 448	6 38 904
9	5 40 585	7 19 559	9	5 41 629	7 18 767
10	6 00 650	7 99 510	10	6 01 810	7 98 630
11	6 60 715	8 79 461	11	6 61 991	8 78 493
12	7 20 780	9 59 412	12	7 22 172	9 58 356
13	7 80 845	10 39 363	13	7 82 353	10 38 219
14	8 40 910	11 19 314	14	8 42 534	11 18 082
15	9 00 975	11 99 265	15	9 02 715	11 97 945
16	9 61 040	12 79 216	16	9 62 896	12 77 808
17	10 21 105	13 59 167	17	10 23 077	13 57 671
18	10 81 170	14 39 118	18	10 83 258	14 37 534
19	11 41 235	15 19 069	19	11 43 439	15 17 397
20	12 01 300	15 99 020	20	12 03 620	15 97 260

Hypoténuse.	37 d. 05 m. Côté opposé.	52 d. 55 m. Côté opposé.	Hypoténuse.	37 d. 10 m. Côté opposé.	52 d. 50 m. Côté opposé.
1	0 60 298	0 79 776	1	0 60 413	0 79 688
2	1 20 596	1 59 552	2	1 20 826	1 59 376
3	1 80 894	2 39 328	3	1 81 239	2 39 064
4	2 41 192	3 19 104	4	2 41 652	3 18 752
5	3 01 490	3 98 880	5	3 02 065	3 98 440
6	3 61 788	4 78 656	6	3 62 478	4 78 128
7	4 22 086	5 58 432	7	4 22 894	5 57 816
8	4 82 384	6 38 208	8	4 83 304	6 37 504
9	5 42 682	7 17 984	9	5 43 717	7 17 192
10	6 02 980	7 97 760	10	6 40 130	7 96 880
11	6 63 278	8 77 536	11	6 64 543	8 76 568
12	7 23 576	9 57 312	12	7 24 956	9 56 256
13	7 83 874	10 37 088	13	7 85 369	10 35 944
14	8 44 172	11 16 864	14	8 45 782	11 15 632
15	9 04 470	11 96 640	15	9 06 195	11 95 320
16	9 64 768	12 76 446	16	9 66 608	12 75 008
17	10 25 066	13 56 192	17	10 27 024	13 54 696
18	10 85 364	14 35 968	18	10 87 434	14 34 384
19	11 45 662	15 15 744	19	11 47 847	15 14 072
20	12 05 960	15 85 520	20	12 08 260	15 93 760

Hyp.	37 d. 45 m.	52 d. 45 m.	Hyp.	37 d. 20 m.	52 d. 40 m.
1	0 60 529	0 79 600	1	0 60 645	0 79 512
2	1 21 058	1 59 200	2	1 21 290	1 59 024
3	1 81 587	2 37 800	3	1 81 935	2 38 536
4	2 42 116	3 18 400	4	2 42 580	3 18 048
5	3 02 645	3 98 000	5	3 03 225	3 97 560
6	3 63 174	4 77 600	6	3 63 870	4 77 072
7	4 23 703	5 57 200	7	4 24 515	5 56 584
8	4 84 232	6 36 800	8	4 85 160	6 36 096
9	5 44 761	7 16 400	9	5 45 805	7 15 608
10	6 05 290	7 96 000	10	6 06 450	7 95 120
11	6 65 819	8 75 600	11	6 67 095	8 74 632
12	7 26 348	9 55 200	12	7 27 740	9 54 144
13	7 86 877	10 34 800	13	7 88 385	10 33 656
14	8 47 406	11 14 400	14	8 49 030	11 13 168
15	9 07 935	11 94 000	15	9 09 675	11 92 680
16	9 68 464	12 73 600	16	9 70 320	12 72 192
17	10 28 993	13 53 200	17	10 30 965	13 54 704
18	10 89 522	14 32 800	18	10 91 610	14 31 216
19	11 50 051	15 12 400	19	11 52 255	15 10 728
20	12 10 580	15 92 000	20	12 12 900	15 90 240

Hypoténuse.	37 d. 25 m. Côté opposé.	52 d. 35 m. Côté opposé.	Hypoténuse.	37 d. 30 m. Côté opposé.	52 d. 30 m. Côté opposé.
1	0 60 764	0 79 424	1	0 60 876	0 79 335
2	1 21 522	1 58 848	2	1 21 752	1 58 670
3	1 82 283	2 38 272	3	1 82 628	2 38 005
4	2 43 044	3 17 696.	4	2 43 504	3 17 340
5	3 03 805	3 97 120	5	3 04 380	3 96 675
6	3 64 566	4 76 544	6	3 65 256	4 76 010
7	4 25 327	5 55 968	7	4 26 132	5 55 345
8	4 86 088	6 35 392	8	4 87 008	6 34 680
9	5 46 849	7 14 816	9	5 47 884	7 14 015
10	6 07 610	7 94 240	10	6 08 760	7 93 350
11	6 68 371	8 73 664	11	6 69 636	8 72 685
12	7 29 132	9 53 088	12	7 30 512	9 52 020
13	7 89 893	10 32 512	13	7 91 388	10 31 355
14	8 50 654	11 11 936	14	8 52 264	11 10 690
15	9 11 415	11 91 360	15	9 13 140	11 90 025
16	9 72 176	12 70 784	16	9 74 016	12 69 360
17	10 32 937	13 50 208	17	10 34 892	13 48 695
18	10 93 698	14 29 632	18	10 95 768	14 28 030
19	11 54 459	15 09 056	19	11 56 644	15 07 365
20	12 15 220	15 88 480	20	12 17 520	15 86 700

Hyp.	37 d. 35 m. Côté opposé.	52 d. 25 m. Côté opposé.	Hyp.	37 d. 40 m. Côté opposé.	52 d. 20 m. Côté opposé.
1	0 60 991	0 79 247	1	0 61 107	0 79 158
2	1 21 982	1 58 494	2	1 22 214	1 58 316
3	1 82 973	2 37 741	3	1 83 321	2 37 474
4	2 43 964	3 16 988	4	2 44 428	3 16 632
5	3 04 955	3 96 235	5	3 05 535	3 95 790
6	3 65 946	4 75 482	6	3 66 642	4 74 948
7	4 26 937	5 54 729	7	4 27 749	5 54 106
8	4 87 928	6 33 976	8	4 88 856	6 33 264
9	5 48 919	7 13 223	9	5 49 963	7 12 422
10	6 09 910	7 92 470	10	6 11 070	7 91 580
11	6 70 901	8 71 747	11	6 72 177	8 70 738
12	7 31 892	9 50 964	12	7 33 284	9 49 896
13	7 92 883	10 30 211	13	7 94 391	10 29 054
14	8 53 874	11 09 458	14	8 55 498	11 08 212
15	9 14 865	11 88 705	15	9 16 605	11 87 370
16	9 75 856	12 67 952	16	9 77 742	12 66 528
17	10 36 847	13 47 199	17	10 38 849	13 45 686
18	10 97 838	14 26 446	18	10 99 926	14 24 844
19	11 58 829	15 05 693	19	11 61 033	15 04 002
20	12 19 820	15 84 940	20	12 22 140	15 83 160

15

Hypoténuse.	37 d. 45 m. Côté opposé.	52 d. 15 m. Côté opposé.	Hypoténuse.	37 d. 50 m. Côté opposé.	52 d. 40 m. Côté opposé.
1	0 61 222	0 79 069	1	0 61 337	0 78 980
2	1 22 444	1 58 138	2	1 22 674	1 57 960
3	1 83 666	2 37 207	3	1 84 011	2 36 940
4	2 44 888	3 16 276	4	2 45 348	3 15 920
5	3 06 110	3 95 345	5	3 06 685	3 94 900
6	3 67 332	4 74 414	6	3 68 022	4 73 880
7	4 28 554	5 53 483	7	4 29 359	5 52 860
8	4 89 776	6 32 552	8	4 90 696	6 31 840
9	5 50 998	7 11 621	9	5 52 033	7 10 820
10	6 12 220	7 90 690	10	6 13 370	7 89 800
11	6 73 442	8 69 759	11	6 74 707	8 68 780
12	7 34 664	9 48 828	12	7 36 044	9 47 760
13	7 95 886	10 27 897	13	7 97 381	10 26 740
14	8 57 108	11 06 966	14	8 58 718	11 05 720
15	9 18 330	11 86 035	15	9 20 055	11 84 700
16	9 79 552	12 65 104	16	9 81 392	12 63 680
17	10 40 774	13 44 173	17	10 42 729	13 42 660
18	11 01 996	14 23 242	18	11 04 066	14 21 640
19	11 63 218	15 02 311	19	11 65 403	15 00 620
20	12 24 440	15 81 380	20	12 26 749	15 79 600

Hyp.	37 d. 55 m. Côté opposé.	52 d. 05 m. Côté opposé.	Hyp.	38 d. 00 m. Côté opposé.	52 d. 00 m. Côté opposé.
1	0 61 451	0 78 890	1	0 61 566	0 78 801
2	1 22 902	1 57 780	2	1 23 132	1 57 602
3	1 84 353	2 36 670	3	1 84 698	2 36 403
4	2 45 804	3 15 560	4	2 46 264	3 15 204
5	3 07 255	3 94 450	5	3 07 830	3 94 005
6	3 68 706	4 73 340	6	3 69 396	4 72 806
7	4 30 157	5 52 230	7	4 30 962	5 51 607
8	4 91 608	6 31 120	8	4 92 528	6 30 408
9	5 53 059	7 10 010	9	5 54 094	7 09 209
10	6 14 510	7 88 900	10	6 15 660	7 88 010
11	6 75 961	8 67 790	11	6 77 226	8 66 811
12	7 37 412	9 46 680	12	7 38 792	9 45 612
13	7 98 863	10 25 570	13	8 00 358	10 24 413
14	8 60 314	11 04 460	14	8 61 924	11 03 214
15	9 21 765	11 83 350	15	9 23 490	11 82 045
16	9 83 216	12 62 240	16	9 85 056	12 60 816
17	10 44 667	13 41 130	17	10 46 622	13 39 617
18	11 06 118	14 20 020	18	11 08 188	14 18 418
19	11 67 569	14 98 910	19	11 69 754	14 97 219
20	12 29 020	15 77 800	20	12 31 320	15 76 020

Hypoténuse.	38 d. 05 m. Côté opposé.	51 d. 55 m. Côté opposé.	Hypoténuse.	38 d. 10 m. Côté opposé.	51 d. 50 m. Côté opposé.
1	0 61 684	0 78 711	1	0 61 795	0 78 622
2	1 23 362	1 57 422	2	1 23 590	1 57 244
3	1 85 043	2 36 133	3	1 85 385	2 35 866
4	2 46 724	3 14 844	4	2 47 180	3 14 488
5	3 08 405	3 93 555	5	3 08 975	3 93 110
6	3 70 086	4 72 266	6	3 70 770	4 71 732
7	4 31 767	5 50 977	7	4 32 565	5 50 354
8	4 93 448	6 29 688	8	4 94 360	6 28 976
9	5 55 129	7 08 399	9	5 56 155	7 07 598
10	6 16 810	7 87 110	10	6 17 950	7 86 220
11	6 78 491	8 65 821	11	6 79 745	8 64 842
12	7 40 172	9 44 532	12	7 41 540	9 43 464
13	8 01 853	10 23 243	13	8 03 335	10 22 086
14	8 63 534	11 01 954	14	8 65 130	10 90 708
15	9 25 215	11 80 665	15	9 26 925	11 79 330
16	9 86 896	12 59 376	16	9 88 720	12 57 952
17	10 48 577	13 38 087	17	10 50 515	13 36 574
18	11 10 258	14 16 798	18	11 12 310	14 15 196
19	11 71 939	14 95 509	19	11 74 105	14 93 818
20	12 33 620	15 74 220	20	12 35 900	15 72 440

Hyp.	38 d. 15 m. Côté opposé.	51 d. 45 m. Côté opposé.	Hyp.	38 d. 20 m. Côté opposé.	51 d. 40 m. Côté opposé.
1	0 61 909	0 78 532	1	0 62 023	0 78 442
2	1 23 818	1 57 064	2	1 24 046	1 56 884
3	1 85 827	2 35 596	3	1 86 069	2 35 326
4	2 47 636	3 14 128	4	2 48 092	3 13 768
5	3 09 545	3 92 660	5	3 10 115	3 92 210
6	3 71 454	4 71 192	6	3 72 138	4 70 652
7	4 33 363	5 49 724	7	4 34 161	5 49 095
8	4 95 272	6 28 256	8	4 96 184	6 27 536
9	5 57 181	7 06 788	9	5 58 207	7 05 978
10	6 19 090	7 85 320	10	6 20 230	7 84 420
11	6 80 999	8 63 852	11	6 82 253	8 62 862
12	7 42 908	9 42 384	12	7 44 276	9 41 304
13	8 04 817	10 20 916	13	8 06 299	10 19 746
14	8 66 726	10 99 448	14	8 68 322	10 98 188
15	9 28 635	11 77 980	15	9 30 345	11 76 630
16	9 90 544	12 56 512	16	9 92 368	12 55 072
17	10 52 453	13 35 044	17	10 54 391	13 38 514
18	11 14 362	14 13 576	18	11 16 414	14 11 956
19	11 76 271	14 92 108	19	11 78 437	14 90 398
20	12 38 180	15 70 640	20	12 40 460	15 68 840

Hypoténuse.	38 d. 25 m. Côté opposé.	51 d. 35 m. Côté opposé.	Hypoténuse.	38 d. 30 m. Côté opposé.	51 d. 30 m. Côté opposé.
1	0 62 137	0 78 351	1	0 62 251	0 78 261
2	1 24 274	1 56 702	2	1 24 502	1 56 522
3	1 86 411	2 35 053	3	1 86 753	2 34 783
4	2 48 548	3 13 404	4	2 49 004	3 13 044
5	3 10 685	3 91 755	5	2 11 255	3 91 305
6	3 72 822	4 70 106	6	3 73 506	4 69 566
7	4 34 959	5 48 457	7	4 35 757	5 47 827
8	4 97 096	6 26 808	8	4 98 008	6 26 088
9	5 59 233	7 05 159	9	5 60 259	7 04 349
10	6 21 370	7 83 510	10	6 22 510	7 82 610
11	6 83 507	8 61 861	11	6 84 761	8 60 871
12	7 45 644	9 40 212	12	7 47 012	9 39 132
13	8 07 781	10 18 563	13	8 09 263	10 17 393
14	8 69 918	10 96 914	14	8 71 514	10 95 654
15	9 32 055	11 75 265	15	9 33 765	11 73 915
16	9 94 192	12 53 616	16	9 96 016	12 52 176
17	10 56 329	13 31 967	17	10 58 267	13 30 437
18	11 18 466	14 10 318	18	11 20 518	14 08 698
19	11 80 603	14 88 669	19	11 82 769	14 86 959
20	12 42 740	15 67 020	20	12 45 020	15 65 220

Hyp.	38 d. 35 m. Côté opposé.	51 d. 25 m. Côté opposé.	Hyp.	38 d. 40 m. Côté opposé.	51 d. 20 m. Côté opposé.
1	0 62 365	0 78 170	1	0 62 479	0 78 079
2	1 24 730	1 56 340	2	1 24 958	1 56 158
3	1 87 095	2 34 510	3	1 87 437	2 34 237
4	2 49 460	3 12 680	4	2 49 916	3 12 316
5	3 11 825	3 90 850	5	3 12 395	3 90 395
6	3 74 190	4 69 020	6	3 74 874	4 68 474
7	4 36 555	5 47 190	7	4 37 353	5 46 553
8	4 98 920	6 25 360	8	4 99 832	6 24 632
9	5 61 285	7 03 530	9	5 62 311	7 02 711
10	6 23 650	7 81 700	10	6 24 790	7 80 790
11	6 86 015	8 59 870	11	6 87 269	8 58 869
12	7 48 380	9 38 040	12	7 49 748	9 36 948
13	8 10 745	10 16 210	13	8 12 227	10 15 027
14	8 73 110	10 94 380	14	8 74 706	10 93 106
15	9 35 475	11 72 550	15	9 37 185	11 71 185
16	9 97 840	12 50 720	16	9 99 664	12 49 264
17	10 60 205	13 28 890	17	10 62 143	13 27 343
18	11 22 570	14 07 060	18	11 24 622	14 05 422
19	11 84 935	14 85 230	19	11 87 101	14 83 501
20	12 47 300	15 63 400	20	12 49 580	15 61 580

Hypoténuse.	38 d. 45 m. Côté opposé.	51 d. 15 m. Côté opposé.	Hypotenuse.	38 d. 50 m. Côté opposé.	51 d. 10 m. Côté opposé.
1	0 62 592	0 77 988	1	0 62 706	0 77 897
2	1 25 184	1 55 976	2	1 25 412	1 55 794
3	1 87 776	2 33 964	3	1 88 118	2 33 691
4	2 50 368	3 11 952	4	2 50 824	3 11 588
5	3 12 960	3 89 940	5	3 13 530	3 89 485
6	3 75 552	4 67 928	6	3 76 236	4 67 382
7	4 38 144	5 45 916	7	4 38 942	5 45 279
8	5 00 736	6 23 904	8	5 01 648	6 23 176
9	5 63 328	7 01 892	9	5 64 354	7 01 073
10	6 25 920	7 79 880	10	6 27 060	7 78 970
11	6 88 512	8 57 868	11	6 89 766	8 56 867
12	7 51 104	9 35 856	12	7 52 472	9 34 764
13	8 13 696	10 13 844	13	8 15 178	10 12 661
14	8 76 288	10 91 832	14	8 77 884	10 90 558
15	9 38 880	11 69 820	15	9 40 590	11 68 455
16	10 01 472	12 47 808	16	10 03 296	12 46 352
17	10 64 064	13 25 796	17	10 66 002	13 24 249
18	11 26 656	14 03 784	18	11 28 708	14 02 146
19	11 89 248	14 81 772	19	11 91 414	14 80 043
20	12 51 840	15 59 760	20	12 54 120	15 57 940

Hyp.	38 d. 55 m. Côté opposé.	51 d. 05 m. Côté opposé.	Hyp.	39 d. 00 m. Côté opposé.	51 d. 00 m. Côté opposé.
1	0 62 819	0 77 806	1	0 62 932	0 77 715
2	1 25 638	1 55 612	2	1 25 864	1 55 430
3	1 88 457	2 33 418	3	1 88 796	2 33 145
4	2 51 276	3 11 224	4	2 51 728	3 10 860
5	3 14 095	3 89 030	5	3 14 660	3 88 575
6	3 76 914	4 66 836	6	3 77 592	4 66 290
7	4 39 733	5 44 642	7	4 40 524	5 44 005
8	5 02 552	6 22 448	8	5 03 456	6 21 720
9	5 65 371	7 00 254	9	5 66 388	6 99 435
10	6 28 190	7 78 060	10	6 29 320	7 77 150
11	6 91 009	8 55 866	11	6 92 252	8 54 865
12	7 53 828	9 33 672	12	7 55 184	9 32 580
13	8 16 647	10 11 478	13	8 18 116	10 40 295
14	8 79 466	10 89 284	14	8 81 048	10 88 010
15	9 42 285	11 67 090	15	9 43 980	11 65 725
16	10 05 104	12 44 896	16	10 06 912	12 43 440
17	10 67 923	13 22 702	17	10 69 844	13 21 155
18	11 30 742	14 00 508	18	11 32 776	13 98 870
19	11 93 561	14 78 314	19	11 95 708	14 76 585
20	12 56 380	15 56 120	20	12 58 640	15 54 300

Hypoténuse.	39 d. 05 m. Côté opposé.	50 d. 55 m. Côté opposé.	Hypoténuse.	39 d. 10 m. Côté opposé.	50 d. 50 m. Côté opposé.
1	0 63 045	0 77 623	1	0 63 158	0 77 531
2	1 26 090	1 55 246	2	1 26 316	1 55 062
3	1 89 135	2 32 869	3	1 89 474	2 32 593
4	2 52 180	3 10 492	4	2 52 632	3 10 124
5	3 15 225	3 88 115	5	3 15 790	3 87 655
6	3 78 270	4 65 738	6	3 78 948	4 65 186
7	4 41 315	5 43 361	7	4 42 106	5 42 717
8	5 04 360	6 20 984	8	5 05 264	6 20 248
9	5 67 405	6 98 607	9	5 68 422	6 97 779
10	6 30 450	7 76 230	10	6 31 580	7 75 340
11	6 93 495	8 53 853	11	6 94 738	8 52 841
12	7 56 540	9 31 476	12	7 57 896	9 30 372
13	8 19 585	10 09 099	13	8 21 054	10 07 903
14	8 82 630	10 86 722	14	8 84 212	10 85 434
15	9 45 675	11 64 345	15	9 47 370	11 62 965
16	10 08 720	12 41 968	16	10 10 528	12 40 496
17	10 71 765	13 19 591	17	10 73 686	13 18 027
18	11 34 810	13 97 214	18	11 36 844	13 95 558
19	11 97 855	14 74 837	19	12 00 002	14 73 089
20	12 60 900	15 52 460	20	12 63 160	15 50 620

Hyp.	39 d. 15 m.	50 d. 45 m.	Hyp.	39 d. 20 m.	50 d. 40 m.
1	0 63 270	0 77 439	1	0 63 383	0 77 347
2	1 26 540	1 54 878	2	1 26 766	1 54 694
3	1 89 810	2 32 317	3	1 90 149	2 32 041
4	2 53 080	3 09 756	4	2 53 532	3 09 388
5	3 16 350	3 87 195	5	3 16 915	3 86 735
6	3 79 620	4 64 634	6	3 80 298	4 64 082
7	4 42 890	5 42 073	7	4 43 681	5 41 429
8	5 06 160	6 19 512	8	5 07 064	6 18 776
9	5 69 430	6 96 951	9	5 70 447	6 96 123
10	6 32 700	7 74 390	10	6 33 830	7 73 470
11	6 95 970	8 51 829	11	6 97 213	8 50 817
12	7 59 240	9 29 268	12	7 60 596	9 28 164
13	8 22 510	10 06 707	13	8 23 979	10 05 511
14	8 85 780	10 84 146	14	8 87 362	10 82 858
15	9 49 050	11 61 585	15	9 50 745	11 60 205
16	10 12 320	12 39 024	16	10 14 128	12 37 552
17	10 75 590	13 16 463	17	10 77 511	13 14 899
18	11 38 860	13 93 902	18	11 40 894	13 92 246
19	12 02 430	14 71 341	19	12 04 277	14 69 593
20	12 65 400	15 48 780	20	12 67 660	15 46 940

Hypoténuse.	39 d. 25 m. Côté opposé.	50 d. 35 m. Côté opposé.	Hypoténuse.	39 d. 30 m. Côté opposé.	50 d. 30 m. Côté opposé.
1	0 63 495	0 77 255	1	0 63 608	0 77 162
2	1 26 990	1 54 510	2	1 27 216	1 54 324
3	1 90 485	2 31 765	3	1 90 824	2 31 486
4	2 53 980	3 09 020	4	2 54 432	3 08 648
5	3 17 475	3 86 275	5	3 18 040	3 85 810
6	3 80 970	4 63 530	6	3 81 648	4 62 972
7	4 44 465	5 40 785	7	4 45 256	5 40 134
8	5 07 960	6 18 040	8	5 08 864	6 17 296
9	5 71 455	6 95 295	9	5 72 472	6 94 458
10	6 34 950	7 72 550	10	6 36 080	7 71 620
11	6 98 445	8 49 805	11	6 99 688	8 48 782
12	7 61 940	9 27 060	12	7 63 296	9 25 944
13	8 25 435	10 04 315	13	8 26 904	10 03 106
14	8 88 930	10 81 570	14	8 90 512	10 80 268
15	9 52 425	11 58 825	15	9 54 120	11 57 430
16	10 15 920	12 36 080	16	10 17 728	12 34 592
17	10 79 415	13 13 335	17	10 81 336	13 11 754
18	11 42 910	13 90 590	18	11 44 944	13 88 916
19	12 06 405	14 67 845	19	12 08 552	14 66 078
20	12 69 900	15 45 100	20	12 72 160	15 43 240

Hyp.	39 d. 35 m Côté opposé.	50 d. 25 m Côté opposé.	Hyp.	39 d. 40 m Côté opposé.	50 d. 20 m Côté opposé.
1	0 63 720	0 77 070	1	0 63 832	0 76 977
2	1 27 440	1 54 140	2	1 27 664	1 53 954
3	1 91 160	2 31 210	3	1 91 496	2 30 931
4	2 54 880	3 08 280	4	2 55 328	3 07 908
5	3 18 600	3 85 350	5	3 19 160	3 84 885
6	3 82 320	4 62 420	6	3 82 992	4 61 862
7	4 46 040	5 39 490	7	4 46 824	5 38 839
8	5 09 760	6 16 560	8	5 10 656	6 15 816
9	5 73 480	6 93 630	9	5 74 488	6 92 793
10	6 37 200	7 70 700	10	6 38 320	7 69 770
11	7 00 920	8 47 770	11	7 02 152	8 46 747
12	7 64 640	9 24 840	12	7 65 984	9 23 724
13	8 28 360	10 01 910	13	8 29 816	10 00 701
14	8 92 080	10 78 980	14	8 93 648	10 77 678
15	9 55 800	11 56 050	15	9 57 480	11 54 655
16	10 19 520	12 33 120	16	10 21 312	12 31 632
17	10 83 240	13 10 190	17	10 85 144	13 08 609
18	11 46 960	13 87 260	18	11 48 976	13 85 586
19	12 10 680	14 64 330	19	12 12 808	14 62 563
20	12 74 400	15 41 400	20	12 76 640	15 39 540

Hypoténuse.	39 d. 45 m. Côté opposé.	50 d. 15 m. Côté opposé.	Hypoténuse.	39 d. 50 m. Côté opposé.	50 d. 10 m. Côté opposé.
1	0 63 944	0 76 884	1	0 64 056	0 76 791
2	1 27 888	1 53 768	2	1 28 112	1 53 582
3	1 91 832	2 30 652	3	1 92 168	2 30 373
4	2 55 776	3 07 536	4	2 56 224	3 07 164
5	3 19 720	3 84 420	5	3 20 280	3 83 955
6	3 83 664	4 61 304	6	3 84 336	4 60 746
7	4 47 608	5 38 188	7	4 48 392	5 37 537
8	5 11 552	6 15 072	8	5 12 448	6 14 328
9	5 75 496	6 91 956	9	5 76 504	6 91 119
10	6 39 440	7 68 840	10	6 40 560	7 67 910
11	7 03 384	8 45 724	11	7 04 616	8 44 701
12	7 67 328	9 22 608	12	7 68 672	9 21 492
13	8 31 272	9 99 492	13	8 32 728	9 98 283
14	8 95 216	10 76 376	14	8 96 784	10 75 074
15	9 59 160	11 53 260	15	9 60 840	11 51 865
16	10 23 104	12 30 144	16	10 24 896	12 28 656
17	10 87 048	13 07 028	17	10 88 952	13 05 447
18	11 50 992	13 83 912	18	11 53 008	13 84 238
19	12 14 936	14 60 796	19	12 17 064	14 59 029
20	12 78 880	15 37 680	20	12 81 120	15 35 820

Hyp.	39 d. 55 m.	50 d. 05 m.	Hyp.	40 d. 00 m.	50 d. 00 m.
1	0 64 167	0 76 698	1	0 64 279	0 76 604
2	1 28 334	1 53 396	2	1 28 558	1 53 208
3	1 92 501	2 30 094	3	1 92 837	2 29 812
4	2 56 668	3 06 792	4	2 57 116	3 06 416
5	3 20 835	3 83 490	5	3 21 395	3 83 020
6	3 85 002	4 60 188	6	3 85 674	4 59 624
7	4 49 169	5 36 886	7	4 49 953	5 36 228
8	5 13 336	6 13 584	8	5 14 232	6 12 832
9	5 77 503	6 90 282	9	5 78 511	6 89 436
10	6 41 670	7 66 980	10	6 42 790	7 66 040
11	7 05 837	8 43 678	11	7 07 069	8 42 644
12	7 70 004	9 20 376	12	7 71 348	9 19 248
13	8 34 171	9 97 074	13	8 35 627	9 95 852
14	8 98 338	10 73 772	14	8 99 906	10 72 456
15	9 62 505	11 50 470	15	9 64 185	11 49 060
16	10 26 672	12 27 168	16	10 28 464	12 25 664
17	10 90 839	13 03 866	17	10 92 743	13 02 268
18	11 55 006	13 80 564	18	11 57 022	13 78 872
19	12 49 173	14 57 262	19	12 21 301	14 55 476
20	12 83 340	15 33 960	20	12 85 580	15 32 080

Hypoténuse.	40 d. 05 m. Côté opposé.	49 d. 55 m. Côté opposé.	Hypoténuse.	40 d. 10 m. Côté opposé.	49 d. 50 m. Côté opposé.
1	0 64 390	0 76 511	1	0 64 501	0 76 417
2	1 28 780	1 53 022	2	1 29 002	1 52 834
3	1 93 170	2 29 533	3	1 93 503	2 29 251
4	2 57 560	3 06 044	4	2 58 004	3 05 668
5	3 21 950	3 82 555	5	3 22 505	3 82 085
6	3 86 340	4 79 066	6	3 87 006	4 58 502
7	4 50 730	5 35 577	7	4 51 507	5 34 919
8	5 15 120	6 12 088	8	5 16 008	6 11 336
9	5 79 510	6 88 599	9	5 80 509	6 87 753
10	6 43 900	7 65 110	10	6 45 010	7 64 170
11	7 08 290	8 41 621	11	7 09 511	8 40 587
12	7 72 680	9 18 132	12	7 74 012	9 17 004
13	8 37 070	9 94 643	13	8 38 513	9 93 421
14	9 01 460	10 71 154	14	9 03 014	10 69 838
15	9 65 850	11 47 665	15	9 67 515	11 46 255
16	10 30 240	12 24 176	16	10 32 016	12 22 672
17	10 94 630	13 00 687	17	10 96 517	12 99 089
18	11 59 020	13 77 198	18	11 61 018	13 75 506
19	12 23 410	14 53 709	19	12 25 519	14 51 923
20	12 87 800	15 30 220	20	12 90 020	15 28 340

Hyp.	40 d. 15 m. Côté opposé.	49 d. 45 m. Côté opposé.	Hyp.	40 d. 20 m. Côté opposé.	49 d. 40 m. Côté opposé.
1	0 64 612	0 76 323	1	0 64 723	0 76 229
2	1 29 224	1 52 646	2	1 29 446	1 52 458
3	1 93 836	2 28 969	3	1 94 169	2 28 687
4	2 58 448	3 05 292	4	2 58 892	3 04 916
5	3 23 060	3 81 615	5	3 23 615	3 81 145
6	3 87 672	4 57 938	6	3 88 338	4 57 374
7	4 52 284	5 34 261	7	4 53 061	5 33 603
8	5 16 896	6 40 584	8	5 17 784	6 09 832
9	5 81 508	6 86 907	9	5 82 507	6 86 061
10	6 46 120	7 63 230	10	6 47 230	7 62 290
11	7 10 732	8 39 553	11	7 11 953	8 38 519
12	7 75 344	9 15 876	12	7 76 676	9 44 748
13	8 39 956	9 92 199	13	8 41 399	9 90 977
14	9 04 568	10 68 522	14	9 06 122	10 67 206
15	9 69 180	11 44 845	15	9 70 845	11 43 435
16	10 33 792	12 21 168	16	10 35 568	12 20 664
17	10 98 404	12 97 491	17	10 00 291	12 96 893
18	11 63 016	13 73 814	18	10 65 014	13 72 122
19	12 27 628	14 50 137	19	12 29 737	14 48 354
20	12 92 240	15 26 460	20	12 94 460	15 24 580

Hypoténuse.	40 d. 25 m. Côté opposé.	49 d. 35 m. Côté opposé.	Hypoténuse.	40 d. 30 m. Côté opposé.	49 d. 30 m. Côté opposé.
1	0 64 834	0 76 135	1	0 64 945	0 76 041
2	1 29 668	1 52 270	2	1 29 890	1 52 082
3	1 94 502	2 28 405	3	1 94 835	2 28 123
4	2 59 336	3 04 540	4	2 59 780	3 04 164
5	3 24 170	3 80 675	5	3 24 725	3 80 205
6	3 89 004	4 56 810	6	3 89 670	4 56 246
7	4 53 838	5 32 945	7	4 54 615	5 32 287
8	5 18 672	6 09 080	8	5 19 560	6 08 328
9	5 83 506	6 85 215	9	5 84 505	6 84 369
10	6 48 340	7 61 350	10	6 49 450	7 60 410
11	7 13 174	8 37 485	11	7 14 395	8 36 451
12	7 78 008	9 13 620	12	7 79 340	9 12 492
13	8 42 842	9 89 755	13	8 44 285	9 88 533
14	9 07 676	10 65 890	14	9 09 230	10 64 574
15	9 72 510	11 42 025	15	9 74 175	11 40 645
16	10 37 344	12 18 160	16	10 39 120	12 16 656
17	11 02 478	12 94 295	17	11 04 065	13 92 697
18	11 67 012	13 70 430	18	11 69 010	13 68 738
19	12 31 846	14 46 565	19	12 33 955	14 44 779
20	12 96 680	15 22 700	20	12 98 900	15 20 820

Hyp.	40 d. 35 m.	49 d. 25 m.	Hyp.	40 d. 40 m.	49 d. 20 m.
1	0 65 055	0 75 946	1	0 65 166	0 75 851
2	1 30 110	1 51 892	2	1 30 332	1 51 702
3	1 95 665	2 27 838	3	1 95 498	2 27 553
4	2 60 220	3 03 784	4	2 60 664	3 03 404
5	3 25 275	3 79 730	5	3 25 830	3 79 255
6	3 90 330	4 55 676	6	3 90 996	4 55 106
7	4 55 385	5 31 622	7	4 56 162	5 30 957
8	5 20 440	6 07 568	8	5 21 328	6 06 808
9	5 85 495	6 83 514	9	5 86 494	6 82 659
10	6 50 550	7 59 460	10	6 51 660	7 58 540
11	7 15 605	8 35 406	11	7 16 826	8 34 361
12	7 80 660	9 11 352	12	7 81 992	9 10 212
13	8 45 715	9 87 298	13	8 47 158	9 86 063
14	9 10 770	10 63 244	14	9 12 324	10 61 914
15	9 75 825	11 39 190	15	9 77 490	11 37 765
16	10 40 880	12 15 136	16	10 42 656	12 13 616
17	11 05 935	12 91 082	17	11 07 822	12 89 467
18	11 70 990	13 67 028	18	11 72 988	13 65 318
19	12 36 045	14 42 974	19	12 38 154	14 41 169
20	13 01 100	15 18 920	20	13 03 320	15 17 020

Hypoténuse.	40 d. 45 m. Côté opposé.	49 d. 15 m. Côté opposé.	Hypoténuse.	40 d. 50 m. Côté opposé.	49 d. 10 m. Côté opposé.
1	0 65 276	0 75 756	1	0 65 386	0 75 661
2	1 30 552	1 51 512	2	1 30 772	1 51 322
3	1 95 828	2 27 268	3	1 96 158	2 26 983
4	2 61 104	3 03 024	4	2 61 544	3 02 644
5	3 26 380	3 78 780	5	3 26 930	3 78 305
6	3 91 656	4 54 536	6	3 92 316	4 53 966
7	4 56 932	5 30 292	7	4 57 702	5 29 627
8	5 22 208	6 06 048	8	5 23 088	6 05 288
9	5 87 484	6 81 804	9	5 88 474	6 80 949
10	6 52 760	7 57 560	10	6 53 860	7 56 640
11	7 18 036	8 33 316	11	7 19 246	8 32 274
12	7 83 312	9 09 072	12	7 84 632	9 07 932
13	8 48 588	9 84 828	13	8 50 018	9 83 593
14	9 13 864	10 60 584	14	9 15 404	10 59 254
15	9 79 140	11 36 340	15	9 80 790	11 34 915
16	10 44 416	12 12 096	16	10 46 176	12 10 576
17	11 09 692	12 87 852	17	11 11 562	12 86 237
18	11 74 968	13 63 608	18	11 76 948	13 61 898
19	12 40 244	14 39 364	19	12 42 334	14 37 559
20	13 05 520	15 15 120	20	13 07 720	15 13 220

Hyp.	40 d. 55 m.	49 d 05 m.	Hyp	41 d. 00 m.	49 d. 00 m.
1	0 65 496	0 75 566	1	0 65 606	0 75 471
2	1 30 992	1 51 132	2	1 31 212	1 50 942
3	1 96 488	2 26 698	3	1 96 818	2 26 413
4	2 61 984	3 02 264	4	2 62 424	3 01 884
5	3 27 480	3 77 830	5	3 28 030	3 77 355
6	3 92 976	4 53 396	6	3 93 636	4 52 826
7	4 58 472	5 28 962	7	4 59 242	5 28 297
8	5 23 968	6 04 528	8	5 24 848	6 03 768
9	5 89 464	6 80 094	9	5 90 454	6 79 239
10	6 54 960	7 55 660	10	6 56 060	7 54 710
11	7 20 456	8 31 226	11	7 21 666	8 30 181
12	7 85 952	9 06 792	12	7 87 272	9 05 652
13	8 51 448	9 82 358	13	8 52 878	9 84 123
14	9 16 944	10 57 924	14	9 18 484	10 56 594
15	9 82 440	11 33 490	15	9 84 090	11 32 065
16	10 47 936	12 09 056	16	10 49 696	12 07 536
17	11 13 432	12 84 622	17	11 15 302	12 83 007
18	11 78 928	13 60 188	18	11 80 908	13 58 478
19	12 44 424	14 35 754	19	12 46 514	14 33 949
20	13 09 920	15 11 320	20	13 12 120	15 09 420

Hypoténuse.	41 d. 05 m. Côté opposé.	48 d. 55 m. Côté opposé.	Hypoténuse.	41 d. 10 m. Côté opposé.	48 d. 50 m. Côté opposé.
1	0 65 716	0 75 375	1	0 65 825	0 75 280
2	1 31 432	1 50 750	2	1 31 650	1 50 560
3	1 97 148	2 26 125	3	1 97 475	2 25 840
4	2 62 864	3 01 500	4	2 63 300	3 01 120
5	3 28 580	3 76 875	5	3 29 125	3 76 400
6	3 94 296	4 52 250	6	3 94 950	4 51 680
7	4 60 012	5 27 625	7	4 60 775	5 26 960
8	5 25 728	6 03 000	8	5 26 600	6 02 240
9	5 91 446	6 78 375	9	5 92 425	6 77 520
10	6 57 160	7 53 750	10	6 58 250	7 52 800
11	7 22 876	8 29 125	11	7 24 075	8 28 080
12	7 88 592	9 04 500	12	7 89 900	9 03 360
13	8 54 308	9 79 875	13	8 55 725	9 78 640
14	9 20 024	10 55 250	14	9 21 550	10 53 920
15	9 85 740	11 30 625	15	9 87 375	11 29 200
16	10 51 456	12 06 000	16	10 53 200	12 04 480
17	11 17 172	12 81 375	17	11 19 025	12 79 760
18	11 82 888	13 56 750	18	11 84 850	13 55 040
19	12 48 604	14 32 125	19	12 50 675	14 30 320
20	13 14 320	15 07 500	20	13 16 500	15 05 600

Hyp.	41 d. 15 m.	48 d 45 m.	Hyp.	41 d. 20 m.	48 d. 40 m.
1	0 65 934	0 75 184	1	0 66 044	0 75 088
2	1 31 868	1 50 368	2	1 32 088	1 50 176
3	1 97 802	2 25 552	3	1 98 132	2 25 264
4	2 63 736	3 00 736	4	2 64 176	3 00 352
5	3 29 670	3 75 920	5	3 30 220	3 75 440
6	3 95 604	4 51 104	6	3 96 264	4 50 528
7	4 61 538	5 26 288	7	4 62 308	5 25 616
8	5 27 472	6 01 472	8	5 28 352	6 00 704
9	5 93 406	6 76 656	9	5 94 396	6 75 792
10	6 59 340	7 51 840	10	6 60 440	7 50 880
11	7 25 274	8 27 024	11	7 26 484	8 25 968
12	7 91 208	9 02 208	12	7 92 528	9 01 056
13	8 57 142	9 77 392	13	8 58 572	9 76 144
14	9 23 076	10 52 576	14	9 24 616	10 51 232
15	9 89 010	11 27 760	15	9 90 660	11 26 320
16	10 54 944	12 02 944	16	10 56 704	12 01 408
17	11 20 878	12 78 128	17	11 22 748	12 76 496
18	11 86 812	13 53 312	18	11 88 792	13 51 584
19	12 52 746	14 28 496	19	12 54 836	14 26 672
20	13 18 680	15 03 680	20	13 20 880	15 01 760

Hypoténuse.	41 d. 25 m. Côté opposé.	48 d. 35 m. Côté opposé.	Hypoténuse.	41 d. 30 m. Côté opposé.	48 d. 30 m. Côté opposé.
1	0 66 153	0 74 992	1	0 66 262	0 74 895
2	1 32 306	1 49 984	2	1 32 524	1 49 790
3	1 98 459	2 24 976	3	1 98 786	2 24 685
4	2 64 612	2 99 968	4	2 65 048	2 99 580
5	3 30 765	3 74 960	5	3 31 310	3 74 475
6	3 96 918	4 49 952	6	3 97 572	4 49 370
7	4 63 071	5 24 944	7	4 63 834	5 24 265
8	5 29 224	5 99 936	8	5 30 096	5 99 160
9	5 95 377	6 74 928	9	5 96 358	6 74 055
10	6 61 530	7 49 920	10	6 62 620	7 48 950
11	7 27 683	8 24 912	11	7 28 882	8 23 845
12	7 93 836	8 99 904	12	7 95 144	8 98 740
13	8 59 989	9 74 896	13	8 61 406	9 73 635
14	9 26 142	10 49 888	14	9 27 668	10 48 530
15	9 92 295	11 24 880	15	9 93 930	11 23 425
16	10 58 448	11 99 872	16	10 60 192	11 98 320
17	11 24 601	12 74 864	17	11 26 454	12 73 215
18	11 90 754	13 49 856	18	11 92 716	13 48 110
19	12 56 907	14 24 848	19	12 58 978	14 23 005
20	13 23 060	14 99 840	20	13 25 240	14 97 900

Hyp.	41 d. 35 m. Côté opposé.	48 d. 25 m. Côté opposé.	Hyp.	41 d. 40 m. Côté opposé.	48 d. 20 m. Côté opposé.
1	0 66 371	0 74 799	1	0 66 479	0 74 702
2	1 32 742	1 49 598	2	1 32 958	1 49 404
3	1 99 113	2 24 397	3	1 99 437	2 24 106
4	2 65 484	2 99 196	4	2 65 916	2 98 808
5	3 31 855	3 73 995	5	3 32 395	3 73 510
6	3 98 226	4 48 794	6	3 98 874	4 48 212
7	4 64 597	5 23 593	7	4 65 353	5 22 914
8	5 30 968	5 98 392	8	5 31 832	5 97 616
9	5 97 339	6 73 191	9	5 98 311	6 72 318
10	6 63 710	7 47 990	10	6 64 790	7 47 020
11	7 30 081	8 22 789	11	7 31 269	8 24 722
12	7 96 452	8 97 588	12	7 97 748	8 96 424
13	8 62 823	9 72 387	13	8 64 227	9 71 126
14	9 29 194	10 47 186	14	9 30 706	10 45 828
15	9 95 565	11 21 985	15	9 97 485	11 20 530
16	10 61 936	11 96 784	16	10 63 664	11 95 232
17	11 28 307	12 71 583	17	11 30 143	12 69 934
18	11 94 678	13 46 382	18	11 96 622	13 44 636
19	12 61 049	14 •21 181	19	12 63 101	14 19 338
20	13 27 420	14 95 980	20	13 29 580	14 94 040

Hypoténuse.	41 d. 45 m. Côté opposé.	48 d. 15 m. Côté opposé.	Hypoténuse.	41 d. 50 m. Côté opposé.	48 d. 10 m. Côté opposé.
1	0 66 588	0 74 606	1	0 66 696	0 74 509
2	1 33 176	1 49 212	2	1 33 392	1 49 018
3	1 99 764	2 23 818	3	2 00 088	2 23 527
4	2 66 352	2 98 424	4	2 66 784	2 98 036
5	3 32 940	3 73 030	5	3 33 480	3 72 545
6	3 99 528	4 47 636	6	4 00 176	4 47 054
7	4 66 116	5 22 242	7	4 66 872	5 21 563
8	5 32 704	5 96 848	8	5 33 568	5 96 072
9	5 99 292	6 71 454	9	6 00 264	6 70 584
10	6 65 880	7 46 060	10	6 66 960	7 45 090
11	7 32 468	8 20 666	11	7 33 656	8 19 599
12	7 99 056	8 95 272	12	8 00 352	8 94 108
13	8 65 644	9 69 878	13	8 67 048	9 68 617
14	9 32 232	10 44 484	14	9 33 744	10 43 126
15	9 98 820	11 19 090	15	10 00 440	11 17 635
16	10 65 408	11 93 696	16	10 67 136	11 92 144
17	11 34 996	12 68 302	17	11 33 832	12 66 653
18	11 98 584	13 42 908	18	12 00 528	13 41 162
19	12 65 172	14 17 514	19	12 67 224	14 15 671
20	13 31 760	14 92 120	20	13 33 920	14 90 180

Hyp.	41 d. 55 m. Côté opposé.	48 d. 05 m. Côté opposé.	Hyp.	42 d. 00 m. Côté opposé.	48 d. 00 m. Côté opposé.
1	0 66 805	0 74 412	1	0 66 913	0 74 314
2	1 33 610	1 48 824	2	1 33 826	1 48 628
3	2 00 415	2 23 236	3	2 00 739	2 22 942
4	2 67 220	2 97 648	4	2 67 652	2 97 256
5	3 34 025	3 72 060	5	3 34 565	3 71 570
6	4 00 830	4 46 472	6	4 01 478	4 45 884
7	4 67 635	5 20 884	7	4 68 391	5 20 198
8	5 34 440	5 95 296	8	5 35 304	5 94 512
9	6 01 245	6 69 708	9	6 02 217	6 68 826
10	6 68 050	7 44 120	10	6 69 130	7 43 140
11	7 34 855	8 18 532	11	7 36 043	8 17 454
12	8 01 660	8 92 944	12	8 02 956	8 91 768
13	8 68 465	9 67 356	13	8 69 869	9 66 082
14	9 35 270	10 41 768	14	9 36 782	10 40 396
15	10 02 075	11 16 180	15	10 03 695	11 14 740
16	10 68 880	11 90 592	16	10 70 608	11 89 024
17	11 35 685	12 65 004	17	11 37 521	12 63 338
18	12 02 490	13 39 416	18	12 04 434	13 37 652
19	12 69 295	14 13 828	19	12 71 347	14 11 966
20	13 36 100	14 88 240	20	13 38 260	14 86 280

Hypoténuse.	42 d. 05 m. Côté opposé.	47 d. 55 m. Côté opposé.	Hypoténuse.	42 d. 10 m. Côté opposé.	47 d. 50 m. Côté opposé.
1	0 67 021	0 74 217	1	0 67 129	0 74 119
2	1 34 042	1 48 434	2	1 34 258	1 48 238
3	2 01 063	2 22 651	3	2 01 387	2 22 357
4	2 68 084	2 96 868	4	2 68 516	2 96 476
5	3 35 105	3 71 085	5	3 35 645	3 70 595
6	4 02 126	4 45 302	6	4 02 774	4 44 714
7	4 69 147	5 19 519	7	4 69 903	5 18 833
8	5 36 168	5 93 736	8	5 37 032	5 92 952
9	6 03 189	6 67 953	9	6 04 161	6 67 071
10	6 70 210	7 42 170	10	6 71 290	7 41 190
11	7 37 231	8 16 387	11	7 38 419	8 15 309
12	8 04 252	8 90 604	12	8 05 548	8 89 428
13	8 71 273	9 64 821	13	8 72 677	9 63 547
14	9 38 294	10 39 038	14	9 39 806	10 37 666
15	10 05 315	11 13 255	15	10 06 935	11 11 785
16	10 72 336	11 87 472	16	10 74 064	11 85 904
17	11 39 357	12 61 689	17	11 41 193	12 60 023
18	12 06 378	13 35 906	18	12 08 322	13 34 142
19	12 73 399	14 10 123	19	12 75 451	14 08 261
20	13 40 420	14 84 340	20	13 42 580	14 82 380

Hyp.	42 d. 15 m Côté opposé.	47 d. 45 m. Côté opposé.	Hyp.	42 d. 20 m. Côté opposé.	47 d. 40 m. Côté opposé.
1	0 67 237	0 74 022	1	0 67 844	0 73 924
2	1 34 474	1 48 044	2	1 35 688	1 47 848
3	2 01 711	2 22 066	3	2 03 532	2 21 772
4	2 68 948	2 96 088	4	2 71 376	2 95 696
5	3 36 185	3 70 110	5	3 39 220	3 69 620
6	4 03 422	4 44 132	6	4 07 064	4 43 544
7	4 70 659	5 18 154	7	4 74 908	5 17 468
8	5 37 896	5 92 176	8	5 42 752	5 91 392
9	6 05 133	6 66 198	9	6 10 596	6 65 316
10	6 72 370	7 40 220	10	6 78 440	7 39 240
11	7 39 607	8 14 242	11	7 46 284	8 13 164
12	8 06 844	8 88 264	12	8 14 128	8 87 088
13	8 74 081	9 62 286	13	8 81 972	9 61 012
14	9 41 318	10 36 308	14	9 49 816	10 34 936
15	10 08 555	11 10 330	15	10 17 660	11 08 860
16	10 75 792	11 84 352	16	10 85 504	11 82 784
17	11 43 029	12 58 374	17	11 53 348	12 56 708
18	12 10 266	13 32 396	18	12 21 192	13 30 632
19	12 77 503	14 06 418	19	12 89 036	14 04 556
20	13 44 740	14 80 440	20	13 56 880	14 78 420

Hypoténuse.	42 d. 25 m. Côté opposé.	47 d. 35 m. Côté opposé.	Hypoténuse.	42 d. 30 m. Côté opposé.	47 d. 30 m. Côté opposé.
1	0 67 452	0 73 826	1	0 67 559	0 73 728
2	1 34 904	1 47 652	2	1 35 118	1 47 456
3	2 02 356	2 21 478	3	2 02 677	2 21 484
4	2 69 808	2 95 304	4	2 70 236	2 94 912
5	3 37 260	3 69 130	5	3 37 795	3 68 640
6	4 04 712	4 42 956	6	4 05 354	4 42 368
7	4 72 164	5 16 782	7	4 72 913	5 16 096
8	5 39 616	5 90 608	8	5 40 472	5 89 824
9	6 07 068	6 64 434	9	6 08 031	6 63 552
10	6 74 520	7 38 260	10	6 75 590	7 37 280
11	7 41 972	8 12 086	11	7 43 149	8 11 008
12	8 09 424	8 85 912	12	8 10 708	8 84 736
13	8 76 876	9 59 738	13	8 78 267	9 58 464
14	9 44 328	10 33 564	14	9 45 826	10 32 192
15	10 11 780	11 07 390	15	10 13 385	11 05 920
16	10 79 282	11 81 246	16	10 80 944	11 79 648
17	11 46 684	12 55 042	17	11 48 503	12 53 376
18	12 14 136	13 28 868	18	12 16 062	13 27 104
19	12 81 588	14 02 694	19	12 83 621	14 00 832
20	13 49 040	14 76 520	20	13 54 180	14 74 560

Hyp.	42 d. 35 m.	47 d. 25 m.	Hyp.	42 d. 40 m.	47 d. 20 m.
1	0 67 666	0 73 629	1	0 67 773	0 73 531
2	1 35 332	1 47 258	2	1 35 546	1 47 062
3	2 02 998	2 20 887	3	2 03 349	2 20 593
4	2 70 664	2 94 546	4	2 71 092	2 94 124
5	3 38 330	3 68 145	5	3 38 865	3 67 655
6	4 05 996	4 41 774	6	4 06 638	4 41 186
7	4 73 662	5 15 403	7	4 74 411	5 14 717
8	5 41 328	5 89 032	8	5 42 184	5 88 248
9	6 08 994	6 62 661	9	6 09 957	6 61 779
10	6 76 660	7 36 290	10	6 77 730	7 35 310
11	7 44 326	8 09 919	11	7 45 503	8 08 841
12	8 11 992	8 83 548	12	8 13 276	8 82 372
13	8 79 658	9 57 177	13	8 81 049	9 55 903
14	9 47 324	10 30 806	14	9 48 822	10 29 434
15	10 14 990	11 04 435	15	10 16 595	11 02 965
16	10 82 656	11 78 064	16	10 84 368	11 76 496
17	11 50 322	12 51 693	17	11 52 141	12 50 027
18	12 17 988	13 25 322	18	12 19 914	13 23 558
19	12 85 654	13 98 954	19	12 87 687	13 97 089
20	13 53 320	14 72 580	20	13 55 460	14 70 620

Hypoténuse.	42 d. 45 m. Côté opposé.	47 d. 15 m. Côté opposé.	Hypoténuse.	42 d. 50 m. Côté opposé.	47 d. 10 m. Côté opposé.
1	0 67 880	0 73 432	1	0 67 987	0 73 333
2	1 35 760	1 46 864	2	1 35 974	1 46 666
3	2 03 640	2 20 296	3	2 03 961	2 19 999
4	2 71 520	2 93 728	4	2 71 948	2 93 332
5	3 39 400	3 67 160	5	3 39 935	3 66 665
6	4 07 280	4 40 592	6	4 07 922	4 39 998
7	4 75 160	5 14 024	7	4 75 909	5 13 331
8	5 43 040	5 87 456	8	5 43 896	5 86 664
9	6 10 920	6 60 888	9	6 11 883	6 59 997
10	6 78 800	7 34 320	10	6 79 870	7 33 330
11	7 46 680	8 07 752	11	7 47 857	8 06 663
12	8 14 560	8 81 184	12	8 15 844	8 79 996
13	8 82 440	9 54 616	13	8 83 831	9 53 329
14	9 50 320	10 28 048	14	9 51 818	10 26 662
15	10 18 200	11 01 480	15	10 19 805	10 99 995
16	10 86 080	11 74 912	16	10 87 792	11 73 328
17	11 53 960	12 48 344	17	11 55 779	12 46 661
18	12 21 840	13 21 776	18	12 23 766	13 19 994
19	12 89 720	13 95 208	19	12 91 753	13 93 327
20	13 57 600	14 68 640	20	13 59 740	14 66 660

Hyp.	42 d. 55 m.	47 d. 05 m.	Hyp.	48 d. 00 m.	47 d. 00 m.
1	0 68 093	0 73 234	1	0 68 200	0 73 135
2	1 36 186	1 46 468	2	1 36 400	1 46 270
3	2 04 279	2 19 702	3	2 04 600	2 19 405
4	2 72 372	2 92 936	4	2 72 800	2 92 540
5	3 40 465	3 66 170	5	3 41 000	3 65 675
6	4 08 558	4 39 404	6	4 09 200	4 38 810
7	4 76 651	5 12 638	7	4 77 400	5 11 945
8	5 44 744	5 85 872	8	5 45 600	5 85 080
9	6 12 837	6 59 106	9	6 13 800	6 58 215
10	6 80 930	7 32 340	10	6 82 000	7 31 350
11	7 49 023	8 05 574	11	7 50 200	8 04 485
12	8 17 116	8 78 808	12	8 18 400	8 77 620
13	8 85 209	9 52 042	13	8 86 600	9 50 755
14	9 53 302	10 25 276	14	9 54 800	10 23 890
15	10 21 395	10 98 510	15	10 23 000	10 97 025
16	10 89 488	11 71 744	16	10 91 200	11 70 160
17	11 57 581	12 44 978	17	11 59 400	12 43 295
18	12 25 674	13 18 212	18	12 27 600	13 16 430
19	12 93 767	13 91 446	19	12 95 800	13 89 565
20	13 61 800	14 64 680	20	13 64 000	14 62 700

Hypoténuse.	43 d. 05 m. Côté opposé.	46 d. 55 m. Côté opposé.	Hypoténuse.	43 d. 10 m. Côté opposé.	46 d. 50 m. Côté opposé.
1	0 68 306	0 73 036	1	0 68 412	0 72 937
2	1 36 612	1 46 072	2	1 36 824	1 45 874
3	2 04 918	2 19 108	3	2 05 236	2 18 811
4	2 73 224	2 92 144	4	2 73 648	2 91 748
5	3 41 530	3 65 180	5	3 42 060	3 64 685
6	4 09 836	4 38 216	6	4 10 472	4 37 622
7	4 78 142	5 11 252	7	4 78 884	5 10 559
8	5 46 448	5 84 288	8	5 47 296	5 83 496
9	6 14 754	6 57 324	9	6 15 708	6 56 433
10	6 83 060	7 30 360	10	6 84 120	7 29 370
11	7 51 366	8 03 396	11	7 52 532	8 02 307
12	8 19 672	8 76 432	12	8 20 944	8 75 244
13	8 87 978	9 50 468	13	8 89 356	9 48 181
14	9 56 284	10 23 504	14	9 57 768	10 21 118
15	10 24 590	10 96 540	15	10 26 180	10 94 055
16	10 92 896	11 69 576	16	10 94 592	11 66 992
17	11 61 202	12 42 612	17	11 63 004	12 39 929
18	12 29 508	13 15 648	18	12 34 416	13 12 866
19	12 97 814	13 88 684	19	12 99 828	13 85 803
20	13 66 120	14 61 720	20	13 68 240	14 58 740

Hyp.	43 d. 15 m. Côté opposé.	46 d. 45 m. Côté opposé.	Hyp.	43 d. 20 m. Côté opposé.	46 d. 40 m. Côté opposé.
1	0 68 518	0 72 837	1	0 68 624	0 72 737
2	1 37 036	1 45 674	2	1 37 248	1 45 474
3	2 05 554	2 18 511	3	2 05 872	2 18 211
4	2 74 072	2 91 348	4	2 74 496	2 90 948
5	3 42 590	3 64 185	5	3 43 120	3 63 685
6	4 11 108	4 37 022	6	4 11 744	4 36 422
7	4 79 626	5 09 859	7	4 80 368	5 09 159
8	5 48 144	5 82 696	8	5 48 992	5 81 896
9	6 16 662	6 55 533	9	6 17 616	6 54 633
10	6 85 180	7 28 370	10	6 86 240	7 27 370
11	7 53 698	8 01 207	11	7 54 864	8 00 107
12	8 22 216	8 74 044	12	8 23 488	8 72 844
13	8 90 734	9 46 881	13	8 92 112	9 45 581
14	9 59 252	10 19 718	14	9 60 736	10 18 318
15	10 27 770	10 92 555	15	10 29 360	10 91 055
16	10 96 288	11 65 392	16	10 97 984	11 63 792
17	11 64 806	12 38 229	17	11 66 608	12 36 529
18	12 33 324	13 11 066	18	12 35 232	13 09 266
19	13 01 842	13 83 903	19	13 03 856	13 82 003
20	13 70 360	14 56 740	20	13 72 480	14 54 740

Hypoténuse.	43 d. 25 m. Côté opposé.	46 d. 35 m. Côté opposé.	Hypoténuse.	43 d. 30 m. Côté opposé.	46 d. 30 m. Côté opposé.
1	0 68 730	0 72 637	1	0 68 835	0 72 537
2	1 37 460	1 45 274	2	1 37 670	1 45 074
3	2 06 190	2 17 911	3	2 06 505	2 17 611
4	2 74 920	2 90 548	4	2 75 340	2 90 148
5	3 43 650	3 63 185	5	3 44 175	3 62 685
6	4 12 380	4 35 822	6	4 13 010	4 35 222
7	4 81 110	5 08 459	7	4 81 845	5 07 759
8	5 49 840	5 81 096	8	5 50 680	5 80 296
9	6 18 570	6 53 733	9	6 19 515	6 52 833
10	6 87 300	7 26 370	10	6 88 350	7 25 370
11	7 56 030	7 99 007	11	7 57 185	7 97 907
12	8 24 760	8 71 644	12	8 26 020	8 70 444
13	8 93 500	9 44 281	13	8 94 855	9 42 981
14	9 62 230	10 16 918	14	9 63 690	10 15 518
15	10 30 960	10 89 555	15	10 32 525	10 88 055
16	10 99 690	11 62 192	16	11 01 360	11 60 592
17	11 68 420	12 34 829	17	11 70 195	12 33 129
18	12 37 150	13 07 466	18	12 39 030	13 05 666
19	13 05 880	13 80 103	19	13 07 865	13 78 203
20	13 74 610	14 52 740	20	13 76 700	14 50 740

Hyp.	43 d. 35 m.	46 d. 25 m.	Hyp.	43 d. 40 m.	46 d. 20 m.
1	0 68 962	0 72 437	1	0 69 046	0 72 337
2	1 37 924	1 44 874	2	1 38 092	1 44 674
3	2 06 886	2 17 311	3	2 07 138	2 17 011
4	2 75 848	2 89 748	4	2 76 184	2 89 348
5	3 44 810	3 62 185	5	3 45 230	3 61 685
6	4 13 772	4 34 622	6	4 14 276	4 34 022
7	4 82 734	5 07 059	7	4 83 322	5 06 359
8	5 51 696	5 79 496	8	5 52 368	5 78 696
9	6 20 658	6 51 933	9	6 21 414	6 51 033
10	6 89 620	7 24 370	10	6 90 460	7 23 370
11	7 58 582	7 96 807	11	7 59 506	7 95 707
12	8 27 544	8 69 244	12	8 28 552	8 68 044
13	8 96 506	9 41 681	13	8 97 598	9 40 381
14	9 65 468	10 14 118	14	9 66 644	10 12 718
15	10 34 430	10 86 555	15	10 35 690	10 85 055
16	11 03 392	11 58 992	16	11 04 736	11 57 392
17	11 72 354	12 31 429	17	11 73 782	12 29 729
18	12 41 316	13 03 866	18	12 42 828	13 02 066
19	13 10 278	13 76 303	19	13 11 874	13 74 403
20	13 79 240	14 48 740	20	13 80 920	14 46 740

Hypoténuse.	43 d. 45 m. Côté opposé.	46 d. 15 m. Côté opposé.	Hypoténuse.	43 d. 50 m. Côté opposé.	46 d. 10 m. Côté opposé.
1	0 69 151	0 72 236	1	0 69 256	0 72 136
2	1 38 302	1 44 472	2	1 38 512	1 44 272
3	2 07 453	2 16 708	3	2 07 768	2 16 408
4	2 76 604	2 88 944	4	2 77 024	2 88 544
5	3 45 755	3 61 180	5	3 46 280	3 60 680
6	4 14 906	4 33 416	6	4 15 536	4 32 816
7	4 84 057	5 05 652	7	4 84 792	5 04 952
8	5 53 208	5 77 888	8	5 54 048	5 77 088
9	6 22 359	6 50 124	9	6 23 304	6 49 224
10	6 91 510	7 22 360	10	6 92 560	7 21 360
11	7 60 661	7 94 596	11	7 61 816	7 93 496
12	8 29 812	8 66 832	12	8 31 072	8 65 632
13	8 98 963	9 39 068	13	9 00 328	9 37 768
14	9 68 114	10 11 304	14	9 69 584	10 09 904
15	10 37 265	10 83 540	15	10 38 840	10 82 040
16	11 06 416	11 55 776	16	11 08 096	11 54 176
17	11 75 567	12 28 012	17	11 77 352	12 26 312
18	12 44 718	13 00 248	18	12 46 608	12 98 448
19	13 13 869	13 72 484	19	13 15 864	13 70 584
20	13 83 020	14 44 720	20	13 85 120	14 42 720

Hyp.	43 d. 55 m.	46 d. 05 m.	Hyp.	44 d. 00 m.	46 d. 00 m.
1	0 69 361	0 72 035	1	0 69 466	0 71 934
2	1 38 722	1 44 070	2	1 38 932	1 43 868
3	2 08 083	2 16 105	3	2 08 398	2 15 802
4	2 77 444	2 88 140	4	2 77 864	2 87 736
5	3 46 805	3 60 175	5	3 47 330	3 59 670
6	4 16 166	4 32 210	6	4 16 796	4 31 604
7	4 85 527	5 04 245	7	4 86 262	5 03 538
8	5 54 888	5 76 280	8	5 55 728	5 75 472
9	6 24 249	6 48 315	9	6 25 194	6 47 406
10	6 93 610	7 20 350	10	6 94 660	7 19 340
11	7 62 971	7 92 385	11	7 64 126	7 91 274
12	8 32 332	8 64 420	12	8 33 592	8 63 208
13	9 01 693	9 36 455	13	9 03 058	9 35 142
14	9 71 054	10 08 490	14	9 72 524	10 07 076
15	10 40 415	10 80 525	15	10 41 990	10 79 010
16	11 09 776	11 52 560	16	11 11 456	11 50 944
17	11 79 137	12 24 595	17	11 80 922	12 22 878
18	12 48 498	12 96 630	18	12 50 388	12 94 812
19	13 17 859	13 68 665	19	13 19 854	13 66 746
20	13 87 220	14 40 700	20	13 89 320	14 38 680

Hypoténuse.	44 d. 05 m. Côté opposé.	45 d. 55 m. Côté opposé.	Hypoténuse.	44 d. 10 m. Côté opposé.	45 d. 50 m. Côté opposé.
1	0 69 570	0 71 833	1	0 69 675	0 71 732
2	1 39 140	1 43 666	2	1 39 350	1 43 464
3	2 08 710	2 15 499	3	2 09 025	2 15 196
4	2 78 280	2 87 332	4	2 78 700	2 86 928
5	3 47 850	3 59 165	5	3 48 375	3 58 660
6	4 17 420	4 30 998	6	4 18 050	4 30 392
7	4 86 990	5 02 831	7	4 87 725	5 02 124
8	5 56 560	5 74 664	8	5 57 400	5 73 856
9	6 26 130	6 46 497	9	6 27 075	6 45 588
10	6 95 700	7 18 330	10	6 96 750	7 17 320
11	7 65 270	7 90 163	11	7 66 425	7 89 052
12	8 34 840	8 61 996	12	8 36 100	8 60 784
13	9 04 410	9 33 829	13	9 05 775	9 32 516
14	9 73 980	10 05 662	14	9 75 450	10 04 248
15	10 43 550	10 77 495	15	10 45 125	10 75 980
16	11 13 120	11 49 328	16	11 14 800	11 47 712
17	11 82 690	12 21 161	17	11 84 475	12 19 444
18	12 52 260	12 92 994	18	12 54 150	12 91 176
19	13 21 830	13 64 827	19	13 23 825	13 62 908
20	13 91 400	14 36 660	20	13 93 500	14 34 640

Hyp.	44 d. 15 m. Côté opposé.	45 d. 45 m. Côté opposé.	Hyp.	44 d. 20 m. Côté opposé.	45 d. 40 m. Côté opposé.
1	0 69 779	0 71 630	1	0 69 883	0 71 529
2	1 39 558	1 43 260	2	1 39 766	1 43 058
3	2 09 337	2 14 890	3	2 09 649	2 14 587
4	2 79 116	2 86 520	4	2 79 532	2 86 116
5	3 48 895	3 58 150	5	3 49 415	3 57 645
6	4 18 674	4 29 780	6	4 19 298	4 29 174
7	4 88 453	5 01 410	7	4 89 181	5 00 703
8	5 58 232	5 73 040	8	5 59 064	5 72 232
9	6 28 011	6 44 670	9	6 28 947	6 43 761
10	6 97 790	7 16 300	10	6 98 830	7 15 290
11	7 67 569	7 87 930	11	7 68 713	7 86 819
12	8 37 348	8 59 560	12	8 38 596	8 58 348
13	9 07 127	9 31 190	13	9 08 479	9 29 877
14	9 76 906	10 02 820	14	9 78 362	10 01 406
15	10 46 685	10 74 450	15	10 48 245	10 72 935
16	11 16 464	11 46 080	16	11 18 128	11 44 464
17	11 86 243	12 17 710	17	11 88 011	12 15 993
18	12 56 022	12 89 340	18	12 57 894	12 87 522
19	13 25 801	13 60 970	19	13 27 777	13 59 051
20	13 95 580	14 32 600	20	13 97 660	14 30 580

Hypoténuse.	44 d. 25 m. Côté opposé.	45 d. 35 m. Côté opposé.	Hypoténuse.	44 d. 30 m. Côté opposé.	45 d. 30 m. Côté opposé.
1	0 69 987	0 71 427	1	0 70 091	0 71 325
2	1 39 974	1 42 854	2	1 40 182	1 42 650
3	2 09 961	2 14 281	3	2 40 273	2 13 975
4	2 79 948	2 85 708	4	2 80 364	2 85 300
5	3 49 935	3 57 135	5	3 50 455	3 56 625
6	4 19 922	4 28 562	6	4 20 546	4 27 950
7	4 89 909	4 99 989	7	4 90 637	4 99 275
8	5 59 896	5 71 416	8	5 60 728	5 70 600
9	6 29 883	6 42 843	9	6 30 819	6 41 925
10	6 99 870	7 14 270	10	7 00 910	7 13 250
11	7 69 857	7 85 697	11	7 71 001	7 84 575
12	8 39 844	8 57 124	12	8 41 092	8 55 900
13	9 09 831	9 28 551	13	9 11 183	9 27 225
14	9 79 818	9 99 978	14	9 81 274	9 98 550
15	10 49 805	10 71 405	15	10 51 365	10 69 875
16	11 19 792	11 42 832	16	11 21 456	11 41 200
17	11 88 779	12 14 259	17	11 91 547	12 12 525
18	12 58 766	12 85 686	18	12 62 638	12 83 850
19	13 28 753	13 57 113	19	12 32 729	13 55 175
20	13 98 740	14 28 540	20	13 02 820	14 26 500

Hyp.	44 d. 35 m	45 d. 25 m	Hyp.	44 d. 40 m	45 d. 20 m
1	0 70 194	0 71 223	1	0 70 298	0 71 121
2	1 40 388	1 42 446	2	1 40 596	1 42 242
3	2 10 582	2 13 669	3	2 40 894	2 13 363
4	2 80 776	2 84 892	4	2 81 192	2 84 484
5	3 50 970	3 56 115	5	3 51 490	3 55 605
6	4 21 164	4 27 338	6	4 21 788	4 26 726
7	4 91 358	4 98 561	7	4 92 086	4 97 847
8	5 61 552	5 69 784	8	5 62 384	5 68 968
9	6 31 746	6 41 007	9	6 32 682	6 40 089
10	7 01 940	7 12 230	10	7 02 980	7 11 240
11	7 72 134	7 83 453	11	7 73 278	7 82 331
12	8 42 328	8 54 676	12	8 43 575	8 53 452
13	9 12 522	9 25 899	13	9 13 873	9 24 573
14	9 82 716	9 97 122	14	9 84 171	9 95 694
15	10 52 910	10 68 345	15	10 54 469	10 66 845
16	11 23 104	11 39 568	16	11 24 767	11 37 936
17	11 93 298	12 10 791	17	11 95 065	12 09 057
18	12 63 492	12 82 014	18	12 65 363	12 80 178
19	13 33 686	13 53 237	19	13 35 661	13 51 299
20	14 03 880	14 24 460	20	14 05 959	14 22 420

Hypoténuse.	44 d. 45 m. Côté opposé.	45 d. 15 m. Côté opposé.	Hypoténuse.	44 d. 50 m. Côté opposé.	45 d. 10 m. Côté opposé.
1	0 70 401	0 71 018	1	0 70 505	0 70 916
2	1 40 802	1 42 036	2	1 41 040	1 41 832
3	2 11 203	2 13 054	3	2 11 515	2 12 748
4	2 81 604	2 84 072	4	2 82 020	2 83 664
5	3 52 005	3 55 090	5	3 52 525	3 54 580
6	4 22 406	4 26 108	6	4 23 030	4 25 496
7	4 92 807	4 97 126	7	4 93 535	4 96 412
8	5 63 208	5 68 144	8	5 64 040	5 67 328
9	6 33 609	6 39 162	9	6 34 545	6 38 244
10	7 04 010	7 10 180	10	7 05 050	7 09 460
11	7 74 411	7 81 198	11	7 75 555	7 80 076
12	8 44 812	8 52 216	12	8 46 060	8 50 992
13	9 15 213	9 23 234	13	9 16 565	9 21 908
14	9 85 614	9 94 252	14	9 87 070	9 92 824
15	10 56 015	10 65 270	15	10 57 575	10 63 740
16	11 26 416	11 36 288	16	11 28 080	11 34 656
17	11 96 817	12 07 306	17	11 98 585	12 05 572
18	12 67 218	12 78 324	18	12 69 090	12 76 488
19	13 37 619	13 49 342	19	13 39 595	13 47 404
20	14 08 020	14 20 360	20	14 10 100	14 48 320

Hyp	44 d. 55 m.	45 d. 05 m.	Hyp.	45 d. 00 m.	45 d. 00 m.
1	0 70 608	0 70 843	1	0 70 711	0 70 711
2	1 41 216	1 41 626	2	1 41 422	1 41 422
3	2 11 824	2 12 439	3	2 12 133	2 12 133
4	2 82 432	2 83 252	4	2 82 844	2 82 844
5	3 53 040	3 54 065	5	3 53 555	3 53 555
6	4 23 648	4 24 878	6	4 24 266	4 24 266
7	4 94 256	4 95 691	7	4 94 977	4 94 977
8	5 64 864	5 66 504	8	5 65 688	5 65 688
9	6 35 472	6 37 317	9	6 36 399	6 36 399
10	7 06 080	7 08 130	10	7 07 110	7 07 110
11	7 76 688	7 78 943	11	7 77 821	7 77 821
12	8 47 296	8 49 756	12	8 48 532	8 48 532
13	9 17 904	9 20 569	13	9 19 243	9 19 243
14	9 88 512	9 91 382	14	9 89 954	9 89 954
15	10 59 120	10 62 195	15	10 60 665	10 60 665
16	11 29 728	11 33 008	16	11 31 376	11 31 376
17	12 00 336	12 03 821	17	12 02 087	12 02 087
18	12 70 944	12 74 634	18	12 72 798	12 72 798
19	13 41 552	13 45 447	19	13 43 509	13 43 509
20	14 12 160	14 16 260	20	14 14 220	14 14 220

DES NOUVELLES MESURES.

Mesures linéaires.

Depuis l'invention du système métrique l'unité, pour les mesures de longueur, est le *mètre*.

Les multiples du mètre sont :

1°. Le *décamètre* valant. . . . . .   10 mètres.
2°. L'*hectomètre*   100
3°. Le *kilomètre*   1,000
4°. Le *myriamètre* 10,000

Les sous-multiples du mètre sont :

1°. Le *décimètre* ou. . . . . . .   10me du mètre.
2°. Le *centimètre* . . . .   100me
3°. Le *millimètre* . . . . 1,000^{me}

Mesures de surface ou de superficie.

L'unité pour les mesures des surfaces, est l'*are*.

L'are est un carré dont chaque côté a 10 mètres de longueur (ou un décamètre carré). Il remplace toutes les anciennes mesures agraires.

Les multiples de l'are sont :

L'*hectare*, qui est un carré dont les côtés ont 100 mètres ou 10 décamètres de long., et qui contient 100 ares ou 100 décamètres carrés.

Le *myriare*, dont on ne fait usage que pour l'évaluation de grandes surfaces, représente 100 hectares.

La division de l'are est :

Le *centiare* ou un mètre carré, est la centième partie de l'are, et la dix millième de l'hectare.

DIVISION DU CERCLE.

Jusqu'à ces derniers temps les Géomètres s'étaient accordés à diviser la circonférence en 360 parties égales appelées *degrés*, le degré en 60 *minutes*, la minute en 60 *secondes*, etc.

Depuis le système métrique, les savans, à qui l'on en doit l'invention, ont introduit la division décimale dans la mesure des angles; ils ont divisé le cercle en 400 parties égales qu'on nomme *grades*; ceux-ci en 100 *minutes*, et la minute en 100 *secondes*.

Mais presque tous les instrumens étant encore gradués suivant l'ancienne division, et les tables des logarithmes étant calculées d'après ce système; de longtemps d'ici le nouveau ne pourra être mis en pratique, c'est ce motif qui nous a déterminé à calculer notre Barême sur l'ancienne division, plutôt que sur la nouvelle, à laquelle d'ailleurs il sert également; il suffit pour cela de réduire la division décimale à l'ancienne, ce qui est très-facile au moyen des *tables* qui vont suivre; en voici un exemple :

Soit proposé 153 grades 80 minutes 56 secondes, qu'on écrit ainsi 153 ^{g}. 80' 56" à convertir en degrés sexagésimaux.

Prenez dans la 2me table, qui est divisée en trois parties, la 1re, lettre C, pour les grades, la 2me, lettre D, pour les minutes, et la 3me, lettre E, pour les secondes, vous aurez :

100 ^{g}.	(table C).....	90°
53	(*id.*).....	47° 42'
80'	(table D)......	43' 12"
56"	(table E).....	18"
153 ^{g}.80' 56"		138° 25' 30"

Réciproquement la 1re table donne :

$$\text{Pour} \begin{cases} 90° & \text{(partie A)} \dots\dots & 100^{g}. \\ 48 & (\quad id. \quad) \dots\dots & 53 \quad 33'33'' \\ \quad 25' & \text{(partie B)} \dots\dots & 46 \quad 30 \\ \quad\quad 30'' & (\quad id. \quad) \dots\dots & 93 \end{cases}$$

$$138°\,25'\,30'' \qquad\qquad 153^{g}.\,80'\,56''$$

1re TABLE.

Partie A, pour les degrés.

Conversion de la division sexagésimale du quart de cercle en division décimale.

Degr.	Division décimal.	Degr.	Division décimal.	Degr.	Division décimal.
1°	1^{g} 11′ 11″ 1	31	34^{g} 44′ 44″ 4	61	67^{g} 77′ 77″ 8
2	2 22 22 2	32	35 55 55 6	62	68 88 88 9
3	3 33 33 3	33	36 66 66 7	63	70 00 00 0
4	4 44 44 4	34	37 77 77 8	64	71 11 11 1
5	5 55 55 6	35	38 88 88 9	65	72 22 22 2
6	5 66 66 7	36	40 00 00 0	66	73 33 33 3
7	7 77 77 8	37	41 11 11 1	67	74 44 44 4
8	8 88 88 9	38	42 22 22 2	68	75 55 55 6
9	10 00 00 0	39	43 33 33 3	69	76 66 66 7
10	11 11 11 1	40	44 44 44 4	70	77 77 77 8
11	12 22 22 2	41	45 55 55 6	71	78 88 88 9
12	13 33 33 3	42	46 66 66 7	72	80 00 00 0
13	14 44 44 4	43	47 77 77 8	73	81 11 11 1
14	15 55 55 6	44	48 88 88 9	74	82 22 22 2
15	16 66 66 7	45	50 00 00 0	75	83 33 33 3
16	17 77 77 8	46	51 11 11 1	76	84 44 44 4
17	18 88 88 9	47	52 22 22 2	77	85 55 55 6
18	20 00 00 0	48	53 33 33 3	78	86 66 66 7
19	21 11 11 1	49	54 44 44 4	79	87 77 77 8
20	22 22 22 2	50	55 55 55 6	80	88 88 88 9
21	23 33 33 3	51	56 66 66 7	81	90 00 00 0
22	24 44 44 4	52	57 77 77 8	82	91 11 11 1
23	25 55 55 6	53	58 88 88 9	83	92 22 22 2
24	26 66 66 7	54	60 00 00 0	84	93 33 33 3
25	27 77 77 8	55	61 11 11 1	85	94 44 44 4
26	28 88 88 9	56	62 22 22 2	86	95 55 55 6
27	30 00 00 0	57	63 33 33 3	87	96 66 66 7
28	31 11 11 1	58	64 44 44 4	88	97 77 77 8
29	32 22 22 2	59	65 55 55 6	89	98 88 88 9
30	33 33 33 3	60	66 66 66 7	90	100 00 00 0

SUITE DE LA 1ʳᵉ TABLE.

Partie B, pour les minutes et les secondes.

Conversion de la division sexagésimale du quart de cercle en division décimale.

Minutes.	Division décimale.	Minutes.	Division décimale.	Minutes.	Division décimale.	Minutes.	Division décimale.
1	1′ 85″ 2	16	29′ 63″ 0	31	57′ 40″ 7	46	85′ 18″ 5
2	3 70 4	17	31 48 1	32	59 25 9	47	87 03 7
3	5 55 6	18	33 33 3	33	61 11 1	48	88 88 9
4	7 40 7	19	35 18 5	34	62 96 3	49	90 74 1
5	9 25 9	20	37 03 7	35	64 81 5	50	92 59 3
6	11 11 1	21	38 88 9	36	66 66 7	51	94 44 4
7	12 96 3	22	40 74 1	37	68 51 9	52	96 29 6
8	14 81 5	23	42 59 3	38	70 37 0	53	98 14 8
9	16 66 7	24	44 44 4	39	72 22 2	54	1 00 00 0
10	18 51 9	25	46 29 6	40	74 07 4	55	1 01 85 2
11	20 37 0	26	48 14 8	41	75 92 6	56	1 03 70 4
12	22 22 2	27	50 00 0	42	77 77 8	57	1 05 55 6
13	24 07 4	28	51 85 2	43	79 63 0	58	1 07 40 7
14	25 92 6	29	53 70 4	44	81 48 1	59	1 09 25 9
15	27 77 8	30	55 55 6	45	83 33 3	60	1 11 11 1

Secondes	Division décimale	Secondes	Division décimale.	Secondes	Division décimale.	Secondes	Division décimale.
1	3″ 1	16	49″ 4	31	95″ 7	46	1′ 42″ 0
2	6 2	17	52 5	32	98 8	47	1 45 1
3	9 3	18	55 6	33	1′ 01 9	48	1 48 1
4	12 3	19	58 6	34	1 04 9	49	1 51 2
5	15 4	20	61 7	35	1 08 0	50	1 54 3
6	18 5	21	64 8	36	1 11 1	51	1 54 7
7	21 6	22	67 9	37	1 14 2	52	1 60 5
8	24 7	23	71 0	38	1 17 3	53	1 63 6
9	27 8	24	74 1	39	1 20 4	54	1 66 7
10	30 9	25	77 2	40	1 23 5	55	1 69 8
11	34 0	26	80 2	41	1 26 5	56	1 72 8
12	37 0	27	83 3	42	1 29 6	57	1 75 9
13	40 1	28	86 4	43	1 32 7	58	1 79 0
14	43 2	29	89 5	44	1 35 8	59	1 82 1
15	46 3	30	92 6	45	1 38 9	60	1 85 2

2ᵐᵉ TABLE.

Partie C, pour les grades.

Conversion de la division décimale du quart de cercle en division sexagésimale.

Grades.	Division sexagési.	Grades.	Division sexagési.	Grades.	Division sexagési.	Grades.	Division sexagési.
1	0°54′	26	23°24′	51	45°54′	76	68°24′
2	1 48	27	24 18	52	46 48	77	69 18
3	2 42	28	25 12	53	47 42	78	70 12
4	3 36	29	26 06	54	48 36	79	71 06
5	4 30	30	27 00	55	49 30	80	72 00
6	5 24	31	27 54	56	50 24	81	72 54
7	6 18	32	28 48	57	51 18	82	73 48
8	7 12	33	29 42	58	52 12	83	74 42
9	8 06	34	30 36	59	53 06	84	75 36
10	9 00	35	31 30	60	54 00	85	76 30
11	9 54	36	32 24	61	54 54	86	77 24
12	10 48	37	33 18	62	55 48	87	78 18
13	11 42	38	34 12	63	56 42	88	79 12
14	12 36	39	35 06	64	57 36	89	80 06
15	13 30	40	36 00	65	58 30	90	81 00
16	14 24	41	36 54	66	59 24	91	81 54
17	15 18	42	37 48	67	60 18	92	82 48
18	16 12	43	38 42	68	61 12	93	83 42
19	17 06	44	39 36	69	62 06	94	84 36
20	18 00	45	40 30	70	63 00	95	85 30
21	18 54	46	41 24	71	63 54	96	86 24
22	19 48	47	42 18	72	64 48	97	87 48
23	20 42	48	43 12	73	65 42	98	88 12
24	21 36	49	44 06	74	66 36	99	89 06
25	22 30	50	45 00	75	67 30		

SUITE DE LA 2ᵐᵉ TABLE.

Partie D, pour les minutes.

Conversion de la division décimale du quart de cercle en division sexagésimale.

Minutes	Division sexagési.	Minutes	Division sexagési.	Minutes	Division sexagési.	Minutes	Division sexagési.
1	0′ 32″ 4	26	14′ 02″ 4	51	27′ 32″ 4	76	41′ 02″ 4
2	1 04 8	27	14 34 8	52	28 04 8	77	41 34 8
3	1 37 2	28	15 07 2	53	28 37 2	78	42 07 2
4	2 09 6	29	15 39 6	54	29 09 6	79	42 39 6
5	2 42 0	30	16 12 0	55	29 42 0	80	43 12 0
6	3 14 4	31	16 44 4	56	30 14 4	81	43 44 4
7	3 46 8	32	17 16 8	57	30 46 8	82	44 16 8
8	4 19 2	33	17 49 2	58	31 19 2	83	44 49 2
9	4 51 6	34	18 21 6	59	31 51 6	84	45 21 6
10	5 24 0	35	18 54 0	60	32 24 0	85	45 54 0
11	5 56 4	36	19 26 4	61	32 56 4	86	46 26 4
12	6 28 8	37	19 58 8	62	33 28 8	87	46 58 8
13	7 01 2	38	20 31 2	63	34 01 2	88	47 31 2
14	7 33 6	39	21 03 6	64	34 33 6	89	48 03 6
15	8 06 0	40	21 36 0	65	35 06 0	90	48 36 0
16	8 38 4	41	22 08 4	66	35 38 4	91	49 08 4
17	9 10 8	42	22 40 8	67	36 10 8	92	49 40 8
18	9 43 2	43	23 13 2	68	36 43 2	93	50 13 2
19	10 15 6	44	23 45 6	69	37 15 6	94	50 45 6
20	10 48 0	45	24 18 0	70	37 48 0	95	51 18 0
21	11 20 4	46	24 50 4	71	38 20 4	96	51 50 4
22	11 52 8	47	25 22 8	72	38 52 8	97	52 22 8
23	12 25 2	48	25 55 2	73	39 25 2	98	52 55 2
24	12 57 6	49	26 27 6	74	39 57 6	99	53 27 6
25	13 30 0	50	27 00 0	75	40 30 0		

OBSERVATIONS

sur les

PROCEDÉS GRAPHIQUES.

Lorsque l'on veut rapporter de grandes lignes ou construire un triangle avec précision, le rapporteur ordinaire est insuffisant ; cet instrument ne pouvant procurer quelque exactitude que sous de grandes dimensions qui le rendraient fort incommode. On voit sans peine l'effet que produit, sur un prolongement des lignes, une très-petite différence dans l'angle lorsqu'elle se trouve près du sommet ; il est donc à propos, non seulement de marquer cet angle avec le plus grand soin, mais encore d'en déterminer l'ouverture le plus loin du sommet qu'il sera possible.

Pour cela, on a recours aux nombres qui expriment les cordes des arcs, et dont on a dressé des tables dites *rapporteur exact,* pour un rayon qu'on peut supposer égal à 1, à 10, à 100, à 1,000, etc.

SUITE DE LA 2me TABLE.

Partie E, pour les secondes.

Conversion de la division décimale du quart de cercle en division sexagésimale.

Secondes	Division sexagési.	Secondes	Division sexagésim.	Secondes	Division sexagésim.	Secondes	Division sexagésim.
1	0″ 324	26	8″ 424	51	16″ 524	76	24″ 624
2	0 648	27	8 748	52	16 848	77	24 948
3	0 972	28	9 072	53	17 172	78	25 272
4	1 296	29	9 396	54	17 496	79	25 596
5	1 620	30	9 720	55	17 820	80	25 920
6	1 944	31	10 044	56	18 444	81	26 244
7	2 268	32	10 368	57	18 468	82	26 568
8	2 592	33	10 692	58	18 792	83	26 892
9	2 916	34	11 016	59	19 116	84	27 216
10	3 240	35	11 340	60	19 440	85	27 540
11	3 564	36	11 664	61	19 764	86	27 864
12	3 888	37	11 988	62	20 088	87	28 188
13	4 212	38	12 312	63	20 412	88	28 512
14	4 536	39	12 636	64	20 736	89	28 836
15	4 860	40	12 960	65	21 060	90	29 160
16	5 184	41	13 284	66	21 384	91	29 484
17	5 508	42	13 608	67	21 708	92	29 808
18	5 832	43	13 932	68	22 032	93	30 132
19	6 156	44	14 256	69	22 356	94	30 456
20	6 480	45	14 580	70	22 680	95	30 780
21	6 804	46	14 904	71	23 004	96	31 104
22	7 128	47	15 228	72	23 328	97	31 428
23	7 452	48	15 552	73	23 652	98	31 752
24	7 776	49	15 876	74	23 976	99	32 076
25	8 100	50	16 200	75	24 300		

OBSERVATIONS

sur les

PROCEDÉS GRAPHIQUES.

Lorsque l'on veut rapporter de grandes lignes ou construire un triangle avec précision, le rapporteur ordinaire est insuffisant ; cet instrument ne pouvant procurer quelque exactitude que sous de grandes dimensions qui le rendraient fort incommode. On voit sans peine l'effet que produit, sur un prolongement des lignes, une très-petite différence dans l'angle lorsqu'elle se trouve près du sommet ; il est donc à propos, non seulement de marquer cet angle avec le plus grand soin, mais encore d'en déterminer l'ouverture le plus loin du sommet qu'il sera possible.

Pour cela, on a recours aux nombres qui expriment les cordes des arcs, et dont on a dressé des tables dites *rapporteur exact,* pour un rayon qu'on peut supposer égal à 1, à 10, à 100, à 1,000, etc.

Si l'on n'avait pas sous la main la table dont nous venons de parler, on y suppléra facilement au moyen du Barême trigonométrique ; les nombres en regard de l'unité dans la colonne des hypothénuses étant les sinus naturels des angles qui sont en tête des colonnes.

Le sinus d'un arc étant la moitié de la corde de l'arc double, *il s'en suit que la corde d'un arc quelconque est le double du sinus de sa moitié.*

Cela posé, nous allons passer à l'application.

Rapporter l'angle BAC (fig. 30 bis) *de 62 degrés.*

On prend sur une échelle quelconque, divisée en parties décimales, une ouverture de compas de 1,000 parties, représentant chacune *un mètre* ou *un décamètre,* avec lequel on décrit du sommet A l'arc BC (ici nous prenons un rayon égal à 1,000 parties), qui marque un point B sur le côté dont la direction est donnée. Cherchant ensuite à la page 93 du Barême, 31 degrés, moitié de 62 degrés, ayant pour sinus 0,51504, dont le double 1,03008 est la corde cherchée ; le rayon étant de 1,000, en retranchant deux chiffres décimaux sur la droite, il vient 1030 parties, soit mètres ou décamètres ; on prend cette distance sur l'échelle adoptée pour cette opération, et du point B, comme centre, on décrit un autre petit arc qui coupe le premier au point C, par lequel tirant AC, l'angle BAE est celui demandé.

Si l'angle était donné de 60 degrés, la corde serait égale au rayon ; en effet, le sinus naturel de 30 degrés étant de 0-500, le double est 1,000. Dans l'exemple qui précède, l'angle proposé étant de 62 degrés a pour corde 1030 parties, c'est-à-dire un rayon de 030 millièmes de rayon. Si, par exemple, on avait un angle de 40 degrés à construire, en prenant toujours le rayon égal à 1,000, on aurait une corde moins grande que le rayon, c'est-à-dire de 845 parties.

Lorsqu'on décrit un arc avec une ouverture de compas de 1,000 parties, c'est que l'on considère le rayon de 1,000 parties et l'on ne prend que trois chiffres décimaux pour la valeur de la corde ; un arc décrit avec 100 parties, fait considérer le rayon divisé en 100 et la corde avec deux chiffres décimaux, etc.

Quand l'angle est obtus, on l'obtient avec plus de précision en construisant son supplément, c'est-à-dire l'angle formé sur le prolongement du côté donné ; mais si l'on n'a pas assez de place sur le papier pour prolonger suffisamment ce côté, on peut prendre la corde de la moitié de l'arc donné, et la porter deux fois sur celui qu'on a écrit du sommet comme centre. De cette manière on n'a besoin des cordes que jusqu'à 90 degrés.

On voit aisément que, par le moyen des cordes, on peut déterminer aussi la mesure d'un angle déjà tracé sur le papier ; car ayant décrit l'arc BC avec le rayon qu'on a choisi, on portera sur l'échelle la distance BC, pour en obtenir la valeur, et on trouvera dans le Barême trigonométrique en opérant comme il est indiqué plus haut, à quel arc elle correspond.

Il faut éviter dans les opérations sur le papier, et par conséquent sur le terrain, d'employer des lignes qui se rencontreraient sous des angles trop petits ou trop grands. Celles que l'on trace sur le papier ayant toujours une certaine largeur, leur intersection est, dans le fait, une petite surface, mais d'autant moindre que le trait est plus fin. Nous l'avons exagéré dans la figure actuellement en démonstration, afin de rendre la chose plus sensible. On y voit que l'intersection D, où les lignes se coupent presqu'à angles droits, est plus resserrée et plus précise que l'intersection E des lignes qui se rencontrent très-obliquement. Ajoutons à cela que, dans ce dernier cas, une légère erreur commise dans le tracé ou dans la mesure de l'angle, en occasionnerait une grande sur le point de rencontre cherché.

Supplément

AU

BARÊME TRIGONOMÉTRIQUE,

Comprenant :

1°. DES NOTIONS DE GÉOMÉTRIE PLANE ; LA TRIGO-
NOMÉTRIE RECTILIGNE ET LA RÉSOLUTION DES
TRIANGLES.

2°. LA LEVÉE DES PLANS ; LA MANIÈRE DE MESURER
LES SURFACES RÉGULIÈRES ET IRRÉGULIÈRES,
ACCESSIBLES ET INACCESSIBLES, SOIT AVEC L'É-
QUERRE, LE GRAPHOMÈTRE ET SIMPLEMENT AVEC
LA CHAÎNE ET DES JALONS.

3°. DES NOTIONS DE GÉODÉSIE PRATIQUE, ETC.

4°. DES NOTIONS DE NIVELLEMENT ET DES CALCULS
DE DÉBLAIS ET REMBLAIS.

5°. UN RECUEIL DE FORMULES DE PROCÈS-VERBAUX
D'ARPENTAGE, BORNAGES AMIABLE ET JUDICIAIRE,
ESTIMATION ET COMPOSITION DE LOTS, ETC.

EXPLICATION DES SIGNES.

: se prononce *est à.*

:: . . . . . *comme.*

+ . . . . . *plus.*

— . . . . . *moins.*

× . . . . . *multiplié par.*

$\dfrac{A}{B}$ . . . . . *A divisé par B.*

= . . . . . *égale à.*

A . . . . . *carré de A ou seconde puissance de A.* Le chiffre 2 se nomme aussi *exposant.*

$A^{\frac{1}{2}}$ et $\sqrt{A}$ se prononce *racine carrée de A.*

(A + B) × C ou (A + B) C, *indique la multiplication de A plus B par C.*

(A + B). (B + C) *indique aussi le produit* A + B *par* B + C.

A > B *signifie que A est plus grand que B.*

A < B . . . . . *A est plus petit que B.*

l. *ou* log. se prononce *logarithme.*

comp. arith. *ou* C. A. se prononce *complément arithmétique.*

Les numéros compris entre deux parenthèses indiquent ceux de ce Traité qu'il faut consulter ou se rappeler pour se rendre raison de l'opération qu'on a à faire.

DEUXIÈME PARTIE.

§ 1er.

NOTIONS DE GÉOMÉTRIE.

1. On entend par Géométrie, la science qui a pour objet trois choses différentes, savoir : L'étendue, sa mesure et ses rapports ; l'étendue s'applique à la mesure des champs qu'on nomme *arpentage*.

Tout ce qui s'étend en longueur seulement se nomme *ligne*.

Tout ce qui s'étend de deux manières, longueur et largeur, se nomme *surface*, *quantité* ou *contenance*.

Des lignes.

2. Une *ligne* est une longueur sans largeur ; les extrémités s'appellent *point* : le point n'a donc pas d'étendue.

3. La *ligne droite* est le plus court chemin pour aller d'un point A à un autre B. (Fig. 1re.)

4. Toute ligne A B (fig. 2), qui n'est ni droite, ni composée de lignes droites, est une *ligne courbe*.

5. Une ligne, qui est composée de lignes droites, est une *ligne brisée*. (Fig. 3.)

De la perpendiculaire et des parallèles.

6. La *perpendiculaire* ou *verticale* est celle qui, étant dirigée sur une autre ligne, y tombe à plomb et ne penche ni à droite ni à gauche; A B est dite perpendiculaire. (Fig. 4.)

7. Une ligne étant perpendiculaire à une autre, C D, cette dernière est aussi perpendiculaire à la première ligne. (Fig. 4.)

8. Si on suppose un poids F, librement soutenu par un fil E F; ce fil trace une ligne E F qu'on nomme verticale; tout ce qui se trouve dans une pareille situation est dit être vertical, ou à plomb. (Fig. 5.)

9. D'un point donné on ne peut mener qu'une perpendiculaire à une ligne donnée. Si l'on prolonge une ligne perpendiculaire à une autre, de manière qu'elle passe de l'autre côté de cette ligne, la partie prolongée sera aussi perpendiculaire à cette ligne. (Fig. 5.)

Une ligne perpendiculaire à une autre est aussi perpendiculaire à toutes les parallèles qu'on peut mener à cette ligne.

La perpendiculaire est la plus courte de toutes les lignes qu'on peut mener d'un point donné à une ligne donnée; par conséquent, la distance d'un point à une ligne se mesure par la perpendiculaire menée de ce point sur la ligne.

10. On nomme *ligne horizontale*, ou *ligne de niveau*, une perpendiculaire *g h* à une verticale E F; tout ce qui est situé de la même manière est dit être horizontal ou de niveau. (Fig. 5.)

11. Les lignes *parallèles* sont celles qui, tracées sur un même plan, ne peuvent jamais se rencontrer à

quelque distance qu'on les imagine prolongées. Deux droites A B, C D (fig. 1re) sont des parallèles.

12. Deux droites A B et C D (fig. 6) perpendiculaires sur une même droite B E sont donc parallèles entr'elles.

Les lignes parallèles sont d'un très-grand usage.

13. On démontre que deux lignes parallèles à une troisième sont aussi parallèles l'une à l'autre. (Fig. 6.)

14. Lorsque deux droites C E et D F (fig. 7) parallèles entr'elles, sont coupées par une droite quelconque G I, les angles E I G et F K G, qu'elles font avec cette dernière d'un même côté, l'un en dedans, l'autre en dehors, sont égaux entr'eux.

Lorsque deux parallèles C E et D F sont coupées par une troisième droite G H, 1°. les angles correspondans sont égaux ; 2°. les angles alternes internes sont égaux ; 3°. les angles alternes externes sont égaux ; 4°. les angles internes du même côté réunis forment deux angles droits ; 5°. les angles externes du même côté réunis forment deux angles droits ; 6°. lorsque l'une de ces propriétés à lieu, les droites C E et D F sont parallèles. (Fig. 7.)

Ainsi deux droites parallèles ne font donc point d'angles entr'elles.

Des angles.

15. On appelle *angle* l'ouverture formée par deux lignes A B, B C, qui se rencontrent. (Fig. 8.)

16. Le point de rencontre ou d'intersection B, est le *sommet* de l'angle, les droites A B, B C, en sont les *côtés*, et leur longueur n'influe en rien sur la grandeur de l'angle, mais bien l'inclinaison que ces côtés ont l'un par rapport à l'autre, à leur intersection.

17. On désigne ordinairement un angle par trois lettres, en mettant au milieu celle qui occupe le point où les deux lignes se coupent, l'angle formé par les droites A B, B C, est l'angle A B C; quand l'angle est isolé, on le désigne par la seule lettre du sommet B.

18. Il y a trois sortes d'angles : le *droit*, l'*aigu* et l'*obtus*.

Le *droit* est celui qui est formé par deux lignes qui ne penchent pas plus d'un côté que de l'autre, et vaut 90 degrés. A B C est un angle droit. (Fig. 8.)

L'*aigu* est plus petit que le droit, il a moins de 90 degrés. A B C (fig. 9) est un angle aigu.

Et l'*obtus*, au contraire, est plus grand qu'un droit, il a plus de 90 degrés. L'angle A B C (fig. 10) est un angle obtus.

19. Les angles droits sont toujours égaux entr'eux. (Fig. 6) A B D, C D E, sont des angles droits.

Les angles aigus et obtus sont inégaux entr'eux.

20. Deux angles formés d'un même côté d'une droite, s'appellent angles de suite; ils valent ensemble deux angles droits.

On voit à l'inspection seule de la figure 4, que la somme de tous les angles C B E, E B A, A B F, F B D, qu'on peut faire du même côté d'une droite et autour d'un de ses points B pris pour sommet, équivaut toujours à deux droits ou à 180 degrés, en quelque nombre que soient ses angles.

L'angle E B C (fig. 4) est ce qu'il faut ajouter à l'angle E B A pour compléter le droit A B C, et pour cette raison on dit que l'un des deux est le complément de l'autre.

L'angle aigu E B C (fig. 4), ajouté à l'angle obtus D B E, achève les deux droits C B A, A B D; on dit alors qu'ils sont supplémentaires l'un de l'autre.

21. Les angles sont, comme toutes les quantités, susceptibles d'addition, de soustraction et de division.

22. La somme d'un nombre quelconque d'angles formés autour d'un point vaut quatre angles droits.

23. Toutes les fois que deux lignes droites se coupent, les angles opposés au sommet sont égaux. (Fig. 11.)

Car, puisque D E est une droite, la somme des angles A C D, A C E est égale à deux droits (ou 180 degrés), et, puisque la ligne A B est droite, la somme des angles A C E, B C E est égale aussi à deux droits ; donc la somme A C D, A C E est égale à la somme A C E, B C E, retranchant de part et d'autre le même angle A C E il restera l'angle A C D, égale à son opposé B C E.

On démontrerait de même que l'angle A C E est égal à son opposé B C D. *(Legendre.)*

Des figures, des triangles.

24. On appelle *figure plane* une étendue terminée de toutes parts par des lignes.

25. Si les lignes sont droites, l'espace qu'elles renferment s'appelle *figure rectiligne* ou *polygone* ; et les lignes elles-mêmes prises ensemble forment le périmètre du polygone.

26. Le *polygone* le plus simple est celui de trois côtés ; il se nomme *triangle*, parce que sa figure est comprise entre trois lignes qui se joignent deux à deux, et qui forment trois angles ; A B C (fig. 13) est un triangle dont les trois côtés sont A B, A C, B C, et les trois angles sont A B C.

27. La valeur des trois angles d'un triangle est égale à 180 degrés ou à deux angles droits.

28. Ainsi, deux angles d'un triangle étant donnés,

n connaîtra le troisième en retranchant leur valeur de deux angles droits ou de 180 degrés.

EXEMPLE :

Au triangle A B C (fig. 14), les angles B A C et A C B étant connus, trouver le troisième A B C.

Valeur des trois angles d'un triangle : 180° 00'.

Retranchant { L'angle B A C de 40° 25'. } 70° 50'.
{ Et l'angle A C B de 30° 25'. }

Il restera l'angle A B C de. . . . . 109° 10'.

29. Un triangle peut avoir trois angles aigus (fig. 13); mais il ne peut avoir qu'un angle droit (fig. 12) ou un angle obtus A B C. (Fig. 14.)

30. L'angle formé par un côté du triangle et le prolongement d'un autre côté est appelé angle *extérieur*, et cet angle extérieur est évidemment égal à la somme des angles *intérieurs* opposés.

31. Dans un triangle rectangle la somme des deux angles aigus est égale à un angle droit (Fig. 12.).

32. Deux triangles sont égaux :

1°. Quand ils ont un angle égal compris entre deux côtés égaux ;

2°. Quand les trois côtés de l'un sont égaux aux trois côtés de l'autre ;

3°. Lorsqu'ils ont un côté égal adjacent à deux angles égaux chacun à chacun.

Ces caractères d'égalité indiquent autant de moyens de faire un triangle égal en tout à un autre triangle donné.

33. Dans tous les triangles un côté quelconque est plus petit que la somme des deux autres ; le plus grand côté est opposé au plus grand angle et réciproquement.

On distingue plusieurs espèces de triangles par rapport aux côtés et aux angles.

Par rapport aux côtés on nomme :

34. *Triangle rectangle*, celui qui a un angle droit ou de 90°, dont le plus grand côté, qui est toujours opposé à l'angle droit se nomme hypoténuse. (Fig. 12.)

35. *Triangle isocèle*, celui qui a deux côtés égaux. Dans un tel triangle, les angles opposés aux côtés égaux sont égaux.

36. *Triangle équilatéral*, celui dont les trois côtés ont une longueur égale, dans ce cas les trois angles sont aussi égaux. (Fig. 13.)

37. Et *triangle scalène*, celui qui a ses trois côtés inégaux. (Fig. 14.)

Et par rapport aux angles on nomme :

38. *Triangle rectangle*, celui qui a un angle droit ou de 90°. (Fig. 25.)

39. *Acutangle*, celui qui n'a que des angles aigus. (Fig. 26.)

40. *Obtusangle*, celui qui a un angle obtus. (Fig. 14.)

41. Et les deux dernières espèces sont comprises sous la dénomination de triangles obliquangles.

42. Il est visible que dans le triangle équilatéral dont tous les angles sont égaux, chaque angle est les 2/3 d'un droit. (Fig. 13.)

43. *Triangles semblables*, ceux qui ont les angles égaux chacun à chacun, et les côtés homologues proportionnels ; on entend par côtés homologues ceux qui sont opposés à des angles égaux.

44. 1°. Deux triangles sont semblables quand ils ont les angles égaux.

45. 2°. Lorsqu'ils ont un angle égal compris entre les côtés proportionnels.

46. 3°. Quand ils ont deux côtés proportionnels, l'angle opposé à l'un de ces côtés, égale de part et d'autre l'angle opposé à l'autre côté de même espèce.

47. 4°. Lorsqu'ils ont les deux côtés homologues proportionnels.

48. 5°. Enfin, quand ils ont les côtés perpendiculaires chacun à chacun.

49. Deux polygones sont semblables lorsqu'ils ont les angles égaux chacun à chacun, et les côtés homologues proportionnels.

Des polygones.

50. On appelle *polygones* les surfaces renfermées par un nombre quelconque de lignes droites ou sinueuses.

Le plus simple de tous est le *triangle*.

Le polygone de quatre côtés se nomme en général *quadrilatère*.

De 5, — *pentagone*,
De 6, — *hexagone*,
De 7, — *heptagone*,
De 8, — *hoctogone*,
De 9, — *ennéagone*,
De 10, — *décagone*,
De 11, — *endécagone*,
De 12, — *dodécagone*.

On ne pousse guère cette nomenclature au-delà du polygone de douze côtés.

51. Dans la figure 15, A B C D E représentent un polygone de cinq côtés ou un pentagone.

52. Dans la figure 16, A B C D E F représentent un hexagone.

53. Tous les angles de la première figure ayant

leur ouverture en dedans du polygone, sont des angles saillans; l'angle D E F de la figure 16 est un angle rentrant, parce qu'il a son ouverture au dehors du polygone.

54. L'ensemble des lignes qui renferment un polygone s'appelle le *périmètre* du polygone.

55. Les droites telles que A D, A C (fig. 15), tirées entre des angles du polygone, qui ne sont pas adjacens au même côté, se nomment *diagonales*.

56. Parmi les quadrilatères ou polygones de quatre côtés, on désigne particulièrement sous le nom de *parallélogramme*, celui dont les côtés opposés sont parallèles. — A B C D (fig. 17) est un parallélogramme.

THÉORÊME :

57. *La somme des angles intérieurs d'un polygone quelconque, A B C D E (fig. 15), est égale à autant de fois deux angles droits qu'il y a de côtés, moins deux côtés.*

Si, du point A, on mène les lignes A D, A C, le polygone donné de cinq côtés se trouve divisé en trois triangles.

Puisque d'après le numéro 27, la somme des angles de chacun de ces triangles est égale à deux droits, et que la réunion de leurs angles forment ceux du polygone proposé, il en résulte que la somme des angles du polygone A B C D E, qui est de cinq côtés, est égale à deux fois deux droits, ou six angles droits. La somme des côtés du polygone étant de cinq, si l'on en déduit deux, le reste fera le nombre trois, qui, multiplié par deux droits, produit la quantité de six angles droits.

58. *Corollaire.* Il suit de là que la somme de tous les angles intérieurs A B C, B C D, C D E, D E A,

E A B, vaut autant de fois deux droits (180°) qu'il y a de côtés moins deux, puisque cette somme se compose des nagles de tous les triangles A B C, A C D, A E D, qui valent chacun deux droits (180°) et que le polygone contient un nombre de ces triangles égal à celui de ces côtés, diminués de deux unités.

59. Dans la figure 16, l'angle rentrant D E F est extérieur et non intérieur. En faisant partir les diagonales du sommet de cet angle, on voit évidemment qu'il est remplacé dans la somme des angles intérieurs par celle des angles D E C, C E B, B E A, A E F, et que réuni à cette dernière, il forme quatre droits.

60. Deux polygones sont égaux lorsqu'ils sont composés d'un même nombre de triangles égaux et semblablement disposés, ou assemblés de la même manière.

62. On nomme polygones *semblables* ceux dont les angles sont égaux, et dont les côtés homologues ou semblablement placés, sont proportionnels.

62. Les périmètres de deux polygones semblables sont entre eux comme les côtés homologues de ces polygones.

63. On appelle polygone *régulier* celui dont les côtés et les angles sont égaux. Toute figure régulière peut être inscrite au cercle.

Du cercle.

64. Le *cercle* est l'espace terminé par une ligne entièrement courbe, mais régulière. (Fig. 18.)

65. La *circonférence* est une ligne courbe dont tous les points sont également distans d'un point C intérieur appelé centre. (Fig. 18.)

66. On appelle *diamètre* du cercle une ligne droite A B qui passe par le centre C de ce cercle, et qui est

terminée de part et d'autre à la circonférence ; telle est A C B. (Fig. 18.)

67. La moitié du diamètre s'appelle *rayon*, et le diamètre divise évidemment la circonférence du cercle en deux parties égales.

68. Dans un même cercle ou dans des cercles égaux les rayons sont égaux.

69. Une partie quelconque de la circonférence F H G s'appelle *arc* ; et une ligne droite F G, tirée de l'extrémité de l'arc à l'autre, se nomme *corde* ou *soutendante* de cet arc ; quand la corde ne passe pas le centre, elle divise le cercle en deux parties inégales qu'on appelle *segmens*.

La corde est perpendiculaire à la ligne tirée du centre du cercle au milieu de l'arc dont elle est la corde.

Dans un même cercle ou dans des cercles égaux, les cordes égales soutendent des arcs égaux et réciproquement ; par conséquent le plus grand arc est soutendu avec la plus grande corde, et *vicè versâ*.

Des polygones inscrits et circonscrits au cercle.

70. On appelle *ligne inscrite* dans le cercle, celle dont les extrémités sont à la circonférence comme A B. (Fig. 19.)

71. *Angle inscrit*, un angle tel que B A C, dont le sommet est à la circonférence, et qui est formé par deux cordes. (Même fig.)

72. *Triangle inscrit*, un triangle tel que B A C, dont les trois angles ont leurs sommets à la circonférence. (Même fig.)

73. Et en général *figure inscrite* celle dont tous

les angles ont leurs sommets à la circonférence ; en même temps on dit que le cercle circonscrit cette figure.

74. Un polygone est *circonscrit* à un cercle, lorsque tous ses côtés sont des tangentes à la circonférence ; dans le même cas on dit que le cercle est inscrit dans le polygone.

75. Le plus simple des polygones réguliers après le triangle équilatéral est le *quadrilatère* dont les angles et les côtés sont égaux ; ce polygone se nomme *carré*.

La somme des quatre angles intérieurs de ce polygone valent, d'après le n°. 57, quatre angles droits, et étant tous égaux, chacun d'eux sera droit ; ainsi le carré A B C D (fig. 20) a ses côtés A B, B C, C D, A D égaux, et ses angles A, B, C, D droits.

Pour inscrire un polygone régulier, d'un certain nombre de côtés dans une circonférence donnée, il ne s'agit que de diviser la circonférence en autant de parties que le polygone doit avoir de côtés.

§ 2me.

TRIGONOMÉTRIE RECTILIGNE.

La trigonométrie rectiligne a pour objet de résoudre les triangles rectilignes, c'est-à-dire de déterminer leurs angles et leurs côtés au moyen d'un nombre de données suffisant.

Dans un triangle rectiligne il suffit de connaître trois des six parties qui le composent, pourvu que parmi ces parties il y ait un côté; car si l'on ne donnait que les trois angles, il est visible que tous les triangles semblables satisferaient à la question.

Dans les problêmes, annexés à la première partie de cet ouvrage, on a déjà vu comment les triangles rectilignes se construisent au moyen de trois parties données; mais ces constructions, qui sont exactes en théorie, ne donneraient qu'une médiocre approximation dans la pratique, à cause de l'imperfection des instrumens qu'on emploie, et du plus ou du moins d'adresse de celui qui les manie. On les appelle des *méthodes graphiques*. Les méthodes trigonométriques, au contraire, indépendantes de toute opération mécanique, donnent les solutions avec tout le degré d'exactitude qu'on peut désirer; elles sont fondées sur les propriétés des lignes appelées *sinus*, *co-sinus*, *tan-*

gentes, *co-tangentes*, *sécantes* et *co-sécantes*, au moyen desquelles on est parvenu à exprimer d'une manière très-simple les relations qui existent entre les côtés et les angles des triangles.

Nous allons d'abord indiquer ces lignes, que nous appliquerons ensuite à la résolution des triangles rectilignes.

Division de la circonférence.

Jusqu'à ces derniers temps les géomètres s'étaient accordés à partager la circonférence du cercle en 360 parties égales appelées degrés, le degré en 60 minutes, la minute en 60 secondes, etc.

Ceux à qui l'on doit l'invention du nouveau système des poids et mesures, ont pensé qu'il y aurait un grand avantage à introduire la division décimale dans la mesure des angles. En conséquence ils ont regardé comme unité principale le quart de la circonférence ou *le quadran*, mesure de l'angle droit, et ils ont divisé cette unité en 100 parties égales appelées grades, le grade en 100 minutes, et la minute en 100 secondes.

Comme il existe fort peu d'instrumens gradués d'après la nouvelle division du cercle, et que d'ailleurs notre Barême est calculé d'après l'ancienne division, nous n'emploierons donc que celle-ci.

76. Les degrés, minutes et secondes se désignent respectivement par ° ′ ″. Ainsi l'expression 16° 6′ 45″, représente un arc ou une corde de 16 degrés 6 minutes 45 secondes.

Les arcs et les angles sont exprimés indistinctement dans le calcul par des nombres de degrés, minutes et secondes; ainsi nous continuerons à désigner l'angle

droit ou le quart du cercle par 90°, deux angles droits
ou la demie circonférence par 180°, quatre angles
droits ou la circonférence entière par 360°.

77. Le *complément* d'un angle ou d'un arc est ce
qui reste en retranchant cet angle ou cet arc de 180°.
Ainsi un angle de 25° 40' a pour complément 64° 20';
un angle de 12° 4' 52" a pour complément 77° 55' 8".

78. Le *supplément* d'un angle ou d'un arc est ce qui
reste en ôtant cet angle ou cet arc de 180°, valeur de
deux angles droits ou d'une demi circonférence.

Dans tout triangle, un angle est le supplément de la
somme des deux autres, puisque les trois ensemble
font 180°.

Lignes trigonométriques.

69. 1°. Le *sinus* d'un arc est la perpendiculaire
abaissée de l'extrémité de cet arc sur le rayon qui passe
par l'autre extrémité.

2°. La *tangente* d'un arc est la perpendiculaire élevée
à l'extrémité d'un rayon, et comprise entre ce rayon
et l'autre rayon prolongé.

3°. La *sécante* d'un arc est le rayon qui passe par
l'extrémité de cet arc, prolongé jusqu'à sa rencontre
avec la tangente.

4°. Le *co-sinus* d'un arc est le sinus du complément
de cet arc.

5°. La *co-tangente* d'un arc est la tangente du com-
plément de cet arc.

6°. La *co-sécante* d'un arc est la sécante du com-
plément de cet arc.

Ainsi M P (fig. 21) est le sinus de l'arc A M ou de
l'angle A O M ; A T est la tangente du même arc, et
O T en est la sécante.

L'arc M D étant le complément de l'arc A M, M Q, D S, S O, qui sont respectivement le sinus, la tangente et la sécante de l'arc M D, seront le co-sinus, la co-tangente et la co-sécante de l'arc A M. On peut donc prendre pour co-sinus d'un arc la partie du rayon comprise entre le centre, l'arc et le pied du sinus.

Nous ne parlerons pas d'avantage des lignes trigonométriques qui ont été imaginées pour la construction des tables de sinus, tangentes, co-sinus, co-tangentes, etc. ; nous pensons que ceux qui s'attachent à la trigonométrie, préféreront s'appliquer à la théorie des triangles et à la manière d'en calculer les angles et les côtés plutôt qu'à chercher une quantité de choses qui n'ont rapport qu'à la construction des tables, et pour lesquelles nous renvoyons aux traités spéciaux.

Nous ne parlerons pas non plus des tables de logarithmes, par les mêmes motifs que ceux ci-dessus expliqués ; mais avant de passer aux principes pour la résolution des triangles, nous allons en exposer les propriétés.

Des logarithmes.

80. On appelle *logarithme* d'un nombre l'exposant de la puissance à laquelle il faut élever une quantité convenue pour avoir ce nombre. (Cette quantité convenue est ordinairement 10.)

Au moyen des logarithmes on ramène la multiplication à l'addition, la division à la soustraction, l'élévation aux puissances à la multiplication, l'extraction des racines à la division ; c'est-à-dire que :

1°. Le logarithme d'un produit égale la somme des logarithmes du multiplicande et du multiplicateur ; ainsi :

$$\text{Log.} (a\,b\,c) = \log. a + \log. b + \log. c.$$
$$\text{Log.} (A \times B \times C) = \log. A + \log. B + \log. C.$$

2°. Le logarithme d'un quotient égale le logarithme du dividende, moins le logarithme du diviseur :

$$\text{Log.} \frac{a}{b} = \log. a - \log. b.$$

3°. Le logarithme d'une puissance quelconque d'un nombre égale le logarithme de ce nombre multiplié par le nombre qui indique la puissance; ainsi :

$$\text{Log.} a^3, \text{ ou } \log. a \times 3\, a = 3 \log. a.$$

4°. Le logarithme de la racine d'un nombre égale le logarithme de ce nombre divisé par l'exposant de la racine, ce qui donne :

$$\text{Log.} \sqrt[3]{a}, \text{ ou } \log. a^{\frac{1}{3}} = \tfrac{1}{3} \log. a.$$
$$\text{Log.} \sqrt[3]{a^3}/2 = \tfrac{3}{2} \log. a = \frac{3 \log. a}{2}.$$

Ces conditions suffisent pour faire concevoir l'utilité d'une table de logarithmes.

Des complémens arithmétiques.

81. On appelle *complément arithmétique* d'un logarithme ce qui manque à ce logarithme pour faire 10, ou 100 selon que le nombre est entre 1 et 10, ou entre 10 et 100; en d'autres termes c'est le résultat qu'on obtient en soustrayant ce logarithme de 10.

Les complémens arithmétiques ont été imaginés pour ramener une suite d'opérations à une seule addition; car il arrive souvent, dans les opérations logarithmiques, que l'on a besoin de déterminer le résultat de l'addition et de la soustraction de plusieurs logarithmes.

Pour obtenir un complément il faut évidemment, d'après la règle de la soustraction, retrancher le premier chiffre significatif à droite de dix et chacun des autres chiffres à gauche de 9, ainsi

Retrancher de. 10-0000000
Le logarithme. 3-3727279
Il restera le complément arithm.   6-6272721

De même, si le dernier chiffre à droite des logarithmes était zéro, il faudrait retrancher le premier chiffre significatif à la gauche du zéro de 10, et les autres chiffres à gauche de 9, ainsi

Complément 4-9334620 = 5-0665380.

Règle générale. Pour soustraire une somme de logarithmes d'une autre somme de logarithmes, on prend les complémens arithmétiques des logarithmes à soustraire, on fait une somme totale de ces complémens, ainsi que des logarithmes dont il faut soustraire, puis on retranche à la caractéristique du résultat, autant de fois 10 qu'on a pris de complémens; le résultat ainsi obtenu est la différence demandée.

Par le moyen ordinaire, il faudrait faire la somme des termes additifs, celle des nombres soustractifs; puis soustraire la plus petite somme de la plus grande, ce qui entraînerait dans deux additions et une soustraction, tandis que par celui-ci on n'a qu'une seule addition à effectuer, sauf les opérations qui consistent à prendre les complémens, et qui sont trop simples pour exiger une démonstration.

Nous allons faire l'application de ce qui précède.

Application des logarithmes.

82. On a vu, n° 80, que pour faire une multiplication par les logarithmes, il faut ajouter le logarithme du multiplicande au logarithme du multiplicateur; la somme sera le logarithme du produit.

PROBLÊME.

*Soit proposé de multiplier, au moyen des logarithmes,
200 par 67.*

On trouve dans la table que 200 = 2-3010300
Et que 67 = 1-8260748
Log. du produit = 4-1271048

Ce logarithme répond au nombre 134, qui est le
produit de 200 × 67.

Soit encore à multiplier 175 par 147.

Log. 175 = 2-2430380
Log. 147 = 2-1673173
Log. du produit = 4-4103553
Log. 2572 = 4-4102710
Différence = 843

Ce nombre cherché est entre 2572 et 2573 ; la diffé-
rence entre les logarithmes de ces nombres est de 1688.

Pour connaître le nombre auquel répond la diffé-
rence 843, il faut faire cette règle :

1688 : 1 :: 843 : x

PROBLÊME.

Soit proposé de diviser 560 par 60.

Log. 560 = 3-7481880
Compl. log. 60 = 8-2218488
Somme — 10 = 1-9700368 = 9-333

Ce logarithme répond à 9-333.

PROBLÊME.

Soit cette proportion :
40-10 : 20-00 :: 30-20 : x
Dont on désire avoir le quatrième terme.

D'après les règles ordinaires, on sait que

$$x = \frac{20 \times 30\text{-}20}{40\text{-}10}$$

D'après les n°s 80-81, on aura le logarithme du nombre cherché, en ajoutant le logarithme du multiplicande et celui du multiplicateur au complément arithmétique du diviseur, comme il suit :

$$
\begin{aligned}
\text{Compl. log.} &= 40\text{-}20 = 6\text{-}3957739 \\
\text{log.} \quad 20\text{-} &\text{ » } = 1\text{-}3010300 \\
\text{log.} \quad 30\text{-}20 &= 3\text{-}4800069 \\
\hline
\text{Log.} &= 1\text{-}1768108
\end{aligned}
$$

Ce logarithme répond, dans les tables, au nombre 15-03.

PROBLÊME.

Soit encore proposé de trouver la valeur de

$$x = \frac{40 \times 150 \times 200 \times 300}{15 \times 40 \times 50}$$

Prenant toujours x pour le produit demandé, on a

$$
\begin{aligned}
\text{Log.} \quad 40 &= 1\text{-}6020600 \\
\text{Log.} \ 150 &= 2\text{-}1760913 \\
\text{Log.} \ 200 &= 2\text{-}3010300 \\
\text{Log.} \ 300 &= 2\text{-}4771213 \\
\text{Compl.} \ 15 &= 8\text{-}8239087 \\
\text{Compl.} \ 40 &= 8\text{-}3979400 \\
\text{Compl.} \ 50 &= 8\text{-}3010300 \\
\hline
\text{Somme} - 30 &= 4\text{-}0794813 = 1200
\end{aligned}
$$

Des logarithmes constans

82. Nous allons donner un résumé de quelques logarithmes constans, dont on a le plus souvent occasion de faire usage dans la pratique de l'arpentage.

Pour convertir, au moyen des logarithmes, les grades, minutes et secondes de la nouvelle division du cercle, en degrés, minutes et secondes de la division sexagésimale, on a dans les tables de Borda :

Logarithmes.

Pour les { grades. 9-9542425
{ minutes. 1-7323938
{ secondes. 3-5105450

En prenant les complémens arithmétiques de ces trois logarithmes, on a, comme on le voit ci-dessous, les logarithmes nécessaires pour convertir l'ancienne division à la nouvelle.

Pour les { degrés. 0-0457575
{ minutes. 8-2676062
{ secondes. 6-4894550

EXEMPLE.

Pour convertir 4 degrés 38 minutes, ou 278 minutes en degrés décimaux,

On a

Log. 8-2676062
Log. 278 = 2-4440448

Log. = 0-7116512 = 5^g. 14' 80"

Par la table qui est à la suite du Barême, on obtient

4° = 4^g. 44' 44"
38" = 0   70" 37^d

5^g. 14' 81"

Comme on le voit, les résultats que l'on obtient par les logarithmes sont très-exacts.

84. Pour convertir, au moyen des logarithmes, les toises, pouces et lignes en mesure métriques, on a :

$$\text{Longueur} \begin{cases} \text{de la toise.} & 1\text{-}94903628 \\ \text{du pied.} & 0\text{-}32483938 \\ \text{du pouce.} & 0\text{-}02706996 \\ \text{de la ligne.} & 0\text{-}00225583 \end{cases}$$

Logarithmes.

$$\text{Pour les} \begin{cases} \text{toises.} & 0\text{-}2898200 \\ \text{pieds.} & 9\text{-}5116687 \\ \text{pouces.} & 8\text{-}4324875 \\ \text{lignes.} & 7\text{-}3533062 \end{cases}$$

Les complémens arithmétiques de chacun de ces logarithmes donnent les autres logarithmes pour réduire les mètres en toises, pieds, pouces ou lignes.

Voici ces logarithmes :

$$\text{Pour les mètres en} \begin{cases} \text{toises.} & 9\text{-}7101800 \\ \text{pieds.} & 0\text{-}4883313 \\ \text{pouces.} & 1\text{-}5675125 \\ \text{lignes.} & 2\text{-}6465938 \end{cases}$$

EXEMPLE.

Réduire 6 toises 4 pieds 8 pouces, ou 488 pouces, en mètres et parties décimales du mètre.

On additionne comme il suit :

$$\begin{array}{r} 8\text{-}4324875 \\ \text{Log. } 488 = 2\text{-}6884198 \\ \hline 1\text{-}1209073 = 13^{m}. \ 21^{c}. \end{array}$$

Si, pour vérifier les calculs, sachant que le pouce vaut en mètres 0,02707, on multiplie ce nombre par 488, on aura 13^{m}. 21^{c}. comme ci-dessus.

Ces exemples suffisent pour résoudre presque tous les cas qui peuvent se présenter.

PRINCIPES

POUR LA RÉSOLUTION DES TRIANGLES RECTILIGNES.

85. *Dans tout triangle rectangle le rayon est au sinus d'un des angles aigus, comme l'hypoténuse est au côté opposé à cet angle.*

Soit ABC le triangle proposé rectangle en A (fig. 12); du point C, comme centre, et du rayon CD, égal au rayon des tables, décrivez l'arc DE qui sera la mesure de l'angle C; abaissez sur CD la perpendiculaire EF qui sera le sinus de l'angle C. Les triangles CBA, CEF sont semblables et donnent la proportion

$$CE : EF :: CB : BA ;$$

donc

$$R : sin \; C :: BC : BA.$$

86. *Dans tout triangle rectangle le rayon est à la tangente d'un des angles aigus, comme le côté adjacent à cet angle est au côté opposé.*

Ayant décrit l'arc DE, comme dans l'article précédent, élevez sur CD la perpendiculaire DG, qui sera la tangente de l'angle C. Par les triangles semblables CDG, CAB, on aura la proportion

$$CD : DG :: CA : AB,$$

donc

$$R : tang \; C :: CA : AB.$$

87. *Dans un triangle rectiligne quelconque les sinus des angles sont comme les côtés opposés.*

Soit ABC (fig. 13) le triangle proposé, AD la perpendiculaire abaissée du sommet A sur le côté opposé BC, il pourra arriver deux cas :

1° Si la perpendiculaire tombe au-dedans du triangle ABC, les triangles rectangles ABD, ACD donneront, suivant l'art. 85,

$$R : \sin B :: AB : AD$$
$$R : \sin C :: AC : AD.$$

Dans ces deux proportions, les extrêmes étant égaux, on pourra, avec les moyens, faire la proportion

$$\sin C : \sin B :: AB : AC.$$

2° Si la perpendiculaire tombe hors du triangle ABC (fig. 14), les triangles rectangles ABD, ACD, donneront encore les proportions

$$R : \sin ABD :: AB : AD$$
$$R : \sin C :: AC : AD :$$

d'où l'on déduit

$$\sin C : \sin ABD :: AB : AC.$$

Mais l'angle ABD est supplément de ABC ou B; donc $\sin ABD = \sin B$; donc on a encore

$$\sin C : \sin B :: AB : AC.$$

88. *Dans tout triangle rectiligne le cosinus d'un angle est au rayon, comme la somme des quarrés des côtés qui comprennent cet angle moins le quarré du troisième côté, est au double rectangle des deux premiers côtés; c'est-à-dire qu'on a:*

$$\cos B : R :: \overline{AB}^2 + \overline{BC}^2 - \overline{AC}^2 : 2\,AB \times BC,$$

ou

$$\cos B = R \times \frac{\overline{AB}^2 + \overline{BC}^2 - \overline{AC}^2}{2\,AB \times BC}$$

Soit encore abaissée du sommet A la perpendiculaire AD sur le côté BC :

1° Si cette perpendiculaire tombe au-dedans du triangle (fig. 13), on aura

$$\overline{AC}^2 = \overline{AB}^2 + \overline{BC}^2 - 2\,BC \times BD;$$

donc

$$BD = \frac{\overline{AB}^2 \times \overline{BC}^2 - \overline{AC}^2}{2\,BC}.$$

Mais dans le triangle rectangle ABD , on a
$$R : sin\ BAD :: AB : BD;$$
d'ailleurs l'angle BAD étant complément de **B**, on a
sin BAD $= cos$ **B** ; donc
$$cos\ B = \frac{R \times BD}{AB}$$
ou en substituant la valeur de BD,
$$cos\,B = R \times \frac{\overline{AB}^2 + \overline{BC}^2 - \overline{AC}^2}{2\,AB \times BC}$$

2° Si la perpendiculaire tombe au-dehors du triangle (fig. 14), on aura
$$\overline{AC}^2 = \overline{AB}^2 + \overline{BC}^2 + 2\,BC \times BD;$$
donc
$$BD = \frac{\overline{AC}^2 - \overline{AB}^2 - \overline{BC}^2}{2\,BC}.$$

Mais dans le triangle rectangle BAD, on a toujours
$$sin\ BAD,\ \text{ou}\ cos\ ABD = \frac{R \times BD}{AB}$$
et l'angle ABD, étant supplément de ABC ou **B**, on a
$$cos\ B = - cos\ ABD = \frac{R \times BD}{AB};$$
donc en substituant la valeur de BD, on aura encore
$$cos\ B = R \times \frac{\overline{AB}^2 + \overline{BC}^2 - \overline{AC}^2}{2\,AB \times BC}$$

89. Soient A, B, C, les trois angles d'un triangle quelconque; a, b, c, les côtés qui leur sont respectivement opposés, on aura, suivant cette dernière proposition,

$$cos \; B = R. \frac{a^2 + c^2 - b^2}{2\,a\,c}.$$

Le même principe étant appliqué à chacun des deux autres angles, donnera semblablement

$$cos \; A = R. \frac{b^2 + c^2 - a^2}{2\,b\,c},$$

$$cos \; C = R. \frac{a^2 + b^2 - c^2}{2\,a\,b}.$$

Ces trois formules suffisent seules pour résoudre tous les problêmes de la trigonométrie rectiligne ; car étant données trois des six quantités A, B, C, a, b, c, on a par ces formules les équations nécessaires pour déterminer les trois autres. Il faut par conséquent que les principes déjà exposés, et ceux qu'on pourrait leur ajouter, ne soient qu'une conséquence de ces trois formules principales.

En effet, la valeur de *cos* B donne

$$sin^2 \; B = R^2 - cos^2 \; B = R^2. \frac{4\,a^2\,c^2 - (a^2 + c^2 - b^2)^2}{4\,a^2\,c^2}$$

$$= \frac{R^2}{4\,a^2\,c^2} (2\,a^2\,b^2 + 2\,a^2\,c^2 + 2\,b^2\,c^2 - a^4 - b^4 - c^4);$$

donc

$$\frac{sin\,B}{b} = \frac{R}{2\,abc} \sqrt{(2\,a^2\,b^2 + 2\,a^2\,c^2 + 2\,b^2\,c^2 - a^4\,b^4\,c^4)}.$$

Le second membre étant une fonction de a, b, c, dans laquelle ces trois lettres entrent toutes également, il est clair qu'on peut faire la permutation de deux de ces lettres à volonté, et qu'ainsi on aura

$$\frac{sin\,B}{b} = \frac{sin\,A}{a} = \frac{sin\,C}{c},$$

ce qui est le principe du n° 86, et de celui-ci se déduiraient facilement les principes des n°⁸ 84 et 85.

80. *Dans tout triangle rectiligne la somme de deux côtés est à leur différence, comme la tangente de la demi-somme des angles opposés à ces côtés, est à la tangente de la demi-différence de ces mêmes angles.*

Car de la proportion (fig. 13 et 14)

$$AB : AC :: sin\ C : sin\ B,$$

on tire

$$AC + AB : AC - AB :: sin\ B + sin\ C : sin\ B - sin\ C.$$

Mais on a

$$sin\ B + sin\ C : sin\ B - sin\ C :: tang\ \frac{B+C}{2} : tang\ \frac{B-C}{2} ;$$

donc

$$AC + AB : AC - AB :: tang\ \frac{B+C}{2} : tang\ \frac{B-C}{2} ;$$

ce qui est le principe énoncé.

Avec ce petit nombre de principes, on est en état de résoudre tous les cas de la trigonométrie rectiligne.

RÉSOLUTION

DES TRIANGLES RECTANGLES.

91. Soit A l'angle droit d'un triangle rectangle proposé, B et C les deux autres angles; soit *a* l'hypoténuse, *b* le côté opposé à l'angle B, et *c* le côté opposé à l'angle C. Il faudra se rappeler que les deux angles B et C sont compléments l'un de l'autre, et qu'ainsi, suivant les différents cas, on peut prendre *sin* C $=$ *cos* B, *sin* B $=$ *cos* C, et pareillement *tang* B $=$ *cot* C, *tang* C $=$ *cot* B. Cela posé, les différents problèmes qu'on peut avoir à résoudre sur les triangles rectangles se réduiront toujours aux quatre cas suivants.

PREMIER CAS.

92. *Étant donnés l'hypoténuse* a *et un côté* b, *trouver le troisième côté et les deux angles aigus.*

Pour déterminer l'angle B, on a la proportion
$$a : b :: R : sin\ B.$$

Connaissant l'angle B, on connaîtra en même temps son complément $90° — B = C$; on pourrait aussi avoir C directement par la proportion
$$a : b :: R : cos\ C.$$

Quant au troisième côté c, il peut se trouver de deux manières. Après avoir trouvé l'angle B, on peut faire la proportion
$$R : sin\ B :: b : c,$$
qui donnera la valeur de c; ou bien on peut tirer directement la valeur de c, de l'équation
$$c^2 = a^2 — b^2$$
qui donne
$$c = \sqrt{(a^2 — b^2)},$$
et par conséquent
$$log\ c = \tfrac{1}{2} log\ (a + b) + \tfrac{1}{2} log\ (a—b).$$

DEUXIÈME CAS.

93. *Étant donnés les deux côtés* b *et* c *de l'angle droit, trouver l'hypoténuse* a *et les angles.*

On aura l'angle B par la proportion
$$c : b :: R : tang\ B.$$

Ensuite on aura
$$C = 90° — B.$$

On trouverait aussi C directement par la proportion
$$b : c :: R : tang\ C.$$

Connaissant l'angle B, on trouvera l'hypoténuse par la proportion

$$\sin B : R :: b : a;$$

où bien on peut avoir a directement par l'équation

$$a = \sqrt{(b^2 + c^2)};$$

mais cette expression, dans laquelle $b^2 + c^2$ ne peut se décomposer en facteurs, est peu commode pour le calcul logarithmique.

TROISIÈME CAS.

94. *Étant donnés l'hypoténuse* a *et un angle* B, *trouver les deux autres côtés* b *et* c.

On fera les proportions

$$R : \sin B :: a : b, \quad R : \cos B :: a : c,$$

lesquelles donneront les valeurs de b et c. Quant à l'angle C, il est égal au complément de B.

QUATRIÈME CAS.

95. *Étant donnés un côté* b *de l'angle droit, avec l'un des angles aigus, trouver l'hypoténuse et l'autre côté.*

Connaissant l'un des angles aigus on connaîtra l'autre, ainsi on peut supposer connu le côté b, et l'angle opposé B. Ensuite, pour déterminer a et c, on aura les proportions

$$\sin B : R :: b : a, \quad R : \cot B :: b : c.$$

RÉSOLUTION

DES TRIANGLES RECTILIGNES EN GÉNÉRAL.

Soient A, B, C, les trois angles d'un triangle rectiligne proposé, et a, b, c, les côtés qui leur sont respectivement opposés : les différents problêmes qui peuvent avoir lieu pour déterminer trois de ces quantités par le moyen des trois autres, se réduiront toujours aux quatre cas suivants.

PREMIER CAS.

96. *Étant donnés le côté* a *et deux des angles du triangle, trouver les deux autres côtés* b *et* c.

Les deux angles connus feront connaître le troisième, ensuite on trouvera les deux cotés b **et** c **par les proportions,**

$$sin\ A : sin\ B :: a : b.$$
$$sin\ B : sin\ C :: a : c.$$

DEUXIÈME CAS.

97. *Étant donnés les deux côtés* a *et* b, *avec l'angle* A *opposé à l'un de ces côtés, trouver le troisième côté* c *et les deux autres angles* B *et* C.

On trouvera d'abord l'angle B par la proportion
$$a : b :: sin\ A : sin\ B.$$

Soit M l'angle aigu dont le sinus $= \dfrac{b\ sin\ A}{a}$, **on pourra, d'après la valeur de** sin **B, prendre ou B=M ou B = 180° — M. Mais ces deux solutions n'auront lieu qu'autant qu'on aura à la fois l'angle A aigu et** $b > a$. **Si l'angle A est obtus, B ne saurait l'être, ainsi il n'y aura qu'une solution, et si A étant aigu on a** $b < a$, **il n'y aura non plus qu'une solution, parce qu'alors on a M $<$ A, et qu'en faisant B = 180°—M, on aurait A + B $>$ 180°, ce qui ne peut avoir lieu.**

Connaissant les angles A et B, on en conclura le troisième C. Ensuite on aura le troisième côté c **par la proportion**

$$sin\ A : sin\ C :: a : c.$$

On peut aussi déduire c **directement de l'équation**

$$\frac{cos\ A}{R} = \frac{b^2 + c^2 - a^2}{2\ b\ c},$$

qui donne

$$c = \frac{c \cos a}{R} \pm \sqrt{\left(a^2 - \frac{b^2 \sin A}{R^2} \right)}$$

Mais cette valeur ne peut se calculer par logarithmes qu'au moyen d'un angle auxiliaire M ou B, ce qui rentre dons la solution précédente.

TROISIÈME CAS.

98. *Étant donnés deux côtés* a *et* b *avec l'angle compris* C, *trouver les deux autres angles* A *et* B *et le troisième côté* c.

Connaissant l'angle C, on connaîtra la somme des deux autres angles A + B = 180° — C et leur demi-somme $\frac{1}{2}$ (A+B) = 90° — $\frac{1}{2}$ C. Ensuite on calculera la demi-différence de ces mêmes angles par la proportion n°. 90

$a+b : a-b :: tang\frac{1}{2}$ (A+B) ou $cot\frac{1}{2}$ C $: tang\frac{1}{2}$ (A—B) où l'on suppose $a > b$ et par conséquent A $>$ B.

Ayant trouvé la demi-différence $\frac{1}{2}$ (A—B), si on l'ajoute à la demi-somme $\frac{1}{2}$ (A + B), on aura le plus grand angle A; si au contraire on retranche la demi-différence de la demi-somme, on aura le plus petit angle B. Car, A et B étant deux quantités quelconques, on a toujours

$$A = \tfrac{1}{2} (A + B) + \tfrac{1}{2} (A - B)$$
$$B = \tfrac{1}{2} (A + B) - \tfrac{1}{2} (A - B).$$

Les angles A et B étant connus, pour avoir le troisième côté c, on fera la proportion

$$sin \; A : sin \; C :: a : c.$$

99. Il arrive souvent dans les calculs trigonométrïques que deux côtés a b sont connus par leurs logarithmes; alors pour ne pas être obligé de chercher les deux nombres correspondants, on cherchera seu-

lement l'angle z par la proportion $b : a :: R : tang\ z$. L'angle z sera plus grand que $45°$, puisqu'on suppose $a > b$; retranchant donc $45°$ de z, on fera la proportion

$$R : tang\ (z - 45°) :: cot\ \tfrac{1}{2} C : tang\ \tfrac{1}{2} (A - B),$$

d'où l'on déterminera comme ci-dessus la valeur de $\tfrac{1}{2} (A - B)$, et ensuite celle des deux angles A et B.

Cette solution est fondée sur ce que

$$tang\ (z - 45) = \frac{R^2\ tang\ z - R^2\ tang\ 45°}{R^2 + tang\ z\ tang\ 45°};$$

or $tang\ z = \dfrac{a R}{b}$ et $tang\ 45° = R$;

donc

$$tang\ (z - 45°) = \frac{R\ (a - b)}{a + b};$$

donc

$$a + b : a - b :: R : tang\ (z - 45°) :: cot\ \tfrac{1}{2} C : tang\ \tfrac{1}{2} (A - B).$$

Quant au troisième côté c, il peut se trouver directement par l'équation

$$\frac{cos\ C}{R} = \frac{a^2 + b^2 - c^2}{2\,a\,b},$$

qui donne

$$c = \sqrt{\left(a^2 + b^2\ \frac{2\ ab\ cos\ C}{R} \right)}.$$

Maïs cette valeur n'est pas commode à calculer par logarithmes, à moins que les nombres qui représentent a, b et $cos\ C$, ne soient très-simples.

Il est à remarquer que la valeur de c peut aussi se mettre sous ces deux formes :

$$c = \sqrt{\left((a - b)^2 + 4\ ab \cdot \frac{sin^2\ \tfrac{1}{2} C}{R^2} \right)}$$

$$= \sqrt{\left((a+b)^2 \frac{\sin^2 \frac{1}{2}C}{R^2} + (a-b)^2 \frac{\cos^2 \frac{1}{2}C}{R^2} \right)}$$

ce qui se vérifie aisément au moyen des formules $\sin^2 \frac{1}{2} C = \frac{1}{2} R^2 - \frac{1}{2} R \cos C$, $\cos^2 \frac{1}{2} C = \frac{1}{2} R^2 + \frac{1}{2} R \cos C$.

Ces valeurs seront particulièrement utiles, lorsque l'angle C étant très-petit, ainsi que $a - b$, on voudra calculer c avec beaucoup de précision. La dernière fait voir que c serait l'hypoténuse d'un triangle rectangle formé sur les côtés

$$(a+b) \frac{\sin \frac{1}{2} C}{R} \text{ et } (a-b) \frac{\cos \frac{1}{2} C}{R};$$

et c'est ce qu'on peut aussi trouver par une construction fort simple.

Soit CAB (fig. 31) le triangle proposé dans lequel on connaît les deux côtés CB$= a$, CA $= b$, et l'angle compris C. Du point C comme centre et du rayon CB égal au plus grand des deux côtés donnés, décrivez une circonférence qui rencontre en D et E le côté CA prolongé; joignez BD, BE, et menez AF perpendiculaire à BD. L'angle BDE inscrit dans la demi-circonférence sera un angle droit, ainsi les lignes AF, BE, seront parallèles, et on aura la proportion

$$\text{BF} : \text{AE} :: \text{DF} : \text{AD} :: \cos D : R.$$

On aura aussi dans le triangle rectangle DAF,

$$\text{AF} : \text{DA} :: \sin D : R.$$

Substituant donc les valeurs

$$\text{DA} = \text{DC} + \text{CA} = a + b, \quad \text{AE} = \text{CE} - \text{CA} = a - b,$$
$$\text{D} = \tfrac{1}{2} C,$$

on aura

$$\text{AF} = \frac{(a+b) \sin \frac{1}{2} C}{R}, \quad \text{BF} = \frac{(a-b) \cos \frac{1}{2} C}{R}.$$

Donc en effet le troisième côté AB du triangle proposé est l'hypoténuse du triangle rectangle ABF, dont les côtés sont

$$(a+b)\,\frac{sin\,\frac{1}{2}\,C}{R}\ \text{ et }\ (a-b)\,\frac{cos\,\frac{1}{2}\,C}{R}.$$

Si dans ce même triangle on cherche l'angle ABF opposé au côté AF, et qu'on en retranche l'angle CBD $=\frac{1}{2}$ C, on aura l'angle B du triangle ABC. De là on voit que la résolution du triangle ABC, dans lequel on connaît les deux côtés a et b et l'angle compris C, se réduit immédiatement à celle du triangle rectangle ABF, dans lequel on connaît les deux côtés de l'angle droit, savoir :

$$\text{AF} = (a+b)\,\frac{sin\,\frac{1}{2}\,C}{R}\ \text{ et }\ \text{BF} = (a-b)\,\frac{cos\,\frac{1}{2}\,C}{R}.$$

Ainsi, par cette construction, on pourrait se passer de la proposition du n° 88.

QUATRIÈME CAS.

100. *Étant donnés les trois côtés* a, b, c, *trouver les trois angles* A, B, C.

L'angle A, opposé au côté a, se trouve par la formule

$$cos\,\text{A} = \text{R}.\,\frac{b^2+c^2-a^2}{2\,b\,c},$$

et déterminera semblablement les deux autres angles. Mais on peut résoudre ce même cas par une formule plus commode pour le calcul logarithmique.

Si on se rappelle la formule

$$\text{R}^2 - \text{R}\,cos\,\text{A} = 2\,sin^2\,\tfrac{1}{2}\,\text{A},$$

et qu'on y substitue la valeur de cos A, on aura

$$2\,sin^2\,\tfrac{1}{2}\,\text{A} = \text{R}^2.\,\frac{a^2-b^2-c^2+2\,b\,c}{2\,b\,c}$$

$$= R^2 . \frac{a^2 - (b-c)^2}{2\,b\,c} = R^2 . \frac{(a+b-c)\,(a-b+c)}{2\,b\,c}.$$

Donc

$$sin \tfrac{1}{2} A = R \sqrt{\left(\frac{(a+b-c)\,(a-b+c)}{4\,b\,c} \right)}.$$

Soit, pour abréger,

$$\tfrac{1}{2}(a+b+c) = p, \text{ ou } a+b+c = 2\,p,$$

on aura

$$a+b-c = 2\,p - 2\,c,\ a-b+c = 2\,p - b\,;$$

donc

$$sin \tfrac{1}{2} A = R \sqrt{\left(\frac{(p-b)\,(p-c)}{b\,c} \right)}.$$

Formule qui donne aussi la proportion

$$bc : (p-b)\,(p-c) :: R^2 : sin^2 \tfrac{1}{2} A$$

et qui est facile à calculer par logarithmes. Connaissant le logarithme de $sin \tfrac{1}{2} A$, on connaîtra $\tfrac{1}{2} A$ dont le double sera l'angle cherché A. On pourra faire de même par rapport à chacun des deux autres angles B et C.

Il y a d'autres formules également propres à résoudre la question. Et d'abord la formule

$$R^2 + R\,cos\,A = 2\,cos^2 \tfrac{1}{2} A$$

donne

$$cos^2 \tfrac{1}{2} A = R^2 . \frac{b^2 + c^2 + 2\,b\,c - a^2}{4\,b\,c} = R^2 . \frac{(b+c)^2 - a^2}{4\,b\,c}$$

$$= R^2 . \frac{(b+c-a)\,(b+c+a)}{4\,b\,c}.$$

Mais en faisant toujours

$$a+b+c = 2\,p, \text{ on a } b+c-a = 2\,p\,2\,a\,;$$

donc

$$cos \tfrac{1}{2} A = R \sqrt{\left(\frac{(p-a)\,p}{b\,c} \right)}.$$

Cette valeur étant ensuite combinée avec celle de *sin* ½ A donnera une autre formule, car ayant

$$tang \ \tfrac{1}{2} A = \frac{R \ sin \ \tfrac{1}{2} A}{cos \ \tfrac{1}{2} A}$$

on en tire

$$tang \tfrac{1}{2} A = R \sqrt{\left(\frac{p - b. \ p - c}{p. \ p - a} \right)}.$$

A la rigueur, ce qui a été dit jusqu'ici suffirait pour la résolution de tous les triangles rectilignes ; néanmoins, pour ne laisser aucun embarras à ceux qui pratiquent la trigonométrie, nous allons appliquer quelques-unes des formules qui précèdent (données par Legendre) pour tous les cas qui peuvent se présenter.

EXEMPLES

DE LA RÉSOLUTION DES TRIANGLES RECTILIGNES.

Résolution des triangles rectangles.

101. *Étant donnés l'hypothénuse et un côté, trouver le troisième côté et les deux angles aigus.*

Soit A B C (fig. 22) dont on connaisse l'hypothénuse B C de 326^m. 1^d., et le côté A C de 200^m.

En faisant usage des proportions indiquées (n°. 92) on aura l'angle B, comme il suit :

L'hypothénuse,

Est au côté donné A C.

Comme le rayon,

Est au sinus de l'angle B *opposé au côté donné.*

Opérant par les logarithmes, j'obtiens :

Com. log. de B C 326^m. 10 = 7-4866492

     log. A C 200 00 = 2-3010300

     log. rayon   = 10-0000000

Sin B — log. du rayon = 9-7876792 = 37°50′

Nous ferons remarquer, que le logarithme ayant 10 pour caractéristique et des zéros pour ses autres chiffres, on peut, lorsqu'il s'agit de l'ajouter ou de le retrancher, se dispenser de l'écrire et se contenter d'ajouter ou d'ôter une unité aux dizaines de la caractéristique du logarithme auquel il doit être ajouté ou dont il doit être retranché.

La dizaine que nous avons retranché à la caractéristique du résultat qui précède, vient de ce que nous avons pris un complément arithmétique.

Je cherche ce logarithme dans les tables de sinus, et je trouve qu'il correspond à l'angle B de 37° 50',

Et par les nombres naturels indiqués dans notre Barême :

L'hypothénuse BC 326ᵐ.1ᵈ.
Est au côté AC   200
Comme le rayon 1000000 | 326-1

           200000000 | 61330 : 9 sin. natur.
           04340 | de l'ang. B de 37°50'
           10790
           10070
           028700

En cherchant ce nombre dans le Barême, on trouve qu'il répond aussi à un angle de 37° 50', qui est la valeur de l'angle B, à côté se trouve son complément, à 90° pour l'angle C.

Comme la somme des deux angles aigus d'un triangle rectangle est égale à un angle droit (nᵒ. 42) en retranchant l'angle B de 90°, il restera pour l'angle C 52° 10'.

On trouvera le troisième côté de deux manières par les proportions du nᵒ. 92 en faisant :

    1°. *Le rayon*
      Est au sinus C *de* 52° 10'

Comme l'hypothénuse 326^m. 1^d.
Est au côté **AB.**

Opérant par les logarithmes, j'ai

Log. sin. C 52° 10′ = 9-8975162
Log. hyp. 326-1 = 3-5133508

Somme — 10 log. côté AB = 2-4108670 = 257^m. 55^c.

Ce logarithme répond dans les tables à 257^m. 55^c.
pour AB.

Par les nombres naturels,

Je dis, comme ci-dessus, le rayon 10,00000 est au sinu C = 78980, comme l'hypothénuse 326^m. 1^d. est au côté opposé à l'angle **B.**

OPÉRATION.

Sinus C = 78980
× hypothénuse 326-1

  78980
473880
157960
236940   (10-000000
257553780 (257-54 côté AB.

Et j'ai, comme dans la règle précédente, pour le côté A B 257^m. 55^c.

Et par le Barême trigonométrique je n'ai qu'une addition à faire ; d'abord je cherche l'angle 52° 10′, et dans la colonne des hypothénuses les nombres :

3 ou 300^m. qui répond à = 236^m. 94^c.
20 . . . . = 15 - 796
6 . . . . = 4 - 738
1 déc. . . . = » - 078

Comme plus haut A C = 357^m. 55^c.

On trouverait également A B de la même manière.

On connaîtra la valeur du côté AB directement, si

on ne veut pas faire usage des angles, mais seulement des côtés connus, en tirant la valeur du côté AB de l'équation, n°. 92.

Ainsi, j'ai par les logarithmes :

$$\text{log.} \left. \begin{cases} BC = 326\text{-}1 \\ AC = 200\ 0 \end{cases} \right\} 526^m.\ 1^d.\ \text{log.} = 3\text{-}7210683$$

$$\text{log. } (BC - AC) = 121 - 1 \quad \text{log.} = 3\text{-}1007151$$

$$\text{log.} = AB^2 = \quad 6\text{-}8217834$$

$$\text{log.} = AB = \quad 3\text{-}4108917$$

Ce logarithme répond à 257^m. 55^c. pour le côté A.B comme dans les opérations précédentes.

Par les nombres naturels,

Je fais la somme des côtés connus $AC + CB = 526^m. 1^d$. que je multiplie par la différence d'un côté à l'autre $= 126^m. 1^d$. comme il suit :

```
    526-1
    126-1
    ─────
     5261
    31566
   10522
    5261           |257-56 côté AB
   ────────        |
   663,41,21       |2×2
    263            |   45×5
    3841           |  507×7
     29221         |  5145×5
     3496          | 51506×6
```

Du produit j'en extrais la racine carrée, et j'ai, comme en l'opération ci-dessus, 257^m. 55^c. à $0\text{-}04^c$. près.

102. *Étant donnés les deux côtés de l'angle droit, trouver l'hypothénuse et les angles.*

Soit ABC (fig. 23) le triangle dont on connaisse le côté AC de 200^m., et le côté AB de 257^m. 55^c.

En faisant usage, pour le cas présent, des propor-
tions indiquées n°. 93, j'aurai l'angle B en disant :

Le côté AB,

Est à l'autre AC.

Comme le sinus total (rayon),

Est à la tangente de l'angle B.

Par les logarithmes,

Compl. log. AB 257-55 = 6-5891385

log. AC 200-00 = 3-3010300

log. tangente B = 9-8901685

Cherchant ce logarithme dans les tables, je trouve
qu'il répond à un angle de 37° 50′, donc B = 37° 50′,
et par conséquent C = 52° 10′.

On trouve également l'angle C, par la proportion
qui suit immédiatement celle qui précède, je fais ainsi
par les logarithmes :

log. AB 257-55 * = 3-4108645

Compl. log. AC 200 00 = 6-6989700

log. tang. C. = 10-1098345

Ce logarithme répond à 52° 10′, donc C = 52° 10′.

Pour trouver l'hypothénuse BC, connaissant l'angle
B, je fais la proposition (n°. 92), j'opère d'après la for-
mule du même numéro, et j'ai par les logarithmes :

Le sinus de l'angle B,

Est au rayon.

Comme le côté opposé à cet angle,

Est à l'hypothénuse.

(*) Pour avoir ce logarithme, je prends en une seule fois dans la
table celui de . . . . 257-50 = 3-4107772
J'y ajoute les parties proportionnelles du
dernier chiffre. . . . . 0-05 = 843
Et j'ai 3-4108645

Opérant par les logarithmes, j'ai

Compl. sin. B 37° 50' = 0-2122798
log. coté A C 200 » = 3-3010300
log. BC — = 3-5133098

Qui répond dans les tables à 326ᵐ. 1ᵈ., donc l'hypothénuse B C = 326ᵐ. 1ᵈ.

Et par les nombres naturels j'obtiens :

Sinus B 37° 50' = 61336
Est au rayon — 10-00000
Comme AC = 200ᵐ.   61336 sinus B.

200000000   326-07 hyp. B C.
159920
372480
0446400 à 0 03ᶜ. près.

Autrement :

Le sinus de l'un des angles aigus,
Est au côté qui lui est opposé.
Comme le rayon du sinus total,
Est à l'hypothénuse.

On peut avoir B C par l'équation $a = \sqrt{-}(b^2 + c^2)$ (ou en d'autres termes, l'hypothénuse est égale au carré des deux autres côtés), mais cette expression qui est peu commode par les logarithmes, à cause des facteurs qui ne peuvent se décomposer, et étant très-longue par les nombres naturels, nous n'en ferons pas l'application.

103. *Étant donnés l'hypothénuse et un angle aigu, déterminer les deux autres côtés.*

Soit le triangle A B C (fig. 24) dont on connaisse l'hypothénuse B C de 326ᵐ. 1ᵈ. et l'angle B de 37° 50'.

Les première et deuxième formules indiquées (nᵒ. 94) pour les cas dont il s'agit, donneront les deux autres côtés A C et A B.

En opérant avec les logarithmes, j'obtiens :

Log. AC-257^m. 55^c. = 3-4408670

Log. sin. C - 52° 10' = 9-8975162

Log. BC-326^m. 10^c. = 3-5133508

Log. sin. B-37° 50' = 9-7877202

Log. AB-200^m. = 3-3010710

Cherchant ces logarihmes dans les tables, on trouve A B = 200^m. et A C = 257^m. 55^c.

Et en opérant avec le barême trigonométrique, je trouve également les côtés A B et A C, comme il suit :

Je cherche dans le barême l'angle B de 37° 50' et son complément de 52° 10' pour l'angle C qui est placé à côté, ensuite je prends dans la colonne des hypothénuses, l'hypothénuse B C de 326^m. 1^d., que je forme de quatre parties qui me donnent exactement les côtés A B et A C.

$$\text{Côté opposé à } 52° 10'$$

$$\text{Hyp. } 326^m. 10^c. = \begin{cases} 300 \;\; » = 236\text{-}94 \\ 20 \;\; » = 15\text{-}79\text{-}6 \\ 6 \;\; » = 4\text{-}73\text{-}9 \\ » \;\; 10 = 0\text{-}07\text{-}8 \end{cases}$$

$$\text{Côté A B} = 257^m\text{-}55.$$

$$\text{Côté opposé } 37° 50'$$

$$\text{Hyp. } 326^m. 10^c. = \begin{cases} 300 \;\; » = 184\text{-}01 \\ 20 \;\; » = 12\text{-}26 \\ 6 \;\; » = 3\text{-}68 \\ » \;\; 10 = »\text{-}06 \end{cases}$$

$$\text{Côté A C} = 200^m 01^c.$$

Et comme C = 90° — B, on a

$$C = 90° — 37° 50' = 52° 10'.$$

104. *Étant donnés un côté de l'angle droit avec l'un des angles aigus, trouver l'hypothénuse et l'autre côté.*

Soit le triangle A B C (fig. 25), dont on connaisse le côté A C de 200 décamètres et l'angle B de 37° 50'

On connaîtra l'angle C facilement en retranchant l'angle B de 90° comme dessus.

Quant à l'hypothénuse et au côté A B, en faisant usage des formules du n°. 95, on a par les logarithmes :

Somme — R log. B C = 3-5133098 = 326^d. 1^m.

Rayon = 10-0000000

Comp. log. sin. B 37° 50' = 0-2122798

Log. A C 200^d. = 3-3010300

Log. C 52° 10' = 9-8975162

Somme — log. du R = AB = 3-4408260 = 257^d. 55^m.

Ces logarithmes répondent, le premier à 326^d. 1^m. pour l'hypothénuse B C, et le second à 257^d. 55 décimètres pour le côté A B, ces résultats ont déjà été obtenus dans les n°s. 101 et 102.

TRIANGLES OBLIQUANGLES.

105. *Étant donnés deux angles et un côté, trouver les deux autres côtés.*

Soit le triangle A B C (fig. 26), dont on connaisse les angles B de 37° 50', C de 76° 25' et le côté B C de 300 décamètres.

Il résulte de ces cas donnés que l'angle A est de 65° 45'.

On a par les formules du (n°. 96) pour les côtés A B et AC par les logarithmes.

Log. A B = 2-5049191 = 319^{d}8^m.

Log. sin. C 76° 25' = 2-4771213

Compl. log. sin. A = 65° 45' = 0-0401184

Log. sin. B 37° 50' = 9-7877202

Log. B C 300^d. = 2-4771213

Log. A C = 2-3049599 = 201^{d}8^m.

Et par les nombres ordinaires :

Sinus A = 91176

Est au sinus B = 61337

Comme B C. . . . 300 $\big\{$ 91176 sin. A

18401100 $\big\{$ 319$^\text{d}$. 8$^\text{m}$. = côté B A

Sinus A = 91176

Est au sinus C = 97203

Comme A B = ... 300 $\big\{$ 91176

27460900 $\big\{$ 201$^\text{d}$. 8$^\text{m}$. côté A C

Si le côté connu était A C, on déterminerait de même les autres côtés par cette formule :

Sin. B : b :: sin. C : c.

Sin. B : b :: sin. A : a.

En opérant par les logarithmes on a :

Log. A B = 3-5048804 = 319$^\text{d}$. 8$^\text{m}$.

Log. sin. C = 9-9876794

Comp. log. sin. B = 0-2122798

Log. côté A C = 3-3049212

Log. sin. A = 9-9598815

Log. B C = 3-4770825 = 300$^\text{d}$. 00.

Et par les nombres naturels on a aussi :

$$B C = \frac{A C \times \text{sin. A}}{\text{Sin. B}} = 300$$

$$B A = \frac{A C \times \text{sin. C}}{\text{Sin. B}} = 319\text{-}8$$

106. *Étant donnés deux côtés et l'angle opposé à l'un de ces côtés, trouver le troisième côté et les deux autres angles.*

Soit que le triangle A B C (fig. 27) dont on connaisse les deux côtés A C de 201$^\text{d}$. 8$^\text{m}$. et B C de 300$^\text{d}$.

La formule n°. 97 donnera le sinus de l'angle B.

B C : sin. A :: A C : sin B,

Opérant d'abord par les logarithmes, j'ai :

Comp. log. B C log. 300 = 6-5228787

Log. sin. 65° 45′ = 9-9598815

Log. A C log. 201-8 = 3-3049212

Log. sin. B = 9-7876814 = 37° 50′

Et par les nombres naturels, j'ai également

Le côté B C = 300

Est au sinus A *de* 65° 45 = 91176

Comme le côté A C = 201-8

729408

911760

182352000 (300

183993168) 613310

0399   sin. B de

0993   37° 50′

0931

0316

0168

Il faut remarquer que le sinus de l'angle B peut appartenir à un angle aigu, ou à un angle obtus, qui en serait le supplément. La même ambiguité existe pour l'angle C.

On trouvera le côté AB par la proportion :

$$\text{Sin. A : sin. C :: } a : c$$

107. *Étant donnés deux côtés et l'angle compris, trouver les deux autres angles et le troisième côté.*

Soit le triangle ABC (fig. 28) dont on connaisse les côtés AC, de 201ᵈ. 8ᵐ., BC de 300ᵈ., et l'angle C de 76° 25′.

Faisant usage de la première formule du n° 98, qu'on peut expliquer ainsi :

La somme des côtés connus,

Est à leur différence.

Comme la tangente de la moitié de la somme des angles inconnus,

Est à la tangente de la moitié de leur différence.

Les côtés connus

$$BC = 300^d.\ 00 \atop - AC = 204 - 80 \bigg\} = 501^m.\ 80$$

Difér. d'un côté à l'autre = 98^d. 20

Les angles

de 180° 00

ôtant 76 25′

Reste A + B = 103° 35′

1/2 A + B = 51° 47′ 30″

En opérant par les logarithmes on a :

log. tang. 51° 47′ 39″ = 0-1038881

(BC—AC) = 98^d. 20 log. = 2-9921115

AC+BC = 501^d. 8^m. com. lo. = 6-2994693

log. tang. 1/2 = (A B) = 9-3954689 = 13°57′30

$$\text{Donc A} = {51^d\ 47'\ 30'' \atop + = 13°\ 57'\ 30''} \bigg\} = 65°\ 45'$$

$$C = {51°\ 47'\ 30'' \atop - 13°\ 57'\ 30''} \bigg\} = 37°\ 50'$$

Si, à la moitié de la somme des angles inconnus, on ajoute, comme dessus, la différence trouvée, la somme sera le plus grand angle, et si, au contraire, cette différence en est retranchée, on aura le plus petit angle.

Et par les nombres ordinaires, on a aussi :

La somme des côtés connus 501^d. 8^m.,

Est à leur différence 98^d. 20^d.

Comme la tangente de la moitié de la somme des angles inconnus = 127039,

Est à la tangente de la moitié de leur différence.

OPÉRATION.

```
        127039
         98 20
       ─────────
        2540780
        1016312
        1143351
      ────────────
     1247522980 │ 501 - 8
          24392   ──────────
          43202   │2486096 tangente
          30589      de 13° 57' 30'
         048480
          30180
           0072
```

Ce nombre répond à la tangente de 13° 57' 30'. Il est donc évident que la demi différence des deux angles A et B est de 13° 57' 30", et si on l'ajoute à la demi somme de (A + B), ou si on la retranche, on aura, comme dans l'exemple précédent, le plus grand angle A de 65° 45', et le plus petit B de 37° 50'.

Les angles du triangle étant ainsi connus, on pourra avoir le troisième côté AB par l'analogie ordinaire.

La formule du n°. 99 donne le moyen de trouver ce côté sans calculer les angles; en voici l'application par les logarithmes avec les mêmes données :

$$2 \log. 300 - 0 = 3\text{-}7781512$$
$$\log. 201 - 8 = 3\text{-}3049212$$
$$\log. \cos. C = 9\text{-}3708079$$
$$\log. 2 \cos. C = 6\text{-}4538803 = 2843270$$
$$\log. 300\ 0^2 = 9542425 = 9000000$$
$$\log. 201\text{-}8^2 = 3049909 = 4072324$$
$$AC^2 + BC^2 = 1\text{-}3072324$$
$$- \quad 2843270$$
$$BA^2 = 1\text{-}0229054$$

7

Extrayant la racine carrée de ce nombre, on a BA $= 319^{\text{d}}.\ 8^{\text{m}}.$

$$
\begin{array}{c|c}
10,22,90,54 & 319\text{-}8 = \text{BA} \\
\hline
1,22 & 3\times 3 \\
61,90 & 61\times 1 \\
5,29,54 & 629\times 9 \\
08,50,00 & 6388\times 8 \\
\end{array}
$$

En prenant la moitié du logarithme de $10,22,90,54$, on trouve qu'il répond aussi à $319^{\text{d}}.\ 8^{\text{m}}.$

Ce calcul est pénible à effectuer, il faut moins de soins par les autres formules du n°. 98, mais c'était pour en donner une idée que nous l'avons établi.

108. *Étant donnés les trois côtés d'un triangle, trouver les angles.*

Soit le triangle ABC (fig. 29) dont on connaisse les trois côtés AB de $319^{\text{d}}.\ 8^{\text{m}}.$, AC de $201^{\text{d}}.\ 8^{\text{m}}.$, et BC de 300.

Ce problême se trouve résolu par les formules du n°. 100.

En conservant les mêmes données du numéro qui précède, et en faisant usage de la première des formules du n°. 100, il faudra ajouter ensemble les trois côtés, de la moitié de leur somme, soustraire chaque côté comprenant l'angle requis; et pour avoir leur différence, on fera ensuite ces deux analogies.

1°. *L'un des côtés comprenant l'angle requis,*
Est à l'une des différences trouvées.
Comme l'autre différence,
Est à un quatrième nombre.

2°. *L'autre côté comprenant l'angle requis,*
Est au rayon.
Comme le quatrième nombre trouvé,
Est à un 7ᵉ nombre.

Ce dernier nombre étant multiplié par le rayon, la racine carrée du produit sera le sinus de la moitié de l'angle requis.

Soit demandé l'angle B,

Opérant par les logarithmes, on a :

Les côtés $\begin{cases} AB = 319\text{-}8 \\ AC = 201\text{-}8 \\ BC = 300\text{-}0 \end{cases}$

Somme des côtés = 821-6

½ de la somme = 410-8   ½ de la somme 410-8
    — AB = 319-8   — BC = 300-0

Différence AB = 91-0   Différ. BC = 110-8

La différ. de BC 110-8 log. = 3-0445398
La différ. de AB 91-0 log. = 2-9590414

La somme = 6-0035812
— log. AB 319-8 = 3-5048786

Log. du 4ᵉ nombre avec le
log. du rayon   = 12-4987026
        — log. de BC = 3-4771213

Log. du 7ᵉ nombre et log.
du rayon   = 19-0215813

La moitié de ce log. est le si-
nus de la moitié de l'angle B = 9-5107906-18° 55'

Le double de cet angle est l'angle B de 37° 50'.

On aurait les mêmes résultats, si l'on ajoutait les complémens arithmétiques des côtés comprenant l'angle requis, aux logarithmes des différences trouvées.

EXEMPLE.

Les côtés {
Compl. log. BC 300-0 = 6-5228787
Compl. log. AB 319-8 = 6-4951214

Les différ. {
Différence BC 110-8 = 3-0445398
Différence AB 91-0 = 2-9590414

La somme = 19-0215813

Log. 1/2 de la somme = 9-5107906

Ce logarithme répond à un angle de 18° 55'.

Donc l'angle B est de 37° 50', comme dans le résultat qui précède.

En opérant par les nombres naturels, on a également :

Le côté BC,

Est à la différence BC,

Comme l'autre différence AB,

Est à un 4ᵉ nombre.

OPÉRATION.

$$110^{\mathrm{d}}.\ 8^{\mathrm{m}}.$$
$$\times\ \ 91\ \ \ 0$$

1108
99720 (300 = BC
100828 (336093 4ᵉ nombre.
1082
1828
02800
1000
100

L'autre côté AB,

Est au rayon,

Comme le 4ᵉ nombre,

Est au 7ᵉ nombre.

OPÉRATION.

```
        336093
      ✕ 100000
  336093000000  │ 319,8              │ 32419
      016293     │ 10,50,94,77,80    │ 3✕3
      030300     │ 1 50              │ 62✕2
       15180     │      2694          │ 644✕4
       24880     │     11877          │ 6481✕1
        24940    │    539680          │ 64892✕2
         2554
```

Extrayant la racine carrée du 7e nombre, il vient 32419, qui est le sinus naturel de la 1/2 de l'angle B; en cherchant ce nombre dans le Barême, on trouve qu'il répond aussi à 18° 55′ comme dans les exemples précédens.

- En prenant pour base le plus grand côté, on déterminera encore l'angle B et les autres angles, si l'on abaisse de l'angle opposé une perpendiculaire sur cette base qui divise le triangle en deux triangles rectangles; alors on fera cette analogie :

La base,
Est à la somme des autres côtés,
Comme la différence des mêmes côtés,
Est à la différence des deux segmens de la base.

Soit encore le triangle ABC (fig. 30) et les mêmes données.

Opérant par les logarithmes,

La base AB = 319^d. 8^m. log. = 3-5048785
Est à AC + BC = 504^d. 8^m. log. = 3-7005307
Comme BC — AC = 98^d. 2^m. log. = 2-9921115

Somme = 6-6926422

— AB 319^d. 8^m. log. = 3-5048785

Différence des deux segmens de la base 3-1877637

Ce logarithme répond à 154ᵈ. 1ᵐ.

On trouvera aussi le logarithme du quatrième terme en faisant usage du complément arithmétique du premier logarithme, comme il suit :

La base AB 319-8 $=$ 6-4951215 compl. arith.
AC $+$ BC $=$ 501-8 log. $=$ 2-7005307
BC $—$ AC $=$ 98-2 log. $=$ 2-9921115

Log. 4ᵉ nombre BD $=$ 2-1877637 $=$ 154ᵈ. 1ᵐ.

Ce logarithme répond, comme en l'exemple précédent, à 154ᵐ. 1, pour la différence des deux segmens de la base.

Cette différence étant retranchée de la base AB 319ᵈ. 8ᵐ. la perpendiculaire divise le reste, 165ᵈ. 7ᵐ. en deux parties égales.

Ayant donc deux triangles rectangles dont l'hypothénuse et un côté sont connus, on déterminera facilement les angles par la proportion du n°. 101.

En opérant par les nombres naturels, on a

La base $=$ 319ᵈ. 8ᵐ.,

Est aux côtés AC $+$ BC $=$ 501ᵈ. 8ᵐ.

Comme la différence d'un côté à l'autre $=$ 98ᵈ. 2ᵐ.,

Est à 154ᵈ. 09ᵐ., *différence des deux segmens de la base.*

Cette quantité étant retranchée de 319ᵈ. 8ᵐ., il reste, comme ci-dessus, à 0,01 décimètre près 165ᵈ. 7ᵐ., dont la moitié 82ᵈ. 85 décimètres est AE.

Maintenant qu'on a l'hypoténuse et un côté dans les deux triangles rectangles, on déterminera par la proportion du n°. 92 l'angle B, qu'on trouvera de 37° 50′, et l'angle A de de 65° 45′ ; quant à l'angle C, il sera déterminé comme il est expliqué aux n°.ˢ 27 et 28.

TROISIÈME PARTIE.

Levée des Plans et manière de mesurer les surfaces régulières et irrégulières, accessibles et inaccessibles.

Les matières qui font le sujet de cette partie peuvent donner lieu à un volume très-étendu, mais étant obligé de nous renfermer dans un cercle rétréci à cause des autres parties de cet ouvrage, nous ne donnerons dans celle-ci que des méthodes générales, faciles à mettre en pratique, et qui sont indispensables à l'arpenteur pour effectuer les opérations de détail.

CHAPITRE Ier.

NOTIONS GÉNÉRALES.

109. Si l'art de l'arpentage n'a pas besoin d'études approfondies, il exige au moins des principes particuliers sans lesquels on ne peut opérer que par routine, se tromper et causer des procès. Celui qui se propose de prendre l'état d'arpenteur doit donc étudier ces principes avec soin; il doit aussi examiner avec attention les instrumens qui servent a opérer sur le terrain,

car ils ont rarement la perfection nécessaire ; ceux que les arpenteurs emploient le plus ordinairement sont : la chaîne pour mesurer les lignes, l'équerre d'arpenteur pour les opérations de petite étendue et le graphomètre ou le cercle répétiteur.

DESCRIPTION
DES INSTRUMENS SERVANT AU MESURAGE DE DÉTAIL.
De la Chaîne métrique.

110. La chaîne d'arpenteur est fixée pour toute la France à un décamètre de longueur ; elle est divisée de mètre en mètre par des anneaux de cuivre : on met ordinairement à celui du milieu un petit bout de fil de laiton de 5 à 6 centimètres de longueur, pour qu'on puisse compter plus facilement. Chaque longueur de mètre est composée de cinq parties, dont chacune représente le double décimètre ; il y a aux extrémités une poignée faisant partie de la chaîne.

Il faut avant de s'en servir, dit M. Puissant, dans son traité de topographie, lui donner environ deux centimètres de plus que dix mètres (*), vu qu'il est impossible de la tendre rigoureusement en ligne droite, sans risquer en voulant atteindre cette limite d'en rompre les anneaux.

Vérification de la Chaîne.

111. La vérification de la chaîne s'opère en traçant sur une surface bien plane, une ligne droite de la longueur du décamètre, on applique la chaîne sur cette

---

(*) Nous pensons que dans ces deux centimètres doit être compris l'épaisseur de la fiche ou piquet.

mesure qui sert d'étalon, et si elle ne coïncide pas avec l'étalon, en ayant égard au petit excès donné par la courbure, on l'allongera ou on la raccourcira jusqu'à ce que la coïncidence ait lieu.

De l'Équerre d'arpenteur.

112. L'équerre d'arpenteur a plusieurs formes, la plus commode est celle octogone, qu'on nomme ainsi parce qu'elle a huit côtés ; quatre de ces côtés sont percés de deux traits de scie bien d'équerre ou à angles droits ; et quatre autres également percés à angles droits, sont à fenêtres avec un crin au milieu. Nous lui donnons la préférence sur l'équerre à petites pinules, par rapport à sa forme qui lui donne plus de solidité, à cause des contreforts intérieurs, et plus de commodité pour plonger le rayon visuel sur les terrains inclinés ; elle remplace avantageusement l'équerre à petites pinules, qui était d'ailleurs très-sujette à se déranger.

Vérification de l'Équerre.

113. On s'assure de la justesse de l'équerre en visant deux objets éloignés à travers les pinules ou en plaçant deux jalons dans l'alignement des rayons visuels ; on tourne l'instrument perpendiculairement sur son pied jusqu'à ce que l'on voie le premier objet à travers la fente ou en face du crin de la fenêtre, ensuite on regarde si le second objet est juste dans la direction des autres pinules ou fentes ; lorsque cette coïncidence a lieu, l'équerre est juste.

Du Graphomètre à pinules.

114. Dans toutes les opérations que l'arpenteur est

appelé à faire, il n'a besoin que d'un graphomètre *à pinules*, au milieu duquel se trouve une boussole qui sert à donner la position du lieu et des objets sur lesquels on opère, relativement au nord.

Le graphomètre ordinaire est composé d'un demi-cercle et de deux règles, l'une fixe et l'autre mobile ; le demi-cercle est exactement partagé en 180° allant de droite à gauche et réciproquement.

La règle fixe, est le diamètre du cercle, et celle mobile, qu'on nomme *alidade*, tourne sur le centre de l'instrument pour prendre les degrès avec lesquels on détermine les longueurs ou les hauteurs observées, etc.

A l'extrémité de chacune de ces règles se trouve une pinule avec fente, fenêtre et crin pour diriger le rayon visuel.

Vérification du Graphomètre.

115. On vérifie ordinairement un graphomètre en observant séparément chacun des trois angles de plusieurs triangles ; car si les angles sont bien pris et si l'instrument est bon , on doit trouver à deux ou trois minutes près, deux angles droits ou 180° à chaque triangle.

On peut aussi vérifier cet instrument en choisissant autour de soi, dans une plaine, des objets sur lesquels on dirige des rayons visuels, on observe les angles deux à deux en faisant un tour d'horison toujours dans le même sens jusqu'à ce que l'on soit arrivé à l'objet d'où l'on est parti. Si l'instrument est bien exact et que l'on ait observé chaque angle avec une précision mathématique, la somme de tous les angles devra faire quatre angles droits ou 360°. Mais comme cette rigueur ne peut avoir lieu, soit à cause de l'imperfection de notre vue, soit parce que les divisions de l'instrument sont trop petites, lorsque la différence ne sera que de quelques minutes pour un graphomètre de 2 ou 3 décimètres de diamètre, on concluera que l'instrument est suffisamment bon.

« En général, dit M. LEFEBVRE, ancien géomètre en chef du cadastre, on ne considérera pas l'instrument comme défectueux lorsque la différence que l'on trouvera avec quatre angles droits, dans un tour d'horison, n'excédera pas un nombre de minutes égal à celui des angles faits sur les alignemens fixes pour former son tour d'horison, si le vernier du graphomètre donne les minutes; ainsi, ayant pris six angles pour le tour d'horison, si l'on ne trouve que six minutes de différence avec quatre angles droits, on s'en tiendra à cette observation, et ces six minutes seront reparties sur les six angles, à moins que l'on ait plus de confiance en quelques-uns des angles qu'aux autres. Cette pratique est généralement usitée dans les opérations de petites étendues.

» On fera bien de répéter cette opération plusieurs fois, parce qu'il pourrait se faire qu'une erreur faite sur l'un des angles, compensât celle de l'instrument; alors cette compensation, que le hasard peut faire naître, serait la cause des erreurs inévitables qu'on ferait en opérant avec un instrument qu'on croirait bon tandis qu'il serait imparfait.

» Il faut encore vérifier le graphomètre quant à la position des pinules, en dirigeant l'alidade mobile sur le même point que la fixe, pour voir si les quatre fils se confondent dans un même plan lorsque les zéros des verniers coïncident avec la ligne de foi. Cela étant, on change la position de l'alidade de manière que le vernier qui se trouvait sur le zéro du limbe, soit sur 180°, et l'on examine si les quatre fils coïncident encore dans cette disposition.

» On peut encore vérifier le graphomètre pour s'assurer de l'angle droit, comme on le fait pour l'équerre au n°. 113.

» Quelque précaution que prenne l'artiste dans la confection du graphomètre, il arrive assez souvent que les fils des alidades ne coïncident pas toujours parfaitement; il est rare de rencontrer un graphomètre à pinules qui ne donne pas une petite erreur que l'on nomme paralleslisme, et que l'on rectifie ordinairement par une vis de rappel ou bien en y ayant égard en observant les angles. »

LEVÉE DES PLANS.

116. On appelle levée des plans la partie de l'arpentage qui a pour objet de prendre sur le terrain les mesures nécessaires pour la construction des plans.

Ces mesures diffèrent selon que le terrain à lever a plus ou moins d'étendue, de détails ou d'aspérités.

Quand le terrain est d'une petite étendue, et qu'il contient peu de détail, les principes à employer pour en lever le plan sont les mêmes que ceux dont il faudrait faire usage pour en obtenir exactement la surface.

Il n'en serait pas de même s'il s'agissait d'un terrain d'une cinquantaine d'hectares et plus, contenant beaucoup de détails, tel qu'une section, un territoire de commune, il faudrait y établir une triangulation pour lier tous les détails en un canevas trigonométrique, comme cela se fait pour les cartes cadastrales,

car les levées partielles ne procureraient que des ré-
sultats inexacts et sans moyen de vérification ; mais
ces opérations sortant des bornes ordinaires de l'ar-
pentage particulier, nous n'en donnerons que quel-
ques notions dans cette partie de notre ouvrage.
Avant de le faire, nous allons passer à la mesure des
surfaces qui nous conduira insensiblement à la levée
des plans de grande étendue.

ARPENTAGE
OU MESURE DES SURFACES.

117. Jusqu'à présent nous n'avons considéré que
les angles et les lignes qui entrent dans la composition
d'une figure. Ce ne sont là, pour ainsi dire, que les
dehors qui doivent nous conduire à son intérieur. Il
importe extrêmement de savoir évaluer la surface
renfermée au-dedans d'une figure ; par là on assure à
chaque membre d'une société les possessions que les
lois lui attribuent. L'intérêt et le bon ordre se trouvent
encore ici les moitfs qui ont déterminé les hommes à
rechercher une méthode de mesurer avec exactitude
une portion de terre, un champ, une plaine. L'art de
faire ces mesures s'appelle arpentage ou mesure des
surfaces, dont nous allons donner les principes.

PRINCIPES
DE LA MESURE DES SURFACES.

118. On entend par surface, superficie, contenance,
aire ou étendue d'une figure, la quantité de mesures
carrées qu'elle contient.

Depuis l'établissement du système métrique, l'unité
pour les surfaces est l'are ou la perche métrique car-
rée, qu'on nomme décamètre parce qu'elle est com-

posée de 10 mètres. Elle remplace toutes les anciennes mesures agraires.

Mesurer une surface quelconque, c'est chercher combien de fois elle contient le carré qui sert à l'estimer.

Surface du Rectangle.

119. Si la figure à mesurer est un rectangle A B C D (fig. 31), en portant d'abord sur la longueur A B autant de carrés égaux à *a b c d,* (le décamètre carré) que le coté *a c* sera contenu de fois dans A B, on aura de cette manière une rangée de carrés que l'on pourra répéter dans le rectangle autant de fois que la largeur de ce dernier contient le côté du carré *a b c d,* c'est-à-dire autant de fois qu'il a d'unités linéaires dans le côté A D.

La somme de tous les carrés contenus dans le rectangle A B C D sera par conséquent égale au produit des nombres d'unités linéaires contenus dans les deux côtés contigus de ce rectangle.

Si la longueur A B du rectangle est de 6 décamètres, et sa largeur A D de 4 décamètres, le nombre de décamètres carrés ou d'ares contenus dans le rectangle sera donc de 6 fois 4 ou 24.

De là il suit cette règle, que la mesure d'un rectangle est égale au produit de sa base multipliée par sa hauteur. (On nomme base sa longueur).

Surface du Triangle rectangle.

120. La mesure d'un rectangle fait trouver facilement celle des triangles ; parmi ces derniers on considère d'abord ceux qui ont deux côtés perpendiculaires, et que pour cette raison on nomme triangles rectangles.

Si dans le rectangle (fig. 32) on mène une diagonale A C, cette figure sera partagée en deux triangles rectangles égaux ; donc chaque triangle sera la moitié du rectangle, mais la mesure de ce rectangle égale le produit de A B par B C, le triangle A B C qui en est la moitié a donc pour surface la moité du produit de ces deux côtés perpendiculaires,

Ou ce qui est la même chose :

La superficie d'un triangle rectangle est égale au produit de l'un de ses côtés par la moitié de l'autre.

Surface du Parallélogramme.

121. La surface d'un parallélogramme quelconque est égale au produit de sa base par sa hauteur.

Soit le parallélogramme (fig. 33) si l'on tire de l'un de ses angles A, à son côté opposé C, la diagonale A C, ce parallélogramme sera partagé en deux triangles qui sont visiblement égaux, le triangle A B C, par exemple, a pour mesure la moitié du produit de sa base A B par sa hauteur C E, mais le parallélogramme étant double du triangle, on a évidemment la surface A B C D, égale à A B multiplié par C E.

Si A B égale C E, la figure sera un carré qui aura pour surface, l'un de ces côtés multiplié par lui-même, c'est-à-dire A B $\times$ A B ou A B².

Si la longueur de la base A B ou C D est de 12 décamètres et que sa hauteur perpendiculaire C E soit de 5 décamètres, on aura pour le produit de 12 par 5, 60 ares ou 60 décamètres carrés.

Surface du Triangle oblique.

122. Si dans le parallélogramme (fig. 34), on mène une diagonale A C, cette partie sera divisée en deux

triangles égaux A B C, A C D, puisque les côtés de l'un de ces triangles sont séparément égaux aux côtés de l'autre, ces triangles étant moitié du parallélogramme, il est clair que pour obtenir la superficie de chacun d'eux, il faut multiplier leur base par la moitié de leur hauteur C F ou D E.

Un triangle rectiligne quelconque étant toujours moitié d'un carré ou d'un rectangle, d'un losange ou d'un parallélogramme, la surface d'un triangle est donc constamment égale au demi produit de sa base par sa hauteur, soit que la perpendiculaire (qui a pour origine cette figure) tombe sur sa base ou sur le prolongement de sa base.

Surface du Trapèze.

123. *La surface d'un trapèze quelconque (fig. 35) est égale au produit de la somme de ses deux côtés parallèles, par la moitié de la distance perpendiculaire comprise entre ces parallèles.*

En effet, en tirant la diagonale A C, le trapèze est alors divisé en deux triangles A B C, C D A, qui ont même hauteur E C et A F à cause des parallèles A B et C D.

Le triangle A B C a pour surface sa base A B par la moitié de sa hauteur perpendiculaire E C, on a aussi la surface du triangle C D A pour base D C multipliée par la moitié de sa hauteur A F, donc la surface du trapèze est égale à A B plus C D multiplié par la moitié de C E, qui est la distance comprise entre les deux parallèles.

Soit A B de 12 décamètres, C D de 10 décamètres et C E de 5 décamètres, la surface du trapèze sera :
$$(12^d. + 10^d.) \times 2^d. 5^m. = 22^d. \times 2^d. 5^m. = 55 \text{ ares.}$$

Surfaces du Polygone.

124. Pour avoir la surface d'un polygone rectiligne quelconque, régulier ou irrégulier, de quelque nombre de côtés qu'il puisse être, il suffit, comme dans les problêmes qui précèdent, de le diviser en triangles par des diagonales ou par des lignes menées d'un point à tous ces angles et de calculer la surface de tous ces triangles; il évident qu'en réunissant ces superficies partielles on aura la surface, totale du polygone; par ce moyen une chaîne suffit pour obtenir cette surface, puisqu'il ne s'agit que de mesurer les trois côtés de chaque triangle, mais pour cela il faudrait opérer d'après la règle établie au 3°. du n°. 125 ci-après.

Il est facile de reconnaître maintenant que l'art d'évaluer les surfaces est fondé sur ces deux principes fondamentaux.

1ᵉʳ *Principe.* La surface d'un parallélogramme rectangle est le produit de sa base multipliée par sa hauteur.

2ᵉ *Principe.* La surface d'un triangle est le produit de sa base multipliée par la moitié de sa hauteur.

De ces deux principes on déduit que :

La surface d'un trapèze est égale au produit de sa base multipliée par sa hauteur moyenne.

Déterminer la surface d'un triangle rectiligne.

125. 1°. *Connaissant deux côtés et l'angle compris.*

Soient A B C les angles du triangles et *a b c* les côtés respectivement opposés, on connaît les deux côtés *a b* et l'angle C.

En représentant la surface d'un triangle par S on a :

$$S = \frac{a\,b}{2} \times \sin.\ a$$

C'est à dire que la surface d'un triangle est égale à la moitié du produit des deux côtés connus, multiplié par le sinus de l'angle compris.

2°. *Connaissant un côté et les deux angles adjacens.*

Dans le triangle A B C, on a comme l'on sait

$$\frac{\text{Sin. B}}{\text{Sin. C}} = \frac{\sin.\ B}{\sin.\ A + B} = \frac{b}{c}$$

De là tirant la valeur de b et la mettant dans la formule : $S = \dfrac{b,c}{2} \sin.\ A$, obtenue ci-dessus, on trouve

$$S = \frac{c^2}{2}\,\frac{\sin.\ A \times \sin.\ B}{\sin.\ (A + B)}\ (2)$$

C'est à dire que la surface d'un triangle dont on connaît un côté et les deux angles adjacens est égale à la moitié du carré du côté connu, multiplié par le produit des sinus des angles adjacens, divisé par le sinus de l'autre, calcul qui peut s'effectuer par les logarithmes.

3° *Connaissant les trois côtés seulement.*

Il n'est pas toujours possible de pénétrer dans l'intérieur d'un triangle, ni même de parcourir l'espace qui l'environne, alors on est obligé de mesurer les trois côtés de ce triangle et de faire usage de la formule suivante :

$$S = \sqrt{p\,(p-a)\,(p-b)\,(p-c}$$

Dans laquelle S désigne la surface du triangle, a, b, c, ses côtés, et p, son demi-périmètre $= 1/2\,(a + b + c)$.

De cette formule l'on déduit pour la pratique la règle générale suivante :

On ajoute ensemble les trois côtés, on prend la moitié de la somme, on en retranche successivement chacun de côtés, on a trois différences que l'on mutiplie, savoir : la première par la seconde, le produit par la troisième, et enfin ce dernier produit par la moitié de la somme des côtés ; la racine carrée sera la surface du triangle proposé.

Cette formule est une des plus utiles dans la pratique, elle peut s'effectuer très-facilement par les logarithmes, ainsi qu'on le verra au n°. 119 ci-après.

Avec ces principes bien compris il n'y a pas de surface que l'on ne puisse évaluer.

Cela posé nous allons passer à leur application.

MESURE DES SURFACES
RÉGULIÈRES ET IRRÉGULIÈRES, ACCESSIBLES ET INACCESSIBLES.

Application des principes.

126. Avant d'entrer en matière nous allons exposer les principes qu'il faut strictement suivre dans le cours des opérations, car autrement on n'obtiendrait que des surfaces approximatives ; voici ces principes :

1° Pour connaître la surface d'un champ, il faut avant toutes choses en avoir la figure et les dimensions réduites à l'horison.

Les lois ordinaires de la physique font connaître que les plantes, les arbres, etc, croissent dans une direction verticale, et que le terrain incliné à l'horison ne produit rien au-delà de ce que fournirait sa base de projection horisontale ; d'ailleurs on ne pourrait rapporter sur le papier à côté les unes des autres les projections des surfaces courbes et des terrains inclinés; ces motifs et d'autres ont fait depuis longtemps adopter la méthode de mesurer tous les terrains par cutellation ou horisontalement.

Ce mesurage se fait en tenant la chaîne dans une position horisontale; à cet effet celui des deux chaîneurs qui est plus bas que l'autre par rapport à l'horison, tient la chaîne de niveau, en levant le bout qu'il tient en main assez haut pour atteindre la même hauteur que l'autre bout, pour, arrivé là, laisser tomber le piquet perpendiculairement.

C'est ainsi que l'on opère quand le terrain est peu incliné; mais lorsque la pente est longue et rapide, alors au lieu de disposer la chaîne horisontalement soit par moitié ou par quart, selon le plus ou le moins d'inclinaison du terrain comme cela se pratique ordinairent et ce qui est fort gênant et peu exact, on mesure la longueur même de la pente et après en avoir estimé l'inclinaison, soit avec le graphomètre ou le cercle répétiteur, on réduit les mesures à l'horison à l'aide de la formule suivante :

Soient K la longueur de la ligne droite mesurée, i son inclinaison et x sa longueur réduite à l'horison; on aura évidemment par la propriété du triangle rectangle.

$$x = \text{K} \cos. i.$$

Mais comme le plus souvent l'angle i est fort petit, il est plus exact de calculer l'excès de K sur x, alors on a :

$$\text{K} - x = \text{K} (1 - \cos. i) = 2 \text{K} \sin.^2 \tfrac{1}{2} i.$$

Ainsi la quantité qu'il faut ôter de la longueur mesurée pour la réduire à l'horison, est égale à deux fois cette longueur multiplié par le carré du sinus de la moitié de l'angle d'inclinaison.

Telle est la formule dont on se sert pour réduire à l'horison les longueurs des règles employées dans la mesure des bases (*art. 142 de la géodésie de M. Puissant*); mais il faut l'avouer on peut se dispenser d'effectuer cette correction dans les opérations de détail.

2° Il ne suffit pas de porter la chaîne parfaitement de niveau pour mesurer exactement la longueur d'une ligne, il faut encore qu'elle soit suffisamment tendue et que la ligne à mesurer soit suivie directement, autrement la distance obtenue serait inexacte et plus grande que la véritable, ce qu'il faut être bien soigneux d'éviter.

3° Lorsqu'une fiche placée à l'extrémité de la chaine par le porte-chaîne est dans une position oblique, (elles doivent toujours être posées le plus verticalement possible) l'arpenteur ne doit pas la redresser, car c'est toujours le sommet et non le pied qui fait la régularité du mesurage, c'est pourquoi il doit éviter en marchant et en arrivant près de chaque fiche, que la chaîne ne les touche et n'en dérange la position telle qu'elle soit. Quand l'arpenteur prend la fiche, il doit avoir l'attention de placer la jambe droite contre, sans toutefois la toucher, car elle lui sert de maintien pour y appuyer la main, afin que le porte-chaîne ne ne puisse la lui forcer en tendant la chaîne.

4° Si la chaîne vient à se rompre, il ne faut pas la rattacher sans s'être assuré qu'il n'y a rien de perdu; et lorsqu'une fiche se perd, ce qui arrive souvent, il faut avoir le plus grand soin de ne la remplacer qu'après avoir vérifié et reconnu la portée de la ligne dans laquelle elle est tombée, sans cette attention on pourrait faire de grandes erreurs, et dans le cas où l'on aurait quelques doutes, il ne faudrait pas hésiter à recommancer le mesurage.

5° Enfin il ne faut pas en opérant se piquer de trop de vitesse, ni que celui qui marche en arrière lève aucun des piquets avant que celui qui les pose devant n'ait fixé le sien, autrement il est impossible de mesurer exactement.

Cela posé et ayant indiqué au n°. 109 que les instrumens dont on se sert dans l'arpentage sont : la chaîne, l'équerre et le graphomètre ; nous allons passer à la manière de mesurer les surfaces avec ces instrumens, en commençant d'abord par la chaîne et les jalons seulement.

MANIÈRE DE MESURER LES SURFACES
AVEC LA CHAÎNE ET DES JALONS SEULEMENT.

127. Pour mesurer une surface ou lever un plan avec la chaîne et des jalons, il faut pouvoir entrer dans le terrain, à moins que la figure ne soit un triangle.

Il est nécessaire pour ces sortes d'opérations que l'arpenteur sache bien établir une ligne droite avec des jalons ; souvent ceux qu'on emploie ne sont pas parfaitement droits, il faut avoir soin, dans ce cas, de tourner la courbure de manière qu'elle soit avec la tête et le pied dans une position verticale ; sans cette attention il serait impossible de bien jalonner.

Le bon chaînage n'est pas moins nécessaire, il est donc très-utile de n'employer que des chaîneurs intelligens, parce que c'est de la précision de leurs opérations que dépend en grande partie la justesse du mesurage.

Déterminer la surface d'un triangle rectiligne.

128. Soit ABC (fig. 35) le triangle proposé.

Jalonnez les côtés pour chaîner en ligne droite et mesurez-les ; les ayant trouvés

$$AB = 15^d.\ 00 \atop BC = 20\ \ .\ 00 \atop AC = 25\ \ \ 00 \Bigg\} \ 60^d.\ 00$$

Pour connaître sa surface, il faudra faire usage de la formule au 3°. du n°. 125.

Ajouter les côtés ensemble, ayant pour somme 60^d., en prendre la moitié égale à 30^d., et de cette moitié soustraire chaque côté, c'est-à-dire

de 30^d. 00	de 30^d. 00	de 30^d. 00
ôter 15 00	ôter 20 00	ôter 25 00
reste 15^d. 00	reste 10^d. 00	reste 5^d. 00

On aura pour restes 15^d. 00, 10^d. 00 et 5^d. 00, qu'il faut multiplier le premier par le second, le produit par le troisième reste, et le résultat par la moitié des côtés et de la somme en extraire la racine carrée.

Ce calcul peut s'effectuer par les logarithmes comme on le verra au n°. 120 ci-après, nous n'en donnerons pas d'exemples ici parce que la surface peut se trouver plus simplement, puisque le triangle est rectangle ; en effet, le carré du plus grand côté AC étant égal à la somme des carrés des deux autres côtés puisque

$$AC = 25 \text{ multiplié par lui-même est égal à } 625$$
$$BC = 20\ 00 \times 20\ 00 = 400-00 \atop AB = 15\ 00 \times 15\ 00 = 225-00 \Bigg\} \text{ ou } 625$$

On a la surface du triangle (n°. 122) en multipliant la moitié de sa base BC par sa hauteur AB, c'est-à-dire qu'on a 1/2 de 20ᵈ. 00 × 15ᵈ. 00 = 150-00 = ou 1 hectare 50 ares.

Si la base de ce triangle et sa surface étaient donnés, on obtiendrait sa hauteur en divisant la surface par la moitié de la base; il en serait de même pour avoir la base si la hauteur était donnée; cette démonstration convient à toutes sortes de triangles soit que la perpendiculaire tombe sur la base ou sur son prolongement.

Déterminer la surface d'un triangle rectiligne quelconque.

129. Soit ABC (fig. 36) le triangle donné
Mesurez chacun des côtés qui sont :

$$\left.\begin{array}{l} AB = 7^d.\ 40 \\ BC = 8\ \ \ 80 \\ AC = 6\ \ \ 80 \end{array}\right\} 22^d.\ 80$$

Et l'opération sera faite sur le terrain.
Maintenant pour calculer sa surface faites usage de la règle indiquée nº. 125 au 3º.

Ajoutez ensemble les trois côtés faisant 22ᵈ. 80, prenez-en la moitié égale à 11ᵈ.-40, de cette moitié soustrayez chacun des côtés comme il suit :

de 11ᵈ. 40	de 11ᵈ. 40	de 11ᵈ. 40
ôter AB = 7 40	ôter BC = 8 60	ôter AC = 6 80
reste 4ᵈ. 00	reste 2ᵈ. 80	reste 4ᵈ. 60

Multipliez le premier reste par le second, vous aurez 11ᵈ. 60, qui, multiplié par le troisième reste, donne 53ᵈ. 36. Ce dernier résultat étant multiplié par 11ᵈ. 40 (moitié de la somme des côtés) vous aurez 608;3040.

Extrayant la racine carrée de ce dernier produit 587-3280, comme il suit :

$$587\text{-}32\ 80 \mid 24,24$$
$$1\ 87 \mid 2\times 2$$
$$11\ 32 \mid 44\times 4$$
$$4\ 68\ 80 \mid 482\times 2$$
$$484\times 4$$

Vous aurez pour la surface du triangle 24ᵃ. 24ᶜ.

Cette méthode qui est une des plus utiles de la géométrie pratique est un peu longue à employer par les nombres ordinaires, mais on peut en abréger les calculs en faisant usage des tables de logarithmes; en voici un exemple :

Log. de la moitié des côtés 11ᵈ.-40 $=$ 1-0569048
$$\left\{\begin{array}{l} 4 - 00 = 0\text{-}6020600 \\ 2 - 80 = 0\text{-}4474580 \\ 4 - 68 = 0\text{-}6627578 \end{array}\right.$$
Log. des restes

Log. du produit $=$ 2-7688806
Prenant la moitié on a, log. $=$ 1-3844403

Ce logarithme répond dans les tables à 24ᵃ. 24ᶜ., quantité trouvée par la précédente opération.

Si l'on voulait obtenir les angles du triangle et en calculer la superficie en faisant usage des calculs trigonométriques, la marche à suivre est indiquée nᵒ. 125.

Déterminer la surface d'un triangle dont un côté est inaccessible.

130. Soit ABC (fig. 37) le triangle donné et AB le côté inaccessible.

Mesurez les côtés BC, AC, qui sont :

$$AC = 6^{d}.\ 80$$
$$BC = 8 - 60$$

Prolongez indéfiniment les côtés accessibles, faites C*a* égal à AC, C*e* égal à BC, tirez la droite *de*, mesurez cette droite et vous aurez le côté inaccessible AB de 7^d. 40^c.

Maintenant que les trois côtés du triangle sont connus, vous trouverez sa surface en faisant usage de la formule indiquée au 3°. du n°. 125, en opérant comme il est indiqué au n°. précédent.

On pourrait encore trouver la surface de ce triangle en cherchant la perpendiculaire abaissée du plus grand angle sur la base BC, on déterminerait d'abord par les procédés du n°. 132 le pied de la perpendiculaire à l'un des angles adjacens, et ensuite la hauteur de cette perpendiculaire en soustrayant le carré du segment de celui de l'hypoténuse, comme cela est indiqué au même n°.

Déterminer la surface d'un quadrilatère accessible en dedans.

131. Soit ABCD (fig. 38) le quadrilatère donné.

Menez la diagonale AC de manière à diviser la pièce en deux triangles, mesurez cette diagonale ainsi que les côtés du quadrilatère, dont les distances sont :

$$AC = 9^d\,00$$
$$AB = 9\text{-}10$$
$$BC = 5\text{-}30$$
$$CD = 6\text{-}90$$
$$AD = 4\text{-}60$$

Le plan visuel étant établi et les données de chaque côté écrites le long de son côté correspondant, il ne restera plus qu'à calculer la surface du quadrilatère, qu'on trouvera par les procédés indiqués au 3°. du n°. 125 en calculant chaque triangle séparément; opération que nous allons répéter ici afin qu'elle soit bien comprise.

OPÉRATIONS.

Triangle A B C.

$$\text{Les côtés} \begin{cases} AB = 9^d.-10 \\ BC = 5 - 30 \\ AC = 9 - 00 \end{cases}$$

La somme = 23 - 40
La moitié = 11 - 70

De	11-70		11-70		11-70
ôter AB	9-10	BC	5-30	AC	9-00
	2-60	×	6-40	×	2-70

$$\times \quad 2\text{-}60$$

3-8400
12-8000

16-6400
$$\times \quad 2\text{-}70$$

11-648000
33-2800

44-928000.
$$\times \quad 11\text{-}70$$

31-44960000
44-9280
449-280

525-65760000
125
41 65
1 2476

3302

$$\begin{cases} 22 \text{ a. } 92 \text{ c.} \\ 2\times2 \\ 42\times2 \\ 449\times9 \\ 4582\times2 \end{cases}$$

Triangle A D C.

$$\text{Les côtés} \begin{cases} AC - 9\text{-}00 \\ AD = 4\text{-}60 \\ DC = 6\text{-}90 \end{cases}$$

La somme = 20-50
La moitié = 10-25

De 10^d. 25   10^d. 25   10^d. 25
Otez A C   9   00   A D   4   60   D C   6   90
Restes   1^d. 25   ×   5^d. 65   ×   3^d. 35

× 10^d. 25 = $\sqrt{242,5086}$ = 15 ares 57 centiares.

Récapitulation.

Premier triangle 22^a. 92^c.
Deuxième triangle 15^a. 57^c.
Total 38^a. 49^c.

Si l'on voulait vérifier par les logarithmes les calculs des opérations qui précèdent, on opérerait comme au n°. 129 en faisant :

Pour le premier triangle.

$$
\text{Log.}
\begin{cases}
2\text{-}70 = 0\text{-}4343638 \\
6\text{-}40 = 0\text{-}8061800 \\
2\text{-}60 = 0\text{-}4149733 \\
11\text{-}70 = 1\text{-}0681859
\end{cases}
$$

Somme = 2-7201030

Moitié = 1-3600515 log. = 22^a. 92^c.

Ce logarithme répond, comme dans l'opération précédente, à 22 ares 92 centiares, ci   22^a. 92^c.

Et pour le deuxième triangle.

$$
\text{Log}
\begin{cases}
1\text{-}25 = 0\text{-}0969100 \\
5\text{-}65 = 0\text{-}7520484 \\
3\text{-}35 = 0\text{-}5250448 \\
10\text{-}25 = 1\text{-}0107239
\end{cases}
$$

Somme = 2-3847271

1/2 = 1-1923635 = 15^a. 57^c.

Ce logarithme répond à une quantité semblable à celle trouvée par la précédente opération.

Ainsi le quadrilatère contient donc   38^a. 49^c.

On trouverait de même la surface du quadrilatère en cherchant d'abord les angles de chaque triangle par la règle du n°. 108 et sa surface par la formule du n°. 125 au 3°.

Déterminer la surface d'une pièce de pré dont un côté et l'intérieur sont inaccessibles.

132. Soit ABCD (fig. 39) la pièce proposée et AD le côté inaccessible.

Après avoir mesuré les côtés accessibles qui sont :

$$AB = 6^d.\ 20$$
$$BC = 5 - 10$$
$$CD = 7 - 20$$

Faites comme au (n°. 130) prolongez les côtés BC vers E, et CD vers F de chacun leur longueur, mesurez la droite EF qui est de $8^d.-20$, et vous aurez la longueur de la diagonale BD.

Cela fait, pour avoir la distance du côté AD, ayant placé un jalon en D qu'on peut apercevoir du point B, prolongez la diagonale BD vers H de toute sa longueur ($8^d. 20$) prolongez également le côté AB aussi de toute sa longueur jusqu'en G, mesurez la ligne GH de 4-30 et vous aurez AD son égale.

Les côtés des deux triangles étant connus, on déterminera la surface du quadrilatère en calculant l'aire des triangles comme dans l'exemple précédent, mais si on voulait l'avoir par les perpendiculaires abaissées du sommet des angles A, C, sur la diagonale BD, on opérerait comme il suit :

Triangle B A D

Calculant par les nombres ordinaires on a :

La base BD = 8-20,

Est à la somme des autres côtés AB + AD = 10-40,

Comme la différence des mêmes côtés = 2-0,

Est à la différence des deux segmens de la báse.

$$
\begin{array}{c}
10\text{-}40 \\
\times \quad 2\text{-}00 \,(\,8-20 \\
\hline
20\text{-}8000 \,|\, 2{,}536 \\
4\text{-}40 \\
300 \\
540
\end{array}
$$

Retranchant 2-54

De 8-20

Il reste 5-66

Dont la moitié 2-83 = DE

Par les logarithmes on a :

Compl. log. BD 8^d. 20 = 0-0867862

AB + AD 10 - 40 = 0-0170333

Différence 2 - 00 = 1-3010300

Log. 1-4048495 = 2^d. 54

Maintenant qu'on a deux triangles rectangles en E dans lesquels l'hypothénuse et un côté sont connus, on trouvera la hauteur de la perpendiculaire AE en faisant :

$$ AE = \sqrt{AD - DE} $$

Opérant par les nombres ordinaires, on a :

$$
\begin{array}{cc}
DE = 2\text{-}83 & AD = 4\text{-}20 \\
\times \; DE = 2\text{-}83 & \times \; AD = 4\text{-}20 \\
\hline
849 & 8400 \\
2\text{-}264 & 16\text{-}8 \\
\hline
5\text{-}66 & \text{Produit } 17{,}6400 \\
\hline
\end{array}
$$

Produit 8-0089

De 17-6400
Otant   8-0089 (3-10 Racine = **AE**
Reste   9-6311) 3×3
        0-63 / 61×1
        0211 (620×0

Par les logarithmes.

Log. AD $+$ DE $=$ log. 7-03 $=$ 2-8469553
Log. AD $-$ DE log. $-$ 1-37 $=$ 2-1367206

Log. AE² $=$ 4-9835759
Log. AE $=$ 2-4918379

Ce logarithme répond à 3-10 pour la perpendicu-
laire AE comme en l'opération précédente.

La surface de tout triangle étant égale à sa base, mul-
tipliée par la moitié de sa hauteur, on a 8-20 $\times$ 3-10
égale à 12 ares 71 centiares pour le triangle ABD.

$$8\text{-}20$$
$$3\text{-}10$$
$$8200$$
$$24\text{-}60$$
$$25\text{-}4200$$

Moitié 12ᵃ. 71ᶜ.

Maintenant nous allons chercher la perpendiculaire
CF du triangle BCD pour obtenir aussi sa surface,
nous n'opérons seulement que par les logarithmes
ayant donné des exemples suffisans par les nombres
ordinaires.

OPÉRATION.

Compl. log. BD   8ᵃ. 20 $=$ 8-0867862
Les côtés BC $+$ CD $=$ 12 - 30 $=$ 2-0899051
Différence d'un côté à l'autre   2 - 10 $=$ 1-3222193

Log. $=$ 1-4989106

Ce logarithme, qui répond à 3ᵈ. 15, étant retranché de BD = 8ᵈ. 20

$$- \quad \underline{3 - 15}$$

Reste 5ᵈ. 05

dont la ½ 2ᵈ. 52 ½ forme la longueur de BF.

Cherchant encore la hauteur de CF comme pour le premier triangle, on a :

Log. BC + BF = 7ᵈ. 62 = 2-8819550
Log. BC — BF = 2 - 58 = 2-4116197

Log. CF² = 5-2935747
Log. CF = 2-6467873

Ce logarithme répond dans les tables à 4ᵈ. 43, pour la hauteur de la perpendiculaire CF, qui, multipliée par la moitié de la diagonale BD, donne pour la surface du triangle BCD, 18 ares 16 centiares.

Récapitulation.

La surface du premier triangle = 12ᵃ. 71ᶜ.
Celle du deuxième triangle = 18 - 16
Surface du quadrilatère = 30ᵃ. 87ᶜ.

On aura également la surface du quadrilatère en multipliant la diagonale BD par la moitié de la somme des perpendiculaires AE, CF, comme il suit :

La diagonale BD = 8ᵈ. 20
× ½ des perpendic. { AE 3 - 10 / CF 4 - 43 } = 3 - 765

$$\begin{array}{r} 75300 \\ 30 - 12000 \\ \hline 30 - 87300 \end{array}$$

Déterminer la surface d'un pentagone accessible en dedans.

133. Soit **ABCDE** (fig. 40) le polygone proposé.

Divisez-le en trois triangles par les diagonales AD, DB, mesurez-les, ainsi que les côtés du pentagone, vous aurez :

Pour le triangle AED.

$$\text{Les côtés} \begin{cases} AE = 80\text{-}10 \\ ED = 230\text{-}20 \\ AD = 287\text{-}80 \end{cases}$$

La somme = 598-10
La $\frac{1}{2}$ = 299-05

Pour le triangle ABD.

$$\text{Les côtés} \begin{cases} AD = 287\text{-}80 \\ AB = 324\text{-}10 \\ BD = 351\text{-}50 \end{cases}$$

La somme = 963-40
La $\frac{1}{2}$ = 481-70

Pour le triangle BDC.

$$\text{Les côtés} \begin{cases} DB = 351\text{-}50 \\ BC = 204\text{-}00 \\ DC = 335\text{-}00 \end{cases}$$

La somme = 887-50
La $\frac{1}{2}$ = 443-75

Et l'opération sera faite sur le terrain.

Au moyen de ces données, on pourra calculer la surface de chaque triangle soit par les trois côtés, comme au n°. 131, ou par la connaissance de la perpendiculaire comme au n°. 132 et en faire la somme qui sera la surface du polygone proposé.

On pourrait encore trouver la surface du polygone en cherchant d'abord les angles de chaque triangle par la formule du n°. 100 en opérant comme au n°. 108, ce que nous allons faire ici, quoique nous pourrions nous en dispenser puisqu'un exemple des calculs est donné.

Au triangle AED soit requis l'angle DAE.

De la ½ de la somme
des côtés   = 299-05   299-95
Oter AD = 287-80   —AE = 80-01
On a pour différence   11-25   Différence 218-05

Compl. log. des côtés { AD = 287-80 = 6-5409092
                AE = 80-10 = 6-0963675
Log. des différ. { Diff. AD = 11-25 = 3-0511525
              Diff. AE = 218-95 = 3-3403249

Log. de la somme = 19-0287541
Log. ½ du sinus = 9-5143770

Ce logarithme répond à 19° 05'.
Le double de cet angle est l'angle A de 38° 10.

Au triangle ABD soit requis l'angle DAB.

Opérant comme plus haut on a :

De la ½ de la somme
des côtés   = 481-70   481-70
Retranchant AB = 324-10 — AD = 287-80
On a pour différences : 157-60   193-90

Compl. log. des côtés { AB = 324-10 = 6-4893210
                AD = 287-80 = 6-5409092
Log. des différences { AB = 157-60 = 3-1975562
                AD = 193-90 = 3-2875778

Log. de la somme = 19-5153642
Log. Sinus A = 9-7576821

Ce logarithme répond à 34° 55'.

Le double de cet angle est égal à 69° 50' pour l'angle requis, en y ajoutant la valeur de l'angle EAD du premier triangle, on aura pour l'ouverture de l'angle EAB, 108° 00' comme il est marqué à la fig. 15.

Au même triangle soit encore requis l'angle ABD.

Opérant comme ci-dessus, on a :

La moitié des côtés = 481ᵐ. 70 — 481ᵐ. 70

       AB = 324 – 10 — BD = 351 – 50

Différence AB = 157ᵐ. 60 — Différ. = 130ᵐ. 20

Logarithmes.

Compl. log. des côtés { AB = 324-10 = 6-4893210
BA = 351-50 = 6-4540747

Log. des différences { AB = 157-60 = 3-1975562
BD = 130-80 = 3-1146110

         Log. sin. ² B = 19-2555629

         Log. sin. ½ B = 9-6277814

Ce logarithme répond à 25° 7′.

Le double de cet angle est égal à 50° 14′ pour l'angle requis.

Au triangle BDC soit encore requis l'angle C.

Moitié des côtés   = 443-75   443-75

       BD = 351-50 — BC = 201-00

Différence   92-25   242-75

Opérant par les logarithmes.

Compl. log. des côtés { BD = 351-50 = 6-4540747
BC = 201-00 = 7-6968039

Différens log. { BD = 92-25 = 3-9649664
BC = 242-75 = 3-3851592

         Log. sin. ² C = 21-5010042

         Log. ½ sin. C = 10-7505021

Ce logarithme répond à 34° 16′, donc l'angle B est égal à 68° 32′.

Si on ajoute à 68° 32′ la valeur de l'angle B du

second triangle, on aura pour l'angle ABC 118° 46', 4 minutes en moins que l'angle B de la fig. 15, la différence vient de quelques fractions négligées dans les calculs ou dans la mesure des côtés.

Maintenant que nous avons, dans chacun des triangles du pentagone, un angle compris entre deux côtés connus, nous allons obtenir leur surface par la première formule du n°. 125 qu'on exprime ainsi :

La surface d'un triangle est égale à la moitié du produit des deux côtés connus, multiplié par le sinus de l'angle compris; cela posé, on a, en opérant par les logarithmes,

Triangle A D E.

$$\text{Sin. A} = 38° \, 10' = 0\text{-}7909541$$
$$\text{Log. } \tfrac{1}{2} \text{ AE} = 40^m. \, 05^c. = 0\text{-}6026025$$
$$\text{AD} = 287^m. \, 80^c. = 0\text{-}4590908$$
$$\text{Log.} = 1\text{-}8526474 = 71\text{-}23$$

Triangle A B D.

$$\text{Sin.} = 69° \, 50' = 0\text{-}9725239$$
$$\tfrac{1}{2} \text{ AD} = 143^m. \, 90^c. = 0\text{-}4580608$$
$$\text{AB} = 324^m. \, 10^c. = 0\text{-}5106790$$
$$\text{Log.} = 1\text{-}6412637 = 437\text{-}79$$

Triangle B D C.

$$\text{Sin.} = 68° \, 32 = 0\text{-}9687773$$
$$\tfrac{1}{2} \text{ BD} = 175^m. \, 75^c. = 0\text{-}2448953$$
$$\text{BC} = 201^m. \, 00^c. = 0\text{-}3131961$$
$$\text{Log.} = 1\text{-}5168687 = 328\text{-}75$$
$$\text{Surface du polygone} = 837^a.77^c.$$

Pour vérifier les calculs, on peut, en prenant le côté AB pour base déterminer au moyen des angles connus, les perpendiculaires E*t*, D*z*, C*x*, et les segmens A*t*, B*z*, et opérant par les logarithmes, il vient :

Triangle A E *t.*

$$\text{Log. } \underline{1\text{-}8818388} = 76\text{-}18 = \text{E}t$$

Log. sin. 72° 00′ = 0-9782063
Log. 80^m.10 = 0-9036325
Log. co-sin. 72° 00′ = 0-4899324

$$\text{Log. } = 1\text{-}3936149 = 24\text{-}76 = \text{A}t$$

Triangle B C *x.*

$$\text{Log. } \underline{1\text{-}2459910} = 176\text{-}20 = \text{C}x$$

Sin. B 61° 14′ = 0-9427949
Log. BC 201^m.00 = 0-3031961
Cos. B 61° 14′ = 0-6823651

$$\text{Log. } = 0\text{-}9855612 = 96\text{-}73 = \text{B}x$$

Triangle A D *z.*

$$\text{Log. } = 1\text{-}4316147 = 270\text{-}15 = \text{D}z$$

Log. sin. = 69° 50′ = 0-9725239
AD 287^m. 80 = 0-4590908
Cos. 69° 50′ = 0-5375069

$$\text{Log. } = 0\text{-}9965977 = 99\text{-}22 = \text{A}z$$

Au moyen du Barême, on a les mêmes données en calculant comme il suit :

Triangle A E *t.*

	18° 00′	72° 00′
	Côté opposé.	*Côté opposé.*
Hyp. 80^m. 00 =	24^m. 72^c.	76^m. 08^c. 4
10 =	00 03	00 99 5
Côté *t* A =	24^m. 75^c.	E *t* = 76^m. 18^c.

Triangle B C x.

28° 45′	61° 15′
Côté opposé.	*Côté opposé.*

Hyp. 200^m. 00^c. = 96^m. 19^c. 8	175^m. 34^c.
1 00 = 48 1	000 87
Bx = 96^m. 68^c.	Cx = 176^m. 24^c.

Triangle A D z.

20° 10′	69° 50′
Côté opposé.	*Côté opposé.*

200^m. 0^c. = 68^m. 95^c.	187^m. 73^c.
80 0 = 27 58	75 09
7 0 = 2 41 3	6 57
0 8 = 0 27 5	0 75
Az = 99^m. 22^c.	Dz = 270^m. 12^c.

Retranchant Az = 99^m. 22 de A B = 324^m. 10, il reste zB = 224^m. 88.

Cela connu on calcule la surface des deux trapèzes à quoi le polygone se trouve décomposé et on a

$$
\text{Trap. DE}tz
\begin{cases}
\begin{cases}
\text{E}t = 76\text{-}18 \\
\text{D}z = 270\text{-}15
\end{cases} = 346\text{-}33 \\
\quad\quad \times \quad \frac{1}{2} = 214\text{-}69 \\
\begin{cases}
t\text{A} = 24\text{-}76 \\
\text{A}z = 99\text{-}22
\end{cases} \frac{1}{2} = 123\text{-}98
\end{cases}
$$

$$
\text{Trap. BCD}z
\begin{cases}
\begin{cases}
z\text{D} = 270\text{-}15 \\
x\text{C} = 176\text{-}10
\end{cases} = 446\text{-}25 \\
\quad\quad \times \quad \frac{1}{2} = 717\text{-}59 \\
\begin{cases}
\text{B}z = 224\text{-}88 \\
\text{B}x = 96\text{-}73
\end{cases} \frac{1}{2} = 321\text{-}61
\end{cases}
$$

932^a 28^c.

Triangles soustractifs.

| AEtz. Et = 76-18 × ½ At = 24-76 = 9^a 43^c | |
| BCx. Bx = 96-73 × ½ Cx = 176-10 = 85-17 | 94^a 60^c. |

Surface du polygone   837^a 68^c.

Egale à celle trouvée par les calculs précédens à quelques centiares près, à cause des fractions négligées.

Si on n'avait pas déjà calculé la surface du polygone, il faudrait vérifier l'opération qui précède, car il n'est pas prudent de ne calculer qu'une fois, on peut commettre une erreur sans s'en apercevoir ; pour ne pas s'y exposer on fera donc toujours bien de calculer deux fois la même surface et par des procédés différens ; supposant que cela n'a pas été fait, voici la manière de la vérifier.

Multipliez toute la longueur de la base de t en x, qui est de 445^m. 59^c., par la moitié de 270^m. 15^c., hauteur de la perpendiculaire Dz, vous aurez

$$445^m.59 \times 270^m.15 = 601^a\,88^c$$
$$\text{E}t = 76\text{-}18 \times \tfrac{1}{2}\text{A}z = \ 99\text{ - }22 = \ 37\text{-}79 \ \Big\} \ 837^a\,68^c$$
$$z\text{B} = 224^m.88 \times \tfrac{1}{2}\text{C}x = 176\text{ - }10 = 198\text{-}04$$

Vous aurez, comme dans l'exemple qui précède, pour la surface du polygone, 837^a. 68^c.

Déterminer avec la chaîne la superficie d'une pièce d'aulnaie dans laquelle on ne peut entrer, mais dont tous les côtés moins un sont accessibles.

134. Soit ABCDEFG (fig. 44), la pièce proposée et AG le côté inaccessible.

Mesurez tous les côtés, faites un plan visuel de la pièce d'aulnaie sur lequel vous inscrirez les longueurs trouvées que nous supposons être, savoir :

AB $=$ 8^d. 10, BC $=$ 6-56, CD $=$ 4-50, DE $=$ 5-52, EF $=$ 5-40, FG $=$ 5-75.

Cela exécuté, faites usage de la méthode du n°. 130 prolongez, pour avoir le côté AG et les diagonales AF, BF, les côtés AB vers e, FG vers d, portez la distance *a*A de *a* en *b*, celle AB de *b* en *e*, portez aussi la distance *a*G de *a* en *c*, celle FG de *c* en *d*, et tirez les droites *cb*, *bd*, *de*, vous aurez

$$c\,b = 2\text{-}00 = \text{AG}$$
$$d\,b = 7\text{-}19 = \text{AF}$$
$$d\,e = 8\text{-}78 = \text{BF}$$

Pour obtenir la diagonale FD, faites comme ci-dessus, prolongez les côtés FE, DE, de chacun de leur longueur vers *f* et *g*, mesurez la droite *f g*, vous aurez son égale FD de 5ᵈ. 87.

La diagonale DB se treuverait de la même manière si un obstacle n'empêchait de prolonger les côtés DC et BC de toute leur longueur, dans ce cas il faut faire les prolongemens par $\frac{1}{4}$, $\frac{1}{3}$, ou $\frac{1}{2}$; ici, ils peuvent être faits par moitié, de sorte qu'on a

$$c\,h = 2\text{-}25 = \tfrac{1}{2}\,\text{CD}$$
$$c\,i = 3\text{-}28 = \tfrac{1}{2}\,\text{BC}$$
$$\text{et }h\,i = 2\text{-}51 = \tfrac{1}{2}\,\text{BD}$$

Au moyen de ces différens problêmes, il sera facile à l'arpenteur de mesurer avec la chaîne la majeure partie des distances inacessibles qui peuvent se présenter dans la pratique de l'arpentage.

Déterminer la largeur d'une rivière avec la chaîne et des jalons seulement.

135. Soit AB (fig. 42) la distance donnée à trouver.

Choisissez un point C sur le bord de la rivière, duquel vous puissiez bien apercevoir le point A, prolongez AB vers D, et AC vers E, tirez la ligne DE et vous aurez un triangle ADE, menez encore la ligne BC, celle CD, vous aurez trois autres triangles ABC,

BCD, CDE, mesurez les côtés des deux triangles accessibles, cherchez les angles de chacun d'eux par la formule du n° 108, cela fait vous aurez :

1° L'angle ABC supplément des angles BCD, DCE, pour arriver à 180°.

2° L'angle ACB, supplément de l'angle DBC.

3° L'angle BAC supplément des deux autres angles ABC, ACB.

4° Et le côté BC.

On aura donc dans le triangle ABC, les angles et un côté, au moyen desquels on trouvera la distance AB en faisant cette analogie :

$$\text{Sin. A} : BC :: \text{sin. C} : AB.$$

D'après tout ce qui précède on peut voir toutes les ressources que l'arpenteur, qui possède la théorie de son art, peut tirer de la chaîne et des jalons, mais s'il se sert en même temps de l'équerre il arrivera bien plus promptement au résultat qu'il cherche ; Voici l'usage et la manœuvre de cet instrument.

MESURES
DES SURFACES AVEC L'ÉQUERRE.

136. Il n'y a guère que les arpenteurs qui fassent usage de l'équerre pour lever les plans et mesurer les surfaces de peu d'étendue, et surtout des petites pièces de terre isolées ; encore, dit M. PUISSANT, ceux qui ont quelques connaissances de trigonométrie préfèrent-ils avec juste raison le graphomètre ou le petit cercle répétiteur.

Dans une infinité de circonstances le procédé qui consiste à n'employer que l'équerre, est d'une application longue, pénible et incorrecte, surtout lorsqu'il s'agit de lever un plan où la surface d'un terrain accidenté ou d'un bois.

En opérant avec cet instrument on perd tous les moyens de vérification qu'offre le graphomètre, si une erreur est commise dans la mesure d'une perpendiculaire, elle ne peut être reconnue. Ce motif joint à l'inconvénient de ne pouvoir chaîner en ligne droite les perpendiculaires qui ne sont jamais jalonnées, devraient le faire abandonner lorsqu'il s'agit d'évaluer la surface d'une pièce de quelques hectares.

« Il arrive rarement, dit M. LEFEBVRE dans son traité d'arpentage, que deux arpenteurs s'accordent précisément en mesurant le même terrain. La différence qu'il y a entre le résultat de leurs opérations, vient le plus souvent de ce qu'ils n'ont pas suivi exactement les mêmes limites; de ce que les chaînes ne sont pas précisément de la même longueur ou de ce qu'elles ne sont pas toujours tendues également; enfin de ce que l'un d'eux n'est pas allé en ligne droite, ou a négligé des fractions d'un certain ordre dans les calculs. Toutes les fois qu'on aura égard à ces différentes choses, les résultats des opérations seront nécessairement les mêmes. »

Mais si l'un d'eux a opéré avec le graphomètre et l'autre avec l'équerre, en supposant que les chaînes soient d'accord et les points de départ les mêmes, il est certain que l'opération faite au graphomètre présentera un résultat moins élevé que celle à l'équerre; et cela parce que le chaînage de l'opération au graphomètre est toujours fait en ligne droite, soit sur une ligne de jalons ou sur les côtés de la pièce toujours terminées en lignes directes par des sillons; tandis que le chaînage de l'opération à l'équerre se fait sur des perpendiculaires non jalonnées, et sur lesquelles le porte-chaîne qui n'a qu'un point pour se diriger décrit une ligne brisée presqu'en autant de points qu'il y a de longueurs de chaîne. Ce qui fait que l'arpenteur à l'équerre trouve plus de longueur et par cela même une contenance plus grande que celle réelle.

Mesurer la surface d'un carré (fig. 43).

137. Nous avons dit que pour déterminer la surface d'un carré quelconque, il suffisait d'avoir la longeur de l'un de ses côtés; mais comme il n'arrive presque jamais de rencontrer une possession champêtre uniformément étendue en longueur et en largeur, comme l'est un carré, on fera bien de placer des jalons aux angles ABCD, et de s'assurer avec l'équerre si les angles sont droits, et avec la chaîne si ses côtés sont égaux.

Cela fait, si trois angles ont été trouvés de chacun 90°, d'après le n° 57, le quatrième le sera nécessairement aussi.

Si deux côtés AB, BC adjacens sont égaux, on concluera que c'est un carré; mais s'ils diffèrent en longueur la figure sera un rectangle.

La surface d'un carré (n°. 121) étant égale au produit de l'un de ses côtés par lui-même, si le carré proposé à 6 décamètres de côté, sa surface est égale à six fois six ou 36 ares ou décamètres carrés.

Déterminer la surface d'un rectangle (fig. 44).

138. Faites comme au numéro précédent, placez des jalons à ses angles et après vous êtes assuré avec

l'équerre que chaque angle est droit, mesurez deux côtés adjacens, qui sont :

$$AB = 6^d. 0$$
$$BC = 4 - 0$$

Cela effectué, multipliez la longueur 6 décamètres par la largeur 4 décamètres, le produit donnera 24 ares pour la surface du rectangle.

Si on avait un rectangle à mesurer avec la chaîne seulement, on opérerait de la même manière.

L'aire d'un rectangle étant le produit de sa base par sa hauteur. Il ne sera donc pas difficile de connaître les facteurs quand l'un sera connu avec la surface, il suffira de diviser cette surface par le facteur connu, le quotien sera l'autre facteur.

Déterminer la surface d'une pièce de terre de forme triangulaire et accessible.

Soit ABC (fig. 23) le triangle proposé.

139. Après avoir jalonné les angles et reconnu, en plaçant l'équerre en A, que cet angle est droit, on mesurera les côtés, qui sont :

AC = 200^m. 00 ou 20 décamètres.

AB = 257^m. 55^c. ou 25^d. 755 centi-décamètres.

Cela fait, pour avoir la surface multipliez la base AB = 257^m. 55, par la moitié de la hauteur AC, vous aurez pour la surface du triangle 2 hectares 57 ares 55 centiares.

Nota. On pourrait multiplier la base par la hauteur toute entière et prendre la moitié du produit, ce qui aurait donné le même résultat ; ou bien, multiplier la hauteur par la moitié de la base ; ce qui revient au même que de multiplier la base par la moitié de la hauteur. On fera toujours bien, lorsque la hauteur et la base seront exprimées par des chiffres impairs, de multiplier l'une par l'autre et de prendre lamoitié du produit.

On a indiqué n°. 128 comment il fallait opérer pour obtenir la longueur ou la hauteur d'un triangle quand l'une de ces dimensions était donnée avec la surface.

Déterminer la surface d'une pièce de terre de la forme d'un triangle quelconque.

140. Soit ABC (fig. 45) le triangle proposé.

Placez des jalons aux angles ABC, prenez le plus grand côté AB pour base de votre opération, abaissez avec l'équerre du point C sur la base la perpendiculaire CE, mesurez-la, ainsi que les segmens AE, EB, qui sont :

$$\left.\begin{array}{l} AE = 5^d.\text{-}40 \\ EB = 5 - 00 \end{array}\right\} 10^d.\text{-}40 = AB.$$
$$CE = 5 -' 00$$

Cela exécuté sur le terrain, faites application de la règle générale de la mesure des triangles, indiquée n° 124, multipliez la base AB longue de 10 décamètres 40 décimètres par la moitié de CE $= 2^d. 50$ et vous aurez pour la surface du triangle 26 ares.

Pour vérifier les calculs, on fera bien de multiplier CE par la moitié de AB, ce qui revient au même.

On a vu aux n°. 129 et 130 comment on obtient la surface d'un triangle quelconque avec la chaîne seulement.

Déterminer la surface d'une pièce d'aulnaie dont un côté est inaccessible et dans laquelle on ne peut entrer ni diriger des rayons visuels.

141. Soit ABC (fig. 46) la pièce proposée et AB le côté inaccessible.

Prolongez les côtés BC et AD de toute leur largeur, comme on l'a fait au n°. 130; prenez ensuite le plus grand côté pour base, abaissez du point *d* sur la base C*e* la perpendiculaire *d f* égale à *d*A; mesurez cette perpendiculaire qui est de 5^d. 64, la longueur de la base BC étant de 8^d. 60, en opérant toujours comme pour un triangle, vous aurez pour la surface 24 ares 25 centiares.

Déterminer la surface d'une pièce de bois enfermé dans d'autres dont une partie de la pièce et deux côtés seulement sont accessibles.

142. Soit ABC (fig. 47) la pièce proposée et AB et BC les côtés accessibles.

Cette pièce étant entourée de bois dans lesquels il n'est pas possible de pénétrer, pour employer la méthode des prolongemens des n°^{s}. 130 et 132, on placera vis à vis la partie accessible de la pièce un jalon en F, dans la direction BC, duquel on abaissera sur la base AB la perpendiculaire FE, puis on mesurera cette perpendiculaire et les distances EB, AE, BF, FC, qui sont :

$$\left. \begin{array}{l} \text{AE} = 9^d.\text{-}00 \\ \text{EB} = 1\text{-}00 \end{array} \right\} = \text{AB} = 10^d.\text{-}00$$

$$\left. \begin{array}{l} \text{BF} = 1\text{-}50 \\ \text{FC} = 3\text{-}00 \end{array} \right\} = \text{BC} = 4\text{-}50$$

$$\text{EF} = 1\text{-}12$$

Au moyen de ces données on déterminera la hauteur de la perpendiculaire DC et le côté DB, en faisant les proportions :

BF : EF :: BF + FC : CD,

ou 1^d. 50 : 1^d. 12 : 4^d. 50 : 3^d. 36.

BF : BE :: BF + FC : DB,

ou 1^d. 50 : 1^d. 00 :: 4^d. 50 : 3^d. 00

De sorte qu'on a DE=DB—EB=2^d.-00

Retranchant cette longueur de AE=9 - 00

Il restera AD=7^d.-00

Maintenant que la perpendiculaire DC est connue avec la base AB, on calculera le triangle dont la surface est égale à 16 ares 80 centiares.

Si une figure triangulaire inaccessible à l'intérieur, n'était pas entourée de bois mais de terre, il ne serait pas nécessaire de faire usage des prolongemens du n°. 130, ni de la méthode ci-dessus, il suffirait, comme en la figure 14, de prolonger l'un des côtés BC et de lever une perpendiculaire AD avec laquelle on obtiendrait sa surface en la multipliant par la moitié de CB.

Déterminer la surface d'un trapèze (fig. 48).

143. Prenez le côté AB pour base, placez l'équerre aux angles A et B, après avoir reconnu qu'ils sont droits, mesurez la base et les côtés AD, BC, qui sont :

$$AD = 3^d.\text{-}20$$
$$BC = 4\text{-}20$$
$$AB = 8\text{-}40$$

Cela effectué, sachant que la surface d'un trapèze est égale à sa base multipliée par la moitié de la hauteur de ses deux côtés parallèles, on a pour la surface du trapèze dont il s'agit :

$$AB \times \tfrac{1}{2}\, AD + BC$$
$$\text{ou } 8^d.\text{-}40 \times \tfrac{1}{2}\, 3^d.\text{-}20 + 4^d.\text{-}20 = 31^a.\ 08^c.$$

Pour vérifier les calculs de l'opération, on multiplie la base par la hauteur des parallèles, ou celle-ci par la base, ce qui revient au même, et du résultat on en prend moitié; c'est toujours ainsi qu'on doit opérer lorsqu'il y a des fractions impaires.

*Déterminer la surface d'un quadrilatère accessible à
l'intérieur et dont les quatre côtés sont égaux.*

144. Soit ABCD (fig. 49) le quadrilatère donné.

Prenez le plus grand côté pour base, et abaissez
du point D la perpendiculaire DE, ensuite mesurez,
en partant du point A, les distances AE, ED, EB et
BC, qui sont :

$$AE = 1^d\text{-}20$$
$$ED = 3\text{-}10$$
$$EB = 7\text{-}00$$
$$BC = 2\text{-}50$$

Cotez ces distances sur votre croquis visuel comme
elles le sont sur la figure et l'opération sera terminée
sur le terrain.

Maintenant, pour connaître la surface, calculez
comme il suit :

Surface :

Triangle AED $= 1^d\text{-}20 \times \frac{1}{2} \, 3^d\text{-}10 = \quad 1^a,86^c$
Trapèze EDBC $= (3^d\text{-}10 + 2^d\text{-}50) \times \frac{1}{2} \, 7^d\text{-}00 = \underline{19\text{-}60}$

$$\text{Total.....} \quad 21^a,46^c$$

Nous avons dit, à la fin du n° 133, qu'il était essen-
tiel de calculer deux fois la même surface par des pro-
cédés différens pour vérifier le premier résultat ; voici
une autre manière de calculer le quadrilatère avec les
mêmes données.

Multipliez la perpendiculaire DE par la moitié de
la base AB et BC par BE, c'est-à-dire :

$$3^d\text{-}50 \times 8^d\text{-}20 = 25\text{-}42 \tfrac{1}{2} = 12\text{-}71$$
$$2^d\text{-}10 \times 7^d\text{-}00 = 17\text{-}50 \tfrac{1}{2} = 8\text{-}75$$
$$\left.\right\} 21^a. \; 46^c.$$

Si le quadrilatère n'était pas accessible intérieurement, il faudrait prendre l'un de ses autres côtés pour base ; par exemple le côté BC, le prolonger jusqu'en a, pied de la perpendiculaire, abaissée de D sur le prolongement de BC.

Déterminer la surface d'un quadrilatère accessible à l'intérieur (fig. 50).

145. L'opération est aussi facile à faire que la précédente, prenez encore le plus grand côté pour base et abaissez des points C et D les perpendiculaires De, Cf, que vous mesurerez séparément, ainsi que les distances Ae, ef, fB, qui sont :

$$Ae = 2^d. 00$$
$$De = 2\text{-}60$$
$$ef = 7\text{-}20$$
$$fB = 1\text{-}50$$
$$fC = 3\text{-}40$$

Cela fait, calculez la pièce comme ci-dessus, faites :

Surface :

$$A\,D\,e = 2^d. 00 \times \tfrac{1}{2}\,2\text{-}60 = 2^a. 60^c.$$
$$DCef = (2\text{-}60 + 3\text{-}40) \times \tfrac{1}{2}\,7\text{-}20 = 21\text{-}60$$
$$f\,C\,B = 3\text{-}40 \times \tfrac{1}{2}\,1\text{-}50 = 2\text{-}55$$
$$\text{Total} = 26^a. 75^c.$$

Pour vérifier les calculs nous allons opérer comme au n°. précédent, à cause des parallèles De, fC, la distance Dg est égale à ef, cela posé on a :

Surface :

$$A\,f\,D = 9^d. 20 \times \tfrac{1}{2}\,2^d. 60 = 14^a. 96^c.$$
$$e\,C\,B = 8\text{-}50 \times \tfrac{1}{2}\,3\text{-}40 = 14\text{-}79$$
$$\text{Comme plus haut} = 26^a. 75^c.$$

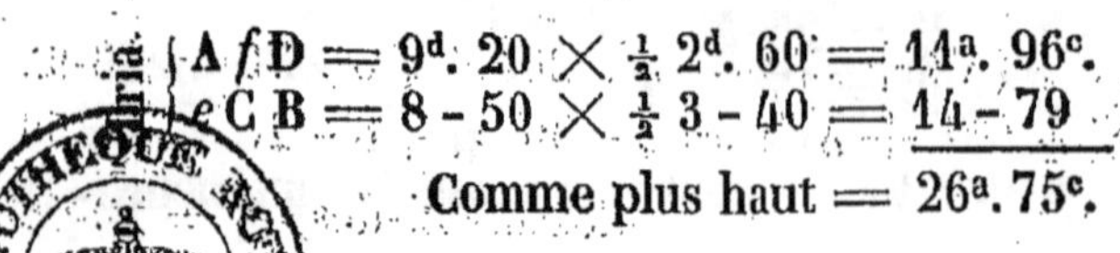

*Déterminer la surface d'une pièce de bois inacces-
sible à l'intérieur.*

146. Soit ABCD (fig. 51) la pièce proposée.

Cette pièce ne présente pas plus de difficultés à mesurer que celle qui précède si le terrain qui l'environne est accessible.

Prenez le plus petit côté AB pour base au lieu du plus grand CD, son opposé, abaissez des angles D, C, sur le prolongement de la base AB, les perpendiculaires De, Cf, mesurez-les, ainsi que les segmens de la base, qui sont :

$$\text{Les perp.} \begin{cases} \mathrm{D}e = 3^d. \ 20 \\ \mathrm{C}f = 3 - 80 \end{cases} 7^d. \ 00$$

$$\text{La base} \begin{cases} e\mathrm{A} = 2 - 00 \\ \mathrm{AB} = 6 - 20 \\ \mathrm{B}f = 2 - 50 \end{cases} 10 - 70$$

Cela fait, en employant les moyens ordinaires, on obtient la surface du quadrilatère par une seule multiplication ; mais compris les quantités soustractives, en faisant :

$$\tfrac{1}{2}(\mathrm{D}e + \mathrm{C}f) \times e\mathrm{A} + \mathrm{AB} + \mathrm{B}f =$$
$$(3^d\text{-}20 + 3\text{-}80) = 7\text{-}00 \times \tfrac{1}{2} 10\text{-}70 = 37^a. \ 45^c.$$

Quantités soustractives.

$$\text{Triangle AD}e \ 3^d. \ 20 \times \tfrac{1}{2} 2^d. \ 00 = 3^d. \ 20$$
$$\text{Triangle BC}f \ 3 - 80 \times \tfrac{1}{2} 2 - 50 = 4 - 75 \Big\} = 7 \quad 95$$

$$\text{La surface de la pièce est} = 29^a. \ 50^c.$$

Pour vérifier ces calculs, on fait :

$$\mathrm{D}e \times \tfrac{1}{2}(\mathrm{AB} + \mathrm{B}f) = 3^d. \ 20 \times \tfrac{1}{2} 8^d. \ 70 = 13\text{-}92$$
$$\mathrm{C}f \times \tfrac{1}{2}(\mathrm{BA} + \mathrm{A}e) = 3 - 90 \times \tfrac{1}{2} 8 - 20 = 15\text{-}58$$

$$\text{Comme ci-dessus} = 29\text{-}50$$

Déterminer la surface d'une pièce de terre de la forme d'un losange, accessible à l'intérieur.

147. Soit ABCD (fig. 52) la pièce dont s'agit.

Menez la diagonale AC, qui divise la pièce en deux triangles, abaissez les perpendiculaires B f, D e, mesurez-les ainsi que la base qui sont :

$$\text{La base} \left\{ \begin{array}{l} \text{A}f = 6^d.\ 20 \\ f\,e = 1 - 50 \\ e\,\text{C} = 5 - 30 \end{array} \right\} = 13^d.\ 00$$

$$\text{Les perp.} \left\{ \begin{array}{l} \text{B}f = 2 - 90 \\ \text{D}e = 4 - 10 \end{array} \right\} = 7 - 00$$

Cela connu, il est facile d'obtenir la surface de la pièce ; beaucoup d'arpenteurs la calculent en autant de parties qu'il y a de triangles rectangles, cette méthode est beaucoup trop longue ; d'autres ne font que deux calculs en multipliant la base par la moitié de la hauteur de chaque triangle comme il suit :

$$\text{Tria.} \left\{ \begin{array}{l} \text{ACD} = \text{AC} \times \tfrac{1}{2}\text{D}e = 13^d.\ 00 \times \tfrac{1}{2}4^d.\ 10 = 26^d.65 \\ \text{ABC} = \text{AC} \times \tfrac{1}{2}\text{B}f = 13 - 00 \times \tfrac{1}{2}2 - 90 = \underline{18 - 85} \end{array} \right.$$

$$\text{Surface} = \underline{45 - 50}$$

Cette manière de calculer n'est pas celle qu'on doit employer, la voici :

$$\text{Surface ABCD} = \text{AC} \times \tfrac{1}{2}\,(\text{B}f + \text{D}e)$$

c'est-à-dire :

$$13^d.\ 00 \times \tfrac{1}{2}\ 7 - 00 = 45 \text{ ares } 50 \text{ centiares.}$$

Déterminer la surface d'une pièce de bois marécageux dans laquelle on ne peut entrer.

148. Soit ABCD (fig. 53) la pièce proposée.

Si aucun obstacle ne s'oppose à ce que les côtés AB, DC, soient prolongés, prenez-les chacun pour base et abaissez les perpendiculaires CE sur le prolongement du côté AB, et AF sur le prolongement de DC, la pièce sera divisée en deux triangles dont la surface réunie formera celle du quadrilatère.

Mesurez les perpendiculaires et les bases qui sont :

$$AB = 8^d. 20$$
$$CE = 5 - 10$$
$$DC = 7 - 10$$
$$FA = 4 - 90$$

Calculez la surface de chaque triangle et vous aurez :

$$CE \times \tfrac{1}{2} AB = 5^d. 10 \times \tfrac{1}{2} 8^d. 20 = 20^a. 91^c.$$
$$CD \times \tfrac{1}{2} AF = 7 - 10 \times \tfrac{1}{2} 4 - 90 = \underline{17 \quad 39}$$
$$\text{Surface} = 38^a. 30^c.$$

Pour vérifier les calculs faites :

Triangle A B C.

$$AB \times \tfrac{1}{2} CE = 8^d. 20 \times \tfrac{1}{2} 5 - 10 = 20^a. 91^c.$$

Triangle A D C.

$$AF \times \tfrac{1}{2} CD = 4 - 90 \times \tfrac{1}{2} 7 - 10 = \underline{17 - 39}$$
$$\text{Surface semblable} = 38^a. 30^c.$$

Déterminer la surface d'une pièce de bois enfermée dans d'autres de trois côtés, et qu'il n'est pas possible de traverser par des rayons visuels.

149. Soit ABCD (fig. 54) le quadrilatère donné.

Ne pouvant traverser par des rayons visuels la pièce dont s'agit, ni celles voisines, pour abaisser les perpendiculaires, Cn, Dm, pour les obtenir, on mesurera les côtés DA = 3^d-26 et BC = 3-72; puis, après avoir placé des jalons sur les bornes qui limitent les côtés, on les prolongera de chacun leur longueur, AD vers *e*, et BC vers *f*.

Cela fait en prenant AB pour base, on abaissera de *f* et *e* sur la base AB les perpendiculaires *eg*, *fg*, qu'on mesurera ainsi que la longueur de la base, qui sont :

$$ge = 2\text{-}60 = Dm$$
$$fh = 3\text{-}40 = Cn$$
$$\left.\begin{array}{l} Ag = 2\text{-}00 = Am \\ gh = 7\text{-}00 = \\ hB = 1\text{-}50 = Bn \end{array}\right\} = 10^d.\ 50 = AB$$

Avec ces données on calculéra la pièce comme on l'a fait au n°. 146.

Si l'on ne pouvait prolonger les côtés AD, BC, que de moitié ou du quart de leur longueur, on aurait les perpendiculaires D*m*, C*n*, et les segmens A*m*, B*n*, en doublant ou en quadruplant les penpendiculaires *g e*, *hf*, et les segmens A*g* et B*h*.

Si on n'avait pas besoin de connaître la surface de la pièce, mais seulement la longueur du côté DC, inaccessible à cause d'une petite rivière qui le coupe en plusieurs endroits, après avoir prolongé les côtés DA, CB, il suffirait de mesurer *ef* et le côté AB ; le côté DC, se trouverait déterminé par la règle de trois directe en faisant :

$$ef : AB :: AB : DC.$$

Déterminer la surface d'une pièce de terre irrégulière, mais qu'on peut traverser en tous sens.

150. Soit ABCDEFGH (fig. 55) la pièce proposée.

Pour mesurer cette pièce, il faut tracer dans sa plus grande étendue une directrice AE sur laquelle on élévera une perpendiculaire au sommet de chaque angle ; décomposant ainsi la figure à arpenter, en triangles, rectangles et trapèzes.

On mesurera de A allant vers E les perpendiculaires qui sont par un côté de la base et les distances qu'elles ont entr'elles sur cette base; commençant par les perpendiculaires qui sont à gauche, on a la distance Af, la perpendiculaire fH, puis fh, la perpendiculaire hG, etc., sans avoir égard aux perpendiculaires qui sont à droite.

Arrivé au point E, on récapitulera les distances partielles sur la base pour avoir sa longueur entière qu'on trouve ici être $=$ 0^d. 60 $+$ 4-00 $+$ 5-80 $+$ 2-30 $=$ 12-70.

Cela fait on retournera vers A en mesurant séparément les perpendiculaires qui sont de l'autre côté de la base, ainsi que les distances entr'elles sur la base. On ajoutera ces dernières longueurs ensemble pour voir si elles forment comme ci-dessus 12-70 pour la longueur totale de la base; en effet 4^d. 00 $+$ 3-20 $+$ 2-90 $+$ 2-60 $=$ 12-70.

S'il s'était glissé une erreur, il faudrait chaîner une troisième fois pour la rectifier. Ce n'est qu'en procédant ainsi qu'on peut garantir l'exactitude d'une opération, on ne peut jamais y mettre trop de soins dans l'exécution.

Les mesures prises et vérifiées, on fera les calculs au cabinet ou sur le terrain même comme il suit :

Type des calculs.

$$a = 2^d. 20 \times \tfrac{1}{2}\, 0^d. 60 = 00^a. 66^c.$$
$$b = 4-00 \times \tfrac{1}{2}\, 7-30 = 14-60$$
$$c = 5-80 \times \tfrac{1}{2}\, 7-70 = 22-33$$
$$d = 2-30 \times \tfrac{1}{2}\, 2-60 = 2-99$$
$$e = 3-00 \times \tfrac{1}{2}\, 4-00 = 6-00$$
$$f = 3-20 \times \tfrac{1}{2}\, 6-70 = 10-71$$
$$g = 2-90 \times \tfrac{1}{2}\, 6-40 = 9-28$$
$$h = 2-70 \times \tfrac{1}{2}\, 2-60 = 3-51$$

Total. $= 70^a. 08^c.$

Pour vérifier les calculs faites usage de la méthode du n°. 144 et suivant, supposez la pièce divisée en triangles et multipliez la base de chacun par la moitié de sa hauteur et vous aurez :

$$
\begin{aligned}
\text{Triangle } ah\text{H} &= 4^d.\ 60 \times \tfrac{1}{2}\ 2^d.\ 20 = \ \ 5^a.\ 06^c. \\
id. \quad fn\text{G} &= 9 - 80 \times \tfrac{1}{2}\ 5 - 10 = 24 - 99 \\
id. \quad h\text{EF} &= 8 - 10 \times \tfrac{1}{2}\ 2 - 60 = 10 - 53 \\
id. \quad \text{DE}i &= 7 - 20 \times \tfrac{1}{2}\ 3 - 00 = 10 - 80 \\
id. \quad \text{C}gm &= 6 - 10 \times \tfrac{1}{2}\ 3 - 70 = 11 - 28 \\
id. \quad \text{AB}i &= 5 - 50 \times \tfrac{1}{2}\ 2 - 70 = \underline{07 - 42} \\
&\qquad\text{Comme ci-dessus} = 70^a.\ 08^c.
\end{aligned}
$$

Déterminer la surface d'une pièce de bois dans laquelle on ne peut entrer.

151. Soit ABCDEFG (fig. 56) la pièce proposée.

Cette pièce étant inaccessible à l'intérieur, on ne peut y établir, comme dans l'opération précédente, une directrice sur laquelle on abaisse du sommet des angles des perpendiculaires ; le plus ordinairement on a l'habitude de l'envelopper dans une figure rectiligne quelconque ou dans une parallélogramme, ainsi que nous allons le faire ici.

Prenant le côté BC pour base ou directrice, on élève des point m et n, les perpendiculaires pm, no, passant sur les bornes A et D ; du point p, hauteur de la borne F, on mène la perpendiculaire O parallèle à la droite mn, de manière à passer sur la borne F, et la pièce est enfermée dans un rectangle dont les côtés servant de bases sont parallèles.

Après avoir abaissé des points E et G les autres perpendiculaires on mesurera toutes les bases parallèles ainsi que les perpendiculaires qui sont :

$$\text{La base } mn \begin{cases} m\mathrm{B} = & 6^d\text{-}20 \\ \mathrm{BC} = & 11\text{-}30 \\ \mathrm{C}n = & 4\text{-}20 \end{cases} = 21^d\text{-}70$$

$$\text{La paral. } po \begin{cases} p\mathrm{F} = & 6\text{-}00 \\ \mathrm{F}s = & 9\text{-}60 \\ \mathrm{E}o = & 6\text{-}10 \end{cases} \text{comme ci-dessus}$$

$$\text{La perpen.} no \begin{cases} n\mathrm{D} = & 6\text{-}20 \\ \mathrm{D}o = & 6\text{-}10 \end{cases} = 12\text{-}30$$

$$\text{La paral. } pm \begin{cases} m\mathrm{A} = & 2\text{-}40 \\ \mathrm{A}r = & 5\text{-}50 \\ rp = & 4\text{-}40 \end{cases} \text{comme ci-dessus}$$

Pour avoir la surface de la pièce, on procédera de la manière suivante :

Type des calculs.

Le rectangle dans lequel la pièce de bois est enfermée ayant pour longueur 24^d. 70, et pour largeur 12-30 on a pour sa surface 21-70 $\times$ 12-30 = 266^a 91^c

La surface du rectangle est donc de 266^a. 91^c., de laquelle ils faut retrancher les quantités empruntées, qui sont :

Quantités soustractives.

$$\begin{array}{l}
1^o\text{ Triangle A}m\text{B} = 2^d. 40 \times \tfrac{1}{2}6^d\text{-}20 = 7\text{-}44 \\
2^o\text{ Triangle A}r\text{G} = 5\text{-}50 \times \tfrac{1}{2}1\text{-}60 = 4\text{-}40 \\
3^o\text{ Trapèze G}rp\text{F} = 4\text{-}40 \times \tfrac{1}{2}7\text{-}60 = 16\text{-}72 \\
4^o\text{ Triangle F}s\text{E} = 9\text{-}60 \times \tfrac{1}{2}1\text{-}50 = 7\text{-}20 \\
5^o\text{ Trapèze E}so\text{D} = 6\text{-}10 \times \tfrac{1}{2}7\text{-}60 = 23\text{-}18 \\
6^o\text{ Triangle D}\text{C}n = 4\text{-}20 \times \tfrac{1}{2}6\text{-}20 = 13\text{-}02
\end{array} \Big\} 71^a\ 96^c$$

Reste pour la surface du polygone 194^a 95^c ou 1 hectare 94 ares 95 centiares.

Déterminer la surface d'un terrain inabordable de toutes parts (fig. 57).

152. L'opération à faire a beaucoup d'analogie avec

les précédentes ; mais comme il n'est pas possible de pénétrer dans l'intérieur, ni même d'arriver aux angles de la pièce à cause d'une rivière qui l'entoure, menez une ligne *ag* et une autre *gm*, en retour d'équerre, abaissez sur la directrice *ag* des angles de la pièce, les perpendiculaires C*a*, D*b*, B*c*, F*d*, E*e*, A*f*, faites la même opération sur la ligne *gm*, mesurez toutes les intervalles *ab*, *bc*, etc., sur les directrices *ag*, *gm*, et à cause des parallèles vous aurez les données suffisantes pour obtenir la surface de la pièce.

En effet,

$$a\,C = gj = \quad 2^d.\ 20 + 1\text{-}60 + 1\text{-}50 = 5\text{-}30$$
$$D\,b = g\,l = 10 - 40$$
$$B\,c = gh = \quad 2 - 20$$
$$F\,d = gk = \quad 7 - 00$$
$$E\,e = gm = 11 - 50$$
$$A\,f = g\,i = \quad 3 - 80$$

Cela connu on calculera la surface comme il suit :

$$\text{Trapèze}\begin{cases} ab\text{CD} = 15^d.\ 70 \times \tfrac{1}{2}\ 2\text{-}80 = \quad 21\text{-}98 \\ bc\text{DE} = 21 - 90 \times \tfrac{1}{2}\ 7\text{-}90 = \quad 86\text{-}50 \\ df\text{AF} = 10 - 80 \times \tfrac{1}{2}\ 1\text{-}80 = \quad 9\text{-}72 \end{cases}$$

Total emprunts compris = 118-20

Déduisant les quantités empruntées qui sont :

$$\text{Trapèze}\begin{cases} ac\text{BC} = \quad 7^d.50 \times \tfrac{1}{2}\,3^d.50 = 13^a\,12^c \\ cf\text{AB} = \quad 8 - 30 \times \tfrac{1}{2}\,6\text{-}00 = 24\text{-}90 \\ de\text{EF} = 18 - 50 \times \tfrac{1}{2}\,0\text{-}70 = \quad 6\text{-}47 \end{cases} \Bigg\} 44\text{-}49$$

Il reste pour la surface demandée 73ᵃ 71ᶜ

Pour vérifier les calculs voici ce qu'il faut faire :

Supposons la perpendiculaire *f* A prolongée jusqu'à la hauteur de l'angle E, la pièce n'aura plus que cinq côtés au lieu de six, elle pourra donc être divisée en trois triangle dont deux ABD, BCD, ont BD pour hauteur commune, et AC pour base, donc leur surface est égale.

$$af = 11^d.\ 80 \times \tfrac{1}{2}\, b\mathrm{D} - \mathrm{B}c = 8\text{-}20 = \underline{48\text{-}38}$$
$$\text{ou AC} \times \tfrac{1}{2}\,\mathrm{BD}$$
$$+\, bf = 9\text{-}00 \times \tfrac{1}{2}\, e\mathrm{E} - \mathrm{A}f = 77 = \underline{34\text{-}65}$$

Total emprunts compris 83-03

Déduisant les emprunts qui sont :

$$4^d.\ 50 \times \tfrac{1}{2}\ 2\text{-}90 = 6\text{-}52 \Big\}$$
$$1 - 80 \times \tfrac{1}{2}\ 3\text{-}20 = 2\text{-}88 \Big\}\ 9\text{-}40$$

Reste comme plus haut = $\overline{73\text{-}63}$

À quelques centiares près à cause des fractions négligées.

Déterminer, au moyen de l'équerre octogone, la surface d'une pièce de terre traversée par une rivière.

153. Soit ABCDE (fig. 58) la pièce qu'il s'agit de mesurer.

Prenez pour base ou directrice le côté AB, levez les perpendiculaires EF, DG, CH, pour déterminer la hauteur de chacune, faites sur cette base soit à droite ou à gauche des perpendiculaires, des angles de 45°, ce qui est facile avec l'octogone.

Soit requis la hauteur de la perpendiculaire EF.

Cherchez un point sur la directrice, duquel on aperçoive par les fentes de l'instrument, le point E et la base; ayant trouvé ce point en I, vous aurez de I en F la distance EF.

On déterminera de la même manière la hauteur des perpendiculaires DG, CH, par des angles de 45° sur la base aux points J et K.

Cela fait, mesurez les distances sur la directrice qui sont :

$$AF = 1^d.\ 00$$
$$FI = 3 - 00$$
$$IG = 2 - 00$$
$$GJ = 4 - 00$$
$$JB = 2 - 00$$
$$BH = 1 - 10$$
$$HK = 2 - 50$$

Et vous aurez la hauteur de chaque perpendiculaire en prenant successivement :

$$EF = FI = 3^d.\ 00$$
$$GD = GJ = 4 - 00$$
$$HC = HK = 2 - 50$$

Avec ces données on calculera la surface de la pièce par les procédés précédemment indiqués.

Il sera facile de remarquer par ce seul exemple, combien l'équerre divisée en huit angles égaux présente d'avantage sur l'équerre ordinaire à quatre pinules ou fentes qu'on devrait abandonner entièrement.

Nous terminerons ici les exemples des opérations qu'on peut faire avec l'équerre. Ils seront suffisans pour exécuter toutes celles qui sont du ressort de cet instrument. Toutefois, nous ferons observer que lorsqu'il s'agira d'évaluer la surface d'un terrain de plus de dix hectares, nécessitant des emprunts considérables, ou l'établissement d'une grande quantité de bases auxiliaires pour suivre de près les sinuosités de la figure, ce ne sera pas sans commettre quelques erreurs que l'on parviendra à le mesurer avec l'équerre.

Les opérations d'une plus grande étendue, étant du ressort du graphomètre avec lequel on parvient sans peine à lever et connaître la superficie de toutes sortes de figures, nous allons indiquer comment elles se font, en commençant d'abord par de petites opérations pour arriver graduellement à de plus grandes.

MESURE
DES SURFACES AVEC LE GRAPHOMÈTRE.

Le *graphomètre*, dont on se sert ordinairement dans l'arpentage, est décrit n° 114, il est divisé de minute en minute pour les principales opérations et de cinq en cinq minutes pour les objets de détails ; sa vérification est indiquée au n° 116.

Cet instrument ne peut être comparé à l'équerre, il offre des avantages tels, qu'il n'est, pour ainsi dire, aucune distance, ni figure qu'il ne soit possible à l'arpenteur, qui connaît la trigonométrie rectiligne et les principes de la mesure des surfaces, de mesuavec une exactitude, même rigoureuse.

Au moyen du Barême trigonométrique dont l'application est facile, l'arpenteur qui ne connaîtra pas la trigonométrie pourra se servir du graphomètre et connaître avec plus de promptitude et de précision qu'il ne le fera avec l'équerre, les distances inaccessibles et les surfaces des propriétés de grande étendue. Il lui suffira :

1° De savoir qu'un triangle rectangle est celui dont un angle est droit ou de 90°, que la somme des angles de tout triangle est égale à 180° (n°. 27) ou à deux droits.

2° De comprendre la division du cercle (page 16) et de lire l'ouverture d'un angle sur le graphomètre.

3° De faire l'application des principes de la mesure des surfaces (n°. 125), ce qui ne peut présenter aucune difficulté aux personnes qui possèdent les moindres notions d'arpentage.

Cela posé, nous allons passer immédiatement à la démonstration.

Déterminer la surface du triangle (fig. 28) dont on connaît les deux côtés BC, AC, et l'angle C compris.

154. Les côtés étant BC $= 300^m$. 00, AC $= 201^m$. 8^c., et l'angle C $= 76°$ 25′.

On a la surface du triangle proposé, d'après le n°. 122, en multipliant sa base par la moitié de sa hauteur, il ne s'agit donc pour celui-ci que de chercher la perpendiculaire tombant de l'angle A sur le côté opposé BC.

En supposant le rayon des tables égal à l'unité, on trouve d'après le n°. 101 la perpendiculaire.

Opérant par les logarithmes, on a

Log. $= 204^m$. 8 $= 3$-3049212
Log. sin. 76° 25′ $= 9$-9876794
   Somme $— 10 = 3$-2926006 $= 196^m$. 16^c.

Ce logarithme répond dans les tables à 196^m. 16^c. pour la hauteur de la perpendiculaire.

Opérant par le Bârême, il vient :

Page 41 où se trouve l'angle 76° 25′
Pour 200^m. hyp. 20 ou 200^m. $= 194^m$. 406.
   hyp. 18 ou 1^m.8^c. $=$ 1 - 749
Comme ci-dessus 196 - 155

A un demi centimètre près, en moins, parce que les tables des logarithmes forcent toujours un peu.

Ainsi la surface du triangle équivaut :

AC $= 300^m$. 00 $\times \frac{1}{2}$ 196^m. 15^c. $\frac{1}{2}$ $= 294^a$. 22^c.

La surface du triangle peut encore s'obtenir sans chercher la perpendiculaire par la formule du n°. 125, qui s'effectue par les logarithmes comme il suit :

$$\text{Log. } \tfrac{1}{2} \, 201^m. \; 8^c. = 1\text{-}0038912$$
$$\text{Log. } 300 - 00 = 1\text{-}4771213$$
$$\text{Log. sin. } 76° \; 25' = 9\text{-}9876794$$
$$\text{Log. } = \text{aire} = 294^a. \; 23^c. = 2\text{-}4686919$$

Ce logarithme donne 294ᵃ. 23ᶜ. comme ci-dessus.

Ce calcul se fait facilement aussi par le Barême, dans lequel le sinus de l'angle C est exprimé en nombre naturel (le rayon étant supposé égal à l'unité), le sinus C est 0-9720, et on a la surface du triangle en faisant :

$$\text{Surface} \tfrac{1}{2} \, 201^m. \, 80 \times 300^m. \, 00 \times 0,9720 = 294^a. \, 22,4$$

Donc la surface d'un triangle dont on connaît deux côtés et l'angle compris est égale à la moitié du produit de ces deux côtés multiplié par le sinus de cet angle.

Déterminer la surface du triangle (fig. 26) *dont on connaît les deux angles B et C, et le côté BC qui sont :*

$$\text{Les ang.} \begin{cases} \text{ABC} = 37° \; 50' \\ \text{BCA} = 76° \; 25' \end{cases} 114° \; 15'$$
$$\text{Le côté.} \quad \text{BC} = 300^m. \, 00$$

155. Si on cherche le côté AC comme au nº. 105, on aura la surface du triangle en opérant comme au nº. précédant.

Pour déterminer la surface du triangle au moyen d'une perpendiculaire abaissée de l'angle A sur le côté BC, il faut chercher d'abord l'angle BAC, qu'on trouve d'après le nº. 28 en retranchant la valeur des angles connus de 180°.

$$\text{Valeur des angles du triangle} = 180° \; 00'$$
$$\text{Valeur des angles connus} = 114° \; 15'$$
$$\text{Valeur de l'angle BAC} = 65° \; 45'$$

Cela effectué on cherche la perpendiculaire qui est égale au produit des sinus des deux angles et du côté adjacent divisé par le sinus de l'angle BAC ; calcul qui peut se faire par les logarithmes de la manière suivante :

$$\begin{aligned}
\text{Log.} &= 300^m.\,00 = 4771213 \\
\text{Log. sin.} &= 76°\ 25' = 9876794 \\
\text{Log. sin.} &= 37°\ 50' = 7877202 \\
\text{Compl. log. sin.} &= 65°\ 45' = \underline{0401180} \\
\text{Log.} &= 2\text{-}2926389 = 196^m 16^c
\end{aligned}$$

Ce logarithme répond à 196^m. 16^c. pour la hauteur de la perpendiculaire, comme en l'exemple précédent. Ainsi la surface du triangle équivaut :

$$AC = 300^m.\,00 \times \tfrac{1}{2} 196^m.\,16 = 294^a.\,22^c.$$

On trouve également la surface du triangle en faisant usage de la formule du n°. 125 au 2°, qu'on peut aussi calculer par les logarithmes comme il suit :

$$\begin{aligned}
\text{Log. } 300^m.\,00^2 &= 9542426 \\
\text{Log. sin. } 76°\ 25' &= 9876794 \\
\text{Log. sin. } 35°\ 50' &= 7877202 \\
\text{Comp. log. } 65°\ 45' &= 0401180 \\
\text{Comp.} \qquad 2 &= \underline{6989700} \\
294^a.\,22^c. &= 3\text{-}4687302
\end{aligned}$$

Ce logarithme correspond à 294^a. 22^c. pour la surface du triangle comme en l'exemple qui précède.

Donc la surface d'un triangle dont un côté et les deux angles adjacens sont connus, est égale à la moitié du carré du côté donné, multiplié par le produit des sinus des deux angles adjacens, divisé par le sinus de l'autre angle.

On obtiendrait de même par le moyen du Barême la perpendiculaire et la surface du triangle, mais les calculs seraient plus longs que par les logarithmes; ils ne sont abrégés qu'autant qu'on a deux côtés et l'angle compris ainsi qu'on le verra par la suite.

Déterminer la surface du triangle ABC (fig. 27) dont on ne peut mesurer que les côtés BC, CA et l'angle B opposé à l'un des côtés.

156. Les mesures prises sur le terrain étant

$$\text{Les côtés} \begin{cases} AC = 201^m.\ 80^c. \\ BC = 300 - 00 \end{cases}$$
$$\text{L'angle ABC} = \quad 37°\ 50'$$

Si l'on détermine le côté AB par la règle du n°. 106 ou l'angle C par celle du n°. 97, on aura la surface du triangle en opérant comme aux n°ˢ. 154 et 155, ci-dessus, soit en faisant usage des logarithmes ou du Barême trigonométrique.

Déterminer la surface d'un triangle dont on ne peut mesurer que les trois côtés.

157. Cette opération étant faite aux n°ˢ. 129 et 131, nous ne la répéterons pas ici.

Si l'on voulait obtenir cette surface soit par la connaissance de la perpendiculaire abaissée du plus grand angle sur sa base, ou par l'un des angles, la marche à suivre est indiquée pour le premier cas au n°. 132, et pour le second au n°. 133.

Déterminer la surface d'un quadrilatère quelconque ABCD (fig. 59) inaccessible à l'intérieur, sans lever aucune perpendiculaire.

158. Cette opération ne présente aucune difficulté, il suffit d'observer deux angles opposés et de mesurer les côtés du quadrilatère; supposant cela fait sur le terrain et qu'on ait :

$$\text{Les angles} \begin{cases} A = 86°.20' \\ C = 69°.35' \end{cases}$$

$$\text{Les côtés} \begin{cases} AB = 4-20 \\ BC = 4-80 \\ CD = 6-60 \\ AD = 5-45 \end{cases}$$

En vertu de l'une des solutions du n°. 125, on aura la surface du quadrilatère en réunissant celles des deux triangles ABD, BCD, en faisant :

Triangle ABD $= (\frac{1}{2} DA \times AB \times \sin. A)$

ou $\frac{1}{2}$ 5 -45 $\times$ 4-20 $\times$ sin. 86°. 20'

Triangle BCD $= \frac{1}{2} DC \times BC \times \sin. C$

ou $\frac{1}{2}$ 6 - 60 $\times$ 4 - 80 $\times$ sin. 69°. 35'

Opérant par les logarithmes comme au n°. 154, on a

Surface du triangle ABD.

Log. AD $=$ 5^d. 45 $=$ 1-736396
Log. AB $=$ 4 - 20 $=$ 1-623249
Log. sin. A $=$ 86°. 20' $=$ 9-999110

Somme — 10 $=$ 3-358755 $=$ 22^a. 85^c.

Ce logarithme répond dans les tables à 22^a. 86^c. dont la moitié est la surface du triangle.

Surface du triangle BCD.

Log. $\begin{cases} AC = 4^d.80 = 1-681241 \\ CD = 6-60 = 1-819544 \\ \sin. C = 60°35' = 9-971823 \end{cases}$

Somme — 10 $=$ 3-472608 $=$ 29^a. 69^c.

Ce logarithme répond à 29^a. 69^c. dont la moitié est la surface du triangle.

Ces deux quantités réunies $=$ 52^a. 54^c.

Dont la moitié $=$ 26^a. 27^e.

Est le surface du quadrilatère ABCD.

Au moyen du *Barême* on a également la surface du quadrilatère sans chercher les perpendiculaires des deux triangles en quoi le quadrilatère est décomposé ; Il suffit pour cela de calculer comme en l'exemple précédent, c'est-à-dire, de multiplier la moitié du produit des côtés comprenant l'angle par le sinus naturel de cet angle, comme il suit :

Surface du triangle ABD

$$\tfrac{1}{2}\ 5\text{-}45 \times 4\text{-}20 \times 0\text{-}998 = 11^{\text{a}}.\ 42^{\text{c}}.$$

Surface du triangle BCD

$$\tfrac{1}{2}\ 6\text{-}60 \times 4\text{-}80 \times 0\text{-}94 = 14 - 85.$$

Comme en l'exemple précédent $= 26^{\text{a}}.\ 27^{\text{c}}.$

Les deux derniers nombres 0-998 et 0-94 aux deux multiplications qui précédent, sont les sinus naturels des angles 86°. 20′ et 69°. 35′ qu'on trouve dans le *Barême* en regard du nombre 1 de la colonne des hypothénuses.

Si on voulait obtenir la surface de chaque triangle par la connaissance de la perpendiculaire, rien ne serait plus facile au moyen du Barême trigonométrique.

Au triangle ABD soit requis la perpendiculaire BE, en opérant comme au n°. 133 on a :

Page 11, l'angle 86°. 20′ dans la colonne des hypothénuses, le côté AB $= 4^{\text{d}}\text{-}20$, qu'on forme de deux parties par les nombres 4 et 2 qui répondent :

Le nombre $4^{\text{d}}\text{-}00$ à 3-99-1
Le nombre $0 - 2^{\text{m}}$ ou 20^{d}. à . 0-19-9

Au total pour BE $= 4\text{-}19$ décim.

Au triangle BCD soit requis la perpendiculaire BF.

Opérant comme ci-dessus on a, page 62, l'angle 69°. 35′.

Et dans la colonne des hypothénuses le côté CB, qu'on forme en deux parties des nombres 4 et 8 qui répondent :

4^d. 00 = ... 3^d. 74-8
0   8^m ou 80 décim.   0 - 74-9

Total pour BF = 4^d. 49-7 ou 4^d. 50.

La surface d'un triangle étant égale à sa base multipliée par la moitié de sa hauteur, on a celle des deux triangles ABD, BCD, en faisant :

Triangle ABD = 5^d. 45 $\times$ $\frac{1}{2}$ 4^d. 19 = 11^a. 42
Triangle BDC = 6 - 60 $\times$ $\frac{1}{2}$ 4 - 50 = 14 - 85

Surface du quadrilatère comme ci-dessus = 26^d. 27^c.

Déterminer la surface d'un quadrilatère (fig. 60) *connaissant les deux diagonales et l'angle qu'elles forment entr'elles.*

159. Supposant les mesures prises sur le terrain et qu'on ait trouvé :

L'angle d'intersection O = 55°. 20′
La diagonale AC   = 14^d. 00
Celle BD   = 11 - 70

On aura la surface du quadrilatère en vertu de la première solution du n°. 125 en faisant :

OPÉRATION.

Log. $\begin{cases} \text{Sin. O} = 55°. 20′ = 9\text{-}9151228 \\ \frac{1}{2} \text{ AC} = 14^d. 00 = 1\text{-}8450980 \\ \text{BD} = 11 - 70 = 1\text{-}0681859 \end{cases}$

Somme — 10 = 2-8284067 = 67^a. 36^c.

Ce logarithme répond à 67^a. 36^c. pour la surface du quadrilatère.

On aura la même surface au moyen du *Barême* par les nombres naturels en faisant :

Surface ABCD $= \frac{1}{2}$ (AC $\times$ BD) $\times$ sin. naturel O,

qui revient à :

$\frac{1}{2}$ (14 -00 $\times$ 11-70) $\times$ 0-8225 = 67ᵃ. 36ᶜ.

Si on voulait vérifier les calculs qu'on vient de faire par la connaissance des perpendiculaires BE, DF, abaissées sur les diagonales AC, BD, on obtiendrait ces perpendiculaires par les logarithmes en opérant comme au n°. 133 et par le *Barême,* comme il suit :

Page 104, angle 55°. 20′, on trouve que :

L'hyp. DO = 6ᵈ. 00 répond à   = 4ᵈ. 93-5 = DF
Et BO = 5 - 00   id.   à 4-112 ⎰ 4 - 68-7 = BE
0 - 70   id.   à 0-575 ⎱

De sorte qu'on a

Surface ABCD $= \frac{1}{2}$ (BE $+$ DF) $\times$ AC

qui revient à

$\frac{1}{2}$ (4ᵈ. 93 $\times$ 4-69) $\times$ 14-00 = 67ᵃ. 36ᶜ.

Comme aux opérations qui précèdent.

Déterminer la surface d'un quadrilatère irrégulier ABCD (fig. 61) sur lequel on ne peut entrer.

160. Prenez le plus grand côté BC pour base, placez le graphomètre aux points B, C, prenez l'ouverture des angles ABC, BCD et mesurez les côtés AB, CD et la base BC qu'on suppose ici être, savoir :

L'angle ABC = 80° 15′
BC = 60ᵐ. 00
Les côtés AB = 17ᵐ. 00
CD = 15ᵐ. 00
L'angle BCD = 70° 05′

Avec ces données on pourra obtenir les perpendiculaires AE, DE et les côtés BF et FC dont on a besoin pour calculer la surface du quadrilatère.

Opérant par les logarithmes, il vient :

$$\begin{aligned}
\text{Log. AE} &= 0\text{-}2241302 = 16^m. 75^c. \\
\text{Log. sin. } 80^\circ\ 15' &= 9\text{-}9936813 \\
\text{Côté AB} = 17^m. 00 &= 0\text{-}2304489 \\
\text{Compl. } 9^\circ\ 45' &= 0\text{-}2287839 \\
\text{Log. BE} &= 0\text{-}4592328 = 2^m. 87^c. 9
\end{aligned}$$

Ces logarithmes répondent le premier à $16^m. 75^c.$ pour la perpendiculaire AE, et le second à $2^m. 87^c.$ ou $2^m. 88^c.$

Pour obtenir les résultats ci-dessus, nous avons additionné pour le premier les deux premières colonnes, et pour le second les deux dernières en comptant celle du milieu deux fois.

$$\begin{aligned}
\text{Log. DF} &= 3\text{-}1493065 = 14^m. 10^c. \\
\text{Log. sin. } 70^\circ.05' &= 9\text{-}9732152 \\
\text{DC} = 15.00 &= 3\text{-}1760913 \\
\text{Log. sin. } 19^\circ\ 55' &= 9\text{-}5323123 \\
\text{Log. FC} &= 2\text{-}7084036 = 5^m. 11^c.
\end{aligned}$$

Ces logarithmes donnent, le premier $14^m. 10^c.$ pour la perpendiculaire DF, et le second $5^m. 11^c.$ pour le côté FC.

Et par le *Barême* il suffit de chercher l'angle $80^\circ\ 15'$ à côté duquel est son complément $9^\circ\ 45'$, et de descendre sur la colonne des hypothénuses jusqu'au nombre 17, on trouve en regard

$$\begin{aligned}
\text{AE} &= 16^m. 75^c. 45 \\
\text{BE} &= 2\ \ 87\ \ 89 \text{ ou } 2^m. 88^c.
\end{aligned}$$

En agissant de même à l'égard de l'autre angle 70° 05' on a

$$DF = 14^m. 10'$$

$$FC = 5 - 10$$

Ces données obtenues on calculera la surface de la pièce en faisant :

Surfac.
{
Triangle ABE $= 16\text{-}75 \times \frac{1}{2}$ $2^m. 88^c. = 0^a. 24^c.$
Trapèze AEDF $= 52\text{-}04 \times \frac{1}{2} 30 - 85 = 8 - 02$
Triangle CDF $= 14\text{-}10 \times \frac{1}{2} 5 - 11 = 0 - 36$
}

Total pour la surface ABCD $= 8^a. 62^c.$

Pour vérifier les calculs de ces opérations, il faut employer la méthode du n°. 144 diviser la quadrilatère en deux triangles en faisant :

Surface :

Triangle
{
ABF $= 54^m. 89^c. \times \frac{1}{2} 16\text{-}75 = 4^a. 60^c.$
ECD $= 57 - 12 \times \frac{1}{2} 14\text{-}10 = 4 - 02$
}

Surface comme ci-dessus $= 8 - 62$

Autre méthode de calculer la surface du quadrilatère (fig. 61) sans la connaissance des perpendiculaires.

161. Soient *a, b, c,* les côtés B, C, les angles, en représentant par S la surface du quadrilatère, on a

$$S = ac \, \sin. B + ab \, \sin. C \pm cb \, (\sin. B + C)$$

Le signe *plus* a lieu quand les angles B et C surpassent 180°, et le signe *moins* quand B + C sont moindres.

Cela posé, nous allons calculer la surface du quadrilatère (fig. 61) en disposant les termes ainsi :

Par les logarithmes :

$$
\begin{cases}
c = 17^{\mathrm{m}}.00 \text{ log.} = 1\text{-}23044 \\
\text{sin. } 80° \ 15' \text{log.} = 9\text{-}99368 \\
a = 60^{\mathrm{m}}.00 \text{ log.} = 1\text{-}77815
\end{cases} = 3\text{-}00227 = 10\text{-}06
$$

$$
\begin{cases}
a = 60^{\mathrm{m}}.00 \text{ log.} = 1\text{-}77815 \\
\text{sin. } 70° \ 05' \text{log.} = 9\text{-}97321 \\
b = 15^{\mathrm{m}}.00 \text{ log.} = 1\text{-}17609
\end{cases} = 3\text{-}92745 = 8\text{-}46
$$

$$18\text{-}52$$

$$
-\begin{cases}
b = 15^{\mathrm{m}}.00 \text{ log.} = 1\text{-}17609 \\
\text{sin. B + C log.} = 9\text{-}69456 \\
c = 17^{\mathrm{m}}.00 \text{ log.} = 1\text{-}23044
\end{cases} = 2\text{-}10409 = 01\text{-}26
$$

Double de la surface = 17-26

Surface du quadrilatère = 8-63

Par le Barême :

On a :

$$17^{\mathrm{m}}. 00 \times 60^{\mathrm{m}}. 00 \times \text{sin B. } 0\text{-}985 = \tfrac{1}{2} \ 10\text{-}06$$

$$15^{\mathrm{m}}. 00 \times 60 - 00 \times \text{sin C. } 0\text{-} 94 = \tfrac{1}{2} \ 8\text{-}46$$

$$18\text{-}52$$

A soustraire :

$$15^{\mathrm{m}}.00 \times 17^{\mathrm{m}}.00 \times (\text{sin B + C) } 0\text{-}495 = \tfrac{1}{2} \ 1\text{-}26$$

Surface double = 17-26

Surface comme ci-dessus = 8ª. 63ᶜ.

Cette manière de calculer un quadrilatère quelconque en connaissant trois côtés adjacens et les angles qu'ils comprennent est une des plus belles et des plus utiles de la géométrie pratique ; il est à regretter qu'elle ne soit pas démontrée dans la plupart des ouvrages qui traitent d'arpentage ; nous allons encore en donner un exemple afin qu'elle soit bien comprise.

Déterminer la surface du quadrilatère irrégulier (fig. 62) sans chercher les perpendiculaires.

162. D'après l'une des formules du n°. 161 on a
la surface du quadrilatère proposé en faisant :

$$AB \times BC \times sin. \ B$$
$$BC \times CD \times sin. \ C$$
$$+ \ AB \times CD \times (sin. \ B + C)$$

Opérant par les *logarithmes*, on a :

$$
\left.
\begin{array}{l}
\text{Log. AB } 8^d\text{-00} = 0\text{-90309} \\
\text{Log. sin. B } 100°\ 15' = 0\text{-99301} \\
\text{Log. BC } 12^d\text{-00} = 0\text{-07918}
\end{array}
\right\} 1\text{-97528} = 94^a.\ 47^c.
$$

$$
\left.
\begin{array}{l}
\text{Log. BC } 12^d\text{-00} = 0\text{-07918} \\
\text{Log. sin. C } 102°\ 10' = 0\text{-99013} \\
\text{Log. CD } 7^d\text{-00} = 0\text{-84510}
\end{array}
\right\} 1\text{-91441} = 82\ \text{-11}
$$

$$
\left.
\begin{array}{l}
\text{Log. CD } 7^d\text{-00} = 0\text{-84510} \\
\text{Sin. B} + \text{C } 202°\ 25' = 0\text{-58131} \\
\text{Log. AB } 8\ \text{-00} = 0\text{-90309}
\end{array}
\right\} 2\text{-32950} = 21\ \text{-35}
$$

Double du quadrilatère = 197 - 93

Surface du quadrilatère = 98ᵃ. 96ᶜ.

Par le *Barême* on a aussi :

$$8^d.\ 00 \quad 12^d.\ 00 \times sin. \ B. \quad 0\text{-984} = \quad 94^a.\ 46^c.$$
$$7\text{-00} \quad 12\text{-00} \times sin. \ C. \quad 0\text{-977} = \quad 82\text{-07}$$
$$8\text{-00} \quad 7\text{-00} \times (s. B + C.) \ 0\text{-38} = \quad 21\text{-32}$$

Double de la surface = 197ᵃ. 85ᶜ.

Surface du quadrilatère = 98ᵃ. 92ᶜ.

Comme ci-dessus à 4 centiares près à cause des
fractions négligées dans les calculs.

Si l'on voulait calculer la surface du même quadri-
latère par la connaissance des perpendiculaires, on les
déterminerait par les logarithmes en opérant comme
au n°. 133 et au moyen du *Barême*, en cherchant les
supplémens des angles B, C, pour arriver à 180° qu'on
trouve pages 31 et 37 de ce Barême.

Page 31. L'angle B = 79° 45' et son complément
10° 15' donnent sur une hypothénuse de 8 décamètres :

$$AF = 7\text{-}87, \quad FB = 1\text{-}42.$$

En calculant la pièce d'après la méthode du n°. 144,
on a

$$S \begin{cases} (BC + CE) \times \tfrac{1}{2}\, AF \\ (BC + BF) \times \tfrac{1}{2}\, DE \end{cases}$$

c'est-à-dire

$$(1^d\text{-}200 + 1\text{-}48) \times \tfrac{1}{2}\, 7\text{-}87 = 53^a.\ 93^c.$$
$$(12\text{-}00 + 1\text{-}42) \times \tfrac{1}{2}\, 6\text{-}84 = \underline{45\text{-}89}$$

Surface comme ci-dessus = 98ᵃ. 93ᶜ.

Déterminer la surface d'une pièce de terre irrégu-
lière, accessible dans toutes ses parties.

163. Soit ABCDEF (fig. 63) la pièce proposée.

Après avoir placé des jalons aux angles et prolongé
le côté AF jusqu'en G, mesurez les côtés et les angles ;
cela fait en supposant qu'ils aient été trouvés :

Les angles

$$\begin{array}{rl} A = & 91°.\ 55' \\ B = & 87°.\ 00' \\ C = & 108°.\ 55' \\ G = & 72°.\ 10' \\ F = & 81°.\ 10' \end{array} \Bigg\} = 360°.\ 00'$$

Et les côtés

$$\begin{array}{l} AB = 22^d.\ 26 \\ BC = 26\text{-}03 \\ CG = 22\text{-}84 \\ AC = 32\text{-}26 \\ EF = 4\text{-}75 \\ FG = 16\text{-}70 \\ GD = 3\text{-}02 \end{array}$$

En faisant l'application des principes des n°s. 125 et 133, on aura la surface de la pièce par des procédés dif-férens, servant de contrôle à l'arpenteur qui connaît les ressources que présente l'arpentage au graphomètre.

Avant de calculer la surface d'une pièce, il faut en vérifier les angles et les côtés, autrement on peut commettre une erreur que l'on évitera en prenant les précautions nécessaires.

Preuve des angles.

164. La vérification des angles doit se faire sur le terrain même, afin que si l'on découvre une erreur on puisse la rectifier sur le champ. Cette vérification s'effectue à l'aide de ce principe connu, savoir : *Que la somme de tous les angles intérieurs d'une figure rectiligne quelconque, est égale à autant de fois deux angles droits qu'elle a de côtés moins deux* ; donc il suffira pour cela de connaître le nombre des côtés de la pièce dont les angles auront été observés.

Dans la figure dont il s'agit, les angles D, E, n'ayant pas été mesurés, nous ne pourrons vérifier que la va-leur des autres A, B, C, G, ce qui est facile; le nombre des côtés comprenant ces angles étant 4, la valeur des angles doit être égale à $180° \times 2 = 360°$, ce qui est en effet celle du quadrilatère ABCG.

Dans le cas où l'on trouverait un ou plusieurs degrés de différence, en plus ou en moins dans la mesure des angles, il faudrait les observer de nouveau jusqu'à ce que l'erreur qui provient le plus souvent des lignes mal jalonnées soit reconnue. Mais si cette erreur n'était que d'un nombre de minutes égal à celui des angles ob-servés, il suffirait d'augmenter ou de diminuer chaque angle de cette erreur divisée par le nombre de côtés du polygone ; quelque précaution que l'on prenne il est rare d'observer avec une précision géométrique.

Preuve des côtés.

165. Il est nécessaire aussi de vérifier sur le terrain, si les longueurs des côtés de la figure sont exactes ; Pour cet effet, on inscrit la figure dans le rectangle Bxyz, dont on détermine les 4 côtés, en résolvant les triangles rectangles C$G x$, GAy, ABz, dans chacun desquels on connaît l'hypothénuse et les angles ; on est certain qu'il ne s'est glissé aucune erreur dans la mesure des côtés de la figure, lorsque ceux opposés du triangle circonscrit sont égaux.

Voici le calcul des côtés des triangles, calcul qu'il est facile d'effectuer promptement au moyen du Barème.

Triangle xCG.

Angle xGC $= 18° 55'$ Angle xCG $= 71° 05'$

Côté opposé.   *Côté opposé.*

Hyp.	Côté Cx.		Côté xG.
20^d-00	= 6^d-483	. . . .	18-92
2-00	= 0-648	. . . .	1-89
00-80	= 0-259	. . . .	00-75-6
00-04	= 0-013	. . . .	00-03-7
22-84	= 7-40 = Cx	. . . .	21-60 = xG.

Triangle AyG.

Angle GAy $= 1° 05'$ Angle AGy $= 88° 55'$

Côté opposé   *Côté opposé.*

Hyp.	Côté yG.		Côté Ay.
30^d-00	= 0-56-7	. . . .	29-99-4
2-00	= 0-03-7	. . . .	1-99-9
0-20	= 0-00-3	. . . .	0-20-0
0-06	= 0-00-0	. . . .	0-06-0
30-26	= 0-60 = yG	. . . .	32-25 = Ay.

Triangle ABz.

Angle zBA $= 3°\,00'$	Angle zAB $= 87°\,00'$
Côté opposé.	*Côté opposé.*

Hyp.	Côté Az.		Côté Bz.
20^{d}-00 $=$ 1-04-6		. . . .	19-97-2
2-00 $=$ 0-10-4		. . . .	1-99-7
00-20 $=$ 0-00-1		. . . .	0-19-9
00-06 $=$ 0-00-0		. . . .	0-05-9
22-26 $=$ 1-15 $=$ Az		. . . .	22-23 $=$ Bz

Il résulte de ce calcul que

$$B x = 33\text{-}43 \quad yz = 33\text{-}40$$
$$xy = 22\text{-}21 \quad Bz = 22\text{-}23$$

On peut donc conclure qu'il n'y a pas d'erreur sensible dans la mesure des côtés, s'il en existait une, il faudrait, après avoir vérifié les calculs, mesurer de nouveau les côtés pour la reconnaître et la rectifier ; mais quand elle ne sera pas plus notable que celles qui existent entre les longueurs Bx, yz et xy, Bz, on prendra pour longueur réduite du rectangle :

$$Bx = 33\text{-}43$$
$$+ \; yx = 33\text{-}40$$
$$\text{Somme} = 66\text{-}83$$
$$\text{Longueur réduite} = 33\text{-}41$$

Et pour largeur moyenne

$$xy = 22\text{-}21$$
$$+ \; Bz = 22\text{-}23$$
$$\text{Total} = 44\text{-}44$$
$$\text{Moyenne} = 22\text{-}22$$

Avant de calculer la surface il faudra faire disparaître les petites erreurs, diminuer Bx de 0-02, et augmenter Gz de 1 décimètre, on fera de même à l'égard des largeurs xy, Bz, et l'on aura pour côtés du rectangle

$$\left.\begin{array}{c} Bx \\ Gz \end{array}\right\} = 33^{\text{d}}\text{-}41$$

$$\left.\begin{array}{c} Bz \\ yx \end{array}\right\} = 22\text{-}22$$

Il faudra faire la même correction sur les côtés du quadrilatère ABCG de sorte qu'ils seront :

$$AB = 26\text{-}01$$
$$CG = 22\text{-}86$$
$$AG = 32\text{-}27$$
$$AB = 22\text{-}25$$

Cela exécuté, on calculera la surface de la pièce par deux des principes des nᵒˢ. 119, 122, 125, 145, et 161 qui sont autant de moyens de contrôle pour l'arpenteur qui voudra se vérifier.

Calculant le rectangle d'après le principe du nᵒ. 119 on a

$$\text{Surface } xyz = 33^{\text{d}}\text{-}41 \times 22^{\text{d}}\text{-}22 = 742^{\text{a}}.\ 37^{\text{c}}.$$

Triangles soustractifs :

$$\left.\begin{array}{l} GCx = 21^{\text{d}}\text{-}61 \times \tfrac{1}{2}\,7\text{-}40 = 79\text{-}96 \\ AGy = 32\text{-}26 \times \tfrac{1}{2}\,0\text{-}61 = 9\text{-}84 \\ BAz = 22\text{-}22 \times \tfrac{1}{2}\,1\text{-}15 = 12\text{-}78 \end{array}\right\} 102\text{-}58$$

Reste net pour le quadrilatère ABCG = $639^{\text{a}}.\ 79^{\text{c}}.$

Cette manière de calculer la surface d'un quadrilatère est par trop longue, on peut abréger en supposant le quadrilatère divisé en deux parties par la diagonale

tG, on aura toujours la somme de deux triangles d'après le n°. 122, en faisant :

$$\text{Surface}\begin{cases} \text{ABG}t = 33^{d}\text{-}41 \times \tfrac{1}{2}\,22\text{-}22 = 371\text{-}18 \\ t\,\text{C}\,\text{G} = 24\text{-}86 \times \tfrac{1}{2}\,21\text{-}61 = 268\text{-}61 \end{cases}$$

$$\text{Comme ci-dessus} = 639\text{-}79$$

Si on voulait encore obtenir la surface du même quadrilatère par la première formule du n°. 125, on aurait par le Barême :

Surface :

$$\text{ABG} = 26^{d}\text{-}03 \times 22^{d}\text{-}25 \times \tfrac{1}{2}\sin. \text{B. } 0\text{-}9995 = 289\text{-}33$$
$$\text{AGC} = 32\text{-}27 \times 22\text{-}86 \times \tfrac{1}{2}\sin. \text{G. } 0\text{-}95 \quad = 350\text{-}40$$

$$\text{Quantité semblable à celle ci-dessus} = 639\text{-}75$$

à quelques centiares près à cause des fractions négligées dans l'un ou l'autre des calculs.

167. Maintenant nous allons passer au calcul du quadrilatère DEFG, en opérant comme au n°. 161.

$$\text{E F} \times \text{F G} \times \tfrac{1}{2}\sin. \text{F}$$
$$\text{DG} \times \text{F G} \times \tfrac{1}{2}\sin. \text{G}$$
$$+ \text{DG} \times \text{E F} \times \tfrac{1}{2}\sin. \text{E} + \text{G}$$

ou

$$\text{Surface}\begin{cases} 4^{d}\text{-}75 \times 16^{d}\text{-}70 \times \tfrac{1}{2}\sin. \ 0\text{-}988 = 39\text{-}186 \\ 3\text{-}02 \times 16\text{-}70 \times \tfrac{1}{2}\sin. \ 0\text{-}952 = 24\text{-}013 \\ 4\text{-}75 \times 3\text{-}02 \times \tfrac{1}{2} \end{cases}$$
$$\text{Sin. F} + \text{G} = 189°\,00 = 0\text{-}156 = 4\text{-}118$$

$$\text{Total} = 64^{a}\,30^{c}.$$

168. Pour vérifier ce calcul, nous allons chercher les perpendiculaires Ei et Dj, en faisant par le Barême :

Triangle GD*j*.

17° 50′		72° 10′
Côté opposé.		*Côté opposé.*
Hyp. Côté G*j*.		Côté D*j*.
3ᵈ-00 = 0-918		2-855
02 = 0-000		0-019
3-02 = 0-92 = G*j*.		2-874 = D*j*.

Triangle EF*i*.

Comp. F 8° 50′		Aug. 81° 10′
Côté opposé.		*Côté opposé.*
Hyp. Côté F*i*.		Côté E*i*.
4ᵈ-00 = 0-614		3-952
0-70 = 0-107		0-692
0-06 = 0-009		0-059
4-76 = 0-72 = F*i*.		3-70 = E*i*.

Cela posé, on a la surface du quadrilatère DEFG, d'après le n°. 144, en faisant :

$$0^{d}\text{-}72 + 15\text{-}98 + 0\text{-}92 = 17\text{-}62 \times \tfrac{1}{2}\,4\text{-}70 = 82\text{-}81$$

$$15\text{-}98 \times \tfrac{1}{2}\,2\text{-}87 = 45\text{-}86$$

Double de la surface = 128-67

Surface semblable à celle ci-dessus = 64-33

Récapitulation.

	1ᵉʳ Calcul.	2ᵐᵉ Calcul.
Quadrilatère ABCG =	639-79	639-75
Quadrilatère DEFG =	64-31	64-33
1ᵉʳ résultat =	704-10 2ᵐᵉ résultat =	704-08

1ᵉʳ résultat 704-10

2ᵐᵉ résultat 704-08

Ensemble = 1408-18

Moyenne = 704-09

La surface de la figure ABCDEF est donc égale à 7 hecares 4 ares 9 centiares.

168. Si l'on avait un pentagone à mesurer (fig. 15) et que l'un des côtés AE et l'intérieur soient inaccessibles, il serait inutile de déterminer le côté AE pour avoir sa surface ; il suffirait de mesurer les angles ou seulement BCD et les côtés accessibles. En réprésentant par a, b, c, d, les côtés connus, et par S la surface, un procédé analogue à celui n°. 161, donnerait pour la surface du pentagone ABCDE :

$$S = \tfrac{1}{2}\left(\begin{array}{l} (ab,\sin.\,B - ac,\text{si.}\,(B+C) + ad,\sin.\,(B+C+D) \\ + bc,\sin.\,C - bd,\sin.\,(C+D) + cd,\sin.\,D \end{array}\right)$$

Formule démontrée par M. PUISSANT n°. 121 de son traité de *Topographie* :

« Il ne faut pas oublier, dit M. PUISSANT, en ap-
» pliquant cette formule :

» 1° Qu'il s'agit des angles intérieurs du polygone ;

» 2° Que le terme qui a pour facteur le sinus de
» la somme de plusieurs angles est positif ou négatif,
» selon que ces angles sont en nombre impair ou en
» nombre pair ;

» 3° Que dans la combinaison des côtés pris deux à
» deux l'on emploie tous ceux du polygone moins un;

» Tous les termes en seraient positifs si, au lieu des
» angles intérieurs du polygone, on employait les angles
» extérieurs, c'est-à-dire ceux qui sont formés par un
» côté de la figure et le prolongement du côté suivant. »

Afin de donner une application de la méthode actuelle, cherchons encore la surface du polygone ABCDE (fig. 15); à l'aide de la formule ci-dessus on a :

$$a = 324^{\text{m}}\,10^{\text{c}}.$$
$$b = 201 - 00 \qquad\qquad B = 118°\,50'$$
$$c = 335 - 00 \qquad\qquad C = 77°\,30'$$
$$d = 230 - 19 \qquad\qquad D = 106°\,15'$$

Et de là

$$B + C = 196° 20'$$
$$B + C + D = 302° 35'$$
$$C + D = 183° 45'$$

Opérant par les logarithmes, il vient :

$$\text{Log.} \begin{cases} a = 324^m 10^c = 2\text{-}5106790\ + \\ b = 201 - 00 = 2\text{-}3031961 \\ \text{Sinus B} = 118° 50' = 9\text{-}9425171 \end{cases}$$
$$+ 570^m 68^c = 4\text{-}7563822\tfrac{1}{2} = 285^m 34^c$$

$$\text{Log.} \begin{cases} a = 324^m 10^c = 2\text{-}5106790 \\ c = 335 - 00 = 2\text{-}5250448 \\ \text{si.}(B+C) = 196° 20' = 9\text{-}4490540\ - \end{cases}$$
$$+ 305^m 34^c = 4\text{-}4747778\tfrac{1}{2} = 152 - 67$$

$$\text{Log.} \begin{cases} a = 324^m 10^c = 2\text{-}5106790 \\ d = 230 - 19 = 2\text{-}3620007 \\ \text{s.}(B+C+D)\,302° 35' = 9\text{-}9256261\ - \end{cases}$$
$$= 314\text{-}25 = \tfrac{1}{2}\,628^m 50^c = 4\text{-}7983058$$

$$\text{Log.} \begin{cases} b = 201^m 00^c = 2\text{-}3031961 \\ c = 335 - 00 = 2\text{-}5250448 \\ \text{Sinus C} = 77° 30' = 9\text{-}9895815 \end{cases}$$
$$+ 657^m 39^c = 4\text{-}8178224\tfrac{1}{2} = 328 - 69$$

$$\text{Log.} \begin{cases} b = 201^m 00^c = 2\text{-}3031961 \\ d = 230 - 19 = 2\text{-}3620007 \\ \text{sin. C}+D = 183° 45' = 8\text{-}8155985\ - \end{cases}$$
$$+ 30^m 26^c = 4\text{-}4807953\tfrac{1}{2} = 15 - 13$$

$$\text{Log.} \begin{cases} c = 335^m 00^c = 2\text{-}5250448 \\ d = 230 - 19 = 2\text{-}3620007 \\ \text{sinus D} = 106° 15' = 9\text{-}9822938 \end{cases}$$
$$+ 740^m 18^c = 4\text{-}8693393\tfrac{1}{2} = 370 - 09$$

$$\text{Ensemble} = 1151 - 92$$
$$\text{Moins} - 314 - 25$$
$$\text{Surface du pentagone} = 837^a 67^c$$

Contenance semblable à celle trouvée au n°. 133 par d'autres méthodes.

Tous les principes que nous venons de donner, pour lever le plan d'une pièce quelconque et en obtenir la surface avec le graphomètre, pouvant s'appliquer au mesurage d'un canton contenant quelques détails, nous allons en donner un exemple.

Lever le plan d'un canton (fig. 64) *limité de deux côtés par deux chemins, et déterminer la surface de chacune des quatorze parcelles qu'il renferme.*

169. Lorsque le terrain à mesurer contient quelques détails, il faut le parcourir en tous sens pour reconnaître son étendue, ses divisions, ses bornes et les points limitrophes des détails.

Cela fait, si les détails ou l'importance du terrain ne nécessitent pas une triangulation pour l'établissement du plan, on jalonnera seulement comme en l'exemple actuel le périmètre de chaque canton pour mesurer en masse et en détail les pièces qu'il contient.

Beaucoup d'arpenteurs agissent autrement en mesurant chaque pièce séparément; mais ce moyen est long et moins exact qu'en opérant chaque canton en particulier; de cette manière on peut vérifier les détails.

Dans l'exemple actuel le terrain à mesurer est divisé en six petits cantons ou trièges dans lesquels les pièces sont disposées différemment.

Le 1er comprend deux parcelles reprises sous les nos 1 et 2.

Le 2me, deux, sous les nos. 3 et 4.

Le 3me, quatre, sous les nos. 5, 6, 7 et 8.

La 4me, trois, sous les nos 9, 10 et 11.

Le 5me, deux, sous les nos 12 et 13.

Et le 6me, une, sous le n°. 14.

Il suffit donc pour avoir exactement la surface de chaque parcelle et du canton en entier, d'observer les angles des petits trièges et d'en mesurer les côtés en arrêtant les lignes de division qu'ils reçoivent, tel que le plan de la fig. 64 le représente.

Toutefois le chaînage des lignes contenant les divisions sera fait deux fois, l'une en détail et l'autre en masse.

Cela exécuté, on fera la preuve des angles et des côtés comme il est indiqué au n°. 164.

S'il y avait erreur, on la rectifierait avant de quitter le terrain.

Le tout vérifié, on passera au calcul des surfaces.

Chacun des trièges formant un quadrilatère ou un triangle, il sera toujours facile d'en vérifier les détails. Ces trièges étant souvent eux-mêmes des détails d'un plus grand triège formant un polygone quelconque, leur contenance se vérifiera facilement aussi.

Par exemple la surface des deux premiers trièges sera égale à celle du quadrilatère ADGH, et celle des troisième, quatrième et cinquième, à celui BCGH, si on les ajoutait ensemble, le quadrilatère ABCD, dans lequel ils sont renfermés, donnerait une surface semblable.

Cela posé, nous allons passer aux calculs.

Type des Calculs.

1er TRIÈGE.

Calculs du n°. 1er.

170. Faisant usage de la première formule du n°. 125, on a :

$$\text{Surf.}\begin{cases} \text{LMN} = 11\text{-}40 \times 11\text{-}60 \times \tfrac{1}{2}\sin. \text{M } 0\text{-}9997 = 66\text{-}10 \\ \text{ALN} = 11\text{-}30 \times 10\text{-}15 \times \tfrac{1}{2}\sin. \text{A } 0\text{-}9936 = 56\text{-}98 \end{cases}$$

$$\text{Surface du n°. 1er.} = 123\text{-}08$$

Si, pour vérifier la contenance, on cherche les perpendiculaires N*a*, L*b*, en opérant au moyen du Barême, il vient :

Triangle LMN, 88° 35' Triangle ALN, 96° 30'
Côté op. Côté op.

Hyp. 11-00 = 10-9966 Hyp. 10-00 = 9-9357
0-06ᵐ ou 60ᵈ = 5998 0-15 = 0-149

Hyp. 11-60 = 11-5964 = N*a* L*b* = 10-085

Ces données connues, la surface de la pièce s'obtient encore en faisant :

$$\text{Surface} \begin{cases} \text{LMN} = 11\text{-}30 \times \tfrac{1}{2}\, 10\text{-}085 = 56\text{-}98 \\ \text{LAN} = 11\text{-}40 \times \tfrac{1}{2}\, 11\text{-}596 = 66\text{-}10 \end{cases}$$

Comme plus haut = 123-08

Calculs des parcelles n°. 1 et 2.

171. Opérant comme au n°. précédent, on a

$$\text{Surface} \begin{cases} \text{AHF} = \text{AH} \times \text{HF} \times \tfrac{1}{2}\sin\text{. H} \\ 34\text{-}68 \times 28\text{-}90 \times \tfrac{1}{2}\, 0\text{-}994 = 455\text{-}03 \\ \text{FEA} = \text{AE} \times \text{FH} \times \tfrac{1}{2}\sin\text{. E} \\ = 27\text{-}10 \times 31\text{-}65 \times \tfrac{1}{2}\, 0\text{-}9985 = 428\text{-}21 \end{cases}$$

Surface des nᵒˢ. 1 et 2 = 883-24

Pour vérifier cette contenance, on cherche les perpendiculaires A*c*, E*d*.

Opérant par le *Barême*, on a :

Triangle AHC.

Angle 6° 15' Angle 83° 45'
Côté op. Côté op.

Hyp. 3 ou 30-00 = 3-266 . . . . 29-82 2
0-4-6 ou 1-60 = 0-174 . . . . 1-59 0
00-08 = 0-008 . . . . 00-07 9

31-58 = 3-45 = H*c* . . . . 31-49 = A*c*

Triangle EFd.

Angle 3° 00'   Angle 87° 00'

Côté op.   Côté op.

Hyp. 3 ou 30-00 = 1-57 . . . . 29-59 9
16 ou 1-60 = 0-083 . . . . . . 1-59 8
00-05 = 0-000 . . . . . . 00-04 0

Hyp. = 31-65 = 1-65 = Fd . . . . 31-61 = Ed.

Calculant avec ces données d'après la méthode du n°. 144, il vient :

$$AHE = HF + Fd \times \tfrac{1}{2}cA = 30\text{-}55 \times \tfrac{1}{2}\,31\text{-}49 = \underline{481\text{-}01}$$

Surface

$$EFH = FH - Hc \times \tfrac{1}{2}Ed = 25\text{-}45 \times \tfrac{1}{2}\,31\text{-}61 = \underline{402\text{-}24}$$

Surface semblable = 883-25

Retranchant la surface n°. 1 = 123-08

Il reste celle du n°. 2 = 760-17

2ᵐᵒ **TRIÈGE.**

Calculs des nᵒˢ. 3 et 4.

Opérant toujours par la première formule du n°. 125, il vient :

$$\text{Surface}\begin{cases} DEF = ED \times EF \times \tfrac{1}{2}\sin. E \\ = 31\text{-}65 \times 35\text{-}25 \times 9984 = 556\text{-}93 \\ FGD = FG \times GD \times \tfrac{1}{2}\sin. G \\ = 26\text{-}01 \times 33\text{-}58 \times 0\text{-}946 = \underline{443\text{-}12} \end{cases}$$

Surface des nᵒˢ. 3 et 4 = 970-05

Pour vérifier ce calcul, je cherche par le *Barême* la perpendiculaire D*e* et le segment G*e* en faisant :

Triangle rectangle D e G.

Angle D 18° 55'　　　　　　　Angle G 71° 05'

Côté op.　　　　　　　　　　Coté op.

Hyp. 30-00 = 9-72. 28-37-97
　　　3-00 = 0-97. 02-83-79
　　　0-58 = 0-19. 00-54-75
　　 33-58 = 10-88 = Ge. . . . . . 31-77 = De.

Calculant pour abréger par la méthode du n°. 144, il vient :

$$\text{Surf.}\begin{cases} FG + Ge \times \tfrac{1}{2} Ed = 36\text{-}89 \times 31\text{-}61 = 583\text{-}05 \\ FG - Fd \times \tfrac{1}{2} De = 24\text{-}36 \times 31\text{-}77 = 386\text{-}96 \end{cases}$$

Surface des n°ˢ 3 et 4 comme ci-dessus = 970-01 à 4 centiares près à cause des fractions négligées.

La surface du n°. 4 ayant été calculée deux fois au n°. 167, nous n'en répéterons pas les calculs, sachant que la surface totale des n°ˢ 3 et 4 est de 970-03

Et que celle du n°. 4 est de. 704-09

Il vient pour la surface du n° 3 = 265ᵃ 94ᶜ.

Cela fait, avant de passer au calcul des autres parcelles du canton, nous allons réunir les quantités des 4 premières renfermées dans le quadrilatère AHGD, et calculer ce dernier en masse pour savoir s'il ne se serait pas glissé quelques erreurs dans le calcul.

Récapitulation :

N°ˢ 1 = 　123-08
　 2 = 　760-17
　 3 = 　265-94
　 4 = 　704-09

Surface cherchée = 1853ᵃ 28ᶜ.

Au moyen des perpendiculaires A*c*, D*e*, connues, on déterminera la surface entière du quadrilatère AHGD, en faisant pour abréger :

Surfaces :

$$ADH = HG + Ge \times \tfrac{1}{2} Ac = 65\text{-}79 \times 31\text{-}49 = 1035\text{-}86$$
$$DHG = cF + FG \times \tfrac{1}{2} De = 51\text{-}46 \times 31\text{-}77 = 817\text{-}44$$

Total semblable à celui ci-dessus à deux

centiares près. . . . . $= \overline{1853\text{-}30}$

Lorsque la différence ne sera que de quelques centiares, on pourra conclure que les calculs sont exacts et s'en tenir là.

3me TRIÈGE.

Calculs de la surface des n°s 5, 6, 7 et 8.

Pour simplifier l'opération, il faut prendre le côté IJ pour base, lever la perpendiculaire C*f*, puis déterminer sur son prolongement les hauteurs des perpendiculaires P*g*, Q*h*, R*i*, G*j*, ainsi que les distances entr'elles et l'angle C.

Opérant par le Barême il vient :

Compl. angle J = 14° 00'   Angle J = 76° 00'

             Côté op.   *Côté op.*

Hyp. 20-00 = 4-83-8. 19-40-6

      5-00 = 1-20-9. 4-85-1

   25-00 = 6-05 = J*f*. . . . . . . 24-26 = *f*C

Puis :

$$JCG = 116° \ 25'$$
$$-JCf = 14° \ 00'$$
$$102° \ 25' = GCf.$$

Compl. C 12° 25'   **Angle C** 77° 35'

Côté op.   *Côté op.*

Hyp. 8-00 = 1-72   7-81-3
     0-40 = 0-08 6   0-39-0

Hyp. 8-40 = 1-80-6 = Cg . . . .   8-20-3 = P*g*.
     7-00 = 1-50-5   6-83-6

Hyp. 15-40 = 3-31-1 = Ch . . . .   15-03-9 = Q*h*.
      6-00 = 1-29-0   5-85-9
      0-60 = 0-12-9   0-58-6

Hyp. 22-00 = 4-73-0 = Ci . . . . .   21-48-4 = R*i*.
      8-00 = 1-72-0   7-81-3

     30-00 = 6-45-0 = Cj . . . . .   29-29-7 = G*j*.

Cela posé, les calculs se font ainsi :

Surface du n°. 8.

$fC \times \frac{1}{2} Jf$ = 24-26 $\times$ 6-05 = 73-38
$fC + Cg \times \frac{1}{2} fO$ = 26-07 $\times$ 2-45 = 31-93
$fC \times Pg$ = 24-26 $\times$ 8-20 = 99-47

$\qquad\qquad$ Surface = 204-78 = 204-78

Surface du n°. 7.

$fC + Ch \times \frac{1}{2} fN$ = 27-57 $\times$ 9-80 = 135-09
$fC \times Qh$ $\qquad$ = 24-26 $\times$ 15-04 = 182-43

$\qquad\qquad$ Somme = 317-52
Retranchant partie du n°. 8 = 131-40

$\qquad$ Il vient le n°. 7 = 186-12 = 186-12

Surface du n°. 6.

$fC + Ci \times \frac{1}{2} fM$ = 28-99 $\times$ 16-80 = 243-52
$fC \times \frac{1}{2} Ri$ $\qquad$ = 24-26 $\times$ 21-48 = 260-55

$\qquad\qquad$ Somme = 504-07
— N°. 7 et partie du n°. 8 = 317-52

$\qquad$ Il vient le n°. 6 = 186-55 = 186-55

$\qquad\qquad$ A reporter = 577-45

$$\text{Report} = 577\text{-}45$$

Surface du n°. 5.

$$fG + Gj \times \tfrac{1}{2} fi = 30\text{-}71 \times 25\text{-}80 = 396\text{-}16$$
$$fG \times \tfrac{1}{2} Gj \qquad = 24\text{-}26 \times 29\text{-}30 = 355\text{-}40$$
$$\text{Somme} = 751\text{-}56$$
$$- \text{N}^{os}.\ 6,\ 7 \text{ et partie de } 8 = 504\text{-}07$$
$$\text{Il vient le n°. } 5 = 247\text{-}49 = 247\text{-}49$$
$$\text{Surface totale des n}^{os}.\ 5,\ 6,\ 7 \text{ et } 8 = 824\text{-}94$$

172. Pour connaître s'il ne s'est pas glissé d'erreurs dans le calcul des détails, il est toujours nécessaire de calculer une seconde fois la même surface en se servant d'une autre expression pour l'obtenir, autrement on risquerait de commettre la même erreur deux fois.

Prenant le côté GI pour base, je détermine les perpendiculaires Rn, Qo, Pp, Cq, et les distances entr'elles et l'angle G, puis celles Mr, Ns, Ot, Su, et les distances entr'elles et l'angle I.

Au moyen du Barême, il vient :

Compl. angle G.   Angle G 71-05.

    Côté op.   *Côté op.*

Hyp.	8-00 = 2-59 3 = Gn.		7-56 8 = Rn.
	6-00 = 1-94 5		5-67 6
	0-60 = 0-19 5		0-56 7
	14-60 = 4-73 3 = Go.		13-81 1 = Qo.
	7-00 = 2-26 9		6-62 2
	21-60 = 7-00 2 = Gp.		20-43 3 = Pp.
	8-00 = 2-59 3		7-56 8
	0-40 = 0-13 0		0-37 8
	30-10 = 9-72 5 = Gq.		28-38 0 = Cq.

Puis on a

	Compl. angle I.		Angle I compl. 83° 30'

$$\text{Hyp. } 9\text{-}00 = 1\text{-}018 = \text{I}r \quad\ldots\ldots\quad 8\text{-}94\ 2 = \text{M}r.$$
$$\underline{7\text{-}00 = 0\text{-}792} \quad\ldots\ldots\quad \underline{6\text{-}95\ 5}$$
$$\underline{16\text{-}00 = 1\text{-}810} = \text{I}s \quad\ldots\ldots\quad 15\text{-}89\ 7 = \text{N}s.$$
$$7\text{-}00 = 0\text{-}792 \quad\ldots\ldots\quad 6\text{-}95\ 5$$
$$\underline{0\text{-}35 = 0\text{-}039} \quad\ldots\ldots\quad \underline{0\text{-}34\ 7}$$
$$\underline{23\text{-}35 = 2\text{-}641} = \text{I}t \quad\ldots\ldots\quad 23\text{-}19\ 9 = \text{O}t.$$
$$8\text{-}00 = 0\text{-}905 \quad\ldots\ldots\quad 7\text{-}94\ 8$$
$$\underline{0\text{-}50 = 0\text{-}056} \quad\ldots\ldots\quad \underline{0\text{-}49\ 7}$$
$$\underline{34\text{-}85 = 3\text{-}602} = \text{I}\,u \quad\ldots\ldots\quad 34\text{-}64\ 4 = \text{J}u.$$

Cela posé, calculant comme au n. 144, on a

Surface du n°. 5.

$$\text{GI} + \text{I}r \times \tfrac{1}{2}\text{R}n = 31\text{-}93 \times 7\text{-}57 = 120\text{-}85$$
$$\text{GI} - \text{G}n \times \tfrac{1}{2}\text{M}r = 28\text{-}32 \times 8\text{-}94 = \underline{126\text{-}59}$$
$$= 247\text{-}44 = 247\text{-}44$$

Surface du n°. 6.

$$\text{GI} + \text{I}s + \tfrac{1}{2}\text{Q}o = 32\text{-}72 \times 13\text{-}81 = 225\text{-}93$$
$$\text{GI} - \text{G}o \times \tfrac{1}{2}\text{N}s = 26\text{-}18 \times 15\text{-}89 = \underline{208\text{-}00}$$

$$\text{Surface des n}^{os}\ 5 \text{ et } 6 = \underline{433\text{-}93}$$
$$\text{Retranchant le n}^o\ 5 = \underline{247\text{-}44}$$
$$\text{Il vient le n}^o\ 6 = 186\text{-}49 = 186\text{-}49$$

Surface du n°. 7.

$$\text{GI} + \text{I}t \times \tfrac{1}{2}\text{P}p = 33\text{-}55 \times \tfrac{1}{2}20\text{-}43 = 342\text{-}72$$
$$\text{GI} - \text{G}p \times \tfrac{1}{2}\text{O}t = 23\text{-}91 \times 23\text{-}20 = \underline{277\text{-}36}$$

$$\text{Surface des n}^{os}\ 5,\ 6 \text{ et } 7 = 620\text{-}08$$
$$- \text{les n}^{os}\ 5 \text{ et } 6 = \underline{433\text{-}93}$$
$$\text{Il vient le n}^o\ 7 = 186\text{-}15 = \underline{186\text{-}15}$$
$$\text{A reporter} = 620\text{-}08$$

$$\text{Report} = 620\text{-}08$$

Surface du n°. 8.

$$\mathrm{GI} + \mathrm{I}u \times \tfrac{1}{2}\,\mathrm{G}q = 34\text{-}51 \times 28\text{-}38 = \underline{489\text{-}70}$$
$$\mathrm{GI} - \mathrm{G}q \times \tfrac{1}{2}\,\mathrm{J}u = 21\text{-}19 \times 31\text{-}64 = \underline{335\text{-}22}$$
$$\text{N}^{\text{os}}\ 5,\ 6,\ 7\ \text{et}\ 8 = 824\text{-}92$$
$$-\ \text{les n}^{\text{os}}\ 5,\ 6\ \text{et}\ 7 = \underline{620\text{-}08}$$
$$\text{Il vient le n}^{\circ}.\ 8 = 204\text{-}84 = \underline{204\text{-}84}$$
$$\text{Surface totale} = \underline{824\text{-}92}$$

Semblable à deux centiares près à celle donnée par la précédente opération.

4me TRIÈGE.

Calculs des n°s 9, 10 et 11.

173. Maintenant nous allons passer aux n°s 9, 10 et 11, compris dans le quadrilatère HIJK, ce quadrilatère pouvant être facilement réduit en un triangle en prolongeant les côtés HI et JK, jusqu'à leur rencontre en y, on déterminera, par le moyen de la trigonométrie, les côtés yI, yJ qu'on trouvera en opérant comme au n°. 105, le premier de 38-44, le second de 46-84 et l'angle y de 42° 30' (supplément des angles I, J) et dont la moitié du sinus, exprimé en nombre naturel (le rayon étant supposé égal à l'unité), sera 0-338.

Sachant (n°. 125) que la surface d'un triangle, dont on connaît deux côtés et l'angle compris entre ces côtés, est égale au produit de ses côtés multipliés par la moitié du sinus de l'angle compris.

Si, au moyen des données obtenues, on calcule la surface des triangles yIJ, yST, yVU, yHK,

et que du premier triangle on retranche le second,
du second le troisième, du troisième le quatrième,
il est évident que ces surfaces détermineront suc-
cessivement celles des quadrilatères IJTS, STUY,
HKUV.

Opérant donc de cette manière, il vient :

$$ISy = Iy \times yJ \times \tfrac{1}{2} \sin. y$$
$$= 38\text{-}14 \times 46\text{-}84 \times \tfrac{1}{2}\ 0\text{-}6755 = 603\text{-}38$$
$$SyT = yS \times yT \times \tfrac{1}{2} \sin. y$$
$$= 28\text{-}74 \times 35\text{-}51 \times \tfrac{1}{2}\ 0\text{-}6755 = 344\text{-}69$$
$$VyU = yV \times yU \times \tfrac{1}{2} \sin. y$$
$$= 20\text{-}94 \times 26\text{-}01 \times \tfrac{1}{2}\ 0\text{-}6555 = 183\text{-}96$$
$$HyK = yH \times yK \times \tfrac{1}{2} \sin. y$$
$$= 14\text{-}14 \times 17\text{-}41 \times \tfrac{1}{2}\ 0\text{-}6755 = 83\text{-}15$$

(accolade : Triangle.)

Puis on a :

$$1^{er}\ \text{Triangle} = 603\text{-}38$$
$$- \text{Le second} = 344\text{-}69$$
$$\text{Surface} = 258\text{-}69 = n^o.\ 9 = 258^a.\ 69^c.$$

$$2^e\ \text{Triangle} = 344\text{-}69$$
$$- \text{Le troisième} = 183\text{-}96$$
$$\text{Surface} = 160\text{-}73 = n^o.\ 10 = 160\text{-}73$$

$$3^e\ \text{Triangle} = 183\text{-}96$$
$$- \text{Le Quatrième} = 83\text{-}15$$
$$\text{Surface} = 100\text{-}81 = n^o.\ 11 = 100\text{-}81$$

$$\text{Surface totale} = 520^a\ 23^c.$$

174. Pour vérifier ces quantités, nous allons encore
chercher la surface des mêmes triangles par la con-
naissance des perpendiculaires Kz, Ux, Tv, Ju,
que nous déterminerons au moyen du Barême, en
faisant :

Angle $y = 42° 30'$

Côté op.

$$\begin{aligned}
\text{Hyp.} \quad 17\text{-}00 &= 11\text{-}485 \\
41 &= 00\text{-}277 \\
\hline
17\text{-}41 &= 11\text{-}762 = Kz. \\
8\text{-}00 &= 5\text{-}405 \\
0\text{-}60 &= 0\text{-}405 \\
\hline
26\text{-}01 &= 17\text{-}572 = Ux. \\
9\text{-}00 &= 6\text{-}080 \\
0\text{-}50 &= 0\text{-}338 \\
\hline
35\text{-}51 &= 23\text{-}990 = Tv. \\
11\text{-}00 &= 7\text{-}431 \\
0\text{-}33 &= 0\text{-}223 \\
\hline
46\text{-}84 &= 31\text{-}644 = Ju.
\end{aligned}$$

Cela posé, on aura encore la surface de chaque triangle en faisant :

Triangle.

$$\begin{aligned}
y\text{IJ} &= \text{I}y \times \tfrac{1}{2}\,\text{J}u = 38\text{-}14 \times \tfrac{1}{2}\,31\text{-}64 = 603\text{-}37 \\
y\text{ST} &= y\text{S} \times \tfrac{1}{2}\,\text{T}v = 28\text{-}74 \times \tfrac{1}{2}\,23\text{-}99 = 344\text{-}73 \\
y\text{VU} &= y\text{V} \times \tfrac{1}{2}\,\text{U}x = 20\text{-}94 \times \tfrac{1}{2}\,17\text{-}57 = 183\text{-}96 \\
y\text{HK} &= y\text{H} \times \tfrac{1}{2}\,\text{K}z = 14\text{-}14 \times \tfrac{1}{2}\,11\text{-}76 = 83\text{-}14
\end{aligned}$$

donc

$$\text{Surface} \begin{cases}
\text{n}^\circ \ \ 9 = 603\text{-}37 - 344\text{-}73 = 258\text{-}64 \\
\phantom{\text{n}^\circ \ } 10 = 344\text{-}73 - 183\text{-}96 = 460\text{-}77 \\
\phantom{\text{n}^\circ \ } 11 = 183\text{-}96 - 83\text{-}14 = \underline{100\text{-}82}
\end{cases}$$

Surface semblable $= 520^a\,23^c$

De sorte que l'on peut dire que les premiers calculs sont exacts.

5me TRIÈGE.

Calculs des n°s 12 et 13.

175. Opérant, comme ci-dessus, par la connaissance des perpendiculaires, on a, au moyen du Barême,

Angle 53° 45'

Côté op.

Hyp. 13-00 = 10-48 4
       0-20 = 0-16 1
      ────────────────
      13-20 = 10-64 5 = X*a*.
      10-00 = 8-06 5
      ────────────────
      23-20 = 18-71 0 = B*b*.

Puis il vient :

                                                      Surface.
n°. 12 = KT × ½X*a* = 18-10 × 10-645 =   96 - 34
    13 = KS × ½B*b* = 29-43 × 18-71 =
275-32 — le n°. 12 = 96-34   = 178 - 98

Surface totale des n°ˢ 12 et 13 = 275ᵃ 32ᶜ
ou 2 hectares 75 ares 32 centiares.

176. Pour vérifier, on peut calculer la surface du
n°. 12 par la formule du n°. 125, et celle du n°. 13 par
la connaissance des perpendiculaires que l'on trouve au
moyen du Barême, en faisant :

Trianlge TJ*c*.

Angle J = 50° 00'   Compl. 40° 00'
Hyp. 11-00 = 8-426 7-07
      0-30 = 0-229 . . . . 0-19 3
      0-03 = 0-023 . . . . 0-01 9
     ──────────────   ──────────
     11-33 = 8-68 = T*c*. . . . . 7-28 2 = J*c*.

Puis

Triangle XB*d*.

Angle B 76° 15'   Compl. B
Hyp. 10-00 = 9-71 = X*d* . . . . 2-378 = B*d*.

Cela posé, on a pour abréger :

$$S = \text{n}^o.\ 12 = KT \times KX \times \tfrac{1}{2} \sin.\ K =$$
$$18\text{-}10 \times 13\text{-}20 \times \tfrac{1}{2}\, 0\text{-}8066 = 96\text{-}35$$

$$S = \text{n}^o.\ 13 = \begin{cases} Jc + cd \times \tfrac{1}{2} Tc = \\ 22\text{-}05 \times \tfrac{1}{2}\, 8\text{-}68 = 95\text{-}70 \\ Bd + dc \times \tfrac{1}{2} Xd = \\ 17\text{-}15 \times \tfrac{1}{2}\, 9\text{-}71 = 83\text{-}27 \end{cases} = 178\text{-}97$$

Surface comme en la 1re opération $= 275\text{-}32$

Réunissant les 3e, 4e et 5e trièges, qui ont pour contenance

$$\left. \begin{array}{l} \text{Le 3}^e = 824\text{-}93 \\ \text{Le 4}^e = 520\text{-}23 \\ \text{Le 5}^e = 275\text{-}35 \end{array} \right\} 1620^a.\ 48^c.$$

Total 16 hectares 20 ares 48 centiares pour la surface du quadrilatère BCGH, dans lequel ces trois trièges sont renfermés.

Pour vérifier, ayant trouvé dans le Barême que la perpendiculaire Cq était de 28 décamètres 38 décimètres, et que celle abaissée de l'angle H sur le côté BC, étant de 34^d-04, je détermine la surface du quadrilatère BCGH, en faisant pour abréger :

		Surface.
$BCH = BC \times \tfrac{1}{2} He = 49\text{-}43 \times \tfrac{1}{2}\, 34\text{-}035 =$		841-30
$CGH = GH \times \tfrac{1}{2} Cq = 54\text{-}91 \times \tfrac{1}{2}\, 28\text{-}38 =$		779-17

Et je trouve en effet qu'elle est de ... 1620-47

Si à cette quantité on joint celle des deux premiers trièges formant ensemble   1853-28

On a celle des 5 petits trièges contenus au quadrilatère ABCD.   3473-75

ou 34 hectares 73 ares 75 centiares.

Pour le vérifier, j'opère comme ci-dessus ; supposant le quadrilatère ABCD divisé en deux triangles

ABC, ADC, par une diagonale AC, je cherche les perpendiculaires Cx, Az, que je trouve par le Barême comme il suit :

Triangle ABC.		*Triangle ACD.*
Angle B = 76° 15′		Angle D = 70° 50′
Hyp. 40-00 = 38-85 4	Hyp. 60-00 = 56-67 4
9-00 = 8-74 2........	2-00 = 1-88 9
0-44 = 0-42 7.........	0-35 = 0-33 0
49-44 = 48-02 3 = Cx.	62-35 = 58-89 3 = Az.

Cela fait, sachant que la surface d'un triangle est égale à sa base multipliée par la moitié de sa hauteur perpendiculaire, j'ai la surface du quadrilatère ABCD en réunissant celle des deux triangles que je trouve en faisant :

Surface.

$$ABC = DC \times \tfrac{1}{2} Az = 63\text{-}58 \times \tfrac{1}{2} 58\text{-}89 = 1872\text{-}11$$
$$ACD = AB \times \tfrac{1}{2} Cx = 66\text{-}72 \times \tfrac{1}{2} 48\text{-}02 = 1601\text{-}94$$

Quadrilatère proposé ABCD = 3474-05

ou 34 hectares 74 ares 5 centiares.

Cette quantité excède de 30 centiares celle des détails parce que des fractions ont été négligées dans les calculs de ceux-ci ; à cette différence près on peut donc conclure que l'opération est exacte.

6ᵐᵉ ET DERNIER TRIÈGE.

Calculs du n°. 14.

Pour calculer la surface du n°. 14, nous allons chercher les perpendiculaires Cc, Gh, et les segmens Be, Gh, en faisant :

Triangle BC'e.

Com. B 13° 45'   Angle B 76° 15'
Hyp. 9-00 = 2-14 = Be . . . . . . 8-74 2 = C'e.

Triangle C'Gh.

Compl. C   Angle C.
Hyp. 8-00 = 3-56 . . . . 7-16 4
$\overline{\quad 0\text{-}30 = 0\text{-}13 \quad}$ . . . . $\overline{\quad 0\text{-}26\ 8 \quad}$
8-30 = 3-69 = Ch. . . . . . . 7-43 2 = G'h.

Cela posé, on a

Surface du n°. 14.

$eB + Bf \times \frac{1}{2}Ce + fD = 17\text{-}14 \times \frac{1}{2} 22\text{-}44 = 192\text{-}31$
$fg \times \frac{1}{2}fE + gF \qquad = 25\text{-}00 \times \frac{1}{2} 19\text{-}70 = 246\text{-}25$
$gh \times \frac{1}{2}gF + hG \qquad = 5\text{-}74 \times \frac{1}{2} 20\text{-}03 = 57\text{-}48$
$hC \times \frac{1}{2}Gh \qquad\qquad = 7\text{-}43 \times \frac{1}{2} 3\text{-}69 = \underline{13\text{-}71}$

Somme = 509-75
Déduisant l'emprunt = 9-35
Surface du n°. 14 = 500-40

Pour vérifier on fait :

$$\text{Surf.}\begin{cases} eB + Bf \times \frac{1}{2}fD = 17\text{-}14 \times \frac{1}{2} 13\text{-}70 = 117\text{-}41 \\ Bf \times \frac{1}{2}Ce \qquad = 15\text{-}00 \times \frac{1}{2} 8\text{-}74 = 65\text{-}55 \\ fg \times \frac{1}{2}fE \qquad = 25\text{-}00 \times \frac{1}{2} 7\text{-}10 = 88\text{-}75 \\ fg + gh \times \frac{1}{2}gF = 30\text{-}74 \times \frac{1}{2} 12\text{-}60 = 193\text{-}66 \\ gC \times \frac{1}{2}Gh \qquad = 9\text{-}43 \times \frac{1}{2} 7\text{-}43 = 35\text{-}03 \end{cases}$$

Semblable à celle ci-dessus = 500-40

Ajoutant à cette quantité celle des cinq
premiers trièges, qui est de. . . . . . . = 3473-75

On a la surface totale du canton. . . . = 3974-15

Ou 39 hectares 74 ares 15 centiares.

Telle est la marche que l'on suit ordinairement pour les opérations de détails.

S'il s'agissait de mesurer un terrain de plus ou moins d'étendue que la fig. 64, les procédés à mettre en usage pour obtenir la surface des détails, seraient les mêmes que ceux qui viennent d'être employés; mais s'il ne fallait qu'en dresser le plan, il serait inutile d'observer les angles de chaque triège; une petite triangulation dispenserait de ce travail, et le plan serait plus juste et plutôt fait. L'opération se réduirait alors à chaîner les côtés des trièges, et à les rattacher sur des petites bases auxiliaires ou sur la triangulation elle-même. Nous n'entrerons pas dans d'autres explications à cet égard, cet article exigeant beaucoup de détails que le cercle dans lequel nous sommes obligé de nous renfermer ne nous permet pas de développer, nous renverrons pour ce qu'il concerne aux traités spéciaux sur la matière, notamment à l'arpentage parcellaire de M. LEFEBVRE, géomètre en chef du cadastre, que l'on trouve chez Chapouland, imprimeur-libraire à Limoges.

QUATRIÈME PARTIE.

NOTIONS DE GÉODÉSIE PRATIQUE.

MÉTHODES SIMPLES ET FACILES
POUR LA DIVISION DES SURFACES.

178. Cette partie de l'arpentage a aussi ses principes et ne demande pas moins d'attention que la précédente.

Il ne suffit pas d'assigner à chaque co-partageant la portion qui lui revient, il faut encore avoir égard à la qualité du terrain, à sa configuration et surtout à son plus ou moins de valeur vénale ; on ne peut donner de règle à ce sujet ; l'usage, le bon sens, et particulièrement les conventions, doivent diriger celui qui opère.

Les figures à partager sur le terrain étant en général des quadrilatères très-irréguliers, et jamais des parallélogrammes, les quantités à prendre, ou les parties égales à former dans ces figures, partant d'un côté donné, ne doivent donc jamais être déterminées par des lignes parallèles à ce côté ; mais bien toujours de manière à avoir des configurations relatives à celle du champ à diviser, à moins que les titres n'établissent le contraire; car autrement la dernière partie serait toujours une figure irrégulière, un triangle difficile à cultiver.

Ce ne serait pas là le seul inconvénient qui résulterait de cette division.

Les biens champêtres n'étant pas d'une qualité égale dans toute leur étendue, et le voisinage d'un chemin, d'une rivière ou de tout autre chose ajoutant ou retirant de la valeur à l'un des côtés du champ à diviser, il n'y aurait que les portions aboutissant à ce côté qui se ressentiraient de l'avantage ou de la perte qui devrait être répartie entre toutes les portions, chacune au prorata de ses droits.

De là vient la nécessité pour l'arpenteur de diviser un champ par des lignes qui coupent les côtés en parties proportionnelles; peu de méthodes existent à ce sujet, encore ne se trouvent-elles que dans quelques livres de géométrie, de sorte qu'elles sont ignorées de la majeure partie des arpenteurs, qui, par cette raison, sont obligés d'avoir recours à des tâtonnemens qui ne conduisent qu'à des résultats aproximatifs, susceptibles d'entraîner dans des erreurs considérables.

Ces méthodes, qui exigent pour la plupart beaucoup de calculs, sont toutes d'une précision telle, qu'elles ne laissent rien à désirer, nous allons indiquer les plus simples; elles remédient à tous ces vices d'opérations sans principes, et donnent directement par les calculs les résultats que l'on se propose d'obtenir.

D'après ce que nous venons de dire, on verra que la division par des lignes parallèles est impraticable dans les quadrilatères, et qu'elle s'appliquerait tout au plus à la division des triangles par laquelle nous allons commencer.

Division des triangles.

Quoique la division d'un triangle soit une opération qui se présente rarement, il se peut cependant qu'on ait une figure triangulaire à partager ; nous allons pour ce cas donner la solution des divisions qui pourront le plus probablement se rencontrer.

DIVISION

DES TRIANGLES EN PARTIES ÉGALES.

Diviser un triangle quelconque ABC (fig. 65), en deux parties égales par une ligne partant de l'angle C sur le côté opposé.

179. Cette division est la plus facile de celles qu'un arpenteur est appelé à faire ; il suffit de diviser la base AB en deux parties égales, car puisque les triangles qui ont même hauteur sont entr'eux comme leurs bases ; il est évident que les triangles ACE, BCE, qui ont même hauteur CD et des bases égales AE, EB, seront égaux.

Cela posé, si l'on suppose AB de 10 décamètres, CD, de 5, AE = EB = 5^d-00, la surface du triangle égalera

$$\frac{5 \times 10}{2} = 25 \text{ ares.}$$

Et celle de chacun des triangles ACE, BCE, sera exprimée par

$$\frac{5 \times 5}{2} = 12 \text{ ares } 50 \text{ centiares.}$$

qui est précisément la moitié du triangle proposé.

Il suit de là que pour diviser un triangle quelconque en parties égales aboutissant à un même angle, il faut diviser le côté opposé à cet angle en autant de parties égales qu'il y en a à former dans le triangle.

Diviser un triangle ABC (fig. 66) *en trois parties équivalentes, par des lignes partant d'un point* D *donné sur la base* AB.

180. Cette division n'est pas la moins employée ; il arrive souvent que les co-partageans ont un même intérêt à aboutir à un même point, comme à un puits, un sentier, etc.

Puisque les bases AD, DC, des triangles AeD, DeC, sont communes, on aura leurs hauteurs respectives en divisant leurs surfaces par la moitié de ces bases ; s'il arrivait que l'un des quotiens fut plus grand que la hauteur BE du triangle proposé, cela indiquerait que les deux lignes De, De, doivent coupes le même côté AB ou CB.

La surface du triangle ABC étant de 25 ares, le tiers pour chaque partie est de 8 ares un tiers, divisant donc cette quantité par la moitié de AD et de DC $=$ 2-50, il vient 3-333, pour la hauteur de chacune des perpendiculaires ek, ek ; maintenant, pour connaître les abscisses, on fera la proportion

$$\text{BE} : \text{AE} :: ek : \text{A}k$$

ou celle

$$5^d\text{-}00 : 4\text{-}50 :: 3\text{-}333 : x = 3\text{-}000.$$

On aura de même Ck, en faisant :

$$\text{BE} : \text{CE} :: ek : x.$$

ou bien

$$5\text{-}00 : 5\text{-}50 :: 3\text{-}333 : x = 3\text{-}666.$$

Si l'on voulait obtenir la longueur de l'hypothénuse Ae, on ferait encore :

$$BE : AB :: ek : Ae$$

On agirait de même pour avoir C$é$.

Diviser un triangle quelconque ABC (fig. 67) *en deux parties égales par une ligne parallèle au côté* AC.

181. Cette opération est moins facile à faire que les précédentes ; chaque division exige une ou plusieurs extractions de racine carrée, selon que l'on divise en une ou plusieurs parties égales.

On remarquera que les deux triangles ACB, DCE sont semblables, et que par conséquent leurs surfaces sont entr'elles comme les carrés des côtés homologues ; on a donc en général :

$$ACB : DCE :: \overline{AC}^2 : \overline{DC}^2.$$

mais par hypothèse,

$$ACB : DCE :: m : n.$$

donc

$$\overline{AC}^2 : \overline{DC}^2 :: m : n.$$

donc

$$DC = AC \sqrt{\frac{n}{m}}$$

Ce qui signifie que CD est moyen proportionnel entre $\dfrac{n}{m}$ et AC.

Soient $m : n :: 2 : 1$ et AC $= 6\text{-}50$; on trouvera que

$$DC = 6\text{-}5 \sqrt{\tfrac{1}{2}} = 6\text{-}5 \times 0\text{-}707 = 4\text{-}597.$$

S'il s'agissait de diviser le triangle en cinq parties égales en surface, par des lignes parallèles à AB, on aurait évidemment

$$Bd = AB \sqrt{^1/_5}, \; Bd = AB \sqrt{^2/_5}, \; Bd = AB \sqrt{^3/_5}, \; Bd = AB \sqrt{^4/_5}$$

formules données par M. PUISSANT dans son traité de topographie.

On voit par là qu'il est inutile de connaître la surface d'un triangle pour le partager en autant de parties égales que l'on voudra, pourvu que l'on connaisse la longueur de chacun des côtés sur lequel doivent aboutir les lignes parallèles de division.

En effet, sachant que le triangle ABC doit être divisé en deux parties égales, et que les côtés sur lesquels doit aboutir la ligne de division sont :

$$AC = 6\text{-}50$$
$$BC = 8\text{-}40$$

on obtient DC en faisant cette proportion :

$$2 : 1 :: \overline{AC}^2 : \overline{DC}^2$$

ou en d'autres termes 2 est à 1, comme la première puissance de AC est à celle de DC. Extrayant la racine carrée du 4ᵉ nombre, on a DC.

OPÉRATION.

$$AC \times AC = 6\text{-}5 \times 6\text{-}5 = 42\text{-}250$$

divisant ce nombre par 2, il vient la première puissance de DC = 21-125, dont la racine carrée est 4,592 = DC.

DC étant connu, on pourra, sur le terrain, mener DE parallèlement à AB, et la division sera effectuée, mais si l'on voulait déterminer le point E sur le côté BC, les formules qui précèdent en fournissent plusieurs moyens. Voici les plus faciles :

1° En faisant la proportion :

$$AC : BC :: DE : EC$$

c'est-à-dire

$$6\text{-}5 : 8\text{-}4 :: 4\text{-}597 : x = 5\text{-}939 = CE.$$

2° En cherchant une moyenne proportionnelle entre BC et la moitié de BC qui donne CE.

Pour cela il suffit de multiplier BC par la moitié de ce côté, et du produit en extraire la racine carrée.

OPÉRATION.

$$8\text{-}4 \times \tfrac{1}{2}\, 8\text{-}4 \text{ ou } 8\text{-}4 \times 4\text{-}2 = 35\text{-}28$$

extrayant la racine carrée de ce nombre

35,28		5,939 = CE
10-28		5×5
0 4700		109×9
115100		1183×3
09279		11869×9

Il vient 5-939 pour CE.

3° Enfin en multipliant le côté BC par la racine carrée de $\tfrac{1}{2}$ ou de 0-5 dixièmes.

On voit par le dernier terme des formules qui précède que la division d'un triangle quelconque en deux parties égales par une ligne parallèle à l'un des côtés, revient à multiplier séparément les côtés ou les autres lignes qui dépendent de sa composition par la racine carrée de $\tfrac{1}{2}$ ou de 0-5 dixièmes ; dans ce cas les résultats donneront exactement les dimensions d'un triangle qui aura pour surface la moitié de celle du triangle proposé.

Cela posé, pour vérifier ce que nous venons d'avancer, nous allons extraire la racine carrée de 0-5 dixièmes, qui est de 0-7071 dix millièmes, que nous appellerons multiplicateur géodésique.

OPÉRATION.

0-50	0-7071
100	7×7
10000	140×0
015100	1407×7
0075900	14141×1

D'après ce calcul, on trouve en effet que le multiplicateur géodésique de tous les triangles en général que l'on voudra partager en deux parties égales par une ligne parallèle à l'un des côtés, est de 0-7071 dix millièmes.

Faisant l'application de ce multiplicateur pour obtenir la base DE du triangle DCE, il vient :

$$DE = AB \times 0\text{-}7071 = 10\text{-}2 \times 0\text{-}7071 = 7\text{-}212.$$

Puis vérifiant avec ce même multiplicateur les données déjà obtenues, il vient comme plus haut :

$$DC = AC \times 0\text{-}7071 = 6\text{-}5 \times 0\text{-}7071 = 4\text{-}596$$
$$CE = BC \times 0\text{-}7071 = 8\text{-}4 \times 0\text{-}7071 = 7\text{-}939$$

Ce procédé étant très-expéditif pour diviser un triangle, nous allons encore l'employer pour déterminer la hauteur de la perpendiculaire HC du triangle DCE.

Sachant que la hauteur du triangle ABC est de 5-4, on a HC en faisant :

$$HC = 5\text{-}4 \times 0\text{-}7071 = 3\text{-}818.$$

Calculant maintenant au moyen de ces données la surface du triangle ABC et celle du triangle DCE, on a

Surface du triangle proposé égale à

$$AB \times \tfrac{1}{2} CF = 10\text{-}2 \times \tfrac{1}{2} 5\text{-}4 = 27^{\text{a}}. 54^{\text{c}}.$$

Dont la moitié est de 13 ares 77 centiares.
Puis surface du triangle DCE, égale à

$$DE \times \tfrac{1}{2} CH = 7\text{-}212 \times \tfrac{1}{2} 3\text{-}818 = 13^{\text{a}}. 77^{\text{c}}.$$

formant exactement la moitié du triangle proposé.

182. On peut donc conclure de là que pour diviser un terrain de forme triangulaire en parties égales, par des lignes parallèles à l'une de ses bases, en 5 par exemple, on obtient sur les côtés du triangle les points de division :

1° En cherchant et en menant de l'angle opposé au côté pris pour base une moyenne proportionnelle entre chacun des deux côtés du triangle et le $^1/_5$, les $^2/_5$, les $^3/_5$, les $^4/_5$ de ce même côté, ou

2° En multipliant chacun des deux côtés du triangle par la racine carrée de $^1/_5$, de $^2/_5$, de $^3/_5$, de $^4/_5$.

Enfin voici la manière pratique reconnue pour faire les divisions en parties égales au moyen des lignes proportionnelles.

Pour diviser un triangle quelconque en parties égales par des lignes parallèles à l'un des côtés, en deux par exemple, *prenez la moitié de la longueur sur lequel vous cherchez un point de division; en trois, prenez le $^1/_3$ du côté; en quatre, le $^1/_4$; en cinq, le $^1/_5$; en six, le $^1/_6$, etc., et multipliez la longueur de ce côté par la $^1/_2$, le $^1/_3$, le $^1/_4$, le $^1/_5$ ou le $^1/_6$, etc., de ce même côté; du produit extrayez-en la racine carrée, vous aurez,* comme on l'a vu n°. 181, *un côté de la première partie, qui est toujours un triangle; le reste est la longueur d'un côté de la deuxième partie qui est toujours un trapèze.*

Maintenant pour avoir la première partie de la division d'un triangle en trois parties égales, *prenez le 1/3 du côté sur lequel vous cherchez des points de division, multipliez ce côté par ce tiers, et la racine carrée du produit sera la longueur d'un côté du triangle formant la première partie.* Pour avoir la longueur d'un côté de la deuxième partie, *prenez les 2/3 de la longueur totale du côté à diviser, multipliez ce côté par ces 2/3, et la racine carrée du produit sera la longueur de la première partie, plus celle d'un coté de la deuxième, si alors vous ôtez de cette racine carrée la longueur du coté de la première partie, le reste sera celle du coté de la deuxième.* Quant à la longueur du côté de la troisième partie, il est évident qu'elle se trouve déterminée par celles des deux premières, et qu'il suffit pour l'obtenir de *retrancher les deux premières longueurs de la longueur totale.*

Il résulte de là, que quand on a obtenu la racine carrée du deuxième produit, la longueur du côté de la première partie y est comprise ; il en est de même pour la racine carrée du 3e, du 4e, du 5e, du 6e produit, la longueur des côtés des parties précédentes y est aussi comprise ; c'est pourquoi il faut ôter de la racine la longueur des côtés des parties déjà connues ; le reste donne la longueur cherchée.

Dans la division d'un triangle, la première partie est toujours un triangle semblable à celui que l'on divise ; il en est de même de la deuxième partie ajoutée à la première, de la troisième avec les deux premières, etc. ; par conséquent toutes les parties, excepté la première, sont toujours des trapèzes.

Les multiplicateurs géodésiques étant d'un grand secours pour opérer les divisions des triangles en parties égales, nous avons calculé ceux nécessaires pour 2, jusqu'à 10 parties, ce nombre nous paraissant bien suffisant surtout pour la division des triangles.

MULTIPLICATEURS GÉODÉSIQUES.

POUR DIVISER PROMPTEMENT ET RIGOUREUSEMENT LES TRIANGLES PAR DES LIGNES PARALLÈLES.

désignat. de la divis.	PARTIE DE SURFACE à prendre dans l'angle opposé aux lignes parallèles.	MULTIPLICATEUR géodésique.
P. moitié.	1/2	0-70710
P. tiers.	1/3	0-57735
	2/3	0-84649
P. quart	1/4	$0\text{-}5 = \frac{1}{2}$
	3/4	0-86602
En 5 part. ég.	1/5	0-44721
	2/5	0-63245
	3/5	0-77459
	4/5	0-89442
En 6 parties éga.	1/6	0-40824
	2/6 = 1/2	»
	3/6 = 1/3	»
	4/6 = 2/3	»
	5/6	0-91287
En 7 parties égales.	1/7	0-57796
	2/7	0-53452
	3/7	0-65465
	4/7	0-75592
	5/7	0-84515
	6/7	0-92582

désignat. de la divis.	PARTIE DE SURFACE à prendre dans l'angle opposé aux lignes parallèles.	MUTIPLICATEUR géodésique.
En 8 parties égales.	1/8	0-35355
	2/8 = 1/4	»
	3/8	0-61237
	4/8 = 1/2	»
	5/8	0-79057
	6/8 = 3/4	»
	7/8	0-95541
En 9 parties égales.	1/9	0-33 1/3
	2/9	0-47140
	3/9 = 1/3	»
	4/9	0-66 2/3
	5/9	0-74535
	6/9 = 2/3	»
	7/9	0-88191
	8/9	0-94280
En 10 parties égales.	1/10	0-31622
	2/10 = 1/5	»
	3/10	0-54772
	4/10 = 2/5	»
	5/10 = 1/2	»
	6/10 = 3/5	»
	7/10	0-85666
	8/10 = 4/5	»
	9/10	0-94868

Pour faire apprécier l'avantage des multiplicateurs géodésiques renfermés dans cette table, nous allons en faire usage pour résoudre le problème suivant :

Diviser un triangle ABC (fig. 68) *en trois parties égales par des lignes parallèles à la base* AB.

183. Cette opération est bien simple à faire sachant que :

$$AC = 6\text{-}32$$
$$BC = 13\text{-}60$$

On aura les données suffisantes pour le tiers et les deux tiers du triangle en multipliant séparément chacun de ces côtés par le multiplicateur géodésique de un tiers et des deux tiers, en faisant pour le tiers :

$$CE = AC \times 0\text{-}57735 = 6\text{-}32 \times 0\text{-}57735 = 3\text{-}649$$
$$CF = CB \times 0\text{-}57735 = 13\text{-}60 \times 0\text{-}57735 = 7\text{-}862$$

Et pour les deux tiers :

$$CG = AC \times 81649 = 6\text{-}32 \times 0\text{-}81649 = 5\text{-}16$$
$$CH = BC \times 8165 = 13\text{-}32 \times 0\text{-}8165 = 11\text{-}104$$

Maintenant pour avoir les longueurs EG, FH, d'après ce qui est dit au n°. 182, il n'y a plus qu'à soustraire le premier résultat du second, et on aura :

$$EG = CG - CE = 5\text{-}16 - 3\text{-}649 = 1\text{-}511$$
$$FH = CH - CF = 11\text{-}104 - 7\text{-}852 = 3\text{-}352$$

La hauteur de la perpendiculaire CD du triangle proposé étant connue, on obtiendra aussi la perpendiculaire de la première partie et celle de la seconde, au moyen des mêmes multiplicateurs, en faisant,

Pour la première partie :

$$GI = CD \times 0\text{-}57735 = 6\text{-}00 \times 0\text{-}57735 = 3\text{-}464$$

Et pour la première et la seconde :

$$CJ = CD \times 0\text{-}8165 = 6\text{-}00 \times 0\text{-}8165 = 4\text{-}899$$

Soustrayant le premier résultat du second $= 3\text{-}464$

Il vient la hauteur $IJ = 1\text{-}435$

On aura de même la longueur des bases EF et GH en opérant comme il suit :

$$EF = AB \times 0\text{-}57735 = 5\text{-}889$$
$$GH = AB \times 0\text{-}8165 = 8\text{-}328$$

La surface du triangle proposé étant de 30 ares 60 centiares. Si au moyen des données obtenues pour chaque partie de la division, on calcule la surface de ces parties, on trouvera qu'elles font exactement le $\frac{1}{3}$ de la surface du triangle ABC ; en effet :

Surface.

$$CEF = EF \times \tfrac{1}{2} CI = 5\text{-}889 \times \tfrac{1}{2} 3\text{-}464 = 10\text{-}1997$$
$$EFGH = IJ \times \tfrac{1}{2} EF + GH = 14\text{-}217 \times 1\text{-}435 = 10\text{-}2000$$

On voit par ce seul exemple combien les multiplicateurs géodésiques offrent d'avantages et de précision pour la division des triangles en parties égales par des lignes parallèles à l'un des côtés, les opérations qu'il faut faire sont si simples que nous croyons inutile de donner des exemples pour les divisons en un plus grand nombre de parties égales.

Diviser un triangle quelconque ABC (fig. 69) en deux parties égales par une ligne perpendiculaire à la base AB.

184. Cette division a beaucoup de rapport avec celle qui précède et n'est pas plus difficile. Il suffit de connaître la longueur de la base AB et des segmens AD, BE, qui sont :

$$AD = 2\text{-}00$$
$$BD = 8\text{-}20$$
$$AB = 10\text{-}20$$

Si l'on cherche une moyenne proportionnelle entre la base AB et la moitié du segment BD, on aura BE en faisant ainsi :

$$BE = \sqrt{AB \times \tfrac{1}{2} BD}$$

Il faut pour cela multiplier la base AB par la moitié du plus grand segment de cette base BD, et du produit en extraire la racine carrée qui sera BE, comme il suit :

OPÉRATION.

$$AB \times \tfrac{1}{2} BD = 10\text{-}20 \times 4\text{-}1 = 41\text{-}82$$

dont la racine carrée est de 6-466 = BE.

Maintenant si on élève la perpendiculaire EF, le triangle sera divisé en deux parties égales.

Mais si l'on voulait connaître le point F sur le côté BC et la longueur de EF, il faudrait mesurer BC et CD qui sont :

$$BC = 10\text{-}16$$
$$CD = 6\text{-}00$$

Ensuite on ferait les proportions suivantes :

$$BD : BC :: BE : x = BF$$

ou celle

$$8\text{-}2 : 10\text{-}16 :: 6\text{-}466 : x = 8\text{-}012 = BF$$

puis

$$BD : CD :: BE : x = EF$$

ou bien

$$8\text{-}20 : 6 :: 6\text{-}466 \; x = 4\text{-}731 \; EF.$$

Pour vérifier cette division, sachant que la surface du triangle proposé est de 30 ares 60 centiares, nous allons calculer celle du triangle BEF qui doit en être la moitié ; en effet,

$$BE \times \tfrac{1}{2} EF = 6\text{-}466 \times \tfrac{1}{2} \, 4\text{-}721 = 15\text{-}295$$

contenance semblable à la moitié du triangle à un demi-centiare près.

Si l'on avait un plus grand nombre de parties égales, par exemple 3, 4 ou 5, etc., à former, l'opération ne serait pas plus difficile ; au lieu de multiplier AB par la moitié du segment BD, ce serait, pour trois parties égales, par $^1/_3$ pour la première partie, $^2/_3$ pour la seconde ; pour 4 parties, par $^1/_4$ pour la première, $^1/_2$ pour la deuxième, $^3/_4$ pour la troisième, et de la même manière pour les divisions en un plus grand nombre de parties égales.

S'il arrivait, comme nous l'avons dit n°. 180, que la 2e, 3e ou 4e partie surpasse la perpendiculaire, il faudrait reprendre l'opération de l'autre côté de la perpendiculaire, sur l'autre segment.

Il est toujours facile de s'assurer sur lequel des deux segmens on doit opérer ; il suffit pour cela de les calculer séparément et d'en comparer la quantité à celle des parts à former ; si alors il y avait deux parties à prendre, et que l'un n'en contînt qu'une et demie, il faudrait passer sur l'autre segment.

DIVISION DES TRIANGLES
EN PARTIES INÉGALES.

185. Les procédés à employer pour cette espèce de di-

vision, diffèrent peu de ceux de la division des triangles en parties égales, ainsi qu'on va le voir.

Diviser un triangle quelconque ABC (fig. 70) en trois parties dont l'une en soit le ¹/₆, l'autre le ¹/₃, et la 3ᵉ la ¹/₂, par des lignes de division partant de l'angle A.

186. On a vu, n°. 179, qu'il n'était pas nécessaire de connaître la surface du triangle proposé pour en faire la division, mais bien seulement d'avoir la longueur du côté sur lequel les lignes de division aboutissent. Puisqu'il suffit d'en prendre le ¹/₆ pour la 1ʳᵉ partie, le ¹/₃ pour la ¹/₂, et la moitié pour la 3ᵉ. Supposant le côté BC de 10-2, il vient d'après cette supposition

$$BD = ¹/₆ \; 10\text{-}2 = 1\text{-}70$$
$$DE = ¹/₃ \; 10\text{-}2 = 3\text{-}40$$
$$CE = ¹/₂ \; 10\text{-}2 = 5\text{-}10$$

de sorte que si l'on donne 6 décamètres de hauteur au triangle proposé, et que l'on calcule chaque partie séparément on trouvera qu'elles ont chacune la quantité qu'elle doit avoir.

Diviser un triangle quelconque ABC (fig. 71) en deux parties qui soient entr'elles :: 3 : 5, par deux lignes parallèles au côté BC, de manière que la plus petite soit adjacente au côté BC.

187. La surface du triangle étant représentée par les nombres 3 et 5, ou 8, la plus petite partie doit donc avoir les ³/₈ et la plus grande les ⁵/₈.

Cela connu, sachant que les côtés AB, AC, sont :

$$AB = 6\text{-}32$$
$$AC = 13\text{-}60$$

Je cherche, comme au n°. 181, une moyenne proportionnelle entre le côté AB et les $^5/_8$ de ce côté qui donne AD et j'opère comme il suit :

$$AD = \sqrt{AB \times {}^5/_8} \quad AB = \sqrt{6\text{-}32 \times 3\text{-}95}$$

Ce qui revient à extraire la racine carrée de

$$6\text{-}32 \times 3\text{-}95 = 24\text{-}960$$

ce qui donne 4-996 pour la largeur de AD.

Ensuite pour avoir AE je fais la proportion :

$$AB : AG :: AD : x = AE$$

ou

$$6\text{-}32 : 13\text{-}60 :: 4\text{-}996 : x = 10\text{-}762$$

Pour vérifier, je cherche encore AD et AC en multipliant AD, AC, par la racine carrée de $0,^5/_8$ qui est un multiplicateur géodésique $= 0\text{-}79056$, en faisant :

$$AD = AB \times 0\text{-}79056 = 6\text{-}32 \times 0\text{-}79056 = 4\text{-}996$$
$$AE = AC \times 0\text{-}79056 = 13\text{-}60 \times 0\text{-}79056 = 10\text{-}762$$

Sachant que la hauteur du triangle proposé est de 6 décamètres, je trouve celle du triangle ADE et la base de ce triangle en faisant :

$$AB : BC :: AD : x = DE$$

ou

$$6\text{-}32 : 10\text{-}20 :: 4\text{-}996 : x = 8\text{-}064$$

$$AB : AF :: AD : x = AG$$

ou

$$6\text{-}32 : 6\text{-}00 :: 4\text{-}996 : x = 4\text{-}743$$

pour vérifier ces données, je fais encore l'application du multiplicateur géodésique, et j'ai :

$$AC \times 0\text{-}79056 = 6\text{-}00 \times 0\text{-}79056 = 4\text{-}743$$
$$BC \times 0\text{-}79056 = 10\text{-}20 \times 0\text{-}79056 = 8\text{-}064$$

Maintenant, je calcule la surface du triangle ADE et celle du trapèze BCDE, et je trouve qu'elles répondent exactement, la 1re aux $^5/_8$ de la contenance du triangle proposé, et l'autre aux $^3/_8$, comme il suit :

Surface.
$$ADE = AG \times \tfrac{1}{2} DE = 4\text{-}743 \times 4\text{-}032 = 19\text{-}123$$
$$BCDE = GE \times \tfrac{1}{2} BC + DE = 1\text{-}257 \times 9\text{-}132 = \underline{11\text{-}477}$$
$$ABC = BC \times \tfrac{1}{2} AF = 10\text{-}20 \times 3\text{-}00 = 30\text{-}60$$

Diviser le triangle ABC (fig. 72) en trois parties qui soient entr'elles :: 2 : 4 : 6, par des lignes perpendiculaires au côté BC, la première joignant l'angle C, et la seconde la 1re partie.

188. Les côtés du triangle étant :

$$AB = 6\text{-}32 \quad BD = 2\text{-}00$$
$$AC = 10\text{-}16 \quad CD = \underline{8\text{-}20}$$
$$AD = 6\text{-}00 \quad BC = 10\text{-}20$$

Pour diviser le triangle proposé :: 2 : 4 : 6, il n'est pas nécessaire d'en connaître la surface, les nombres 2, 4, 6, la représentant; il suffit d'avoir leur somme qui est 12, et puisque 12 représente la surface du triangle à partager, les portions à former doivent donc avoir :

La 1re $^2/_{12} = {}^1/_6$

La 2^e $^4/_{12} = {}^2/_6$ ou $^1/_3$

La 3^e $^6/_{12} = {}^3/_6$ ou $^1/_2$

Cela connu, je détermine la 1re partie en cherchant une moyenne proportionnelle entre le côté BC et la 6e partie du segment DC en faisant comme au n°. 184.

$$BC \times \tfrac{1}{6}\, DC = 10\text{-}2 \times 1\text{-}366 = 13\text{-}9332$$

dont la racine carrée donne CE = 3-732.

Maintenant pour avoir EF, je fais la proportion

$$GD : AD :: CE : x = EF$$

ou bien

$$8\text{-}2 : 6\text{-}0 :: 3\text{-}732 : x = 2\text{-}737$$

La 1re partie étant déterminée, je forme la 2e à laquelle je joins la 1re, de sorte que j'ai à prendre la moitié du triangle proposé, et j'opère, pour ce cas, comme au n°. 184, en faisant

$$GC = \sqrt{BC \times \tfrac{1}{2}\, CD} = \sqrt{10\text{-}2 \times 4\text{-}10}$$

ce qui revient à

$$GC = \sqrt{41\text{-}82} = 6\text{-}466$$

Dans ce résultat se trouve compris le côté CE de la 1re partie, si on le retranche on aura GE = 2-734.

Maintenant, pour obtenir GH, on fera la proportion déjà faite n° 184, et l'on aura GH = 4-731.

Quoique ces données soient bien suffisantes pour établir les lignes de division, si on voulait avoir les points où elles aboutissent sur l'hypothénuse AC, on les obtiendrait en faisant :

$$DC : AC :: CE : CF$$

ou celle

$$8\text{-}20 : 10\text{-}16 :: 3\text{-}732 : x = 4\text{-}634$$
$$DC : AC :: CE + EG : CE + FH$$

c'est-à-dire

$$8\text{-}20 : 10\text{-}16 :: 6\text{-}466 : x = 8\text{-}012.$$
$$\text{Retranchant le } 1^{er} \text{ résultat} = 4\text{-}634$$
$$\text{Il vient FH} = 3\text{-}378$$

Pour vérifier toutes ces opérations, nous allons calculer la surface de chaque partie de la division, en faisant :

1re Partie égale à $\frac{1}{6}$.

$$\text{CEF} = 3\text{-}732 \times 1\text{-}368 \qquad = 5\text{-}10$$

2me Partie égale à $\frac{2}{6}$.

$$\text{EFGH} = 2\text{-}734 \times 3\text{-}734 \qquad = 10\text{-}20$$

3me Partie égale à $\frac{3}{6}$ ou $\frac{1}{2}$.

$$\text{ABD} = 6\text{-}00 \times \tfrac{1}{2}\, 2\text{-}00 = 6\text{-}00$$
$$\text{ADCH} = 1\text{-}734 \times 5\text{-}365 = 9\text{-}30 \Big\}\ 15\text{-}30$$

$$\text{du triangle ABC} = 10\text{-}20 \times 3\text{-}00 = 30^{\text{a}} 60^{\text{c}}.$$

Ces exemples suffisent pour la division des triangles, nous allons passer maintenant à celle des quadrilatères.

DIVISION

DES QUADRILATÈRES IRRÉGULIERS PAR DES LIGNES QUI COUPENT LES CÔTÉS EN PARTIES PROPORTIONNELLES.

189. Les différens cas qui peuvent se présenter dans la division des quadrilatères irréguliers étant très nombreux, et par cela même difficiles à prévoir, nous ne donnerons que ceux que l'on rencontre le plus ordinairement dans la pratique et qui peuvent conduire à la résolution de tous les autres.

Il existe sur cette division plusieurs formules qui donnent des résultats également satisfaisants ; mais comme elles subissent certaines modifications, selon que les perpendiculaires tombent en dedans ou en dehors du quadrilatère, et que les commençans peuvent se tromper en faisant l'application de ces formules, nous ne ferons usage que de celle donnée par M. CROIZET, dans sa *Géodésie générale*, elle résout tous ces cas, même pour la division des lignes parallèles et perpendiculaires, et elle ne présente, comme les autres, qu'une seule extraction de racine carrée.

DIVISION
DES QUADRILATÈRES IRRÉGULIERS EN PARTIES ÉGALES.

Diviser le quadrilatère ABCD (fig. 73) en deux parties égales, par une ligne de division qui coupe les côtés AC, BD en parties proportionnelles.

190. Pour diviser ce quadrilatère faites d'abord les opérations qui suivent :

1re OPÉRATION. — Calculez-en la surface qui équivaut à 214 ares.

2me OPÉRATION. — Imaginez la droite *ab*, passant par le milieu des côtes AC, BD, divisant ainsi le quadrilatère proposé en deux autres AB*ab*, *ab*CD, qui ont chacun pour hauteur la moitié de celle du quadrilatère donné ; en effet :

$$ae = \tfrac{1}{2}\, AE = 8\text{-}00$$
$$bf = \tfrac{1}{2}\, BF = 5\text{-}00$$

Et de là

$$Ce = \tfrac{1}{2}\, CE = 4\text{-}00$$
$$Df = \tfrac{1}{2}\, DE = 2\text{-}00$$

3e OPÉRATION. — Calculez la surface du plus grand quadrilatère imaginé qui est égal à 125 ares.

Surfac.
$aCf = Cf \times \frac{1}{2} ae = 20\text{-}00 \times 4\text{-}00 = 80\text{-}00$
$bDe = De \times \frac{1}{2} bf = 18\text{-}00 \times 2\text{-}50 = 45\text{-}00$
Du quadrilatère abBC imaginé $= 125^a. 00^c$.

4e OPÉRATION. — Retranchez cette surface de celle du quadrilatère à diviser, il restera pour l'autre quadrilatère imaginé 89 ares :

$$214 - 125 = 89 \text{ ares.}$$

5e OPÉRATION. — Prenez la moitié de la surface du quadrilatère à diviser qui est de 107 ares, et faites la différence qui existe entre les deux quadrilatères imaginés, le plus grand étant de 125 ares, et le plus petit de 89 ares; la différence est égale à 36 ares.

$$125 - 89 = 36 \text{ ares.}$$

Ensuite, réformez quelques-uns de ces résultats et n'employez pour la division du quadrilatère dont s'agit, et de tous les autres qui n'ont pas un angle rentrant, que les trois données suivantes :

1° La surface du plus grand quadrilatère imaginé que nous représenterons par Z;

2° La différence entre les deux quadrilatères imaginés que nous représenterons par D;

La surface donnée qu'il faut prendre dans le quadrilatère proposé que nous représenterons par S.

Au moyen de l'unique formule que voici, vous aurez le multiplicateur géodésique qui coupe généralement en parties proportionnelles les perpendiculaires, les hypothénuses et les segmens que nous représenterons ici par x :

$$x = \frac{(2Z + D) - \sqrt{(2Z + D)^2 - (8D \times S)}}{4D}$$

191. Cela posé, le multiplicateur géodésique se trouvera pour 107 ares (moitié de la surface), en faisant :

$$x = \frac{(2\,ab\mathrm{CD} + \mathrm{D}) - \sqrt{(2\,ab\mathrm{CD} + \mathrm{D})^2 - (8\,\mathrm{D} \times \mathrm{S})}}{4\,\mathrm{D}}$$

Pour effectuer ce calcul, voici comment il faut opérer :

1re OPÉRATION. — Doublez la surface du plus grand quadrilatère imaginé, qui est de 125, et joignez au résultat la différence trouvée entre le plus grand et le plus petit quadrilatère imaginés, qui est de 36 ; vous aurez 286

$$125\text{-}00 \times 2\text{-}00 = 250\text{-}00 + 36\text{-}00 = 286\text{-}00$$

2e OPÉRATION. — Elevez ce résultat à son carré, il viendra 81796

$$286\text{-}00 \times 286\text{-}00 = 81796\text{-}00$$

3e OPÉRATION. — Multipliez la différence entre les deux quadrilatères imaginés égale à 36 par 8, et le résultat par la surface à prendre égale à 107 ares, vous aurez 30816

$$36\text{-}00 \times 8\text{-}00 = 288\text{-}00 \times 107\text{-}00 = 30816.$$

4e OPÉRATION. — Soustrayez ce résultat de celui de la 2e opération, il restera 50980.

Résultat de la 2e opération = 81796-00
— Résultat de la 3e opération = 30816-00
Reste = 50980-00

5e OPÉRATION. — Extrayez la racine carrée de ce reste, ce qui donnera 225-78

$$\sqrt{50980} = 225\text{-}78$$

6ᵉ **Opération.** — Retranchez ce résultat de celui de la première opération, le reste sera :

$$286\text{-}00 - 225\text{-}78 = 60\text{-}22$$

7ᵉ **Opération.** — Multipliez la différence d'entre les deux quadrilatères imaginés qui est de 36 par 4, il viendra 144

$$36\text{-}00 \times 4\text{-}00 = 144\text{-}00$$

8ᵉ **Opération.** — Divisez le résultat de la 6ᵉ opération par celui de la 7ᵉ, vous aurez le multiplicateur géodésique égal 0-4181

$$\frac{60\text{-}22}{144} = 0\text{-}4181$$

9° Enfin si vous multipliez ce dernier quotient par les hauteurs AE, BF, ou par les segmens CE et DF, ou bien par les côtés AC, BD, ces produits partiels donneront successivement les hauteurs *eg*, *fh*, les segmens C*g* et D*h*, ou bien les côtés *e*C et *f*D, du quadrilatère CD*ef*.

On trouvera que

$$AE = 16\text{-}00 \times 0\text{-}4181 = eg = 6\text{-}6896 \text{ ou } 6\text{-}69$$
$$BF = 10\text{-}00 \times 0\text{-}4181 = fh = 4\text{-}181 = 4\text{-}18$$
$$CE = 8\text{-}00 \times 0\text{-}4181 = Cg = 3\text{-}344 = 3\text{-}34$$
$$DF = 4\text{-}00 \times 0\text{-}4181 = Dh = 1\text{-}672 = 1\text{-}67$$

Pour vérifier l'opération et prouver l'exactitude de cette division, nous allons calculer la surface du quadrilatère CD*ef*, d'après les données que nous venons de déterminer, en faisant :

$$eCh = Ch \times \tfrac{1}{2} eg = 20\text{-}33 \times \tfrac{1}{2} 6\text{-}69 = 68\text{-}00$$
$$fDg = Dg \times \tfrac{1}{2} fh = 18\text{-}66 \times \tfrac{1}{2} 4\text{-}18 = \underline{39\text{-}00}$$
$$\text{Du quadrilatère CD}ef = 107^{\text{a}} \ 00^{\text{c}}.$$

En effet la surface du quadrilatère est égale à 107 ares, moitié du quadrilatère proposé et les hauteurs *eg, fh* sont proportionnelles à celles AE et BF.

Diviser le quadrilatère ABCD (fig. 74) en trois parties égales, par des lignes qui coupent les côtés AC, BD en parties proportionnelles.

192. Le quadrilatère à diviser en trois parties égales étant le même que celui qui a servi dans l'opération qui précède, nous ne répéterons pas les calculs des cinq premières opérations, ni ceux des deux premières des neuf autres qui les suivent.

Sachant à cause du problème précédent :

1° Que la surface du quadrilatère proposé est de 214 ares dont le $1/3$ est de 71ᵃ 33ᶜ.

2° Que le plus grand des deux quadrilatères imaginés contient 125 ares.

3° Que la différence entre ces deux quadrilatères est de 36 ares.

4° Que le double du plus grand quadrilatère imaginé, auquel est joint la différence d'un quadrilatère à l'autre, est égal à 286.

5° Que cette somme élevée à son carré donne 81796.

On achèvera l'opération de la manière suivante :

6° Sachant encore que la différence d'un quadrilatère imaginé à l'autre, multiplié par 8, donne 288 ; multipliez cette somme par le tiers de la surface du quadrilatère proposé, c'est-à-dire par 71 ares 33 centiares, ce qui donnera, pour la 6ᵉ opération, 20544.

7° Soustrayez ce résultat de celui de la 5ᵉ opération, il viendra 61252.

$$81796 - 20544 = 61252$$

8° Extrayez la racine carrée du reste, ce qui donnera 247-49.

9° Retranchez ce résultat de celui de la 4ᵉ opération il restera 38-51.

$$286 - 247\text{-}49 = 38\text{-}51$$

10° Divisez ce résultat par le produit de la différence d'un quadrilatère à l'autre, 36 par 4 ou 144, vous aurez le multiplicateur géodésique égal à

$$\frac{38\text{-}51}{144} = 0\text{-}2674$$

11° Enfin si vous multipliez les hauteurs AI, BJ, ou les segmens CI, DJ, ou bien les côtés AC et BD, les produits partiels donneront successivement les hauteurs G*l*, H*m*, les segmens C*l*, D*m*, ou bien les côtés GC et HD du quadrilatère CDGH, comme il suit :

$$\text{G}l = \text{AI} \times 0\text{-}2674 = 4\text{-}27$$
$$\text{H}m = \text{BJ} \times 0\text{-}2674 = 2\text{-}67$$
$$\text{C}l = \text{CI} \times 0\text{-}2674 = 2\text{-}14$$
$$\text{D}m = \text{DJ} \times 0\text{-}2674 = 1\text{-}07$$
$$\text{GC} = \text{AC} \times 0\text{-}2674 = 4\text{-}79$$
$$\text{HD} = \text{BD} \times 0\text{-}2674 = 2\text{-}88$$

Cette première division établie, il sera facile d'avoir les autres sans être obligé de recommencer les opérations que nous venons de faire, car si l'on prend dans le quadrilatère proposé une nouvelle surface égale aux deux tiers, ou égale à celle du quadrilatère CDEF, il est évident que l'on aura la seconde division.

Ce qui fait voir que pour avoir une surface double ou triple, il faut doubler ou tripler le dernier nombre de la formule générale du n°. 191. Il en serait de même pour des surfaces moindres.

Cette seconde division devant se calculer de la même manière que la 1re partie, les cinq premiers résultats se trouvent les mêmes que dans le cas précédent; quant aux autres, ils seront ceux ci-après :

6e OPÉRATION. — La quantité à prendre étant de 142 ares 2/3, double de la première, il suffit de doubler le 6e résultat de l'opération qui précède, ce qui donne 41088.

$$20544 \times 2 = 41088$$

7e OPÉRATION. — Différence entre la 5e opération et la 6e.

$$81796 - 41088 = 40708$$

8e OPÉRATION. — Racine carrée du 7e résultat = 201-76.

9e OPÉRATION. — Différence entre la 4e et la 8e opération = 84-24

$$286 - 201\text{-}76 = 84\text{-}24$$

10e OPÉRATION. — Divisez ce résultat par le produit de 36 par 4 ou 144, le quotient donnera le multiplicateur géodésique égal à 0,585.

Enfin, si on multiplie ce dernier résultat par les hauteurs AI, BJ, les segmens CI, DJ, les produits partiels donneront :

$$En = AI \times x = 16\text{-}00 \times 0\text{-}585 = 9\text{-}36$$
$$Fp = BJ \times x = 10\text{-}00 \times 0\text{-}585 = 5\text{-}85$$
$$Cn = CI \times x = 8\text{-}00 \times 0\text{-}585 = 4\text{-}68$$
$$Dp = DJ \times x = 4\text{-}00 \times 0\text{-}585 = 2\text{-}34$$
$$DF = BD \times x = 10\text{-}77 \times 0\text{-}585 = 6\text{-}00$$
$$CE = AC \times x = 17\text{-}89 \times 0\text{-}585 = 10\text{-}46,5$$

Au moyen de ces données, on pourra vérifier la division que nous venons de faire, en calculant la surface de chaque division comme il suit. On trouvera

La première partie.

$$\text{Surfa.} \begin{cases} GCm = Cm \times \tfrac{1}{2} G\,l = 20\text{-}93 \times 2\text{-}139 = 44\text{-}77 \\ HD\mathit{l} = D\mathit{l} \times \tfrac{1}{2} Hm = 19\text{-}86 \times 1\text{-}337 = 26\text{-}55 \\ \qquad\qquad\text{Du quadrilatère CDGH} = 71^a\,32^c. \end{cases}$$

La 1re et la 2e parties = 2/3.

$$\text{Surfac.} \begin{cases} ECp = Cp \times \tfrac{1}{2} En = 19\text{-}66 \times 4\text{-}68 = 92\text{-}00 \\ FDn = Dn \times \tfrac{1}{2} Fp = 17\text{-}32 \times 2\text{-}925 = 50\text{-}66 \\ \text{Des quadrilatères CDGH et EFGH} = 142^a\,67^c. \end{cases}$$

Donc la surface de la troisième partie est aussi égale au tiers de la surface proposée.

Diviser le quadrilatère ABCD (fig. 75) en quatre parties égales par des lignes de division qui coupent les côtés AC, BD, en parties proportionnelles.

193. Cette division ne présente pas plus de difficultés que les précédentes ; la même formule la résout sans avoir besoin d'aucune modification.

Pour diviser ce quadrilatère en quatre parties égales, faites les mêmes opérations que dans les problêmes précédens jusqu'à la 6e opération.

1re OPÉRATION. — Calculez la surface du quadrilatère proposé qui est de 202 ares, dont le quart pour chaque partie est de 50 ares 50 centiares.

2e OPÉRATION. — Imaginez toujours une ligne de division passant au milieu des côtés AC, BD, divisant ainsi le quadrilatère proposé en deux autres ; calculez la surface de celui qui est adjacent à la base, dont les hauteurs imaginées sont respectivement égales à la moitié de celles AE, BF, la surface de celui-ci étant de 83 ares. Celle du plus grand est de 119 ares.

3ᵉ OPÉRATION. — Faites la différence d'un quadrilatère imaginé à l'autre qui donne 36

$$119 - 83 = 36.$$

4ᵉ OPÉRATION. — Doublez la surface du plus grand quadrilatère imaginé, et joignez-y le résultat de la 3ᵉ opération

$$119 \times 2 = 238 + 36 = 274$$

5ᵉ OPÉRATION. — Élevez ce résultat à son carré,

$$274 \times 274 = 75076$$

6ᵉ OPÉRATION. — Multipliez le résultat de la 3ᵉ opération par 8, et le produit par 50 ares 50 centiares, qui est la surface à prendre, ce qui donne 14544, ainsi qu'on va le voir :

$$36\text{-}00 \times 8\text{-}00 = 288 \times 50\text{-}50 = 14544\text{-}00.$$

7ᵉ OPÉRATION. — Soustrayez ce résultat de celui de la 5ᵉ opération, il restera 60532, en effet

$$75076 - 14544 = 60532.$$

8ᵉ OPÉRATION. — Extrayez la racine carrée de ce reste, ce qui donne 246-03.

9ᵉ OPÉRATION. — Retranchez ce résultat de celui de la 4ᵉ opération, le reste sera 27-97.

10ᵉ OPÉRATION. — Divisez ce résultat par le produit de 36 par 4 = 144, il viendra le multiplicateur géodésique égal à 0,1942.

Si on multiplie ce nombre par la longueur des côtés AC et BC, on aura pour le premier quart

$$AG = AC \times 0\text{-}1942 = 3\text{-}48$$
$$BH = BD \times 0\text{-}1942 = 2\text{-}09$$

Maintenant, pour déterminer la seconde partie de la division, les cinq premières opérations à faire étant les mêmes, tant pour le cas présent que pour celui qui précède ; on passera aux autres en faisant comme il suit :

6e OPÉRATION. — La surface à prendre étant le double de la 1re, il suffit donc de doubler le résultat de la 6e opération qui précède pour avoir celui-ci = 29088.

7e OPÉRATION. — Différence des 5 et 6e opérations = 45988.

8e OPÉRATION. — Racine carrée du 7e résultat = 214-45.

9e OPÉRATION. — Différence des 4e et 8e opérations = 59-55.

10e OPÉRATION. — Si on divise ce 9e résultat par le produit de $36 \times 4 = 144$, il viendra 0-41354 pour le multiplicateur géodésique.

Enfin si on multiplie ce résultat par la hauteur des côtés AC, et BD, on aura les longueurs des côtés :

$$AI = AC \times x = 17\text{-}89 \times 0\text{-}4135 = 7\text{-}40$$
$$BJ = BD \times x = 10\text{-}77 \times 0\text{-}4135 = 4\text{-}45$$

Et par suite, en faisant les soustractions suivantes, on obtiendra aussi :

$$GI = AI - AG = 7\text{-}40 - 3\text{-}48 = 3\text{-}92$$
$$HJ = BJ - BH = 4\text{-}45 - 2\text{-}09 = 2\text{-}36$$

La troisième partie de la division exigeant encore les mêmes opérations que celles faites pour les deux premières, jusqu'à la sixième exclusivement, si l'on

continue les calculs des opérations qui restent encore
à faire, on aura les résultats suivans, et le multiplica-
teur géodésique égal à 0-6714.

6ᵉ opération. . . . . résultat = 43632-00
7ᵉ   id.   . . . .   id.   = 31444-00
8ᵉ   id.   . . . .   id.   =   173-32
9ᵉ   id.   . . . .   id.   =   96-68
10ᵉ   id.   . . . .   id.   =   0-6714

Au moyen de ce multiplicateur géodésique on ob-
tiendra les côtés AL = 12-01 et BM = 7-23.

Ensuite on déterminera les largeurs des 3ᵉ et 4ᵉ
divisions, en faisant les soustractions suivantes :

IL = AL — AI = 12-01 — 7-40 = 4-61
JM = BM — BJ = 7-23 — 4-45 = 2-78
LC = AC — AL = 17-89 — 12-01 = 5-88
MD = BD — BM = 10-77 — 7-23 = 3-54

Ces données obtenues, la division s'opèrera très
facilement sur le terrain.

Nous n'avons pas déterminé les perpendiculaires,
mais bien les hypothénuses parce qu'elles sont préfé-
rables aux perpendiculaires pour établir les points de
division; on fera toujours bien de suivre cette mar-
che et de ne se servir des perpendiculaires que pour
calculer les surfaces, et vérifier par là les résultats
obtenus pour la division; autrement, la moindre im-
perfection dans l'instrument, ou le plus petit déran-
gement dans sa pose, pourraient vicier une division
bien calculée.

Nous ne calculerons pas chaque partie de la divi-
sion comme nous l'avons fait jusqu'ici, cela serait
trop long; mais si on voulait nous vérifier, on a vu

aux exemples qui précèdent comment on obtient les perpendiculaires au moyen du multiplicateur géodésique de chaque partie.

194. Nous ferons observer que lorsque le plus grand quadrilatère imaginé est du côté opposé à celui pris pour base, comme dans l'exemple qui nous occupe, le multiplicateur géodésique ne détermine pas les parties adjacentes à la base, mais bien celles qui joignent le plus grand côté du quadrilatère imaginé ; de sorte que pour obtenir le quart du quadrilatère proposé tenant à la base, il faut chercher le multiplicateur géodésique des trois autres quarts, puis faire les soustractions nécessaires pour avoir les données appartenant au quart cherché ; c'est pour cette raison que la division a été commencée à partir du côté AB.

Pour éviter les soustractions dont nous venons de parler et trouver directement toutes les données de la partie tenant à la base, il faut soustraire le multiplicateur géodésique obtenu, de l'unité ou de 1, le reste sera un nouveau multiplicateur géodésique qui déterminera les côtés et les segmens adjacens aux angles appuyés sur la ligne d'opération ; ainsi que les perpendiculaires, comme dans la division où le plus grand quadrilatère imaginé joint la ligne d'opération.

Au reste, nous dirons que pour obtenir les perpendiculaires et les segmens des parties de la division que nous venons d'établir, il faut multiplier les données du quadrilatère proposé par le complément arithmétique de chacun des multiplicateurs géodésiques que nous venons de trouver, c'est ce que nous allons faire.

Ainsi sachant :

1° Que le multiplicateur géodésique de la première

partie est de 0-1942, on a son complément en fai-
sant :

$$x = 1\text{-}00 - 1942 = 8058$$

Ensuite on trouve les perpendiculaires Gg, Hh, et
les segmens gC et Dh, en faisant :

$$Gg = AE \times x = 16\text{-}00 \times 0\text{-}8058 = 12\text{-}893$$
$$Hh = BF \times x = 10\text{-}00 \times 0\text{-}8058 = 8\text{-}058$$
$$Cg = CE \times x = 8\text{-}00 \times 0\text{-}8058 = 6\text{-}447$$
$$Dh = DF \times x = 4\text{-}00 \times 0\text{-}8058 = 3\text{-}223$$

2° Que celui de la seconde partie est de 0-41354,
on a son complément en faisant :

$$x = 1\text{-}00 - 0\text{-}41354 = 0\text{-}58646$$

Cela connu on a les perpendiculaires Ii, Jj et les
segmens Ci et Dj, comme il suit :

$$Ii = AE \times x = 16\text{-}00 \times 0\text{-}58646 = 9\text{-}383$$
$$Jj = BF \times x = 10\text{-}00 \times 0\text{-}58646 = 5\text{-}864$$
$$Ci = CE \times x = 8\text{-}00 \times 0\text{-}58646 = 4\text{-}692$$
$$Dj = DF \times x = 4\text{-}00 \times 0\text{-}58646 = 2\text{-}346$$

3° Et enfin que celui de la 3° division est de 0-6714;
on obtient le second multiplicateur géodésique, en
faisant :

$$x = 1\text{-}00 - 0\text{-}6714 = 0\text{-}3286$$

et par suite on a aussi les perpendiculaires Ll, Mm
et les segmens Cl et Dm, en faisant :

$$Ll = AE \times x = 16\text{-}00 \times 0\text{-}3286 = 5\text{-}257$$
$$Mm = BF \times x = 10\text{-}00 \times 0\text{-}3286 = 3\text{-}286$$
$$Cl = CE \times x = 8\text{-}00 \times 0\text{-}3286 = 2\text{-}628$$
$$Dm = DF \times x = 4\text{-}00 \times 0\text{-}3286 = 1\text{-}314$$

Ces données connues, on pourra calculer chaque

partie de la division et reconnaître qu'elles font bien le quart de la surface partagée.

DIVISION

DES QUADRILATÈRES EN PARTIES INÉGALES.

La formule à employer pour la division des quadrilatères en parties inégales, étant la même que pour celle en parties égales, à la rigueur ce que nous avons dit suffirait pour celle-ci.

Dans le quadrilatère ABCD (fig. 76), on propose de prendre une surface donnée, par exemple, 50 ares du côté de la base CD, de manière que les hauteurs du quadrilatère CDGH soient proportionnelles aux hauteurs AE, BF.

195. Pour opérer cette division, il suffit de prendre la méthode du n°. 191, c'est-à-dire :

1° De calculer la surface du quadrilatère proposé, qui est de 157 ares.

2° D'imaginer une ligne *ab*, passant au milieu des côtés AC, BD, décomposant le quadrilatère proposé en deux autres imaginés, dont le plus grand *ab*CD, qui est adjacent à la base, contient 80 ares 50 centiares.

3° De faire la différence d'un quadrilatère imaginé à l'autre, qui est de 4 ares, que nous représentons toujours par D, et la surface à prendre par S.

Cela posé, au moyen de l'unique formule du n°. 191, on aura le multiplicateur géodésique pour 50 ares en faisant :

$$x = \frac{(2\,ab\mathrm{CD} + \mathrm{D}) - \sqrt{(2\,ab\mathrm{CD} + \mathrm{D})^2 - (8\,\mathrm{D} \times \mathrm{S})}}{4\,\mathrm{D}}$$

Continuant les opérations comme dans les exemples qui précèdent, il vient :

4° Double de la surface du plus grand quadrilatère imaginé, plus la différence de ce dernier à l'autre, ou

$$80\text{-}50 \times 2 = 161\text{-}00 + 4 = 165\text{-}00$$

5° Carré du dernier résultat, ou $165 \times 165 = 27225$.

6° Produit de la différence du plus grand quadrilatère imaginé au plus petit, multiplié par 8, et le résultat par la surface à prendre, ou

$$4 \times 8 = 32 \times 50 = 1600$$

7° Différence des 5° et 6° résultats, ou

$$27225 - 1600 = 25625$$

8° Racine carrée du 7° résultat $= 160\text{-}07$.

9° Différence des 4° et 8° résultats $= 4\text{-}93$.

10° Ce dernier résultat divisé par 16, qui est le produit de la différence du plus grand quadrilatère imaginé à l'autre, multiplié par 4, il vient pour le multiplicateur géodésique 0-308.

Enfin, si on multiplie cette dernière quantité par les côtés AC, BD, les produits partiels détermineront successivement les côtés GC $= 3\text{-}74$ et DH $= 3\text{-}21$.

Dans un quadrilatère ABCD (fig. 77), on propose de prendre, par exemple, 45 ares joignant le côté opposé à la base, et 70 ares adjacens à la base, de manière que les hauteurs de chaque division soient proportionnelles à celles du quadrilatère proposé.

196. Cette division se fait de la même manière que toutes les autres, avec la différence seulement que pour

avoir directement la largeur de la partie à prendre du côté de la base, il faut employer le complément arithmétique du multiplicateur géodésique qui donne le supplément de la quantité du polygone, c'est-à-dire toute la surface moins celle à prendre.

Calculs de la portion de 45 ares à prendre du côté opposé à la base. CD.

1° Surface du quadrilatère à partager = 182 ares.

2° Surface du plus grand quadrilatère imaginé, 98 ares.

3° Différence entre le plus grand et le plus petit des deux quadrilatères imaginés, 14 ares.

4° Double du plus grand quadrilatère avec la différence, 210 ares.

5° Carré du 4° résultat, 44100.

6° Produit du résultat de la 3° opération par 8 et par 45, égal à

$$14 \times 8 = 112 \times 45 = 5040.$$

7° Différence des 5° et 6° résultats = 39060.

8° Racine carrée du 7° résultat, 197-63.

9° Différence des 4° et 8° résultats, 12-37.

10° Enfin le quotient $\dfrac{12\text{-}37}{56} = 0\text{-}2201.$

Si on multiplie ce résultat par les côtés AC, BD, on aura conformément au n°. 191.

$$AG = 2\text{-}67,6$$
$$BH = 2\text{-}29,5$$

Maintenant, pour déterminer la 2° partie adjacente à la base, sachant que la contenance totale du quadrilatère proposé est de 182 ares, nous allons chercher le multiplicateur géodésique pour une surface de 112 ares, à partir du côté AB ; son complément arithmétique donnera le multiplicateur géodésique du surplus du polygone proposé, qui est de 70 ares.

Cela posé, les cinq premières opérations faites pour la 1re partie, étant communes à celles-ci, nous allons continuer par les autres qui restent à faire.

6e OPÉRATION. — Produit de $14 \times 8 = 112 \times$ 112 ares $= 12544$.

7e OPÉRATION. — 5e résultat moins le 6^e $= 31556$.

8e OPÉRATION. — Racine carrée du 7e résultat $=$ 177-64.

9e OPÉRATION. — Le 4e résultat moins le 8^e $= 32$-36.

10e OPÉRATION. — Le quotient de $\dfrac{32\text{-}36}{56} = 0\text{-}5778$.

Retranchant ce multiplicateur géodésique de l'unité, il vient un second multiplicateur géodésique égal à

$$1\text{-}00 — 0\text{-}5778 = 0\text{-}4222.$$

Enfin, si on multiplie ce dernier résultat par les côtés AC, BD, on trouvera que

$$IC = 5\text{-}13$$
$$JD = 4\text{-}40$$

En multipliant de même les hauteurs AE, BD, et les segmens CE et DF, on aura aussi

$$Ii = 5\text{-}066$$
$$Jj = 4\text{- }22$$
$$Ci = 0\text{- }84$$
$$Dj = 1\text{- }27$$

Pour prouver que le second multiplicateur géodésique est aussi exact que celui dont il est le complément, nous allons calculer la surface de cette dernière partie de la division en faisant :

$$\text{Surface}\begin{cases}\text{IC}j \times \tfrac{1}{2}\,\text{I}i = 15\text{-}27 \times \tfrac{1}{2}\,5\text{-}066 = 38\text{-}68 \\ \text{JD}i \times \tfrac{1}{2}\,\text{J}j = 14\text{-}84 \times \tfrac{1}{2}\,4\text{-}222 = \underline{31\text{-}31} \\ \qquad\qquad \text{Du quadrilatère IJCD} = \overline{69\text{-}99}\end{cases}$$

Surface semblable à celle demandée à un centiare près, à cause des fractions négligées dans les calculs.

Nous terminerons ici les exemples de la division des quadrilatères irréguliers par des lignes qui coupent les côtés en parties proportionnelles, ceux qui précèdent, étant bien compris, suffisent pour exécuter tous les partages que l'on peut rencontrer dans la pratique.

CINQUIÈME PARTIE.

NOTIONS DE NIVELLEMENT

ET CALCULS DES DÉBLAIS ET REMBLAIS.

Du Nivellement.

197. Le nivellement a pour objet de faire connaître de combien un point est plus haut ou plus bas qu'un autre du centre de la terre.

Deux points sont de niveau entr'eux lorsqu'ils sont également élevés au-dessus ou abaissés au-dessous de la surface d'une eau parfaitement tranquille, sans écoulement, comme celle d'un étang ; tels sont les points A et D de l'arc AD (fig. 78), également éloignés du centre C.

Du niveau vrai et du niveau apparent.

198. Toute ligne courbe, tracée sur la surface de la terre, est dite une ligne de *niveau vrai*, tel est par exemple l'arc AD.

Si, au point A, l'on conçoit une droite perpendiculaire à la ligne AC, qui passe par le centre de la terre, cette ligne AB sera le niveau apparent du point A, et la partie BD de la sécante BC sera la hauteur du niveau apparent au-dessus du niveau vrai. Il est important, dans la pratique du nivellement, d'évaluer cette hauteur lorsque l'on connaît la longueur de la tangente AB; or, dit M. PUISSANT dans son *Traité de topographie et de nivellement*, n°. 151, c'est à quoi l'on parvient aisément, en considérant que toute tangente AB (fig. 79) est moyenne proportionnelle entre la sécante entière BE et sa partie extérieure BD, ainsi on a

$$BE : AB :: AB : x = BD$$

ce qui revient à

$$BD = \frac{AB \times AB}{BE} = \frac{AB^2}{BE}$$

ou à

$$BD = \frac{AB^2}{BD + BD}$$

Pour calculer rigoureusement BD, il faudrait résoudre une équation du second degré, mais la hauteur BD est toujours si petite à l'égard du diamètre DE de la terre, que la formule précédente peut sans erreur sensible être réduite dans la pratique à

$$BD = \frac{AB^2}{DE} \text{ ou pour abréger } h = \frac{a^2}{2b}$$

Donc la hauteur du niveau apparent au-dessus du niveau vrai, est égale au carré de la distance horizontale des deux points A et B, divisé par le diamètre de la terre ou par deux fois le rayon CD = R = 6366198^m. dont le logarithme de 2 R = 7·1049101. Nous allons donner une application de cette formule.

Trouver la hauteur BD (fig. 79) du niveau appa-rent au-dessus du niveau vrai, supposant AB de 480 mètres.

199. Cette opération est très-facile; on obtient la hauteur correspondant à 480^m. en faisant par les logarithmes

$$\text{Log. } 480 = 2\text{-}68124$$
$$480 = 2\text{-}68124$$
$$\text{Compl. log. } 2\text{ R} = 2\text{-}89509$$
$$\text{log. BD} = 8\text{-}25757 = 0^m.\ 01809$$

Si la distance AB était de 1000 mètres, on aurait la hauteur correspondant à ce nombre par le quatrième terme de la proportion

$$(480)^2 : (1000)^2 :: 0^m.\ 01809 : x = 0\text{-}0785.$$

Si l'on devait effectuer d'autres calculs de cette espèce, il serait plus simple de comparer à la dernière hauteur toutes celles à déterminer, parce que le calcul se réduirait à une seule multiplication, la division serait faite sur le champ en déplaçant convenablement la virgule décimale.

On pourra se dispenser de faire ces calculs toutes les fois que la distance entre les objets ne dépassera pas 250 mètres, en prenant la ligne de niveau apparent pour la ligne de niveau vrai; mais au-delà de cette distance la différence ne pourra être tolérée.

PRATIQUE DU NIVELLEMENT.

200. La pratique du nivellement ne présente aucune difficulté dès que l'on possède bien la théorie, et

que l'on s'est rendu familier l'instrument dont on veut faire usage.

On distingue deux sortes de nivellement, le *simple* et le *composé*.

Le *simple* est celui que l'on peut faire par une station ou par deux coups de niveau en se plaçant à peu près au milieu de la distance des points à niveler, en regardant à droite et à gauche de l'instrument sans le déranger de sa position.

Le *composé* est une suite de nivellemens simples faits entre deux points placés au-delà des limites de l'étendue du rayon visuel, ou bien quand le terrain a beaucoup d'inégalités ou une pente considérable, auxquelles il est nécessaire d'avoir égard; on voit par là que le nivellement composé doit être celui qui se rencontre le plus souvent dans la pratique, soit pour le projet d'une route, soit pour faire aller des eaux d'un endroit à un autre.

Du nivellement simple.

Déterminer, au moyen du niveau d'eau (1), la différence de niveau de deux points A *et* B *(fig. 80).*

201. L'opération est bien facile, placez l'instrument

---

(1) Le *niveau d'eau* se compose d'un tube en fer blanc relevé aux deux extrémités, et terminés par deux petits tubes en verre ; on verse de l'eau colorée en rouge dans un de ces tubes jusqu'à ce qu'il y en ait suffisamment.

Avec le niveau d'eau, on se sert, pour niveler, d'une règle de 3 à 4 mètres de hauteur qu'on appelle *mire*, et qui doit être divisée en mètres, décimètres et centimètres ; sur cette règle, on fait glisser une seconde règle nommée *voyant*, qui porte une raie noire, ou un carton d'un décimètre carré, blanc d'un côté de la verticale, et noire de l'autre. Le côté blanc se distingue facilement quand il se détache sur la terre ou sur des objets de couleur foncée ; le côté noir se détache sur le ciel.

à peu près à égale distance de A et B, pour éviter la correction due à la réfraction et à la différence du niveau apparent au niveau vrai ; faites ensuite placer la mire bien verticalement au point A, à l'aide de signes convenus avec le porte mire, faites descendre ou monter le voyant jusqu'à ce que le rayon visuel donné par la surface de l'eau passe exactement par son milieu, ce que l'on nomme coup de niveau d'arrière ; faites prendre par le porte mire, ou prenez vous-même sur la règle A*n*, la hauteur A*a* ou la cote du point A, que vous écrivez sur le brouillon du nivellement.

Cela exécuté, faites porter immédiatement la mire au point B, et sans déranger le niveau répétez la même manœuvre que celle faite pour avoir la cote A, que l'on nomme coup de *niveau d'avant*, vous aurez la hauteur B*b*, ou la cote du point B ; mesurez ensuite la distance AB, et toute l'opération sera terminée sur le terrain.

Pour avoir la différence de niveau entre A et B, il suffit d'en comparer les cotes, si elles sont égales, les deux points seront de niveau, mais si la première A*a* est égale à $1^m. 25^c.$, et la deuxième B*b* à $0^m. 75^c.$, le point A sera plus bas que le point B de la quantité de A*a* moins B*b* égale à 50 centimètres.

Si l'on suppose la longueur AB de 100 mètres, on concluera que la pente est de $\frac{1}{2}$ centimètre par mètre.

Règle générale. Pour avoir la différence de niveau par mètre, il suffit de diviser la différence des niveaux par la distance nivelée.

Lever le profil d'un terrain ayant quelques sinuo- sités (fig. 81.)

202. Lorsque le terrain est légèrement ondulé, que la pente est peu sensible, l'opération n'est pas plus

difficile que la précédente ; on place le niveau à peu près à égale distance entre A et D, et l'on fait placer successivement la mire ou le terrain cesse d'être de niveau, par exemple aux points ACDE, en répétant à chacun de ces points, ce qui a été fait au point A du n° 201, qui précède, on obtiendra les côtes ACDE que l'on écrira sur le brouillon du nivellement, ensuite on mesurera les horisontales.

Si les côtes ou ordonnées verticales ont été trouvées :

$$Ac = 1^m.60$$
$$Ge = 1 - 40$$
$$Dd = 1 - 50$$
$$Ee = 2 - 50$$

Et les horisontales :

$$ac = 20^m.00$$
$$cd = 50 - 00$$
$$de = 30 - 00$$

et que l'on veuille niveler le terrain au point A, il faudra baisser C de 20 centimètres, D de 10, et élever E de 90 centimètres.

Si, au contraire, on voulait faire couler une source d'eau de A en E, on aurait à calculer la pente que l'on veut donner à l'écoulement de l'eau.

Pour rapporter ce profil, on prend ordinairement deux échelles, une pour les distances horisontales, et l'autre pour les ordonnées verticales (côtes) ; la dernière est presque toujours triple ou quadruple à celle des longueurs, par la raison que les hauteurs verticales étant toujours plus petites que les horisontales, si elles étaient rapportées à la même échelle, bien souvent il n'y aurait pas de place pour écrire.

Nivellement composé.

*Déterminer la différence de niveau des points
A et E (fig. 82.)*

203. Lorsque les points, dont il faut déterminer la différence de niveau, sont très-éloignés l'un de l'autre, ou que le terrain ne permet pas de faire l'opération par une seule station, comme dans les exemples qui précèdent, alors on fait des stations intermédiaires de nivellement simple.

Chaque nivellement simple s'attache à celui qui le précède immédiatement, par exemple, à la première station du nivellement composé ABCDE, le coup de niveau d'arrière donne le côté Ab, celui d'avant donne Bb.

A la seconde station, le coup de niveau d'arrière donné au point B, où la mire a été laissée, détermine la cote Bb, et le coup d'avant donne la cote Cc.

On voit par là que le second nivellement est lié au premier par les deux côtes du point B, la même relation s'établit entre le troisième et le deuxième, et ainsi des autres.

Cela posé, après avoir établi son canevas, le niveleur procédera au nivellement en se conformant à la méthode indiquée n°. 201, c'est-à-dire, en plaçant le niveau à peu près au milieu des deux termes; il écrira les cotes données par les coups de niveau d'arrière à la droite des perpendiculaires ou ordonnées, et celles des coups d'avant à la gauche comme le représente la figure 83, de sorte que les perpendiculaires extrêmes n'auront qu'un coté, et que celles intermédiaires en auront deux.

Les distances de la ligne horisontale ae s'écrivent sur cette ligne.

Lorsque la ligne de nivellement est commandée par la nature de quelques travaux subséquents, d'une route, d'un canal, alors on commence par lever le plan du terrain sur lequel on doit former un projet, et l'on marque, par des piquets enfoncés à fleur de terre, la direction de la ligne ABCDE; ces piquets servent aussi de repères pour lier au nivellement fait dans le sens de l'axe du projet, les divers nivellemens en travers que l'on est obligé d'effectuer afin de mieux caractériser la forme du terrain que l'on considère.

Lorsque l'on a des doutes sur le nivellement opéré, il faut le vérifier en commençant en sens opposé, c'est-à-dire à partir du point A au point E, toujours par une suite de nivellemens simples.

Si l'on avait une confiance égale à chaque nivellement, il faudrait prendre la moyenne des résultats obtenus. Voici la manière ordinaire et la plus simple d'obtenir ces résultats.

De la somme des coups d'arrière on ôte celle des coups d'avant, et le reste est la quantité dont le deuxième terme du nivellement se trouve plus haut ou plus bas que le premier terme, selon que la somme des coups d'arrière est plus forte ou plus faible que celle des coup d'avant. Lorsque ce reste est nul, les deux points A et E sont de niveau entr'eux. Ayant mesuré les cotes verticales qui sont pour ce cas.

Coups d'arrière.	*Coups d'avant.*
$\mathrm{A}a = 1^{\mathrm{m}}.90$	$\mathrm{B}b = 0\text{-}40$
$\mathrm{B}b = 1\text{-}60$	$\mathrm{C}c = 0\text{-}50$
$\mathrm{C}c' = 1\text{-}45$	$\mathrm{D}d = 1\text{-}20$
$\mathrm{D}d' = 0\text{-}40$	$\mathrm{E}e = 1\text{-}80$
Somme $= 5\text{-}35$	Somme $= 3\text{-}90$

Et les distances horisontales

$$ab = 50\text{-}00 \qquad c'd' = 70\text{-}00$$
$$bc = 55\text{-}00 \qquad de = 60\text{-}00$$

Ces dernières s'obtiennent en mesurant AB, BC, CD, DE, avec la chaîne tendue horizontalement.

L'opération étant faite sur le terrain, on connaîtra, d'après ce que nous avons dit plus haut, que le point E est au-dessus du niveau du point A, en ôtant la somme des coups d'avant de celle des coups d'arrière, ce qui donne ici

$$5^m. 35 - 3\text{-}90 = 1\text{-}45.$$

Ainsi le point E est au-dessus du point A de 1 mètre 45 centimètres.

Au moyen des distances horisontales indiquées plus haut, on établira le canevas du nivellement comme l'indique la figure 83, et on s'apercevra facilement que les doubles côtes qui accompagnent chaque verticale B*b*, C*c*, etc., indiquent que les points ABCD, etc., sont comparés à diverses horisontales comme dans la figure 82.

On voit par là que si le terrain était rapporté à une seule ligne imaginée horisontalement *a, b, c, d, e*, comme l'indique la figure 84, la différence de hauteur de deux points quelconques serait donnée par la différence même de leurs distances à cette ligne ; pour ramener le nivellement à cet état, on prend ordinairement *une côte d'emprunt* A*a* (fig. 82), telle que sa hauteur excède le point le plus élevé du profil, condition qu'il est toujours facile de remplir, et qui sera satisfaite dans cet exemple, si l'on suppose cette hauteur empruntée de 5 mètres (1).

---

(1) Cette supposition est ordinairement de 10 mètres ou 20, et quelquefois 80 mètres.

Cela posé, sachant que la côte d'emprunt A*a* est de 5 mètres, on obtiendra facilement les autres côtes relatives à la ligne horisontale ; il suffira pour avoir celle du point B d'ôter de la côte d'emprunt C le coup d'arrière 1^m. 90^c., et d'ajouter au reste le coup d'avant du point B, 0^m. 40^c.

Ensuite, pour avoir la nouvelle côte du point C, il faudra retrancher de la nouvelle côte de B le coup d'arrière correspondant, et ajouter au reste le coup d'avant du point C et ainsi de suite, de sorte que l'on aura :

Pour le point
{
A.. 5-00
B.... 5^m. 00 — 1-90 = 3-10 + 0^m. 40^c. = 3-50
C.... (3 – 50 — 1-60 = 1-90 + 0 – 50 = 2-40
D... 2 – 40 — 1-45 = 0-95 + 1 – 20 = 2-15
E... 2 – 15 — 0-40 = 1-75 + 1 – 80 = 3-55
}

Pour vérifier cette opération, il faut faire la différence des nouvelles côtes des points extrêmes A et E égale à

$$5^m. 00 — 3\text{-}55 = 1\text{-}45.$$

Cette différence étant égale à celle trouvée, en ôtant les coups d'avant des coups d'arrière, on peut donc conclure que le calcul ci-dessus est exact.

Au moyen de cette préparation, on rapportera aisément le profil du nivellement ABCDE à la ligne *ae*, en se servant de deux échelles, comme nous l'avons dit à la fin du n°. 202.

CALCULS
DES DÉBLAIS ET REMBLAIS.

204. On désigne par *déblai* le massif de terre qu'il faut enlever, et par *remblai*, les terres qu'il s'agit de répandre sur les parties à exhausser.

Les dimensions de ces massifs se déduisent tant de la connaissance de la figure du terrain indiquée par les divers nivellemens faits en longueur et en largeur, que de celles des pentes et de la forme du projet.

L'ingénieur règle ordinairement les pentes et les parties de niveau de manière que les remblais compensent les déblais autant qu'il est possible ; on a le soin de n'admettre que des rampes douces pour facilité du roulage ; mais dans un pays de plaine, on établit presque toujours les routes en terrain naturel.

Il est d'usage de tracer le projet en lignes rouges sur le plan, afin de les mieux distinguer des lignes du terrain mises en noir ; c'est ce que l'on appelle côtes rouges. (Ces lignes sont indiquées au plan par une demi-ponctuation.)

On appelle *points de sujétion* ceux par lesquels l'ingénieur est obligé de faire passer le projet, indépendemment de toute considération qui pourrait l'engager à adopter un autre système de tracé. Les points, où ce projet rencontre le terrain naturel, se nomment *points de passage* ou points à zéro.

Dans les formules qui vont suivre, nous désignerons toujours

$$P = \text{la pente totale du terrain,}$$
$$p = \text{la pente par mètre du terrain,}$$
$$P' = \text{la pente totale du projet,}$$
$$p' = \text{la pente par mètre du projet,}$$

205. Pour connaître la pente par mètre d'une rampe, il suffit de diviser la pente totale par la longueur de la ligne horisontale de cette rampe, ainsi en désignant cette horisontale par H, on a toujours

$$p = \frac{P}{H}$$

Cela posé, si l'on avait par exemple

$$H = 400^m.00 \qquad P = 12^m.00$$

on aurait

$$p = \frac{P}{H} = \frac{12^m.00}{400-00} = 0-03$$

ou 0,03 centimètres de pente par mètre.

On désigne les parties ascendantes par le signe $+$, et les parties descendantes par ce signe $-$.

Pour trouver la valeur de la côte rouge DE (fig. 85), ou rapporter le point B à la ligne horisontale AB, d'après M. Lefebvre, on fait

$$P' = AB \times p'.$$

or,

$$DE = P - P' = P - AB \times p'.$$

Les données étant

$$AB = 1-20 \qquad P = 0-01$$
$$P = 3-00$$

on a

$$DE = 3^m.00 - (1-20 \times 0-01) = 3-00 - 1-20 = 1-80$$

Pour déterminer la valeur de la côte rouge DF (fig. 86). Le point C en ayant déjà une, on aurait, d'après le même :

$$DF = P' + CE - P = (P' - p) \times AB + CE.$$

Les données étant :

$$AB = 120^m. 00 \qquad P' = 1\text{-}80$$
$$CE = 1\text{-}70 \qquad P = 3\text{-}00$$

on aura

$$DE = (1^m.8 + 1\text{-}7) = 3\text{-}5 - 3\text{-}00 = 0\text{-}5.$$

Cette quantité étant positive, le point E est au-dessus du terrain D, ce qui annonce qu'il faudra faire le remblai CDEF.

Quant le point E est au-dessous du terrain, le signe de la côte CE est négatif.

Pour la côte rouge cherchée DE, le résultat de la formule fera toujours connaître pour son signe si elle se trouve au-dessus ou au-dessous du terrain CD.

206. Si les pentes n'étaient pas dans le même sens; en supposant la côte rouge $CE = 3^m. 3^c.$; $p' = 0\text{-}008$, et P 1-4 on aura $DE = 0\text{-}94$; donc la ligne de projet serait au-dessus du terrain.

Soit $P = 5^m. 2^c.$, $p' = 0\text{-}003$; $CE = 3\text{-}00$, et AB $= 200$.

on aura

$$DE = AB \times p' + CE - P =$$
$$200 \times 0\text{-}003 + 3\text{-}00 - V\ 5\text{-}20 = 1\text{-}60.$$

Dans ce cas le point E est au-dessus du terrain, et le point F se trouve au-dessous; la ligne du terrain CD est coupée au point G (fig. 87) par celle du projet EF; l'intersection G de ces deux lignes est nommée par les ingénieurs point de passage, *ou point à zéro.*

Dans la pratique du nivellement, on est continuellement obligé de déterminer par le calcul ce point de passage pour pouvoir calculer les volumes du remblai CEG, et du déblai DFG, de sorte qu'il faut chercher l'horisontale IG $=$ AH, par la formule suivante :

Or, les triangles semblables CEG, DFG donnent :

$$CE : DF :: CG : GD$$

d'où

$$CE + DF : CE :: CD : DG$$

on a aussi

$$CD : CG :: AB : AH$$

donc

$$CE + D : CE :: AB : AH$$

donc AH ou

$$IG = \frac{CE \times AB}{CE + DF} \quad (a)$$

Cette règle revient à partager AB dans le rapport de CE à DF.

Les pentes et les côtes rouges étant les mêmes que celles ci-dessus, si l'on suppose la côte d'emprunt IE = $2^m.8^c.$, on aura la formule (a).

$$IG = \frac{3\text{-}00 \times 200\text{-}00}{2 + 1\text{-}60} = 130^m.434^c.$$

Pour vérification, on peut chercher

$$BH = \frac{1\text{-}60 \times 200\text{-}00}{4\text{-}60} = 69^m.566^c.$$

Ces deux quantités réunies donnent exactement la valeur AB, comme cela devait être

$$IG = \frac{CE}{p - p'} \quad (b)$$

En mettant les valeurs, on a

$$\frac{3}{0\text{-}023} = 130\text{-}434$$

comme ci-dessus.

Si l'on avait besoin de connaître la verticale HG, on l'obtiendrait par l'équation

$$HG = IC \frac{P \times AH}{AB} = AG \frac{p \times CE}{p - p'} \quad (c).$$

207. Telle est la théorie des pentes combinées du terrain et du projet que M. LEFEBVRE indique dans son *Traité d'arpentage.*

208. Pour tracer le projet d'une route sur les profils en travers, on fait d'abord le profil de la route, d'après les dimensions arrêtées, et l'on applique les dimensions qui en résultent sur chaque profil en travers.

» Les parties constituantes d'une route sont une chaussée solide vers l'axe, ou un encaissement ; un accotement en terre de chaque côté, un peu incliné, afin que les eaux puissent s'écouler vers les bords de la route ; deux fossés pour recevoir les eaux ou quelquefois deux talus pour soutenir les accotemens.

» Les talus des terres sont nécessaires pour éviter les éboulemens ; ils sont d'autant plus considérables que les terres sont moins compactes ou plus légères, cependant on les fait moindres dans les déblais que dans les remblais, parce que les terres nouvellement rapportées sont beaucoup moins tassées que celles qui forment le sol depuis un grand laps de temps ; on détermine leur talus ou leur inclinaison après qu'elles ont été jetées au lieu du remblai et abandonnées à elles-mêmes.

» Pour mieux fixer les idées des personnes qui vou-

dront s'instruire sur cette partie, voici comment M. Le-
febvre donne une application d'une partie d'un projet
de route.

209. « Soient les points ABCD (fig. 88) qu'on a
choisis pour la direction de la route, il faut mesurer
les angles ABC, BCD, ainsi que les distances AB,
BC, CD, si cela est possible; s'il y a trop de difficul-
tés ces détails s'obtiendront par les détail du nivelle-
ment.

» On fera ensuite le nivellement de A en B, de B en
C, et de C en D, ainsi que ceux en travers qui doivent
être faits de part et d'autre des alignemens AB, BC, CD.

» Ces nivellemens faits, on rapportera le profil de ce-
lui en long à une même horisontale AX (fig. 89), et
l'on numérotera toutes les verticales par les nombres
1, 2, 3, etc.

» On déterminera l'axe projeté FGHK de manière
que la pente ne soit pas trop forte; on mesurera ou
l'on déterminera les côtes rouges AF, BG, qui font
connaître la pente de la route. »

Après avoir calculé les pentes, on calculera les côtes
rouges *ah, bk, cl,* ainsi que la distance horisontale
au point du passage E, en faisant l'application des for-
mules qui précèdent.

Nous laisserons à déterminer tout ceci au moyen
des formules précitées.

Quant aux profils de travers, ils se rapportent sur
une même ligne AB (fig. 88) qui doit coïncider avec
une parallèle à l'horisontale A (fig. 90) et l'on décide
de quel côté de l'horisontale du point de station on
mettra la côte rouge correspondante à ce point, plus
élevé que le terrain.

Nous renvoyons, pour tout ce qui nous reste à dire

sur cette partie, aux traités spéciaux, notamment au traité d'arpentage de M. LEFÉBVRE, où nous avons puisé une partie de ce qui précède, et au traité de topographie et de nivellement de M. PUISSANT.

Stéréométrie.

Mesure des solides.

210. Après avoir ramené toutes les côtes verticales d'un nivellement composé à un plan horizontal, et déterminé la forme et les dimensions des solides, des déblais et des remblais qui naissent, tant de la figure du terrain que de celle du projet, il reste à évaluer le volume de ces solides.

On parvient à cette évaluation au moyen des principes de la stéréométrie qui est une partie de la géométrie, qui a pour objet la mesure du volume des corps.

On appelle *volume*, *solide ou corps*, tout ce qui a trois dimensions, longueur, largeur et profondeur ou hauteur.

On appelle *prisme* tout corps dont la surface latérale est composée de parallélogrammes et qui est terminée par des polygones égaux et parallèles que l'on nomme base.

211. Le prisme prend le nom de la figure de sa base ; ainsi on appelle prisme triangulaire, quadrangulaire, pentagonal, etc., selon que la figure génératrice est un triangle, un quadrilatère, un pentagone, etc.

212. Si le générateur est un parallélogramme, le solide engendré est un *parallélipipède*, et *cube* lorsque sa base est un carré et que sa hauteur est égale au

côté du carré ; on suppose toujours que le plan générateur se lève perpendiculairement de dessus sa base.

On appelle *pyramide* tout corps dont la surface latérale est composée de triangles qui se réunissent tous en un sommet commun que l'on peut nommer pointe de la pyramide ; la base est un polygone qui donne son nom à la pyramide, de sorte qu'il y en a de triangulaires, quadrangulaires, pentagonales, etc., selon que la base est un triangle, un quadrilatère, un pentagone, etc.

213. Mesurer le volume d'un corps, c'est chercher combien de fois il contient le volume d'un autre corps pris pour unité de mesure.

On obtient le volume d'un prisme et d'un cylindre en multipliant la surface d'une de ses bases par sa hauteur.

Ainsi en appelant B la base, H la hauteur et V son volume, on aura :

$$V = B \times H$$

Soit le prisme ABCDPQRS (fig. 91), ABPQ étant la base, AC en sera la hauteur, et sachant que

$$AB = 4^m.00$$
$$AC = 3 - 00$$
$$AP = 5 - 00$$

on aura son volume en faisant :

$$AB \times AC \times AP = 4 \times 3 \times 5 = 60 \text{ mètres cubes.}$$

On calcule d'abord la surface de sa base, en multipliant la longueur par la largueur $4 \times 3 = 12$, puis cette somme par la hauteur 5, ce qui donne 60 mètres.

Si le prisme proposé est un parallélipipède rectangle, son volume s'obtient en multipliant ensemble ses trois dimensions, c'est-à-dire sa longueur, sa largeur et sa profondeur ou hauteur.

Si le prisme est oblique, son volume s'obtiendra également en multipliant la base par la hauteur.

Le volume d'un prisme triangulaire (fig. 92), dont la surface de la base est 3 mètres carrés et sa hauteur 5 mètres, équivaut à

$$3 \times 5 = 15 \text{ mètres cubes.}$$

La surface de la base s'obtient comme nous avons enseigné à mesurer un triangle.

Le volume d'une pyramide s'obtient en multipliant la surface de sa base par le tiers de sa hauteur perpendiculaire.

Soit la pyramide ABCD (fig. 93), AB étant la longueur de la base, BC la largeur et DE la hauteur perpendiculaire, on aura son volume en faisant :

$$AB \times BC \times {}^{1/3} DE$$

c'est-à-dire

$$V = 4 \times 2 \times 3 = 24 \text{ mètres cubes.}$$

Les solides que l'on rencontre à mesurer ne sont pas toujours posés sur une de leurs bases comme ceux qui précèdent; le massif de terre ABCDEF (fig. 94) quoique posé sur une de ses faces latérales, est un prisme triangulaire dont la surface de la base est égale à

$$S = DF \times \tfrac{1}{2} BD = 4 \times \tfrac{1}{2} 3 = 6^m.00 \text{ carrés}$$

et son volume équivaut à

$$V = 6\text{-}00 \times 9\text{-}00 = 54 \text{ mètres cubes.}$$

Il est rare que les terres à enlever présentent toujours des prismes réguliers, au contraire on rencontre souvent à évaluer des prismes triangulaires tronqués, dont le volume est égal au produit de la base par le $\frac{1}{3}$ de ses trois hauteurs (géométrie de Legendre, livre 6); ainsi le volume du prisme (fig. 95) dont la surface de la base est de 5 mètres carrés, équivaut à

$$V = 5 \times \tfrac{1}{3} \, (2 - \times 4 \times 5) = 66^{m}.\ \tfrac{2}{3} \text{ cubes.}$$

Au moyen des exemples qui précèdent, on pourra avoir une idée des calculs à faire pour les déblais et remblais. Nous terminerons ici cette partie en renvoyant, pour ce qui nous resterait à dire, aux traités spéciaux.

SIXIÈME PARTIE.

FORMULAIRE

DU GÉOMÈTRE ARPENTEUR.

Pour jouir d'une confiance méritée, il ne suffit pas à l'arpenteur de connaître les principes de la science, sans lesquels il ne peut opérer que par routine et au hasard, il lui faut aussi, et ce n'est pas le moins essentiel de son art, avoir fait une étude spéciale de la *partie* du droit et des lois relative au *partage*, à la *délimitation* et au *bornage* des propriétés, les opérations qui s'y rattachent composant en général l'objet de ses travaux ordinaires. Enfin, il doit savoir comment agir dans toutes les circonstances qui peuvent se présenter pour ne pas compromettre les intérêts qui lui sont confiés.

Mais s'il ne joignait pas à ces connaissances une probité sévère et surtout un esprit de conciliation, il ne posséderait qu'une *partie* des qualités que l'on est en droit d'exiger de lui ; en effet, consulté souvent par les *parties*, il dépend presque toujours de lui d'empêcher que des difficultés légères dans le principe, dégénèrent en des procès longs et dispendieux.

Avant la révolution de 1789, les arpenteurs subissaient des examens de capacité ; aujourd'hui chacun peut exercer cette profession sans autre garantie que celle d'une patente; aussi voit-on un grand nombre de personnes embrasser cette carrière, connaissant à peine les premiers élémens de géométrie, et ignorant tout le surplus de ce qui se rattache à leur profession. N'ayant aucun caractère ministériel, ils sont considérés comme experts aux yeux de la loi, et la marche qu'ils ont à suivre dans toutes les opérations dont ils sont chargés par les tribunaux, est réglée par le Code de procédure civile, art. 302 et suivans, au titre des *rapports d'experts*.

Obligés de rédiger des procès-verbaux pour constater leurs opérations, ils doivent également connaître les formalités qu'ils ont à observer pour la régularité et la validité de leurs actes; ils doivent surtout se pénétrer de la forme et du *style* qu'il convient de leur donner. Aucun ouvrage n'ayant paru jusqu'à présent sur la matière; c'est pour remplir en partie cette lacune et répondre à la demande de nombreux souscripteurs, que l'auteur a essayé de rassembler ici les notions qu'une longue pratique l'avait mis souvent dans la nécessité de rechercher pour son propre compte dans divers ouvrages. C'est particulièrement aux jeunes gens que ce travail est destiné.

Il ne prétend pas leur donner une règle de conduite invariable, ni des modèles d'actes dont on ne devra pas dévier; au contraire, son intention n'est que de les aider en mettant sous leurs yeux les principales dispositions des lois, et un certain nombre de formules de procès-verbaux; c'est une sorte de *spécimen* propre à les guider dans les opérations qu'ils auront à faire soit comme *arpenteurs*, soit comme *experts* ou *arbitres*, et si cet essai peut leur être utile et qu'il soit bien accueilli par eux, le but principal de l'auteur sera atteint.

Cette sixième partie est divisée en trois paragraphes qui comprennent, savoir :

Le *premier*, les formules de procès-verbaux d'arpentage pur et simple, avec ou sans analyse de titres ;

Le *second*, les procès-verbaux de bornage à l'amiable et judiciaire ;

Et le *troisième*, les procès-verbaux d'estimation, composition de lots amiable et judiciaire.

Il a fait précéder chacun de ces paragraphes des lois, arrêts et décisions qu'il a recueillis sur les matières traitées dans chacun d'eux.

Avant de passer aux formules, nous allons dire un mot sur les fonctions des géomètres-arpenteurs, ainsi que sur celles d'experts.

DES GÉOMÈTRES ARPENTEURS

ET DE LEURS FONCTIONS.

1. On désigne par géomètre-arpenteur celui qui se livre au mesurage des terres et à la levée des plans; cette profession est libre.

En France, l'arpentage a toujours été considéré comme très-utile, et ce qui le prouve, c'est qu'anciennement 1° l'on avait cru devoir créer en titres d'offices, dans chaque juridiction, un certain nombre d'arpenteurs (édits de février 1554, novembre 1689, mai 1702), lesquels avaient le droit exclusif de faire tous les partages ordonnés en justice; 2° un édit de mai 1702, allant plus loin, avait créé des offices d'arpenteurs dans tous les villes et bourgs du royaume, avec attributions pour ceux qui étaient établis dans les lieux où il y avait siége ou juridiction royale, des fonctions de notaires royaux, qui avaient été réunies à celles d'arpenteurs, pour ne faire qu'un seul et même office de *notaire-arpenteur ;* ce qui fut néanmoins presque immédiatement révoqué.

2. Il n'y a plus maintenant que des arpenteurs forestiers et des arpenteurs privés.

3. L'arpenteur forestier est commissionné par le gouvernement et assermenté devant le tribunal de première instance de sa résidence (art. 5, Code forestier.) Ses fonctions sont déterminées par le même code.

4. L'arpenteur *privé* n'a d'autre caractère que celui résultant de la libre volonté des parties qui l'emploient ; dès qu'il travaille pour le public, il est soumis à patente (Loi du 13 brumaire an VII.)

5. Lorsqu'il est appelé par deux personnes ayant des intérêts opposés, pour faire une opération quelconque, comme pour fixer les limites de deux héritages, il exerce alors une sorte de fonctions d'*arbitre.*

6. S'il est nommé par justice, il prend le nom d'*expert,* et ses fonctions sont réglées par le Code de procédure civile, titre 14.

7. L'arpenteur ne doit pas être considéré dans son travail comme un ouvrier ordinaire ; sa position se rapproche de celle de l'architecte ; comme celle-ci, elle exige des connaissances spéciales ; aussi les tribunaux fixent-ils leurs honoraires sur le taux de ceux des architectes.

8. De là il suit que l'arpenteur est responsable des erreurs qu'il peut commettre, soit par *impéritie* ou *négligence,* mais en tant qu'elles occasionneraient envers l'une des parties un tort dont elles ne pourraient obtenir la réparation de l'autre.

9. Il n'en serait pas de même si l'arpenteur avait agi

comme arbitre des parties ; car un arbitre qui fait les fonctions de *juge* n'est pas responsable de son mal jugé.

10. D'après les lois romaines, les arpenteurs n'étaient responsables que de leurs fautes volontaires, résultant de la mauvaise foi ; si l'arpenteur ne s'était trompé que par impéritie, ceux qui l'avaient employé ne devaient s'en prendre qu'à eux-mêmes ; toutefois les mêmes lois admettaient la responsabilité de l'arpenteur en cas de *faute grossière*, parce qu'une pareille faute était assimilée à la mauvaise foi.

11. Suivant l'art. 264 de la coutume de Bretagne, les arpenteurs étaient responsables des fautes commises dans leur travail.

12. L'article 52 du Code forestier établit la limite où commence la responsabilité des arpenteurs forestiers, c'est celle où l'erreur produit une différence d'un vingtième.

13. Il a été jugé qu'un arpenteur, comme tout autre particulier, pouvait recevoir en dépôt le *procès-verbal* ou *l'acte* qu'il avait fait pour les parties et leur en délivrer des *expéditions* (Cassation 31 mai 1831.) Mais, d'une part, il a été reconnu que ces expéditions étaient sans valeur, et d'autre part, la question à juger n'était pas celle de savoir si un arpenteur pouvait faire sa profession habituelle de garder le dépôt des actes sous seings privés, de telle sorte que la décision n'a porté que sur un fait pris isolément (art. 7492 *Journal des Notaires.*)

Des experts et de l'expertise.

14. On nomme *experts* les personnes nommées par la justice ou par les parties, pour reconnaître, examiner ou apprécier une chose à l'aide de leurs connaissances particulières ; et en faire leur rapport afin d'é-

clairer la justice ou les parties sur des points qu'elles ne peuvent approfondir par elles-mêmes.

Expertise.

15. L'expertise est l'opération à laquelle se livrent les experts.

Des diverses espèces d'expertises.

Cas où elles ont lieu. En quoi elles diffèrent de l'arbitrage.

16. Il y a l'expertise *amiable* et l'expertise *judiciaire*.

17. La *première* comme l'indique son nom, dépend de la convention des parties.

18. Quant à l'expertise *judiciaire*, elle est ou prescrite par la loi, ou simplement ordonnée par le juge, soit d'office, soit sur la réquisition des parties.

19. Il y a lieu à expertise dans un très-grand nombre de cas, notamment pour l'estimation de biens pour parvenir à un partage, ou pour déterminer la limite d'un terrain ; ce sont ordinairement les arpenteurs qui sont chargés de ces sortes d'opérations.

20. L'expertise diffère de l'arbitrage en ce que les experts ne font que rendre compte de leur mission et présenter leur avis, sans que les juges soient astreints à suivre cet avis (Code de proc. civ. 323); tandis que les arbitres prononcent sur le fond de la contestation qui existe entre les parties.

De l'expertise devant les tribunaux.

Capacité des experts.

21. Les experts ne formant plus aujourd'hui de cor-

poration, il importe peu que l'expert choisi soit d'une profession étrangère aux connaissances qu'exige l'objet en litige.

22. L'aptitude à être nommé expert étant rangée par la loi dans la classe des droits civils, il en résulte qu'un étranger est incapable d'être expert devant les tribunaux, ce qui a lieu dans le cas d'arbitrage forcé.

Nomination des experts.

23. Les tribunaux nomment les experts, ou sur la demande qui leur est faite, ou d'office ; le jugment doit toujours énoncer d'une manière claire et précise les objets de l'expertise pour que les experts ne s'écartent pas de leur mission (Code de proc. civ. 302. Carré 1154.)

24. Les formalités de l'expertise, telles qu'elles sont prescrites par le Code de procédure, doivent être observées dans tous les cas ; toutefois elles ne s'appliquent ni aux expertises en matière d'*enregistrement* (avis du Conseil d'état du 12 mai 1807), ni aux expertises ordonnées *administrativement.*

25. Quand le tribunal se croit suffisamment éclairé sur ce qui fait l'objet de l'expertise, il peut se dispenser de déférer à la demande d'expertise de la part de l'une des parties, toutes les fois que la loi n'exige pas cette voie d'instruction (Carré 1155.)

26. La nomination des experts ne peut avoir lieu en nombre pair, ni en nombre supérieur à trois ; la difficulté de réunir un plus grand nombre de personnes entrainerait trop de lenteurs et trop de frais.

127. Il faut donc que les parties soient capables de disposer pour consentir à la nomination d'un seul ex-

pert ; en cas de minorité, les experts doivent être nommés d'office et au nombre du trois. (Carré 1159.)

Récusation des experts.

28. Les experts peuvent être récusés par les motifs pour lesquels les témoins sont reprochés (Code de proc. civ. 308.)

29. Les experts choisis par les parties ne peuvent être récusés que pour causes survenues depuis la nomination et avant le serment ; tandis que ceux nommés d'office, qui n'ont pu être connus des parties, sont récusables même pour causes antérieures à leur nomination (Code de proc. civ. 308.)

30. Le serment une fois prêté, les opérations sont réputées commencées, la récusation n'est plus admissible même pour causes postérieures. Cependant les circonstances de nature à diminuer la confiance dans les experts peuvent être signalées au tribunal qui saura les apprécier (Carré 1173.)

31. Trois jours après celui de la nomination, la récusation n'est plus recevable (Cassation 22 floréal an IX.)

32. La récusation suspend l'effet de la nomination de l'expert, la prestation de serment ne pouvant avoir lieu qu'après le jugement qui rejetterait cette récusation (309 et 387 Code de proc. civ., Carré 1176.)

33. Si la récusation est admise, un nouvel expert est nommé d'office par le même jugement et non par les parties (Code de proc. civ. 313, Carré 1180); ce nouvel expert est lui-même récusable (Carré 1181.)

34. Si la récusation est rejetée, la partie qui l'a faite est condamnée aux dommages-intérêts, même

envers l'expert, s'il le requiert; mais, dans ce dernier cas, s'étant constitué l'adversaire du récusant, il ne peut demeurer expert (Code de proc. civ. 344.)

Serment et opérations des experts.

35. Le jugement qui ordonne l'expertise nomme un juge commissaire pour recevoir le serment des experts.

36. Les parties peuvent dispenser les experts du serment : cette formalité n'est pas d'ordre public (C. Florence 23 juin 1840.)

37. Après l'expiration du délai fixé par l'art. 305, la partie la plus diligente prend l'ordonnance du juge commissaire et fait sommation aux experts nommés par les parties ou d'office, pour faire leur serment, sans qu'il soit besoin que les parties y soient présentes (Code de proc. civ. 307.)

38. Si les parties ou leurs avoués sont présens à la prestation du serment, l'indication des jour, lieu et heure de l'opération, qui doit être insérée dans le procès-verbal, vaut sommation (Code de proc. civ. 315.)

39. En cas d'absence, les parties doivent, à peine de nullité, être sommées de se trouver sur les lieux aux jour et heure indiqués; autrement elles ne pourraient exercer le droit que leur accorde l'art. 317 de faire insérer dans le rapport leurs dires et observations (Carré 1186.)

40. Le ministère des experts est entièrement libre jusqu'à la prestation de serment, et celui qui refuse d'en remplir les fonctions n'est passible jusque là d'aucune peine. Le serment prêté, le refus de l'expert l'expose à tous les frais frustratoires et aux dommages-intérêts envers les parties (Carré 1189.)

41. Même après la prestation du serment, l'expert qui présente une excuse valable peut et doit être dispensé de l'expertise, s'il prouve qu'il ne peut y concourir sans éprouver un préjudice notable (Code civ. 2007, Carré 1191.)

42. *Quid*, si un expert est décédé, malade ou empêché par toute autre cause, pour procéder à l'opération ordonnée par un jugement, ou une ordonnance de référé?

Le président commet, par ordonnance sur requête, un expert en remplacement; l'usage à consacré ce mode, parce que rien ne justifiait pour un simple acte d'exécution le délai et les frais d'un jugement.

43. Si l'avance des frais de transport et de nourriture n'a pas été faite par les parties, les experts peuvent se dispenser de remplir leurs fonctions, (Arg. du Code de proc., Carré 1190, Berryat 304, note 16) à moins que la solvabilité des parties ne soit notoire. Dans l'usage les experts font les avances.

Des rapports d'experts.

Forme. — Dépôt. — Effet.

44. Le rapport est l'exposé de l'opération des experts; il mentionne les dires et réquisitions des parties (Code de proc. civ. 317). Il peut être rédigé sur les lieux contentieux, ou dans le lieu et aux jour et heure indiqués par les experts. La rédaction est écrite par l'un d'eux et signée par tous; s'ils ne savent pas tous écrire, elle est écrite et signée par le greffier de la justice de paix du lieu où ils ont procédé.

45. Un rapport d'experts qui n'a pas été écrit par l'un d'eux, ni par le greffier de la justice de paix du

lieu où ils ont procédé, n'est pas nul, surtout si la récapitulation est écrite de la main des experts, si tous l'ont signé, et si les juges ont déclaré qu'ils se sont convaincus de son exactitude par l'examen qu'ils en ont fait eux-mêmes, et d'après le rapprochement des élémens qu'ils ont recueillis sur les lieux (Rej. 20 juin 1826.)

46. L'expertise est nulle si la partie qui n'a pas été présente au procès-verbal de prestation de serment n'a pas été sommée d'être présente aux opérations d'expertise (Carré 1186).

47. L'omission de toute formalité, qui est la garantie d'un droit, emporte nullité de l'acte, encore que la loi ne l'ait pas prononcée. Ainsi on doit annuler le rapport d'experts rédigé hors du lieu de l'expertise, si on n'a pas indiqué d'avance le jour et le lieu de sa rédaction, de manière que les parties puissent faire tels dires et réquisitions qu'elles jugent convenables (Cour de Nancy, 10 septembre 1814.)

48. Un rapport d'experts qui serait fait un jour de dimanche ou de fête légale ne serait pas nul. La nullité n'est prononcée, relativement aux actes de procédure faits les jours de fête légale, qu'à l'égard des significations et exécutions (Code de proc. civ. 1037.)

49. Les experts dressent un seul rapport, ils ne forment qu'un seul avis à la pluralité des voix. Ils indiquent néanmoins en cas de dissidence les motifs des divers avis, sans faire connaître quel a été celui personnel à chacun d'eux (Code de proc. civ. 318.)

50. Les parties ou leurs avoués peuvent être présens à la rédaction du rapport, lorsque les experts déclarent qu'il sera fait dans un autre lieu que celui contentieux (Carré 1193.)

51. Toutefois ce qui, dans le procès-verbal, contient l'avis des experts doit être rédigé hors la présence des parties, parce que les experts prononcent, dans la circonstance, une espèce de jugement; il convient donc de leur laisser une entière liberté.

52. Les experts ne font qu'émettre un avis, ils ne rendent pas de sentences comme les juges et les arbitres, ils ne doivent pas être soumis à l'obligation de se ranger en majorité à une opinion (Carré 1200.)

53. La minute du rapport est déposée au greffe du tribunal qui ordonne l'expertise (Code de proc. civ. 319.) Les vacations des experts sont taxées par le président au bas de la minute, et il en est délivré exécutoire contre la partie qui a requis l'expertise, ou qui l'a poursuivie, si elle a été nommée d'office (Code de proc. civ. 319, V. tarif 159 à 165.)

54. D'où il résulte qu'ils n'ont pas d'action solidaire contre les parties (Code civ. 1202); d'ailleurs ils pouvaient refuser d'opérer si l'on n'avait pas consigné les frais sur la demande (Morlin répert., Carré 1027.)

55. Le dépôt peut se faire par un seul des experts ou par un mandataire.

56. En cas de retard ou de refus de la part des experts de déposer leur rapport, ils peuvent être assignés à trois jours, sans préliminaires de conciliation, par devant le tribunal qui les a commis, pour se voir condamner, même par corps, à faire ledit dépôt; il y est statué sommairement et sans instruction (Code de proc. civ. 320.)

57. En raison du retard ou du refus de dépôt du rapport par un expert, il peut être condamné à des dommages-intérêts envers la partie qui éprouve préjudice (Arg. du Code de proc. civ. 316, Carré 1240.)

58. Les experts ont une mission légale qui fait que leurs actes ne peuvent être rangés dans la catégorie des actes sous seings privés, et qu'ils ont date certaine avant l'enregistrement (Cassation 6 frimaire an XIV), leur rapport régulièrement déposé fait foi de ce qu'il énonce relativement à leur ministère (Berriat 308.)

Nouvelle expertise.

59. Si les juges ne trouvent pas dans le rapport les éclaircissemens suffisans, ils peuvent ordonner d'office une nouvelle expertise, par un ou plusieurs experts qu'ils nomment également d'office, et qui peuvent demander aux précédens experts les renseignemens qu'ils trouvent convenables (Code de proc. civ. 322.)

60. Si l'une des parties demande une nouvelle expertise et en fait reconnaître la nécessité aux juges, ou s'ils la reconnaissent eux-mêmes, ils peuvent ordonner une contrevisite (Carré 1214.)

61. Il doit être fait mention de l'insuffisance du premier rapport dans le jugement qui ordonne la visite ou nouvelle expertise (Carré 1215.)

62. L'insuffisance reconnue d'un rapport d'experts doit être assimilée au mal jugé, dont les juges ne sont pas responsables quand il y a erreur de fait ou de droit, sans dol ni fraude. Les frais de la nouvelle expertise ne seraient à la charge des experts ayant procédé à la première, qu'autant que celle-ci serait le résultat de la mauvaise foi.

63. Les tiers opposans sont fondés à demander qu'un objet litigieux soit vu et visité par de nouveaux experts, parce qu'ils sont étrangers aux actes d'instruc-

tion faits dans le cours de la première instance (Carré 1219.)

64. Les experts participant en quelque sorte aux fonctions du juge, ne doivent être passibles des frais d'expertise qu'autant qu'il y aurait dol de leur part (Carré 1215.) Une faute grossière, un oubli total de l'objet de leur mission, équivaudrait au dol (Favart), surtout si cette mission a été sollicitée par l'expert et qu'il prétende à des honoraires.

Enregistrement des rapports.

65. Il n'y a point de délai de rigueur pour l'enregistrement des rapports d'experts; ils ne sont assujettis à l'enregistrement que lorsqu'il s'agit de les déposer au greffe ou de les produire en justice (Décision minist. 24 septembre 1808.)

66. Ils sont assujettis au droit fixe de 2 francs (Lois du 28 avril 1816 art. 43 n° 16.)

67. Les rapports peuvent être enregistrés dans tous les bureaux, comme les actes sous seings privés; lorsqu'ils sont annexés aux procès-verbaux des juges, sans avoir été soumis à la formalité, elle est donnée au bureau des actes judiciaires.

68. Les exécutoires délivrés aux experts pour leurs journées et vacations sont sujets au droit de 50 centimes par 100 francs, quand le droit proportionnel est supérieur à 1 franc (inst. gén. du 4 juillet 1809.)

§ 1er.

FORMULES DE PROCÈS-VERBAUX

DE MESURAGE PURS ET SIMPLES, AVEC ET SANS ANALYSE DE TITRES.

Notions préliminaires.

69. On nomme *formule*, le modèle d'un acte.

Procès-verbal, un acte par lequel un officier public rend compte de ce qu'il a fait ou de ce qui s'est passé et dit en sa présence.

70. Les arpenteurs n'ayant aucun caractère public, tant qu'ils n'opèrent pas en vertu d'un acte émanant des tribunaux (*Voy.* 59), leurs procès-verbaux sont rangés dans la catégorie des actes sous seings privés; comme ceux-ci, ils ne sont soumis à aucune formalité proprement dit; il suffit qu'ils soient rédigés d'une manière claire, et signés des parties et de l'arpenteur.

71. Par la même raison les arpenteurs ne sont pas tenus de conserver de minutes de leurs actes, ni de tenir un répertoire; mais s'ils sont désireux de se former un cabinet, ils feront bien de conserver des minutes, puisqu'ils ont le droit d'en délivrer des expéditions (ainsi jugé par arrêt de la Cour de cassation du 31 mai 1831.) (*Voyez* 13.)

72. Il n'y a pas de délai déterminé pour l'enregistrement de leurs procès-verbaux; on peut même ne les soumettre à cette formalité que lorsqu'on veut en faire usage, soit par acte public, soit en justice.

73. De même que les actes sous seings privés, les procès-verbaux contenant des conventions synallagmatiques devront être faites en autant d'originaux qu'il y aura de parties ayant un intérêt distinct (*Voir Bornage.*)

74. Les procès-verbaux, qui font l'objet de ce paragraphe, sont simples et faciles à rédiger ; il suffira toujours pour qu'ils soient réguliers, qu'ils portent la date et le lieu où les opérations auront été faites ; les noms, qualité et demeure de l'arpenteur, ceux du requérant et des personnes appelées à concourir à l'opération ; la présence de ces derniers, leur consentement ou leur refus, leurs dires et observations ; enfin la lecture qui en aura été faite et la mention des signature tant des parties que de l'arpenteur.

Tout ce qui précède étant suffisant pour le travail à faire au cabinet, nous allons maintenant dire un mot des renseignemens à prendre sur le terrain avant de passer à la rédaction du procès-verbal et au dressé du plan.

75. Le propriétaire qui fait faire un arpentage figuré de sa propriété, n'a pas seulement besoin de savoir d'une manière précise la contenance de son champ ou de son domaine ; il lui importe également de connaître :

1° L'étendue en particulier de chaque nature de sa propriété, si elle est limitée par des bornes, fossés, haies, bordures de bois, éperneaux, rideaux ou autres choses semblables ;

2° Si elle est traversée par des chemins ou des rivières susceptibles d'y donner ou d'y retirer de la valeur ;

3° Si elle est ou non plantée d'arbres fruitiers ou autres, quel en est l'essence et l'âge, et autant que possible leur emplacement ;

4° Les noms exacts des propriétaires limitrophes, avec la figure des intervalles d'un champ à l'autre, s'il est possible, ou tout au moins la distance des limites aux bornes des champs voisins pour servir de repère;

5° Enfin le numéro du plan cadastral de chaque pièce, le lieu dit de sa situation, la section, sa contenance, sa classe et son revenu net.

76. Tous ces renseignemens sont d'une grande utilité au propriétaire, surtout lorsqu'il ne demeure pas sur les lieux; en effet, s'il veut faire un échange, une vente, un partage, un bail, etc., il verra d'un seul coup-d'œil, à l'aide de son plan, tout ce qui pourra l'intéresser.

L'arpenteur intelligent et désireux de completter son travail, pourra entrer dans d'autres détails; mais, dans tous les cas, son plan devra être une image exacte et fidèle du terrain.

FORMULES

DE PROCÈS-VERBAUX SANS ANALYSE DE TITRES.

(FORMULE N° 1.)

Procès-verbal de mesurage de deux pièces de terre à la requête d'un propriétaire.

Le premier mai 1842,

A la requête et en présence de M. Alphonse *Demonchy,* propriétaire demeurant à Etelfay, canton de Montdidier;

Le soussigné Alexandre *Desjardins,* géomètre-arpenteur, demeurant à. . . . . . .

S'est transporté sur le terroir de Faverolles, aux lieux ci-après indiqués, pour faire le mesurage et le plan de deux pièces de terre appartenant au requérant, ainsi qu'il l'a déclaré.

Après avoir mesuré chaque pièce, le géomètre soussigné en a constaté la contenance, établi la désignation et dressé le plan de la manière suivante :

Article 1er.

A la Haute-Borne.

Section B, n° 210 du plan cadastral.

Deux hectares dix ares vingt centiares de terre labourable, tenant comme il est indiqué autour de la figure dont le plan suit (1).

(Figurer ici la pièce.)

Article 2.

Au bois Notre-Dame.

Section C, n° 5 du plan cadastral.

Un hectare six ares dix centiares de terre labourable, dont la figure et les tenants suivent :

(Figurer ici la pièce.)

Contenance totale des deux parcelles :

Trois hectares seize ares trente centiares.

Clôture.

De tout ce que dessus, le géomètre soussigné a fait et rédigé le présent procès-verbal pour servir et valoir ce que de raison.

---

(1) Lorsque les noms des propriétaires riverains sont désignés autour de la figure, il est inutile de les indiquer à la suite de la contenance.

Clos et arrêté à Faverolles, les jour, mois et an susdits.

Et, lecture faite, M. Demonchy a signé avec le géomètre.

(FORMULE N° 2.)

Procès-verbal de mesurage d'un marché de terre à la requête d'un fermier, tenu, par son bail, d'en faire faire le mesurage avec le plan figuré de chaque pièce.

Le premier mai 1842,

A la requête et en présence de M. Pierre-Louis *Dubois*, cultivateur, demeurant au Mesnil-St.-Georges.

Agissant en qualité de fermier et détenteur des biens qui seront ci-après désignés, et en exécution de l'une des conditions qui lui ont été imposées dans le bail de neuf années que lui en a fait M. Louis-Claude *Bourgogne*, propriétaire, demeurant à Paris, rue. . . . . . , n°. . . . , suivant acte passé devant M⁰. . . . . . . , notaire à . . . . . , le 16 juin 1835, enregistré.

Le soussigné. . . . . . . , géomètre-arpenteur, demeurant à. . . . . . .

S'est transporté sur les terroirs du Mesnil-St.-Georges et d'Ayencourt-le-Monchel, canton de Montdidier, à l'effet de procéder au mesurage et dresser le plan des immeubles composant le marché affermé à M. Dubois, par le bail sus-énoncé.

L'opération dont il s'agit a eu lieu sur l'indication du requérant, et la contenance trouvée à chaque pièce a été constatée, et le plan établi de la manière suivante :

Terroir du Mesnil-Saint-Georges.

Article 1er.

Derrière le Village.

Section A, n° 270 du plan cadastral.

Cinquante ares soixante-dix-huit centiares de terre labourable.

Cette pièce compose l'art. 22 du bail pour 51 ares 80 centiares.

Déficit : un are deux centiares.

La figure et les tenans suivent.

(Figurer ici la pièce.)

Article 2.

Au-dessous des Vignes.

Section A, n° 620 du plan cadastral.

Un hectare douze ares trente-huit centiares de terre labourable, sur laquelle se trouvent plantés deux ormes et trois frênes, âgés chacun d'environ 20 ans.

Cette pièce compose l'art. 3 du bail pour, etc.

(*Continuer comme à l'art.* 1er.)

CONTENANCE TOTALE DU MARCHÉ :

Suivant le bail : 37 hectares 14 ares 31 centiares, ci. 37-14-31

Suivant l'arpentage : 37 hectares 11 ares 08 centiares, ci. 37-11-08

Différence en moins : trois ares 23 centiares, ci. 00-03-23

Clôture.

De tout ce que dessus, le géomètre soussigné, etc.
(Finir comme à la formule n° 1.)

(FORMULE N° 3.)

Procès-verbal de mesurage à la requête d'une commune.

L'an mil huit cent quarante-deux, le dimanche douze juin,

A la requête et en présence, de M. *Damerval*, maire de la commune de Villers.

Agissant en cette qualité et en vertu de l'autorisation de M. le *sous-préfet* de l'arrondissement de Montdidier, contenue en sa lettre du 15 mai dernier, représentée et remise.

Le soussigné. . . . . , géomètre-arpenteur à. . . . .

S'est transporté sur le terroir de Villers, à l'effet de mesurer une portion de marais que la commune se propose de faire vendre incessamment.

Cette opération a eu lieu en présence de M. Philippe *Minart*, membre du conseil municipal de la commune de Villers, y demeurant.

Après avoir procédé au mesurage, l'arpenteur soussigné a reconnu la contenance de ladite pièce et l'a constaté de la manière suivante :

TERROIR DE VILLERS.

Le Trou-aux-Renards.

Section B, n° 82 du plan cadastral.

Quatre-vingts ares quarante-cinq centiares de marais appelé le Marais-St.-Gervais.

La figure et les tenans suivent.

(Figurer ici la pièce.)

Clôture.

De tout ce que dessus, etc.

(Finir comme à la formule n° 1.)

PROCÈS-VERBAUX DE MESURAGE
AVEC ANALYSE DE TITRES.

(FORMULE N° 4.)

Procès-verbal de mesurage, à la requête d'un pro-
priétaire et en présence du fermier, avec plan
figuratif des biens.

Le 1.er juin 1842, ...

A la requête de M. Charles-Auguste *De Mailly*,
propriétaire, demeurant à Paris, rue de. . . . . . ,
n°. . . . .

En présence de M. Louis-César *Fernet*, cultiva-
teur, demeurant à Tricot, canton de. . . . .

Agissant comme fermier et détenteur des biens
qui seront ci-après déclarés, en vertu des baux
qui vont être énoncés.

Le soussigné. . . . . , géomètre, etc.

Certifie avoir procédé à la reconnaissance et au
mesurage des immeubles ci-après désignés, dont
M. *De Mailly* est propriétaire, comme héritier de
M. Charles-Antoine De Mailly, son père, décédé à
Paris, où il demeurait, aux termes d'un partage passé
devant M⁰ Dufour, notaire à Paris, le 18 mai 1839,
enregistré.

Afin d'opérer sur des renseignemens certains, et pour faciliter à *M. Fernet* le moyen de les fournir, communication lui a été donnée des titres, baux et arpentage de la propriété à mesurer; ensuite l'opération a eu lieu, sur son indication, et la contenance trouvée à chaque pièce a été constatée et le plan établi de la manière suivante :

OPÉRATION.

La propriété, faisant l'objet du présent mesurage, est situé en totalité sur le terroir de Tricot, et se compose de deux marchés.

La désignation qui suit a pour ordre celle établie sur les baux de chacun des marchés; mais pour donner des renseignemens plus complets sur chaque article, on a indiqué les-lieux dits de la situation des pièces d'après le plan cadastral de Tricot, et aussi ceux indiqués par les titres.

Premier marché.

Il se compose de neuf pièces de terre, désignées en deux baux, que *M. De Mailly* en a faits au sieur Antoine *Fernet* père, cultivateur à Tricot.

Le premier, devant Me Legros, notaire à Maignelay, le 27 décembre 1795.

Et le second, devant Me Barbier, notaire à Montdidier, le 2 février 1815.

Et encore en trois autres baux passés devant les notaires à Montdidier, ci-après nommés, savoir :

Me Picart, les 13 mars 1764 et 11 février 1738, et Me Bulnois, le 26 juin 1717.

DÉSIGNATION.

Article 1er.

CADASTRE : { *Aux Larris.*
Section B, n° 45 = 1re classe.

TITRES : { *Les Grands-champs*
ou les Bruyères-Sèches.

Trois hectares douze ares quarante centiares de terre labourable.

Renseignés aux baux pour 3 hectares 9 ares 30 centiares.

Excédant : trois ares dix centiares.

La figure et les tenans suivent.

(Figurer ici la pièce.)

Article 2.

CADASTRE : { *Le Chemin-du-Milieu.*
Section C, n° 310, 2e classe.

TITRES : *Même lieu.*

Trente-cinq ares dix centiares de terre labourable.

Renseignés aux baux pour une contenance de 35 ares 17 centiares.

Déficit : sept centiares.

La figure et les tenans suivent.

(Figurer ici la pièce.)

(Désigner les autres pièces de la même manière.)

CONTENANCE TOTALE DU MARCHÉ :

Suivant le mesurage.	9 h. 38 a. 47 c.	
Suivant les titres.	7 14 95	
Excédant.	0 23 52	

Deuxième marché.

Il est composé de cinq pièces désignées en six baux que M. *De Mailly* père et son aïeul en ont faits; le dernier au profit du sieur Fernet et de son épouse, le 2 février 1815, déjà énoncé; et les cinq autres tant à une veuve Jules Henniet, qu'à celles des sieurs Philippe et Charles Debac de Tricot, devant les notaires à Montdidier ci-après nommés, savoir :

Mᵉ Penon, les 27 décembre 1781 et 1764.

Mᵉ Labane, les 11 février 1758 et 8 décembre 1747.

Mᵉ Remy, le 7 mars 1733.

Et Mᵉ Deblois, le 5 février 1724.

Ces cinq pièces proviennent originairement de Pierre-Antoine Mallet, marchand à Compiègne, qui en a fait l'acquisition le 3 septembre 1696, devant Mᵉ Delacroix, notaire en la même ville, de la veuve de M. Étienne Ducroc, décédé rentier à Tricot. Elles étaient propres à M. Ducrocq, et faisaient moitié d'un marché qui a été divisé entre lui et un sieur Caron, suivant acte sous seings-privés fait double entr'eux, le 4 février 1680, et déposé au rang des minutes de Mᵉ Marchand, notaire à Montdidier, le 24 du même mois.

Les cinq pièces dont il s'agit, et celles formant l'autre moitié du marché divisé par l'acte de partage susdaté, sont figurées, avec indication de leurs contenances, en un mesurage fait par Legris, arpenteur à Montdidier, le 2 février 1680.

DÉSIGNATION.

Article 1ᵉʳ.

CADASTRE : { *Le Parquet.*
{ Section B, nº 150, 3ᵉ classe.

TITRES : { *Le Champ-Tortu.*

ARPENTAGE : { *La Cavée.*

Quatre-vingt-cinq ares dix-huit centiares de terre labourable.

Cette pièce compose :

1° Pour moitié de 30 ares 48 centiares l'article 1er des baux et arpentage ;

2° Et pour moitié de 1 hectare 42 ares 60 centiares, l'article 2 du 1er lot du partage du 4 février 1680, sus-analysé.

Déficit d'après les anciens titres : 1 are 36 centiares.

La figure suit avec les tenans orientés.

(Figurer ici la pièce.)

Article 2.

CADASTRE : { *Au Chemin-Blanc, ou le Blanc-Mont.* Section D., n° 90 en partie, 3e classe.

TITRES : *Même lieu.*

NOTA. Dans le cas, très-fréquent, où la pièce à mesurer n'aurait pas la contenance portée au titre, par suite de l'anticipation d'un riverain, ce que l'arpenteur peut reconnaître par l'examen des plans, il s'expliquerait de la manière suivante :

Quarante-deux ares quatre-vingt-onze centiares de terre labourable, qui, avec 50 ares 30 centiares désignés au plan ci-après par une teinte rose, à réclamer de MM. Mouton et Degouy de Godenviller, qui s'en sont emparés, forment les 93 ares 21 centiares faisant moitié de 1 hectare 86 ares 42 centiares, indiqués sous l'article 2 des baux, partage et arpentage sus-analysés.

L'autre moitié de la pièce de 1 hectare 86 ares 42 centiares formant l'article 1er du 2e lot échu comme on le voit plus haut à un sieur Lucien Caron, représenté aujourd'hui par MM. Mouton et Degouy, est figurée sous une teinte bleue.

La portion anticipée par M. Mouton est entourée d'un liseret rouge.

Et celle anticipée par M. Degouy d'un liseret jaune.

D'après l'exposé qui précède, on voit que s'il n'est fait aucune réclamation de la portion envahie, la pièce dont il s'agit sera en déficit de 50 ares 30 centiares.

(Figurer ici la pièce.)

CONTENANCE TOTALE DU 2e MARCHÉ :

Suivant le mesurage (non compris l'anticipation de 50 ares 30 centiares dont il est parlé à l'article 2 ci-dessus) : 4 hectares 42 ares 60 centiares, ci 4-42-60

Suivant les titres : 4 hectares 94 ares 80 centiares, ci. 4-94-80

Déficit : 52 ares 20 centiares. 0-52-20

Récapitulation :

Le premier marché contient 9 hectares 13 ares 47 centiares, ci. 9-38-77

Le second 4 hectares 42 ares 60 centiares, ci 4-42-60

Ensemble. 13-81-07

Toutes réserves sont ici faites en faveur de M. de Mailly, contre qui il appartiendra, au sujet des déficits ci-devant constatés.

Clôture.

De tout ce que dessus etc.

§ 2.

De l'action en bornage.

*De l'objet de bornage ; en quel cas cette action
a lieu.*

On appelle *bornage* l'action de tracer par des signes
apparens la ligne qui divise deux propriétés contiguës ;
et l'on donne le nom de *bornes* à ces signes apparens.

1. Tout propriétaire peut obliger son voisin au
bornage de leurs propriétés contiguës (Art. 646 du
Code civ.)

2. Ce qui ne doit pas être restreint aux particuliers ;
car l'article 646 du Code civil reçoit son application à
l'égard de l'État, des communes et des établissemens
publics.

3. L'action en bornage dérive des mêmes principes
que l'action en partage ; personne n'étant obligé de
rester dans l'indivision, personne aussi n'est obligé de
laisser indécise la ligne qui doit séparer son héritage
de l'héritage voisin.

4. Comme l'action en partage, l'action en bornage
est imprescriptible : ainsi, de même qu'on peut de-
mander en tout temps de sortir de l'indivision, de
même on peut toujours demander à faire fixer les
limites des deux héritages.

5. L'objet de l'action en bornage peut être ou de
faire planter des bornes dans l'état des limites actuelles
des deux propriétés, ou de faire déterminer en même
temps ces limites ; il ne faut pas confondre le *bornage*
simple et le bornage avec *délimitation.*

6. Ainsi, en général, le bornage ne doit être fait

que dans l'état de la possession actuelle des parties ; et c'est de là que la loi veut que l'action en bornage ne vienne qu'après celle de la possession.

Il n'y a lieu à arpentage pour déterminer où doivent être posées les bornes qu'en cas de revendication de la part de l'un des deux propriétaires, c'est-à-dire que lorsque l'un allègue des anticipations et que l'autre n'oppose pas la prescription (Orléans, 24 août 1816.)

7. Mais pour qu'il y ait lieu à l'action en bornage, il ne suffit pas qu'il y ait *voisinage*, il faut encore qu'il y ait *contiguité*, car si deux héritages sont séparés par la propriété d'un tiers, il n'y a plus lieu à bornage entr'eux (Pardessus n° 118.)

8. Ainsi l'existence intermédiaire d'une rivière navigable ou flottable, d'un chemin ou de tout autre objet placé dans le domaine public ou municipal, empêche la contiguité : dans ce cas, chacun des héritages est plus près de la rivière ou du chemin que de l'héritage voisin.

9. Mais un sentier privé, un simple ruisseau, un ravin dont l'emplacement fait partie des fonds qu'ils abordent ou traversent, ne serviraient de limite qu'autant qu'ils seraient déclarés ou reconnus tels, par les titres de l'une ou de l'autre des parties, ou suivant les principes en matière de possession ou de bornage.

10. L'existence de bornes non soutenues par titres ou possession suffisante, ne serait pas un obstacle à l'action en bornage, car personne n'a le droit de se borner soi-même (Par-dessus, n° 119.)

11. Que doit-on décider par rapport aux bornes naturelles, telles que haies vives, épines de foi, vieux arbres ? Quand même de pareilles limites seraient énoncées dans les titres et existeraient de temps im-

mémorial, elles ne font point obstacle à la demande en bornage qui a pour objet de constater d'une manière *immuable* la délimitation (Cass. 30 juin 1819, aff. Dupuis.)

12. Si un mur avait été construit sur les confins de deux héritages, s'il formait *séparation*, il tiendrait lieu par cela même de bornage, à moins qu'il n'ait été construit par anticipation, auquel cas il ne détruit pas l'action en revendication (Cass. 10 mars 1828, aff. Ravenel, jour. art. 349.)

13. Terminons par faire remarquer que le bornage a lieu non seulement pour séparer deux propriétés, mais aussi pour marquer la limite de l'exercice d'un droit de servitude, tel, par exemple, que celui attaché aux places de guerre par la loi du 17 juillet 1819.

Par qui l'action en bornage peut être intentée.

14. L'action en bornage peut être intentée, non seulement par le propriétaire, mais encore par toute personne qui possède pour lui, sans que le voisin puisse exiger la preuve de son droit de propriété, la possession le faisant présumer propriétaire (Nouveau Denisart, born., § 2; Touillier n° 18.)

15. Elle peut l'être par l'emphytéote, par l'usufruitier, qui ont un droit réel; il est alors de la prudence de mettre le propriétaire en cause, parce qu'à l'expiration de la jouissance de l'emphytéote ou de l'usufruitier le bornage ne pourrait lui être opposé (Duranton n° 257.)

16. Si le propriétaire intentait lui-même l'action en bornage, il devrait aussi mettre en cause l'usufruitier, pour que l'opération puisse lui être opposée (Prudhon n° 1244.)

17. Ce n'est également que contre les propriétaires ou possesseurs de l'espèce dont a on parlé que l'action en bornage peut être utilement provoquée. Une pareille action touche essentiellement au droit de propriété ; elle a pour objet d'en déterminer l'étendue (Duranton n° 347, Pardessus n° 118.)

18. On comprend sous ce nom de propriétaires ceux dont le titre est résoluble, mais dont les droits ne sont pas moins entiers, tant que ce titre subsiste (Pardessus id.)

19. Le mari n'a pas qualité pour intenter seul l'action en bornage des biens de sa femme ; du moins ce qui serait décidé contre lui ne devrait pas être censé décidé contre sa femme (Duranton 253.)

20. Le fermier qui n'a pas le droit d'intenter l'action en bornage, peut se pourvoir contre son bailleur, et conclure à ce qu'il soit tenu de faire cesser le trouble qu'il éprouve dans sa jouissance de la part du voisin, en faisant borner l'héritage tenu à ferme (Touillier, tome 3, n° 181.)

21. Le tuteur peut-il intenter l'action en bornage sans l'autorisation du conseil de famille ? Non, parce que cette action tient au droit de propriété et qu'il n'en a que l'administration (Spennael, Tardif contre Fournel; Touillier n° 182.)

22. Le bornage peut être demandé par un particulier contre une commune, ou une communauté d'habitans, ou un établissement public, ou même contre l'état, et *vice versâ* (Code for. 8 et suivans.)

23. Il arrive quelquefois que la demande en bornage entre deux personnes occasionne ou nécessite la même opération entre un plus grand nombre ; par exemple, lorsque le premier propriétaire d'une plaine

demande le bornage à son voisin, et que ni l'un ni l'autre ne se trouvent avoir l'étendue du terrain portée dans leurs titres, on mesure le terrain du troisième, du quatriéme propriétaire, et ainsi de suite, s'il est nécessaire, jusqu'à l'extrémité de la plaine ; c'est-à-dire jusqu'aux limites reconnues certaines et immuables.

24. Mais il est évident que l'opération ne peut être d'aucun effet contre ces propriétaires, s'ils ne sont mis en cause, et s'ils n'y acquiescent.

Comment le bornage doit être fait.

25. Il peut être fait *conventionnellement* aussi bien que par la voie *judiciaire* (Arg. C. pr. 985, loi du 7 juillet 1849) ;

Tel était le droit commun ; mais, suivant quelques coutumes, le bornage devait toujours avoir lieu judiciairement. Ces coutumes étaient Anjou, Maine, Loudun, Tourraine, Senlis, etc. Et même Loisel en fait une règle de droit : « Bornes, dit-il, se mettent par autorité de justice. » Fournel, *voir bornes*.)

26. Ce qui, au reste, suppose qu'il n'est pas permis à un propriétaire d'effectuer seul le bornage ; les bornes qu'il placerait ainsi pourraient être arrachées par les voisins sans qu'il y eût délit (Nouv. Denisart, Fournel.)

27. Le bornage *conventionnel* se fait de la manière que les parties, maîtresses de leurs droits, le jugent convenable.

28. Il convient néanmoins de le constater par acte notarié, plutôt que par acte privé ; car c'est un titre de propriété.

29. Ainsi, lors même qu'on a recours à des amiables compositeurs, est-il d'usage de convenir que le procès-verbal de bornage sera déposé pour minute à un notaire. Tout pouvoir est donné à cet effet aux arbitres.

30. Ce que l'on a dit de la faculté qu'ont les parties d'agir d'un commun accord, s'applique au bornage des forêts de l'État, de la couronne, des communes et des établissemens publics (Ord. forest. art. 58, 124, 125 et 129, loi du 17 juillet 1819, art. 2, 3, 6, 8.)

31. Il y a lieu au bornage *judiciaire*, non-seulement lorsque les parties ne sont pas d'accord, mais lorsqu'elles sont incapables de contracter, comme lorsqu'il s'agit de mineurs ou d'interdits (Code for. 9 et 13.)

32. L'action en bornage est une action ordinaire qu'il faut, comme l'action en partage, porter devant le tribunal de la situation des biens, après l'essai de conciliation dont on est dispensé s'il y a des mineurs intéressés dans la demande ou plus de trois personnes.

33. Lorsqu'il y a eu déplacement de bornes, l'action, si elle est intentée dans l'année, peut être portée devant le juge de paix ; c'est alors une action *possessoire*.

34. Si on laissait passer l'année sans intenter l'action, on ne pourrait plus se pourvoir qu'au *pétitoire*, parce qu'il s'agit alors, non plus de la simple possession, mais de la propriété du terrain ; il n'y a dans ce cas qu'un moyen de saisir régulièrement le juge de paix ; c'est celui qu'offre l'article 7 du Code de procédure.

35. Toutefois, il a été décidé qu'un juge de paix est compétent pour ordonner, à l'occasion et par suite d'une action possessoire pour usurpation de terre in-

tentée dans l'année, que des bornes seront placées pour déterminer la ligne séparative de deux héritages ; qu'il ne cumule point en cela le pétitoire et le possessoire (Cassation, 27 avril 1814 aff. Finel.)

Il est évident que, dans ce cas, la plantation des bornes ne peut avoir que des effets relatifs à la possession, et nullement quant à la propropriété, d'où il résulte que celui contre qui elle est ordonnée pourrait se pourvoir au pétitoire par action nouvelle, pour faire ordonner un bornage définitif et différent du premier en prouvant sa propriété (Duranton, n° 252.)

36. Tout bornage doit être fait par des experts arpenteurs, entre les mains desquels les parties doivent remettre de bonne foi les titres et renseignemens respectifs (Pardessus n° 119.)

37. Lorsque ces experts sont choisis volontairement par des parties capables de contracter et de disposer de leurs biens, leur mission est ordinairement déterminée par l'acte de nomination, ou par les pouvoirs qu'ils reçoivent ; alors presque toujours cette mission a des rapports assez directs avec l'arbitrage qui fait l'objet des articles 1003 et suivans du Code de procédure.

38. Mais lorsque ces experts sont nommés par le tribunal, sur la demande d'une des parties contre l'autre qui se refuse au bornage, ou lorsque les divers intéressés, en se conciliant sur cette demande, n'ont donné aux experts d'autre mission que de faire l'examen des titres respectifs, et de les borner d'après les énonciations de ces actes, leur opération est circonscrite dans ces limites.

39. Si donc, dans ce dernier cas, il s'élève quelque question préjudicielle, quelque prétention de possession de la part d'une partie contre les titres de son

voisin, ou même au-delà de ses propres titres, les experts doivent renvoyer les parties à faire statuer par le tribunal, dont ils exécuteront ensuite le jugement.

40. Quant à la manière d'opérer des experts, on fera d'abord deux observations.

Lorsque l'étendue des héritages n'est devenue incertaine que parce qu'il n'existe plus de signes suffisamment reconnus de part ou d'autre, si les titres que les parties remettent entre les mains des experts déterminent d'une manière claire et précise les propriétés respectives et des limites faciles à reconnaître, tels que des sentiers, des ruisseaux, des tertres, des rideaux, il n'y a aucune difficulté, à moins qu'on ne soit pas d'accord sur l'identité. Il faut nécessairement la constater avant tout; il faut aussi s'assurer que le fonds dont il s'agit est le même que celui dont parle le titre qu'on veut y appliquer; que celui qui le possède à l'instant qu'on opère le tient de ceux qui le possédaient lorsque le titre a été fait : il ne nous semble pas qu'il soit besoin de faire ordonner une enquête par le tribunal pour constater par témoins cette identité.

Les experts ont le droit d'entendre à ce sujet les indicateurs convenables. Le travail sur l'identité fait évidemment partie de leur mission; si l'un des intéressés avait à s'en plaindre, il pourrait user des voies de droit contre leur opération (Pardessus, n° 121.)

41. Remarquez à ce sujet que les limites des bois joignant d'autres héritages sont quelquefois difficiles à établir, à défaut de loi sur ce point. D'après le droit commun, les accrues de bois sur les héritages voisins, et les places ou lisières vagues laissées incultes au-delà de leur plant, en sont une dépendance, s'il n'y a borne

ou possession contraire ; et pour que le bois acquière les accrues, il faut qu'il n'en soit point séparé par fossés, petits murs ou autres signes.

42. 2° Si les bornes avaient été placées en vertu d'un titre commun et contesté, et que, par *erreur*, elles se trouvassent avoir été mal placées, par exemple, si un partage entre deux personnes accordait à chacune six hectares dans une pièce de terre de douze hectares, et que, par la position des bornes, l'une se trouvât jouir de sept hectares, l'autre de cinq, l'erreur devrait être rectifiée, à moins que le possesseur des sept hectares fît valoir la prescription de trente ans (Nouv. Denisart, § 3, n° 7, Touilly, t. 3, p. 117.)

43. En général, le bornage ne doit pas donner plus de terrain que ne porte le titre ; car il n'est pas attributif, mais seulement déclaratif de la propriété, c'est-à-dire de la contenance (Duranton, n° 260 Touillier, 175.)

44. Mais les titres ne servent que pour ce qu'ils expriment déterminément (Pardessus, n° 123.)

45. Par exemple, si un acte porte qu'une pièce contient quinze à vingt arpens, ce n'est un titre que pour quinze arpens ; au-delà il annonce une incertitude que la possession peut seule fixer. Il n'est pas, à la vérité, contraire à une possession de seize, dix-sept, vingt ; mais il n'en établit pas le droit ; il n'exclut pas le propriété de plus de quinze arpens, mais il ne la donne pas.

46. Si le titre de l'un lui attribuait une quantité déterminée sans équivoque, et que l'autre n'en eût qu'une *environ*, ce serait au premier qu'il faudrait commencer à parfaire la mesure.

47. A plus forte raison, si l'un a des titres qui fixent

l'étendue de sa portion, tandis que l'autre n'en repré-
sente pas, il faut faire la mesure énoncée aux titres
(Touillier, t. 3, n° 176.)

48. Il ne faut pas perdre de vue que les tertres,
rideaux, fossés, haies, sentiers ou autres passages qui
ne sont pas publics, font partie des propriétés qu'ils
entourent ou traversent, et par conséquent que leur
étendue doit compter dans celle du terrain pour moitié
à chacun de ceux entre lesquels ils sont mitoyens, et
pour la totalité à celui à qui ils appartiennent exclusi-
vement (Pardessus, n° 122.)

49. Si une propriété touche de quelque côté, soit à
la mer, soit à un fleuve, l'arpentage ne doit pas, dans
le premier cas, comprendre le rivage, et dans le se-
cond, l'espace qui est habituellement occupé par les
eaux, non plus que les berges, chaussées et digues (Id).

50. Il faut encore remarquer que lorsque ce son-
d'anciens titres qu'il faut expliquer, la mesure qu'ils
expriment doit toujours s'entendre de celle qui était
en usage dans le lieu de la situation des biens (Id.)

51. Lorsque les titres désignent des limites bien
précises, et qui rendent peu probable une anticipa-
tion, il semble qu'on doit décider d'après ces signes
apparens, plutôt que par la contenance, qui est
indiquée presque toujours dans les actes d'une ma-
nière incertaine, et, pour ainsi dire, par l'aperçu des
contractans, à plus forte raison, doit-on maintenir
celui qui, renfermé dans ses limites, n'a rien de
plus que ce que lui donne son titre, quoique le voisin
ne possède pas tout ce que lui attribue le sien (Par-
dessus, n° 122.)

52. A l'appui des titres, ou pour les expliquer,
l'existence d'anciennes marques que l'opinion géné-

rale, de fortes présomptions, ou quelques signes caractéristiques font considérer comme déterminant les limites des héritages respectifs, peut servir de base à l'opération des experts (Id.)

53. Lorsque les quantités énoncées aux titres excèdent l'étendue des terrains réunis des parties qui procèdent au bornage, sans qu'on puisse opposer à l'une d'elles qu'elle a laissé usurper par des étrangers, ou que de toute autre manière elle a diminué sa portion, chacun des intéressés doit alors être restreint proportionnellement (Pardessus n° 123, Touillier tom. 3. n° 178, Duranton 260.

54. Par exemple, si les terrains réunis ne contiennent que six hectares, et que les titres de l'un lui en donnent six, et ceux de l'autre trois, le premier doit être réduit à quatre hectares, et le second à deux (Id.)

55. Il faudrait faire la même règle de proportion pour partager le profit, dans le cas où les terrains réunis excèderaient la contenance portée aux titres. Par exemple, ces terrains étant de six hectares, les titres de l'un lui donnent trois hectares, ceux de l'autre ne lui en donnent que deux, il reste un hectare à partager dans la proportion de trois à deux. On divise l'hectare en cinq parties, pour en donner trois au premier et deux au second (Id.)

56. On doit entendre par terrains réunis, ceux qui dépendent de la même culture, qui sont détentés par le même fermier, et dont les limites sont confondues; c'est à cause de ce mélange, de cette confusion de limites qu'une nouvelle délimitation doit avoir lieu, et par suite la répartition du déficit ou de l'excédant.

La répartition doit encore se faire lorsque les biens

à borner ont une même origine, qu'ils proviennent de la division d'un même champ.

Hors ces cas, il n'y a pas lieu a répartition à moins de conventions entre les parties.

Quand les héritages sont cultivés séparément, et que les limites en sont distinctes ; les réglemens s'en font ainsi :

1° Si un champ se trouve avoir une contenance excédant celle du titre d'autant que le champ voisin est en déficit, il n'y a point de difficultés, le premier restituera au second.

2° Mais si l'excédant est plus fort que le déficit, la restitution n'aura lieu que jusqu'à concurrence du déficit ; s'il est plus faible, il sera restitué en entier, et le propriétaire du champ en déficit ne pourra pas en exiger d'avantage.

3° Si deux champs ont trop de mesure, et qu'un troisième champ, situé entre eux, ait moins que la sienne, les deux premiers restitueront au troisième.

Si l'excédent est plus que suffisant pour combler le déficit, la restitution se fera par proportion de mesure, à moins que l'un d'eux n'ait anticipé seul, dans ce cas celui-ci serait seul tenu de restituer.

4° Celui qui a son compte ne peut rien exiger de la pièce contiguë qui aurait une contenance plus étendue que celle portée à son titre ; ayant ce qui lui appartient, son voisin ne peut rien lui devoir.

Les restitutions sont souvent subordonnées à la disposition des lieux, par exemple, un rideau situé entre deux héritages indiquerait suffisamment qu'il y a impossibilité d'anticipation; et, dans ce cas, il ne peut y avoir lieu à restitution.

5° Enfin, si les propriétaires ont tous moins ou plus

que ne portent leurs titres, il n'y aura pas lieu à répartition ni à restitution, chacun restera dans sa jouissance.

57. Quelquefois, et suivant les circonstances, on oblige le propriétaire de la plus forte portion à faire aux autres qui ont des portions plus petites leur mesure entière, telle que leurs titres la leur accordent, ou l'on partage l'entière tenue du terrain suivant une règle de proportion qui fasse perdre à chacun en rapport avec ses titres (Pardessus, n° 127.)

58. Néanmoins, lorsqu'il y a de la différence entre les titres des deux voisins, la règle, *qui a pour cause la meilleure possession*, donne l'avantage à ceux du possesseur.

59. Il peut arriver que les titres des deux voisins ne fixent point l'étendue de leurs portions. Il faut alors partager également et par moitié, toujours en supposant qu'il n'y ait pas de possession contraire bien caractérisée (Toullier.)

60. Lorsqu'il n'y a de titres de part ni d'autre, la seule possession doit faire règle (Id.)

61. La plantation des bornes doit être faite de manière qu'elles ne puissent facilement disparaître ou devenir incertaines, et il doit en être dressé un procès-verbal assez bien circonstancié pour que, lors même que les bornes seraient enlevées, on puisse reconnaître l'endroit où elles avaient été placées (Pardessus, 420.)

62. On entend par *bornes*, en général, toute séparation naturelle ou artificielle qui marque les confins ou la ligne de division de deux héritages contigus.

63. Ainsi, on peut planter des arbres ou une haie

pour servir de bornes, creuser un fossé, élever un talus, un mur, etc.

63. Mais on entend communément par bornes, des pierres plantées debout et enfoncées en terre aux confins des deux héritages.

64. Quelquefois on plante, à chaque extrémité des confins, deux pierres réunies pour leur donner le caractère de bornes; d'autres fois on n'en plante qu'une seule, et pour la mieux caractériser, on brise une brique, ou l'on fend une pierre en deux morceaux que l'on réunit, puis on les place sous la borne; on appelle ces deux morceaux des *témoins*, parce qu'ils servent à distinguer la véritable borne des pierres que le hasard ou la malice pourraient placer au-delà ou en-deçà.

Les bornes, dans la partie qui sort de la terre, devraient être taillées carrément; cette forme les ferait distinguer des pierres ordinaires.

Enfin, souvent aussi on se contente de placer deux pierres de moindre grosseur aux deux côtés de la borne pour lui servir de témoins.

Ce sont ces circonstances qu'il importe surtout de mentionner dans le procès-verbal, où l'on ne doit pas omettre non plus de donner les dimensions de la pierre bornale. (Touiller, tom. 4, nº 171.)

65. Il est à remarquer que les pierres, pièces de bois ou autres objets semblables employés à former des bornes, n'étant pas, comme les haies ou fossés, de nature à entourer l'héritage et à suivre les différens angles qu'il fait, il est convenable de les établir de manière que la démarcation soit fixée par une ligne droite d'une borne à l'autre. (Nouveau Denisart, Fournel, Pardessus, 120.)

Si l'inégalité du terrain ou sa trop grande étendue

empêchait que de l'une des bornes on pût apercevoir l'autre, on en placerait une troisième dans un point d'où l'on pût voir les deux autres.

66. Lorsque des fossés, des sentiers ou des haies tiennent lieu de bornes, l'usage en détermine la largeur et la profondeur; dans la règle, ces objets sont mitoyens; c'est le milieu du fossé, du sentier ou de la haie qui forme la limite, et doit être considéré comme le véritable point de démarcation (Pardessus, id.)

67. Les arbres, lorsqu'ils servent de bornes, doivent être clairement désignés.

S'il s'agit d'arbres que des titres respectifs auraient déclaré servir de bornes communes à deux héritages, l'article 466 du Code pénal garantit l'existence de ces sortes de bornes. Il classe au nombre des délits l'abattage qui en serait fait sans le consentement des propriétaires, et par conséquent ne permet pas de croire que la volonté d'un seul puisse décider qu'ils ne seront plus conservés (Pardessus, n° 189, *Voy. bornage.*)

Des questions qui peuvent s'élever au sujet de la possession ou de la propriété.

68. Lorsqu'il est reconnu par le mesurage que l'un des voisins a plus que l'étendue portée dans ses titres, et que l'autre en a moins, on doit parfaire ce qui manque à celui-ci par ce que l'autre a de plus.

69. Mais il peut se faire que l'une ou l'autre des parties prétende que l'opération du bornage doit être faite conformément à la possession actuelle, et non d'après les énonciations des titres.

Cette prétention est admissible; celui qui possède au-delà de ses titres depuis le temps requis par l'art. 2262 du Code civil pour prescrire, a droit d'être maintenu dans la propriété de cet excédant, quoique son adversaire ne jouisse pas de tout ce que lui donnent les siens, ou même des titres communs. (Pardessus, 124; Touillier, tom. 4, n° 175.)

70. Il importe peu qu'il existe des bornes anciennes ou des limites certaines.

La prescription qu'on peut opposer contre les titres l'emporte, à plus forte raison, sur des signes qui ne sont que des présomptions. Il est naturel de croire que la possession trentenaire résulte d'échanges dont les actes ont pu disparaître, ou de conventions verbales que cette exécution pendant trente ans a précisément pour objet de sanctionner (Pardessus, id.)

71. Toutefois, pour que la possession ait l'effet de détruire des titres récens et précis, elle ne doit être ni incertaine, ni équivoque : telles seraient les anticipations presque insensibles que les voisins font respectivement sur leurs héritages limitrophes et de même culture, lors du labourage, du sciage des blés ou de la fauchaison ; elles sont très-difficiles à apercevoir, à moins qu'elles ne soient considérables, et ne doivent point tirer à conséquence pour la prescription ; la possession que l'on acquiert à leur faveur ne doit commencer à courir que du jour de la contradiction ; elle est équivoque, et on peut dire même presque clandestine, parce qu'il est difficile de bien se rappeler chaque année jusqu'à quel point précis on a pu prolonger ses sillons ou faucher l'année précédente : quelques sillons peuvent être usurpés par le voisin sans que le propriétaire s'en aperçoive.

Cette remarque s'applique plus particulièrement aux terrains non enclos ou incultes, sur lesquels les parties n'auraient exercé que des actes de pacage, passage ou autres de même nature (Pardessus, n° 126; Toullier, tom. 3, n° 175.)

72. Il n'est pas interdit aux juges d'employer, pour lever l'incertitude et reconnaître les véritables droits des parties, d'anciens procès-verbaux d'arpentage, des cadastres, des plans non suspects, à défaut de renseignemens plus exacts (Pardessus, n° 127.)

73. Lorsqu'il n'existe point de titres capables de déterminer l'étendue des deux propriétés contiguës, ou au moins d'une d'elles, il n'est pas indispensable que cette possession ait duré le temps nécessaire pour prescrire. Le seul fait de son existence pendant un an sans trouble établit, suivant l'art. 2230 du Code civil, en faveur de celui qui l'invoque, une présomption légitime dont l'effet ne peut être détruit que par un titre ou par une possession antérieure d'une durée équivalant à un titre; et cet effet serait le même, encore que la possession eût moins d'un an, si le voisin ne prouvait pas l'usurpation (Id.)

74. Celui qui a consenti à ce que le bornage ait lieu d'après les titres respectifs, ou qui l'a laissé juger, peut-il ensuite, et pendant le cours de l'arpentage, prétendre quelque chose au-delà de ce que ses titres indiquent?

Le bornage dans les limites déterminées par les titres, l'arpentage, d'après les quantités qu'ils déterminent, sont la règle; la prétention d'avoir acquis au-delà par prescription, voilà l'exception. Il est libre à chacun de renoncer à l'invoquer; cette renonciation n'a pas besoin d'être expresse; il suffit qu'elle résulte d'un fait qui suppose l'abandon du droit acquis, conformément à l'art. 2224 du Code civil (Duranton, n° 260.)

Documents manquants (pages, cahiers...)

NF Z 43-120-13

De pour moi et en mon nom, se présenter au bornage que doit faire M. . . . . . . arpenteur à. . . . . des propriétés contiguës à celles qui m'appartiennent; lieux dits. . . . . terroir de. . . . . (ou sur le terroir de. . . . .); consentir et accepter toutes restitutions de terrain, tous placemens ou déplacemens de bornes, les reconnaître pour définitives, ou les contester, représenter tous titres et pièces, les faire valoir, faire dans le cours des opérations tous dires, réquisitions, protestations et réserves, signer les procès-verbaux de bornage et autres que devra dresser l'arpenteur, et généralement faire tout ce qu'il jugera utile et nécessaire, promettant l'avouer.

Fait à. . . . . le. . . . .

(Le mandant devra écrire *Bon pour pouvoir* avant d'apposer sa signature.

Remarque sur la clôture des propriétés.

Le bornage est un travail délicat; celui qui en est chargé doit y donner le plus grand soin.

Aussi, avant de passer à l'arpentage des biens à borner, le géomètre devra s'entourer de tous les renseignemens propres à lui en faire reconnaître les limites d'une manière certaine, afin de comprendre tout ce qui dépend de la propriété, sans en rien omettre ni ajouter; ce qui est quelquefois difficile lorsque les propriétés touchent, soit à des routes, chemins, sentiers ou rivières, soit à des bois, murailles, haies, fossés, ou tout autre chose dont les limites ne sont pas bien déterminées.

Par exemple *vis-à-vis* d'une *route*, la limite des propriétés riveraines est ordinairement le bord extérieur des fossés dont elles sont bordées; quand ces routes sont en déblais ou encaissées, leur limite est la crête supérieure du talus ; et lorsqu'elles sont en levées, c'est le pied du talus.

Vis-à-vis des autres clôtures (*Voy. bornage n°s 40*, 41, 48, 49, 51, 52, 66, 67 et 68.).........

FORMULES DE PROCÈS-VERBAUX
DE BORNAGE A L'AMIABLE ET JUDICIAIRES.

Procès-verbaux à l'amiable.

(FORMULE N° 7.)

Procès-verbal de bornage d'une pièce de terre à la requête d'un propriétaire.

Le 1er juillet 1842.

A la requête et en présence de M. Antoine-Claude *Bocquet*, cultivateur, demeurant à Montdidier.

Le soussigné........ géomètre-arpenteur, etc.,

S'est transporté sur le terroir de *Fignières*, au lieu dit le Chemin-de-Montdidier, sur une pièce de terre appartenant au requérant, tenant d'un lez vers orient à M. Legris, d'occident à M. Vercelle, et des deux bouts à M. Lefebvre, pour en faire le mesurage, la délimitation et le bornage contradictoirement avec les propriétaires voisins convoqués à cet effet, en conformité de l'art. 646 du Code civil.

Arrivés sur les lieux contentieux où se sont présentés volontairement

1° M. Louis-César *Legris*, meunier, demeurant à Fignières ;

2° M. Gustave *Vercelle*, cultivateur, demeurant au même lieu ;

3° Et M. Léon-Alfred *Lefebvre*, cultivateur, demeurand à Montdidier ;

Seuls propriétaires des pièces de terre limitrophes à celle du requérant.

Intervenus pour concourrir au bornage dont il s'agit et le contredire s'il y a lieu.

Le géomètre soussigné, après avoir examiné les lieux et procédé au mesurage des pièces de terre appartenant aux sieurs Bocquet, Legris et Vercelle, leur a donné connaissance du résultat de son opération ; immédiatement après, ceux-ci lui ont remis leurs titres de propriété ; lecture en a été faite aux parties ; ensuite la contenance trouvée à chaque pièce a été constatée et les titres analysés de la manière suivante.

TERROIR DE MONTDIDIER.

Lieu dit au Chemin-de-Lignières.

Art. 1er. — M. Bocquet.

Trente-sept ares soixante centiares de terre faisant le n° 567 du plan cadastral section C (1).

Cette pièce appartient au sieur Bocquet pour quarante-deux ares quatre-vingt-onze centiares,

---

(1) Comme dans toutes les communes il existe maintenant un plan cadastral, lorsque l'on connaîtra la section et les numéros des pièces à arpenter ou borner, il sera convenable de les indiquer sur le procès-verbal.

aux termes de l'acquisition qu'il en a faite du sieur Auguste Patoux, ménager à Fignières, suivant acte passé devant Me Maréchal, notaire à Montdidier, en date du 17 mars 1819.

Déficit : cinq ares trente-un centiares.

Art. 2. — M. Legris.

Quatre-vingt-dix-sept ares soixante-huit centiares formant le n° 568 du plan cadastral section C.

Cette pièce appartient au sieur Legris de la manière suivante :

1° Jusqu'à concurrence de 46 ares 84 centiares, en sa qualité d'héritier pour un quart du sieur Charles Davenne, maçon, et de Catherine Hénin, ses père et mère, décédés à Montdidier; l'attribution lui en a été faite sous l'article 2 du troisième lot du partage desdites successions passé devant Me Rivière, notaire à Montdidier, le 18 novembre 1821.

2° Et pour 45 ares 90 centiares comme l'ayant acquise du sieur Jean-Baptiste Boulogne, ancien huissier à Montdidier, suivant acte devant ledit M. Rivière, du 19 juin 1823.

Réunissant la contenance des titres, la pièce dont il s'agit doit contenir 92 *ares* 74 *centiares.*

De sorte qu'il existe un excédant de *quatre ares quatre-vingt-quatorze centiares.*

Art. 3. — M. Vercelle.

Trente-cinq ares vingt-deux centiares de terre faisant le n° 566 du plan cadastral section C.

Cette pièce appartient à M. Vercelle pour 35 ares 18 centiares, etc.

(Énoncer l'origine de la propriété.)

Il y a donc excédant de *douze centiares*.

De ce que dessus, il résulte que la contenance totale des pièces mesurées est de *un hectare soixante-dix ares cinquante centiares*, ci 1-70-50

Et celle d'après les titres produits de *un hectare soixante-dix ares soixante-quinze centiares*, ci 1-70-75

De sorte qu'il y a un déficit sur le tout de *vingt-cinq centiares*, ci 0-00-25

Réglement et bornage.

Le travail parvenu à ce point a été communiqué aux parties, qui, après quelques explications entr'elles au sujet des *excédans* et du *déficit* ci-devant constatés, ont arrêté que le sieur Bocquet supporterait seul le déficit de vingt-cinq centiares, sauf son recours contre qui il appartiendrait pour en opérer le recouvrement.

Cela posé, le *géomètre soussigné* a exercé les reprises des *excédans* en faveur du sieur Bocquet, et la délimitation opérée, les pièces sus-désignées ont été, du consentement des parties, bornées définitivement, savoir :

Le n° 1er, à M. *Bocquet*, pour quarante-deux ares soixante-six centiares, ci 42-66

Le n° 2, à M. *Leroy*, pour quatre-vingt-douze ares soixante-quatorze centiares, ci 92-74

Et le n° 3, à M. *Vercelle*, pour trente-cinq ares dix centiares, ci 35-10

Quantité semblable à celle de l'arpentage. . 1-70-50

Le bornage effectué, le géomètre a établi le plan des pièces dont il s'agit, et ce plan, sur lequel les lignes tracées à l'encre rouge indiquent les nouvelles limites adoptées par les parties, a été rapporté ici à l'échelle de proportion comme il suit :

Plan des pièces.

(Figurer ici les pièces.)

Les bornes nouvellement plantées sont placées aux extrémités des lignes qui séparent les pièces ; ces bornes, au nombre de quatre, sont représentées au plan par autant de carrés rouges ; les carrés noirs représentent les bornes anciennes trouvées lors de l'opération ; elles sont au nombre de trois.

Les parties ont reconnu l'existence de toutes ces bornes, et sont convenues qu'elles fixeraient irrévocablement entr'elles les confins de leurs pièces ; en réservant par M. *Bocquet* tous ses droits contre les autres propriétaires voisins pour parvenir au recouvrement du déficit existant encore dans sa pièce.

Les frais de la présente opération seront supportés ainsi que de droit par toutes les parties, chacune au prorata de la contenance de la pièce qui lui appartient.

Clôture.

De tout ce que dessus, le géomètre soussigné a dressé le présent procès-verbal qu'il affirme sincère et véritable, pour valoir ce que de raison.

Fait quadruple à Fignières les jour, mois et an susdits.

Et après lecture faite, toutes les parties ont signé avec le géomètre. . . . . . .

(Signatures des parties.)

(**FORMULE N° 8.**)

Procès-verbal de bornage d'un grand nombre de pièces comme d'un terroir.

Le 1er juin 1842,

Le soussigné . . . . arpenteur-géomètre, demeurant à . . . .

A par ces présentes, fait le rapport, constaté l'état et établi la reconnaissance des opérations d'arpentage, délimitation et bornage contradictoires, qui ont eu lieu par son ministère dans le courant des années 1841 et 1842, de la majeure partie des propriétés que comprend le terroir de Montdidier, et d'un certain nombre de celles situées sur les terroirs d'Ételfay et Faverolles, à la requête, en présence et du consentement des propriétaires qui seront ci-après nommés, et avec le concours et l'agrément des voisins intéressés, à cause de la plantation des bornes fixant les limites adoptées définitivement après les débats et explications qui ont eu lieu entre les parties ou leurs mandataires sur le terrain qu'il s'agissait de régler.

Dénomination des parties.

§ 1er.

Propriétaires requérans, demandant le bornage en conformité de l'article 646 du Code civil.

1° M. Charles-Auguste *Delahaye*, propriétaire, demeurant à Paris.

2° M. Louis *Morel*, cultivateur à Andechy.

3° M. Victor-Alfred *Dubois*, propriétaire à Montdidier.

Agissant au nom et comme ayant charge et au surplus comme se portant fort de M. César *Benoît,* propriétaire, et de dame Marie-Stéphanie-Caroline *Daugy,* son épouse, demeurant ensemble à Melun (Seine-et-Marne), pour lesquels il promet et s'oblige de faire agréer et ratifier ces présentesà la première réquisition et à leurs frais.

4° M. Clovis-Joseph *H. . . . . . .* défenseur, demeurant à. . . . .

Agisssant au nom et comme mandataire de M. Lugle-Luglien *Brasseur,* propriétaire, demeurant à Rouen, et de dame Louise-Augustine *Dumont,* son épouse.

5° M. Léon Martial *Minart,* ancien capitaine retraité, demeurant à Montdidier.

6° Etc.

§ 2.

Propriétaires concourrant au bornage, sur la demande des requérans, et consentant en même temps le bornage total ou partiel de leurs pièces enclavées ou contiguës.

15° M. Siméon-Amand *Sologne,* propriétaire, demeurant à Montdidier.

16° Mme Agathe-Valentine *Normand,* épouse assistée et autorisée de M. Julien-Conrard *Boileau,* cultivateur, demeurant à Faverolles.

17° M. Edouard *Quentin,* propriétaire, demeurant à Montdidier.

Agissant au nom et comme mandataire général et spécial à l'effet des présentes de dame Julie-Victoire *Gamard,* veuve de M. Victor-Casimir *Car-*

75. Remarquez, au reste, que , lorsque les parties ne se trouvent plus d'accord sur les bases du bornage, les opérations des experts doivent , en général , être suspendues jusqu'à ce que les tribunaux aient statué (Pardessus, n° 124.)

Des frais du bornage.

76. Le bornage se fait à frais communs (Code civ. 646. Code for. 14.)

77. Toutefois deux choses sont à remarquer : 1° la proportion dans laquelle les frais doivent être supportés est celle de l'étendue de chaque propriété ; autrement le propriétaire d'une portion considérable de terrain pourrait ruiner son voisin qui n'en aurait qu'une très-petite partie, en lui faisant supporter la moitié des dépens (Pardessus, n° 129.)

78. 2° S'il s'élève des incidens sur la demande en bornage, ils suivent le sort de tous les procès dont les frais sont supportés par celui qui succcombe. (Id.)

79. Lorsque le bornage avec l'administration forestière est remplacé par des fossés de clôture , les frais sont supportés en entier par la partie requérante , et pris sur son terrain (Code forest. 14.)

80. Les frais sont supportés en entier par le gouvernement pour le bornage des propriétés soumises d'avec celles non soumises à la servitude des places de guerre (Lois du 18 juillet 1819, art. 2.)

Des fruits à restituer.

81. Celui à qui l'arpentage ou bornage a enlevé quelque portion du terrain dont il jouissait précédemment, ne doit restituer que les fruits perçus depuis que l'ac-

tion est intentée, à moins qu'il n'eût anticipé de mauvaise foi ; auquel cas il devrait les dommages-intérêts résultant de son entreprise, et en outre les revenus depuis son anticipation (Pardessus, 129.)

Du déplacement des bornes.

82. Les déplacemens de bornes donnent lieu à une action possessoire qui doit être intentée dans l'année devant le juge de paix (Code de proc., 3, Cass. 10 décembre 1819, aff. Dauffinot.)

83. Ils donnent lieu aussi à une action correctionnelle (Code pénal, 456.)

Les Romains voyaient les déplacemens de bornes d'un œil beaucoup plus sévère. On trouve dans le Digeste un titre tout entier sur le déplacement des bornes, qui contient des peines capitales, telles que le bannissement, la condamnation aux travaux publics, et le fouet. Ceci n'a rien d'étonnant quand on réfléchit que ce peuple législateur avait fait un dieu du bornage, sous le nom du dieu *Terme*, qui couvrait de sa protection les propriétaires fonciers ; en sorte que, dans ce système de législation, arracher une borne, c'était commettre un délit tout à la fois religieux et civil ; c'était offenser les hommes et les dieux. Plusieurs de nos coutumes contenaient aussi des dispositions sévères, et quelquefois semblables à celles des lois romaines (Bailleul, Bretagne, etc.)

84. Ce qui est dit, au reste, ne s'applique qu'à des bornes placées régulièrement et pour servir de limite à deux héritages.

Enregistrement.

85. Les actes portant nomination d'experts ou ar-

penteurs, pour parvenir à l'opération du bornage, sont passibles du droit fixe de 2 fr. (Loi du 28 avril 1816, art. 43, n° 15.)

86. Le procès-verbal de bornage, rédigé par les experts ou arpenteurs, est également sujet au droit fixe de 2 fr. (Même article, n° 16.)

87. Il n'est dû qu'un seul droit fixe d'enregistrement de 2 fr., sur le procès-verbal d'arpentage et bornage des terres d'un propriétaire, quoique ce procès-verbal soit signé par plusieurs propriétaires riverains, qui déclarent acquiescer au bornage (Trib. de Laon, 11 déc. 1834. Délib. 27 janv. 1835. J. art. 2792.)

88. L'acte fait, de concert, entre deux propriétaires riverains, constatant la délimitation et le bornage de leurs propriétés, est un acte innommé dans les lois et tarifs sur l'enregistrement. En conséquence, un tel acte n'est passible que du droit fixe de 1 fr. (Loi du 22 frim. an 7, art. 68, § 1er, n° 54.)

89. S'il s'élève des contestations sur la demande en bornage, et si des arbitres sont nommés, le compromis qui renferme cette nomination est passible du droit fixe de 3 fr. (Loi du 28 avr. 1816, art. 44, n° 2.)

90. La sentence rendue par ces arbitres est sujette au droit fixe de 5 ou de 10 fr., selon qu'elle est rendue en premier ou en dernier ressort

Telle est la législation actuelle sur l'action en bornage enseignée par M. Touillier, Duranton, Pardessus et autres législateurs savans.

RÉFLEXIONS

SUR LES DEVOIRS DES EXPERTS ET ARBITRES.

Lorsque les experts sont nommés à l'amiable, un

compromis doit régler leurs attributions; mais ce qui rend leurs opérations souvent infructueuses; c'est qu'ils ne se pénètrent pas assez des fonctions qu'ils ont à remplir; car, au lieu de se dépouiller de toute partialité, ils se regardent comme protecteurs et défenseurs de la partie qui les a choisis, et se croient obligés de soutenir ses intérêts, au préjudice des droits réels de l'adversaire; de là vient le partage et la nécessité de nommer un tiers, sur le choix duquel ni eux ni les parties ne peuvent presque jamais s'entendre, parce que les uns et les autres le veulent choisir de leur bord.

Si les experts ou les parties parviennent à s'accorder sur le choix de ce tiers, il arrive quelquefois que ce dernier tombe encore dans des écarts que l'on doit signaler, parcequ'au lieu de se ranger de l'avis de l'un des deux experts pour les départager, il prend une autre base que celle qu'ils ont suivie, ou il adopte un milieu sur les points où ils sont divisés. Il résulte de là que les deux premiers experts et le tiers sont de trois avis différens.

Un tiers-expert, qui connaît ses devoirs, doit se pénétrer que ce n'est pas départager deux avis opposés que d'en ouvrir un nouveau; il doit se ranger du côté où, dans son opinion, se trouvent la justice et le bon droit, pour ne former qu'un seul avis à la pluralité des voix (art. 818, Code de proc.)

Les inconvéniens dont on vient de parler se rencontrent moins souvent lorsque les experts sont nommés d'office; car ils ne sont désignés pour aucune des parties. Le dispositif du jugement expose les causes qui font la matière de la contestation et les objets sur lesquels ils ont à faire leur rapport, et règle la marche qu'ils auront à suivre dans le cours de leurs opérations.

Le tribunal, afin d'éviter le partage, nomme trois experts pour opérer conjointement, et départager les avis s'ils ne sont pas d'accord, à moins que, dans les trois jours de la signification du jugement les parties ne conviennent qu'il soit procédé par un seul expert (Code de proc. 303.)

Des Arbitres amiables compositeurs.

Les fonctions d'arbitres amiables compositeurs sont encore au-dessus de celles des experts et des simples arbitres ; ceux qui sont choisis pour les remplir doivent se juger eux-mêmes, et bien examiner s'ils ont les capacités nécessaires pour rendre un jugement suivant les règles de l'équité ; exempts des formalités que la loi exige des autres arbitres et même des tribunaux, ils n'en doivent être que plus en garde contre tout ce qui pourrait surprendre leur religion ; nommés par les parties, dépositaires de leurs droits, ils ne doivent rien négliger de ce qui peut les éclairer dans la cause où ils ont à prononcer ; établis juges, ils doivent en prendre l'esprit et le caractère ; la balance de la justice ne doit jamais, dans leurs mains, s'incliner par des considérations particulières.

Lorsqu'un arpenteur est chargé de faire un bornage amiable, il doit, avant de commencer son opération, engager les parties à faire un compromis, afin d'éviter les difficultés qui pourraient s'élever dans le cours de l'opération.

Du compromis

Le compromis pourra être fait par procès-verbal devant les arbitres choisis, ou par acte devant notaire ou sous signatures privées (art. 1005 du Code de proc. civ.)

Il désignera les propriétés à borner, les conditions du bornage et les noms de l'arpenteur qui procédera à l'opération, à peine de nullité (art. 1006.)

L'arbitre ne peut recevoir le compromis qui le nomme qu'autant que les parties savent signer.

Si le compromis est fait par acte sous seing privé, et s'il intéresse plusieurs parties ayant des intérêts différens, il doit être fait en autant d'originaux qu'il y a de parties, et mention de cette circonstance doit y être insérée (arg. du Code civi. 1325.)

La femme mariée ne peut faire de compromis sans l'autorisation de son mari.

Pendant le délai de l'arbitrage, les arbitres ne pourront être révoqués que du consentement unanime des parties (art. 1007 du Code de proc. civ.)

Les articles 1012, 1013 et 1014, indiquent la manière dont finit le compromis, le déport, le cas de la récusation et de la non récusation des arbitres.

(**FORMULE N° 5.**)

Compromis pour le bornage d'un canton ou d'un terroir.

Les soussignés, etc.

Désirant opérer entr'eux l'arpentage et le bornage contradictoires des biens composant le canton de. . . terroir de. . . . . limité au nord par. . . . . au midi par. . . . . à l'orient par. . . . . et à l'occident par. . . . .

Ont arrêté les conventions suivantes :

Art. 1er. L'opération dont il s'agit sera faite sur les titres de chacun des soussignés, qui s'engagent à remettre ceux qui les concernent, sous quinze jours, au plus tard, entre les mains de l'arpenteur ci-après nommé.

Art. 2. Les soussignés consentent dès à présent à se restituer réciproquement toutes les portions de terrain qui se trouveraient en excédant dans leurs pièces, et en déficit dans celles de leurs voisins, et ce, immédiatement après que cet excédant et ce déficit auront été constatés par l'arpenteur ; les bornes qui existeraient ne pourront faire obstacle aux restitutions, mais aussi on aura toujours égard à la disposition des lieux pour ces restitutions (*Voy. bornage* n° 56.)

Art. 3. S'il se trouvait sur la masse du terrain dépendant de la même culture (*Voy. bornage* n° 56,) une quantité moindre que celle nécessaire pour fournir la masse générale appelée par les titres, le déficit serait bien entendu supporté par chacun des intéressés, dans la proportion dont ils sont propriétaires d'après des titres réguliers ; s'il y avait excédent, il profiterait aux ayant droit dans la même proportion.

Il est expliqué que les soussignés ne veulent se régler que sur des titres reconnus par la loi suffisans pour conférer la propriété, sans toutefois que le porteur de ces titres puisse prétendre à des droits plus étendus que ceux résultant au profit de leurs auteurs, ou des anciens titres de ceux-ci.

Art. 4. Si un ou plusieurs propriétaires riverains refusaient de concourir à l'opération, les soussignés consentent à ce qu'il soit fait aux récalcitrans, les sommations et poursuites nécessaires, à la requête de **qui** de droit ; les frais occasionnés par ces poursuites seront supportés en commun et proportionnellement par les propriétaires du canton sur lequel l'opération se trouvera entravée.

Art. 5. S'il s'élevait entre les soussignés quelques difficultés sur l'application des titres et le réglement de l'opération, lesdits soussignés soumettent dès aujourd'hui l'applanissement de ces difficultés à M. , . qu'ils prient de vouloir bien se charger de cette mission ; s'en rapportant à sa décision comme à un jugement en dernier *ressort*, et renonçant à se pourvoir par *appel* ou recours en *cassation*.

Art. 6. Les opérations d'arpentage et de bornage seront faites par le sieur. . . . . arpenteur demeurant à. . . . .

Art. 7. Chaque propriétaire fournira ses bornes ; l'arpenteur les plantera aux endroits qu'elles devront occuper ; il dressera un procès-verbal desdites opérations, avec l'analyse raisonnée des titres de propriété de tous les intéressés ; ce procès-verbal sera signé par tous les ayans droit, ou approuvé par acte notarié de ceux qui ne sauraient pas signer.

Art. 8. Il est attribué à M. . . . . . pour ses opérations, savoir :

Désigner ici le prix convenu entre les propriétaires et l'arpenteur.

Fait à. . . . . le. . . . . en. . . . . originaux.

(FORMULE N° 6.)

Pouvoir pour répondre à un bornage.

Je soussigné. . . . . .

Donne pouvoir à M. . . . . .

PROCÈS-VERBAUX

*D'estimation et de composition de lots pour arriver
au partage judiciaire.*

Le 18 août 1842, à huit heures du matin,

Les soussignés :

Gustave. . . . . . géomètre-arpenteur,
Nicolas . . . . . . cultivateur,
Fulgence . . . . . . propriétaire-cultivateur,
demeurans à. . . . . . . canton de. . . . .

Experts nommés d'office par jugement contradictoire du tribunal de première instance de. . . . . .
en date du. . . . . rendu entre MM. Léopold *Damainville,* propriétaire, demeurant à. . . . . *demandeur;* et 1° dame Julia-Agathe *Damainville,* épouse, assistée et autorisée de M. Léon-Lucien *Béra,* négociant, demeurant à. . . . . 2° et M. Anatole *Damainville,* propriétaire, demeurant à. . . . . agissant au nom et comme tuteur datif de Louisa-Emma *Damainville,* fille mineure de César *Damainville* et de Marie-Agathe *Deberny,* son épouse, tous deux décédés, *défendeurs;*

Portant que :

(Copier ici le dispositif du jugement en ce qui est relatif à la mission des experts ou analyser le jugement.)

Après avoir prêté serment, le 9 août courant, devant M. . . . . juge de paix du canton de. . . . . commis à cet effet,

Les experts, en conséquence de l'indication donnée pour le commencement des opérations ci-après énon-

40

cées, tant par le procès-verbal de prestation de serment que par la sommation qui a été faite aux avoués des défendeurs, suivant acte d'avoué à avoué, signifié par. . . . . huissier à. . . . . . en date du 14 de ce mois, enregistré,

Se sont transportés sur une pièce de terre ci-après désignée, sise terroir de Rubescourt, au Champart, lieu indiqué pour la réunion des experts, à l'effet de procéder aux opérations ordonnées par le jugement ci-dessus énoncé ; où étant, ils ont, en présence des parties, et sur l'indication du sieur Augustin Damainville, sus-nommé, procédé à la visite et estimation des biens dont il s'agit, et en ont établi la masse de la manière suivante :

Masse des Biens.

TERROIR DE RUBESCOURT.

ARTICLE 1er.

Trente-sept ares cinquante centiares de terre, au Champart, section D, n° 330 du plan cadastral, tenant, au nord et à l'est, à M. Desjardins, au midi, à M. Caron, et à l'ouest, à un rideau.

Estimés à raison de 23 francs l'are, comparativement au prix des biens de même qualité du terroir de Rubescourt, la somme de. . . . . 862f. 50c.

ARTICLE 2.

Quatre-vingt-sept ares soixante centiares de bois, situés à la Vallée-du-Milieu, section D, n° 540 du plan cadastral, te-

Report.   862 f. 50 c.

nant, au nord et à l'orient, au bois de
M. Lefebvre, au midi, à la pièce de terre
de Laurent Lhermite, et à l'ouest, au
chemin de Rubescourt à Domfront.

Estimés à raison de 20 francs l'are, pour
le terrain seulement, la somme de. . . . 1752 f.

Et pour la superficie consistant en :

1° Douze chênes estimés ensemble 240 f.
2° Dix-huit frênes......id......... 258
3° Neuf hêtres.........id......... 90 $\Big\}$ 808 f.
4° Et le bois taillis estimé....... 220

ARTICLE 3.

Cinq ares quatorze centiares de vignes, etc.

TOTAL DE LA MASSE.

La quantité de quarante-trois hec-
tares dix-neuf arés cinquante centiares
en bâtimens, jardins, terres, héritages,
bois et vignes, estimés. . . . . . . 129,892 f. 50 c.

Dont le tiers revenant à chaque co-
partageant est de. 43,297 50

*(Si les biens sont impartageables, on terminera
ainsi :)*

Les experts soussignés, pour se conformer au juge-
ment, devant dire si les immeubles ci-dessus estimés sont
on non partageables en nature, suivant les droits des par-

ties, déclarent que ces immeubles sont impartageables parce que divisés, ils perdraient beaucoup de leur valeur.

Clôture.

De tout ce que dessus, etc.

(Au contraire, si les biens sont partageables, on continuera ainsi :)

Aux termes du jugement, les experts soussignés, devant indiquer si les biens ci-dessus désignés sont ou non commodément partageables en nature, d'après les droits de chacune des parties, sont unanimement d'avis que ces immeubles peuvent être commodément partagés en trois lots, sans que le morcellement qui en résultera, puisse nuire en aucune manière à leur valeur. En conséquence, ils ont fait et composé ces lots, autant égaux que possible, eu égard à la situation de chaque parcelle, de la manière suivante :

Composition des lots.

1ᵉʳ LOT.

Il est attribué à ce lot :

1° La maison et ses dépendances, repises article 12 de la masse, pour. . . . .   4200 f.

2° La pièce de terre de 28 ares 60 centiares au Bosquet, article cinq de la masse, pour   350

3° La pièce, etc.

Total du présent lot. . .   _______

En quantité : 13 hectares 59 ares 31 centiares en bâtimens, jardins, terres, vignes et bois.

Et *en estimation* : la somme de. . 43,297 50

2ᵉ LOT.

Il est attribué à ce lot :

1° La pièce de terre de 37 ares 50 centiares sise à l'Arbret, article 4 de la masse, estimée. . . 1152 f.

2° La pièce, etc.

Total du présent lot. . .

En quantité : 13 hectares 91 ares 71 centiares en bâtimens, jardin, terre, vignes et bois.

Et *en estimation* : la somme de. . 43,292 f. 50 c.

3ᵉ LOT.

Il lui est attribué :

1° La pièce de terre au clos Villain, d'une contenance de 22 ares 11 centiares, formant l'article six de la masse, pour. . . . . 740 f.

2° La pièce, etc.

Total du présent lot. . .

En quantité : 15 hectares 68 ares 47 centiares d'héritage, terre, jardin, vignes et bois.

Et *en estimation* : la somme de. . 43,297 f. 50 c.

RÉCAPITULATION.

1ᵉʳ Lot, 13 h. 59 a. 31 c., estimé... 43,297 f. 50 c.
2ᵉ Lot, 13 - 91 - 71   id...... 43,297 50
3ᵉ Lot, 15 - 68 - 48   id...... 43,297 50
      43 - 19 - 50   id...... 129,892 50

Quantités et sommes égales à la masse.

Les lots étant composés du tiers de la valeur estimative, il y a entr'eux égalité parfaite, d'où il résulte que le partage est fait sans soulte ni retour.

Le travail des experts, étant arrivé à ce point, a été communiqué aux parties qui, après l'avoir examiné, n'y ont fait aucune observation.

(Si, dans le cas non prévu, les parties faisaient des observations, il faudrait le consigner ici.)

CLÔTURE.

Leur mission étant terminée, les experts soussignés ont clos le présent rapport, écrit en entier par le sieur. . . . . . l'un d'eux, pour être par lui déposé au greffe du tribunal civil de. . . . . .

Et, après lecture faite, les experts ont signé avec les parties.

(Signatures.)

FIN.

ERRATA DU SECOND VOLUME.

Pag.	Lig	Au lieu de	Lisez.
17	5	180°	90°
35	13	fig. 31	fig. 13
40	30	357^m	257^m
67	12	n°. 119	n°. 129
71	2	fig. 35	fig. 35 bis.
71	23	n°. 120	n°. 129
72	15	8-80	8-60
72	27	11^d. 60	11^d. 20
id.	28	53^d. 36	51^d. 52
id.	30	608-3040	587-3280
74	16	n°.	n°. 132
77	21	4-30	4-20
94	1	AD	AC
96	2	sont égaux	sont inégaux
117	11	2^m. 87^c.	2^a. 87^c.
120	19	8^d.00 12^d.00 $\times$ sin. B.	8^d.00 $\times$ 12^d.00 $\times$ sin. B.
id.	20	7-00 12-00 $\times$ sin. C.	7-00 $\times$ 12-00 $\times$ sin. C.
id.	21	8-00 7-00 $\times$	8-00 $\times$ 7-00 $\times$
121	28	AC	AG
131	7	l'une en détail et l'autre	l'un en détail et l'autre
132	8	0-06^m ou 60^d	0-6^m ou 60^d
133	4	29-599	29-959
id.	6	0-040	0-050
143	20	étant	était
150	17	coupes	couper
158	15	7-862	7-852
162	12	la 1/2	la 2^e
167	5	division des lignes	division par des lignes
183	21	BD	BE
190	2	A et D	A et E

BARÊME.

Page 33, 3e colonne de la 3e partie, au lieu de 79° 95′, lisez 79° 05′.

TABLE DES MATIÈRES

DU

SECOND VOLUME.

2e PARTIE.

§ 1er. NOTIONS DE GÉOMÉTRIE.

§ 2e. TRIGONOMÉTRIE RECTILIGNE.

5e **PARTIE.**

NOTIONS DE NIVELLEMENT ET CALCULS DES DÉBLAIS ET REMBLAIS.

6e **PARTIE.**

FORMULAIRE DU GÉOMÈTRE-ARPENTEUR.

§ 1er. DES PROCÈS-VERBAUX DE MESURAGE.

§ 2. DES PROCÈS-VERBAUX DE BORNAGE.

§ 3. — DE L'ESTIMATION DES BIENS ET DE LA COMPOSITION DES LOTS.

Du Partage à l'amiable.

Du partage judiciaire.

FIN DE LA TABLE

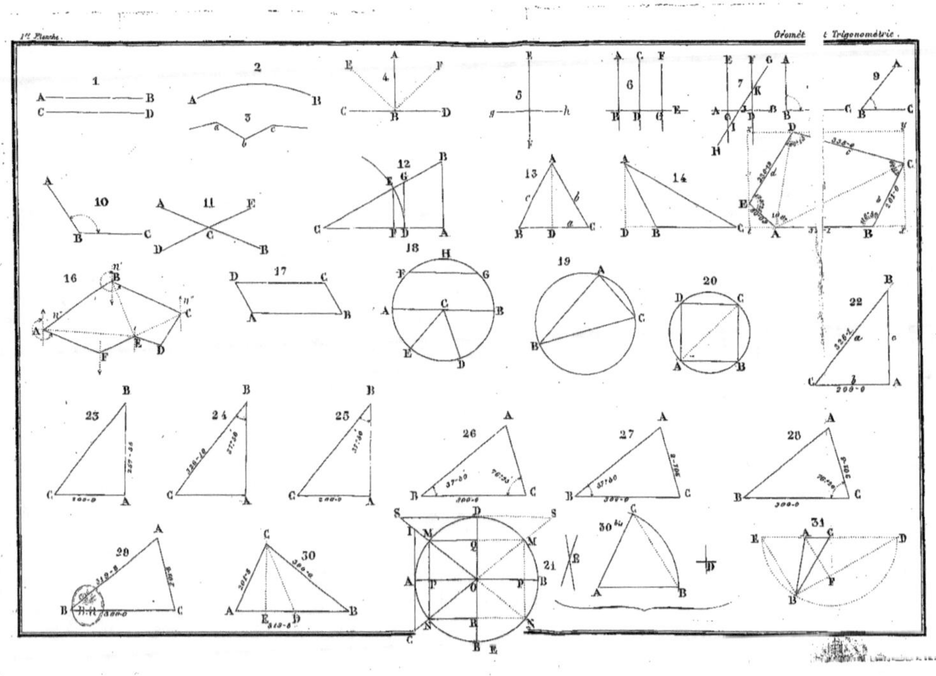

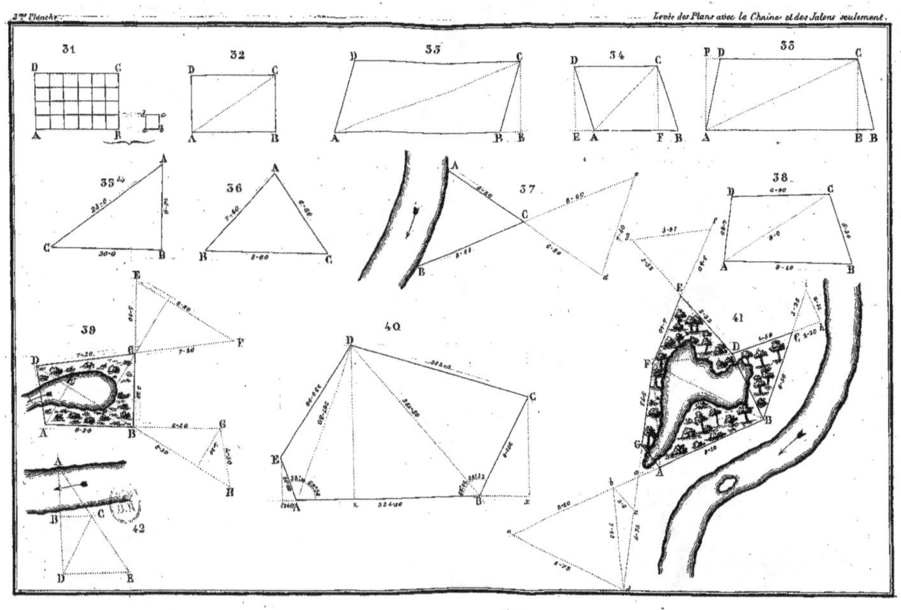
31
32
33
34
35
35 bis
36
37
38
39
40
41
42

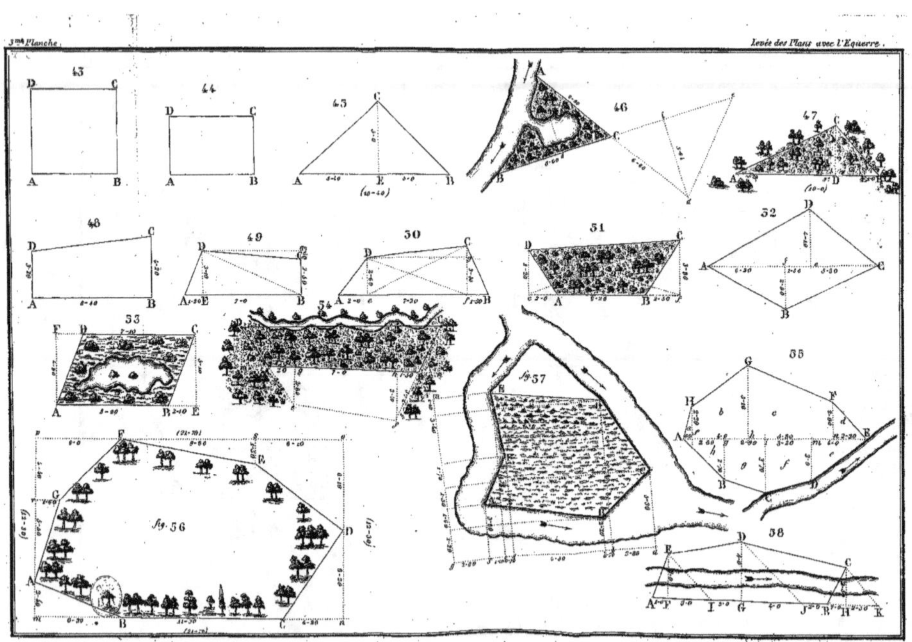

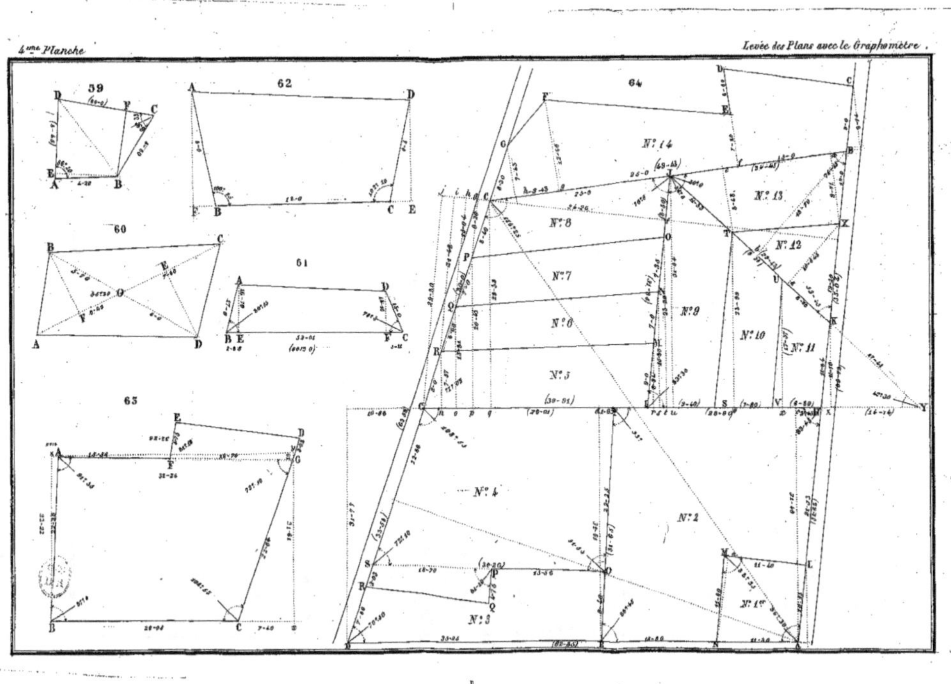

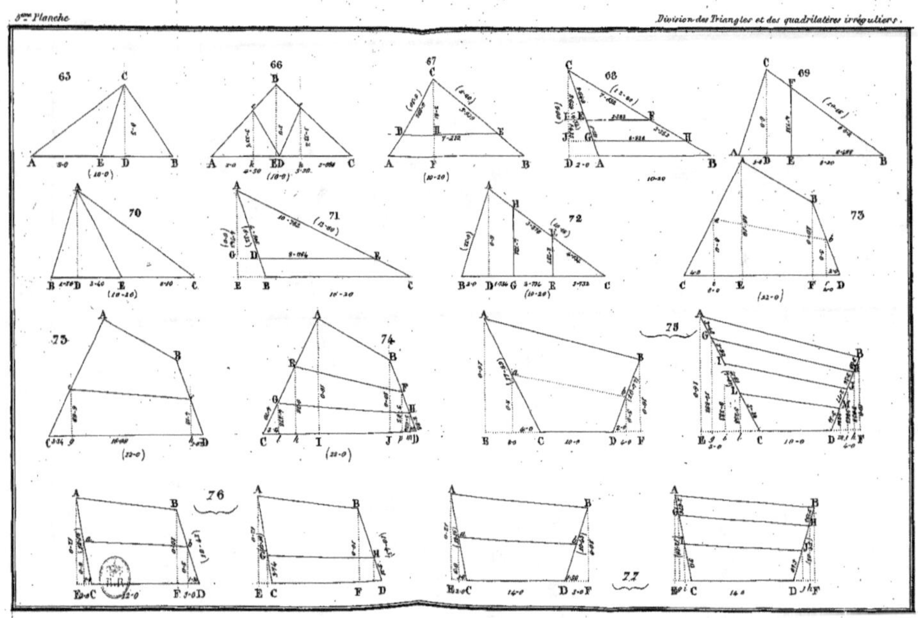
65
66
67
68
69
70
71
72
73
75
74
75
76
77

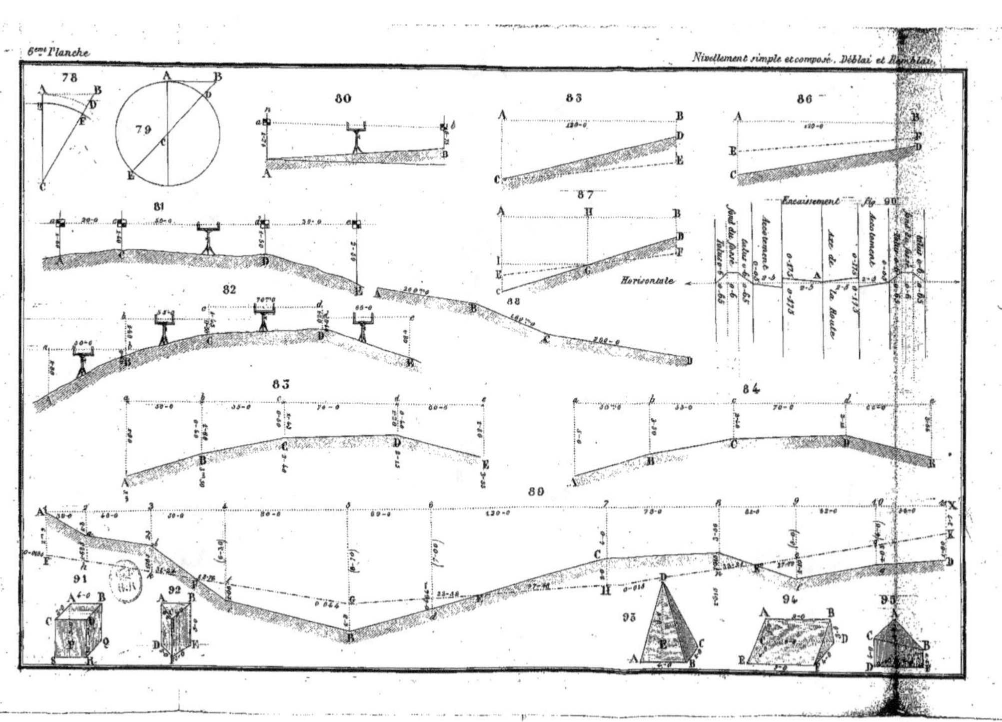
78
79
80
81
82
83
84
85
86
87
88
89
90   Fig.
Encaissement
Horisontale
Axe de la Route
91
92
93
94
95

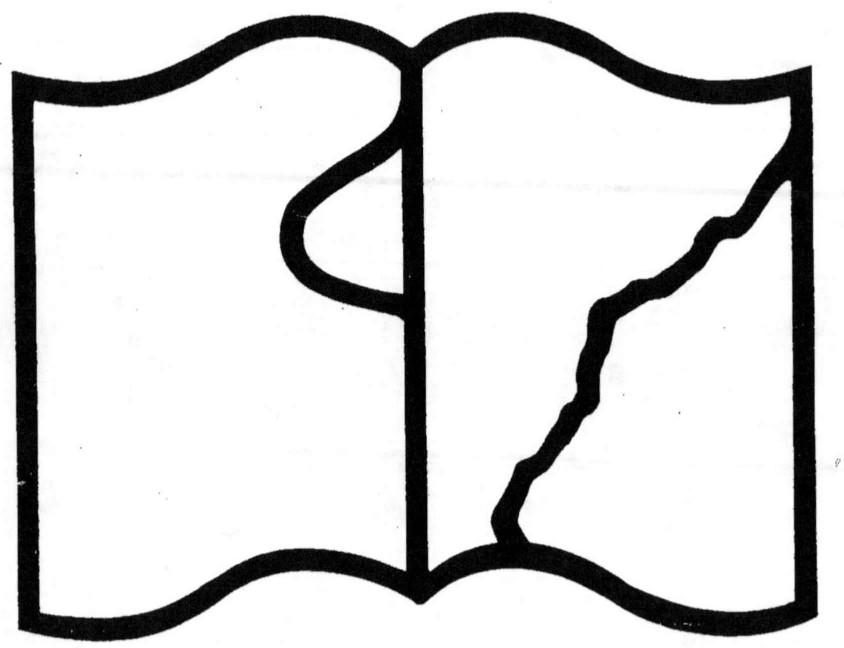

Texte détérioré — reliure défectueuse

43-120-11

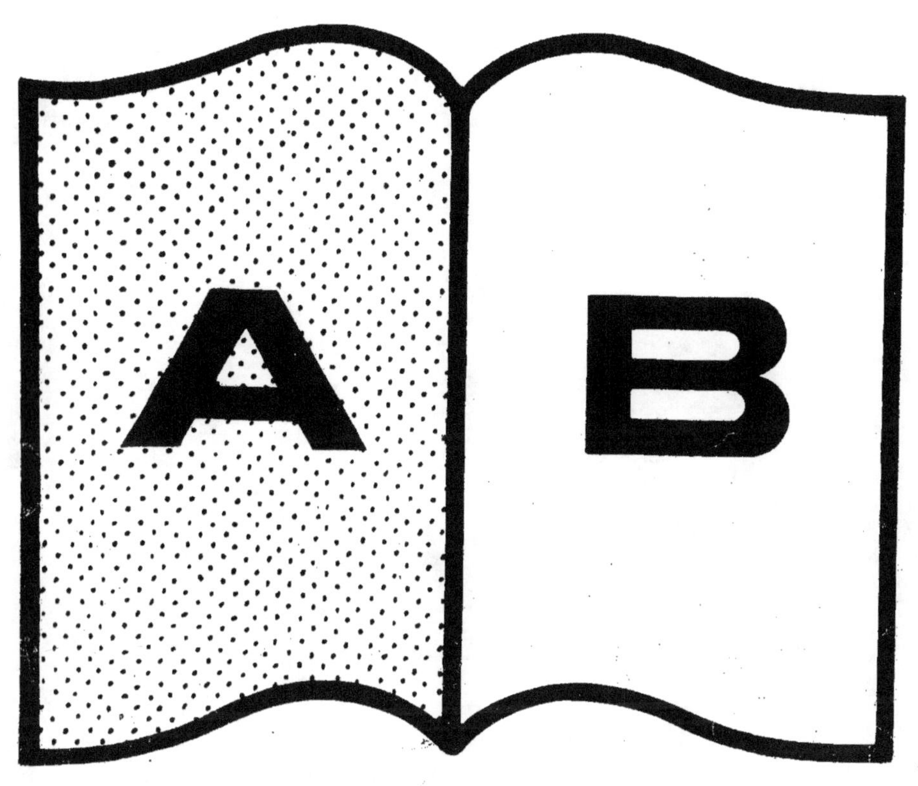

Contraste insuffisant

NF Z 43-120-14